JN303332

窒化ケイ素系セラミック新材料
最近の展開

日本学術振興会
先進セラミックス
第 124 委員会
編

内田老鶴圃

編集幹事

日本学術振興会先進セラミックス第124委員会

編集委員長	松尾陽太郎(まつお ようたろう)	東京工業大学 名誉教授
編集副委員長	米屋 勝利(こめや かつとし)	横浜国立大学 名誉教授
編集幹事	多々見純一(たたみ じゅんいち)	横浜国立大学大学院環境情報研究院
編集幹事	菅原 義之(すがはら よしゆき)	早稲田大学理工学術院
編集幹事	矢野 豊彦(やの とよひこ)	東京工業大学原子炉工学研究所

編集委員・執筆者一覧(五十音順)

安藤 元英	(あんどう もとひで)	(独)科学技術振興機構	(8.4節)
飯尾 聡	(いいお さとし)	日本特殊陶業(株)	
幾原 雄一	(いくはら ゆういち)	東京大学大学院工学系研究科	(6.2節, 6.3節)
伊吹山正浩	(いぶきやま まさひろ)	電気化学工業(株)	
岩佐美喜男	(いわさ みきお)	(独)産業技術総合研究所	(7.1.4節)
岩本 雄二	(いわもと ゆうじ)	名古屋工業大学大学院工学研究科	(4.5節, 8.10節)
上田 恭太	(うえだ きょうた)	(株)三菱化学科学技術研究センター	(8.8節)
植松 敬三	(うえまつ けいぞう)	長岡技術科学大学物質・材料系	(5.4節)
右京 良雄	(うきょう よしお)	(株)豊田中央研究所	(3.1節)
浦島 和浩	(うらしま かずひろ)	日本特殊陶業(株)	(8.2節)
遠藤 茂樹	(えんどう しげき)	(株)ブリヂストン	
大司 達樹	(おおじ たつき)	(独)産業技術総合研究所	(6.1節, 7.2.1節)
大西 宏司	(おおにし ひろし)	(株)ニッカトー	(8.9節)
兼松 渉	(かねまつ わたる)	(独)産業技術総合研究所	(5.7節)
神谷 秀博	(かみや ひでひろ)	東京農工大学大学院共生科学技術研究院	(5.2節)
北 英紀	(きた ひでき)	(独)産業技術総合研究所	(5.1節, 8.3節)
高坂 祥二	(こうさか しょうじ)	京セラ(株)	
後藤 孝	(ごとう たかし)	東北大学金属材料研究所	(4.4節, 7.3節)

五戸　康広	(ごと　やすひろ)	(株)東芝	
米屋　勝利	(こめや　かつとし)	横浜国立大学 名誉教授	(1.1節, 4.3節, 8.5節)
逆井　基次	(さかい　もとつぐ)	豊橋技術科学大学物質工学系	(7.1.1節)
佐藤　和好	(さとう　かずよし)	大阪大学接合科学研究所	(5.3節)
茂垣　康弘	(しげがき　やすひろ)	石川島播磨重工業(株)	
柴田　直哉	(しばた　なおや)	東京大学大学院工学系研究科	(6.2節, 6.3節)
菅沼　克昭	(すがぬま　かつあき)	大阪大学産業科学研究所	(5.6節)
菅原　義之	(すがはら　よしゆき)	早稲田大学理工学術院	(4.5節)
Stuart Hampshire	(すちゅあーと　はんぷしゃー)	University of Limerick, Ireland	(3.2節)
高山　定和	(たかやま　さだやす)	(株)TYK	(8.7節)
多々見純一	(たたみ　じゅんいち)	横浜国立大学大学院環境情報研究院	(5.5節, 付録)
田中　功	(たなか　いさお)	京都大学大学院工学研究科	(2.3節)
田中　英彦	(たなか　ひでひこ)	(独)物質・材料研究機構	
内藤　牧男	(ないとう　まきお)	大阪大学接合科学研究所	(5.3節)
西村　聡之	(にしむら　としゆき)	(独)物質・材料研究機構	(7.2.2節)
平尾喜代司	(ひらお　きよし)	(独)産業技術総合研究所	(7.4節)
広崎　尚登	(ひろさき　なおと)	(独)物質・材料研究機構	(7.5節)
松尾陽太郎	(まつお　ようたろう)	東京工業大学 名誉教授	(7.1.2節)
松原　桂	(まつばら　かつら)	日本特殊陶業(株)	(8.1節)
松原　秀彰	(まつばら　ひであき)	(財)ファインセラミックスセンター	
三友　護	(みとも　まもる)	(独)物質・材料研究機構 名誉研究員	(2.1節, 2.2節)
宮嶋　圭太	(みやじま　けいた)	(株)ノリタケカンパニーリミテド	(8.10節)
安永　吉宏	(やすなが　よしひろ)	(株)TYK	(8.7節)
矢野　豊彦	(やの　とよひこ)	東京工業大学原子炉工学研究所	(7.6節)
山内　幸彦	(やまうち　ゆきひこ)	(独)産業技術総合研究所	(7.1.3節)
山田　哲夫	(やまだ　てつお)	宇部興産(株)	(4.2節)
山田　直仁	(やまだ　なおひと)	日本ガイシ(株)	
横田　博	(よこた　ひろし)	電気化学工業(株)	(4.1節)
吉野　信行	(よしの　のぶゆき)	電気化学工業(株)	(8.6節)
若井　史博	(わかい　ふみひろ)	東京工業大学応用セラミックス研究所	(7.2.3節)
渡利　広司	(わたり　こうじ)	(独)産業技術総合研究所	(7.4節)

序　文

　窒化ケイ素(Si_3N_4)および窒化ケイ素系セラミックスは，いわゆるエンジニアリングセラミックスの中でも最も過酷な条件下で，最も広範な分野で使用されている優秀かつ魅力的な材料である．窒化ケイ素は高温強度，破壊靱性，耐摩耗性，耐酸化性，耐熱衝撃性，耐薬品性などに優れるため，ボールベアリングなどの軸受材料，圧延・線引きローラー，工具，窯用部材，エンジン用部材，燃焼筒，熱交換器，グロープラグ，ターボチャージャーロータ，半導体素子基板，水素分離膜などに使用されてきた．最近では優れた蛍光機能が発見され，大いに注目されている．

　窒化ケイ素は，他の多くのセラミックスと同様に，その諸特性がプロセス，特に焼結助剤の種類と量に依存して大きく左右されることが分かっている．1980年代から90年代にかけて，その最適な焼結助剤の探索が国家プロジェクトを契機にして大々的に行われた結果，ある種の希土類の添加が特性向上に大きな効果を及ぼすことが明らかになり，その成果が1350℃級ガスタービンの開発に応用されて当時としては世界に冠たる成果を挙げることに成功した．

　一方，窒化ケイ素は高価であり，加工コストも高いなど高コスト体質が災いして，その市場性は必ずしも期待されたほどには至っていない．特性を低下させずに素材コストや加工コストを下げるにはどうしたら良いかが，最大の課題の一つと言っても過言ではないだろう．また，窒化ケイ素，特に多成分窒化ケイ素系セラミックスにはまだまだ未知の機能が隠されていると考えられている．その機能を引き出すには，偏に粒界，組織の制御や最適成分・結晶相制御技術の開発にかかっていると言ってよいだろう．このように，現状のものより一段と，あるいは飛躍的に高性能な窒化ケイ素系新材料を開発するためには，窒化ケイ素の科学と化学を詳細に知る必要があり，部材として使用するためにはその物理を知る必要がある．

　窒化ケイ素の開発研究，応用技術，生産技術に関して，日本は現在も引き続き世界最高水準にある．当然，研究者・技術者の層も厚い．日本学術振興会先進セラミックス第124委員会は，その前身である高温セラミック材料第124委員会時代から，世界をリードする窒化ケイ素研究者が集まって研究会を開催してきた．折りしも2008年は本委員会の創立50周年を迎える記念すべき年であったため，これを一つの契機として，窒化ケイ素系セラミックスの基礎と応用に関する成書を出版する機運が高まり，種々の困難を乗り越えて，このたび内田老鶴圃から上梓する運びとなった．

　本書は「窒化ケイ素系セラミック新材料」と題し，窒化ケイ素および窒化ケイ素系

セラミックスに関する基礎科学と最新の研究成果を集大成したもので，8章からなっている．

第1章では，当事者本人により高性能窒化ケイ素の開発の歴史が生き生きと語られており，窒化ケイ素のみならず一般の材料開発者にとって大いに参考になるものと思われる．第2章と第3章では，基礎科学としての結晶構造と状態図について詳述されている．また，最新の第一原理計算についても詳しく述べられており，材料の基礎を学びやすいように工夫してある．中堅の技術者・研究者とっては基礎知識を整理しなおすのに役立つであろう．第4章，第5章では，多岐にわたる合成と製造プロセスについて詳細に記述されており，本書の白眉の一つとなっている．まさに窒化ケイ素系セラミックスの合成・製造プロセスに関する集大成と言ってよい．第6章と第7章では，微構造と材料特性について基礎科学の立場から詳述されており，機械技術者，電気電子技術者，情報技術者，環境・エネルギー関係技術者，医療関係技術者などのエンドユーザーが理解し，応用しやすいように工夫されている．最終章の第8章では，窒化ケイ素系セラミックスの産業分野での応用の実例が紹介されており，新規分野での応用をお考えの読者には大きなヒントになると思われる．

いままでわが国において窒化ケイ素に関するまとまったテキストは出版されておらず，外国においてもほとんど例を見ない．本書が日本ばかりでなく，世界の窒化ケイ素研究者・利用者に愛読され，研究や開発に資することができれば，出版に関わったものとしてこれ以上の喜びはない．

最後になったが，終始本書の出版にご尽力いただいた内田老鶴圃 内田学社長に深甚なる謝意を表する．

平成21年10月

松尾 陽太郎
東京工業大学名誉教授
日本学術振興会先進セラミックス第124委員会
50周年記念出版編集委員長

発刊に寄せて

　セラミックスの特長は主に高温での耐熱性にあり，その中でも窒化ケイ素(Si_3N_4)は，炭化ケイ素(SiC)と並び，重要な耐熱セラミックスとして，本委員会に設置された「非酸化物分科会」が中心となり，一貫して主要な研究対象としてきたものである．特に，Si_3N_4は，1970年代にいくつかの優れた焼結助剤が見出されたのを契機として，セラミックスエンジン用材料を始めとする，多くの高強度高温構造用セラミックス，いわゆるエンジニアリングセラミックスとして，世界各国で精力的に研究されてきた．Si_3N_4とSiCは，難焼結性，優れた耐熱衝撃性など共通する特性が多く，いわば兄弟のような材料であるが，両者を共に研究してこそ，エンジニアリングセラミックスを理解することができる．

　本書では，Si_3N_4に関わる，結晶構造，状態図，粉体製造プロセス，焼結・成形，微構造，特性・応用などを各章ごとに概説したが，これらは，セラミックス研究のすべての要素を含んでおり，セラミックス全般の理解にも大変役立つものである．また，Si_3N_4がSiCと異なる点として，Si-Al-O-N（いわゆるサイアロン）を始めとする，広範な酸窒化物系固溶体の形成がある．本書では，その結晶構造，状態図，蛍光体としての応用などについてもやや詳しく解説した．これらSi_3N_4に関する多くの重要な発見がわが国においてなされたものであり，まさに，わが国がこの分野の世界の研究・開発を先導してきたといっても過言ではない．

　本委員会では，「SiC系セラミック新材料」を発刊して8年が経過し，Si_3N_4に関する成書の発刊が念願であった．そこで，本委員会創立50周年を機に，Si_3N_4の研究・開発を最前線で携わってきた研究者に呼びかけ，基礎から応用に亘って，これまでのSi_3N_4に関する知識を取り纏めた次第である．本書が出版に至ったことは，関係各位の多大な尽力によるものであり，深く感謝する．

　おわりに，本書の出版費の一部が，平成21年度産学協力研究委員会特別事業費から充当されたことを記し，ここに謝意を表す．

　　平成21年10月

後　藤　　　孝
東北大学教授
日本学術振興会先進セラミックス第124委員会
委員長

目　次

序　文 ·· i
発刊に寄せて ·· iii

1　開発の歴史

1.1　窒化ケイ素セラミックス材料開発の歴史 ················· 米屋　勝利 ······ 3
1.1.1　物質としての創世記からの経緯 ·· 3
1.1.2　Si_3N_4 の構造と物性 ·· 4
1.1.3　Si_3N_4 粉末 ·· 8
1.1.4　Si_3N_4 の焼結技術の進歩 ··· 9
1.1.5　新機能材料としての Si_3N_4 関連材料 ······································· 18
1.1.6　応用展開 ··· 20

2　結晶構造

2.1　窒化ケイ素とサイアロン ······································ 三友　護 ······ 27
2.1.1　窒化ケイ素 ·· 27
2.1.2　サイアロン ·· 31

2.2　金属ケイ素酸窒化物と金属ケイ素窒化物 ················ 三友　護 ······ 38
2.2.1　金属ケイ素酸窒化物(Re-Si-O-N) ·· 38
2.2.2　金属ケイ素窒化物(Re-Si-N) ··· 42

2.3　第一原理計算に基づいた窒化ケイ素および関連非酸化物
　　　　　　　　　　　　　　　　　　　　　　　　　　　　田中　功 ······ 46
2.3.1　第一原理計算により得られる情報 ··· 46
2.3.2　窒化ケイ素多形のエネルギーと物性 ·· 47
2.3.3　サイアロンの原子配列について ·· 51

2.3.4 その他の固溶体について……53
2.3.5 粒界ガラス層研究への第一原理計算の適用……54

3 状態図

3.1 状態図……右京 良雄……**59**
3.1.1 はじめに……*59*
3.1.2 Si_3N_4-Al_2O_3 系の反応……*60*
3.1.3 Si-Al-O-N(Si_3N_4-SiO_2-Al_2O_3-AlN)系状態図……*61*
3.1.4 Si-Mg-O-N(Si_3N_4-SiO_2-MgO-AlN)系状態図……*65*
3.1.5 Si-Y-O-N(Si_3N_4-SiO_2-Y_2O_3-YN)系状態図……*67*
3.1.6 Si-M-O-N(M = Ce, Zr, Be など)系状態図……*69*
3.1.7 Si-Al-Y-O-N 系状態図……*71*
3.1.8 Si-Al-Mg-O-N 系状態図……*78*
3.1.9 Si-Al-Be-O-N 系および Si-Al-Li-O-N 系状態図……*80*

3.2 サイアロンガラス……Stuart Hampshire……**86**
3.2.1 緒言……*86*
3.2.2 サイアロンガラスの形成……*87*
3.2.3 酸窒化物ガラスの構造と特性……*91*
3.2.4 酸窒化物ガラスセラミックスの形成……*98*
3.2.5 フッ素添加 M サイアロンガラス……*99*
3.2.6 酸窒化リンガラス……*99*
3.2.7 結語……*100*

4 合 成

4.1 直接窒化法……横田 博……**109**
4.1.1 窒化ケイ素粉末の特徴……*109*
4.1.2 直接窒化法による合成メカニズム……*111*
4.1.3 Si_3N_4 の粉末特性……*115*
4.1.4 むすび……*116*

4.2 イミド分解法 ………………………………………… 山田 哲夫 …… **118**
- 4.2.1 緒言 ……………………………………………………………… *118*
- 4.2.2 Si$_3$N$_4$ 粉末に対する諸要求 ………………………………… *119*
- 4.2.3 Si$_3$N$_4$ 粉末の製造プロセス ………………………………… *120*
- 4.2.4 Si$_3$N$_4$ 粉体の代表的な特性値 ……………………………… *124*
- 4.2.5 Si$_3$N$_4$ 粉末表面の化学的性状（酸素含有量および酸素分布）… *125*
- 4.2.6 粉末特性と焼結性および焼結体特性との相関 ………………… *127*
- 4.2.7 サイアロン基焼結体の高温特性 ………………………………… *131*
- 4.2.8 まとめ ……………………………………………………………… *132*

4.3 還元窒化法 ……………………………………………… 米屋 勝利 …… **136**
- 4.3.1 合成法の歴史と基本プロセスの開発 …………………………… *136*
- 4.3.2 還元窒化粉末の焼結評価と実用性 ……………………………… *141*

4.4 CVD法 ……………………………………………………… 後藤 孝 …… **143**
- 4.4.1 CVDによるバルク状セラミックスの作製 …………………… *143*
- 4.4.2 CVDによるSi$_3$N$_4$ の作製 …………………………………… *144*
- 4.4.3 CVD Si$_3$N$_4$ 基ナノコンポジットの作製 …………………… *149*

4.5 有機-無機変換法 ……………………………… 岩本 雄二・菅原 義之 …… **158**
- 4.5.1 はじめに …………………………………………………………… *158*
- 4.5.2 ポリシラザンの合成および取り扱い …………………………… *160*
- 4.5.3 ポリシラザンから得られるセラミックス ……………………… *162*

5 製造プロセス

5.1 製造プロセス概論 ……………………………………… 北 英紀 …… **173**
- 5.1.1 小・中型部品 ……………………………………………………… *173*
- 5.1.2 大型部品 …………………………………………………………… *175*
- 5.1.3 製造と基盤研究 …………………………………………………… *177*
- 5.1.4 環境視点での製造プロセス ……………………………………… *178*

5.2 混合・分散 ……………………………………………… 神谷 秀博 …… **180**
- 5.2.1 窒化ケイ素粒子および焼結助剤の水中での表面状態 ………… *180*

- 5.2.2 高分子分散剤を用いた分散状態の制御 …………………………………… *181*
- 5.3 造粒 ……………………………………………… 佐藤　和好・内藤　牧男 …… **185**
  - 5.3.1 製造プロセスにおける造粒の役割 …………………………………… *185*
  - 5.3.2 スラリー特性が顆粒体特性に及ぼす影響 …………………………… *185*
  - 5.3.3 噴霧乾燥条件と顆粒体特性との関係 ………………………………… *191*
- 5.4 成形 …………………………………………………………… 植松　敬三 …… **194**
  - 5.4.1 はじめに ………………………………………………………………… *194*
  - 5.4.2 成形法と特徴 …………………………………………………………… *194*
  - 5.4.3 成形体の構造 …………………………………………………………… *194*
  - 5.4.4 成形法と構造との関係 ………………………………………………… *198*
  - 5.4.5 成形体構造が焼結や特性に及ぼす影響 ……………………………… *200*
- 5.5 焼結 ………………………………………………………… 多々見純一 …… **205**
  - 5.5.1 はじめに ………………………………………………………………… *205*
  - 5.5.2 焼結メカニズム ………………………………………………………… *205*
  - 5.5.3 焼結技術 ………………………………………………………………… *209*
  - 5.5.4 おわりに ………………………………………………………………… *215*
- 5.6 接合 …………………………………………………………… 菅沼　克昭 …… **217**
  - 5.6.1 はじめに ………………………………………………………………… *217*
  - 5.6.2 Si_3N_4 と金属の接合 ………………………………………………… *217*
  - 5.6.3 活性金属法 ……………………………………………………………… *218*
  - 5.6.4 共晶接合法 ……………………………………………………………… *219*
  - 5.6.5 高圧鋳造接合法（SQ 接合法） ………………………………………… *220*
  - 5.6.6 固相接合法 ……………………………………………………………… *221*
  - 5.6.7 熱応力の評価と緩和 …………………………………………………… *222*
  - 5.6.8 Si_3N_4 同士の接合 …………………………………………………… *224*
  - 5.6.9 まとめ …………………………………………………………………… *226*
- 5.7 加工 …………………………………………………………… 兼松　渉 …… **228**
  - 5.7.1 窒化ケイ素に適用される加工技術 …………………………………… *228*
  - 5.7.2 研削加工 ………………………………………………………………… *230*

	5.7.3 研削加工損傷	230
	5.7.4 加工損傷が強度に及ぼす影響の統計的判定方法	233

6 微構造

6.1 微構造制御法 …………………………………… 大司　達樹…… 239
　6.1.1 粒子形態制御 …………………………………………………… 239
　6.1.2 粒子配向制御（粗大柱状粒子） ……………………………… 242
　6.1.3 粒子配向制御（微細柱状粒子） ……………………………… 248
　6.1.4 粒界相制御（破壊抵抗に及ぼす影響） ……………………… 251
　6.1.5 多孔体における粒子配向制御 ………………………………… 255
6.2 微構造観察方法 …………………………… 幾原　雄一・柴田　直哉…… 262
　6.2.1 はじめに ………………………………………………………… 262
　6.2.2 走査型電子顕微鏡法および試料作製法 ……………………… 263
　6.2.3 透過型電子顕微鏡法および試料作製法 ……………………… 265
　6.2.4 走査透過型電子顕微鏡法 ……………………………………… 267
　6.2.5 まとめ …………………………………………………………… 270
6.3 粒界構造解析 ………………………………… 幾原　雄一・柴田　直哉…… 272
　6.3.1 はじめに ………………………………………………………… 272
　6.3.2 Si_3N_4 セラミックス粒界の特徴 ……………………………… 272
　6.3.3 Si_3N_4 セラミックス粒界の TEM 観察 ………………………… 274
　6.3.4 Si_3N_4 粒界の STEM 観察と添加元素効果の原子メカニズム … 278
　6.3.5 Si_3N_4 粒界の TEM 内その場破壊観察 ………………………… 284
　6.3.6 まとめ …………………………………………………………… 286

7 特　性

7.1 室温での機械的特性 ……………………………………………………… 291
　7.1.1 強度と破壊靱性 …………………………………… 逆井　基次…… 291
　7.1.2 強度の統計的性質 ………………………………… 松尾陽太郎…… 304
　7.1.3 疲労 ………………………………………………… 山内　幸彦…… 325

x 目次

- 7.1.4 トライボロジー …………………………………… 岩佐美喜男 …… *334*
- 7.2 高温での機械的特性 ………………………………………………… *342*
  - 7.2.1 高温での破壊強度と破壊靭性 …………………… 大司　達樹 …… *342*
  - 7.2.2 クリープ ……………………………………………… 西村　聡之 …… *348*
  - 7.2.3 超塑性 ………………………………………………… 若井　史博 …… *353*
- 7.3 耐酸化性 ……………………………………………………… 後藤　孝 …… *361*
  - 7.3.1 Si_3N_4 の酸化挙動 ……………………………………………………… *361*
  - 7.3.2 Si_3N_4 のパッシブ酸化 ………………………………………………… *362*
  - 7.3.3 Si_3N_4 のアクティブ酸化 ……………………………………………… *365*
- 7.4 熱的特性 ………………………………………… 平尾喜代司・渡利　広司 …… *372*
  - 7.4.1 はじめに ………………………………………………………………… *372*
  - 7.4.2 Si_3N_4 の熱伝導率 ……………………………………………………… *372*
  - 7.4.3 理論熱伝導率と単結晶粒子の熱伝導率 ………………………………… *373*
  - 7.4.4 β-Si_3N_4 セラミックスの高熱伝導率化 ……………………………… *374*
  - 7.4.5 β-Si_3N_4 セラミックスの熱伝導メカニズム ………………………… *376*
  - 7.4.6 反応焼結による高熱伝導 Si_3N_4 の開発 ……………………………… *379*
  - 7.4.7 おわりに ………………………………………………………………… *381*
- 7.5 蛍光体 ……………………………………………………… 広崎　尚登 …… *384*
- 7.6 放射線損傷 ………………………………………………… 矢野　豊彦 …… *392*
  - 7.6.1 原子力とセラミックス …………………………………………………… *392*
  - 7.6.2 中性子照射損傷 …………………………………………………………… *392*
  - 7.6.3 中性子照射による各種セラミックスの特性変化 ……………………… *393*
  - 7.6.4 窒化ケイ素の照射損傷の照射後アニールによる回復 ………………… *394*
  - 7.6.5 照射による微構造変化 …………………………………………………… *395*

8　応　用

- 8.1 グロープラグ ……………………………………………… 松原　桂 …… *403*
  - 8.1.1 はじめに ………………………………………………………………… *403*
  - 8.1.2 グロープラグの構造 …………………………………………………… *403*

5.7.3　研削加工損傷 ·· 230
　　5.7.4　加工損傷が強度に及ぼす影響の統計的判定方法 ···················· 233

6　微 構 造

6.1　微構造制御法 ···大司　達樹······ **239**
　　6.1.1　粒子形態制御 ·· 239
　　6.1.2　粒子配向制御（粗大柱状粒子）·· 242
　　6.1.3　粒子配向制御（微細柱状粒子）·· 248
　　6.1.4　粒界相制御（破壊抵抗に及ぼす影響）···································· 251
　　6.1.5　多孔体における粒子配向制御 ·· 255
6.2　微構造観察方法 ··幾原　雄一・柴田　直哉······ **262**
　　6.2.1　はじめに ·· 262
　　6.2.2　走査型電子顕微鏡法および試料作製法 ································ 263
　　6.2.3　透過型電子顕微鏡法および試料作製法 ································ 265
　　6.2.4　走査透過型電子顕微鏡法 ·· 267
　　6.2.5　まとめ ·· 270
6.3　粒界構造解析 ···幾原　雄一・柴田　直哉······ **272**
　　6.3.1　はじめに ·· 272
　　6.3.2　Si_3N_4セラミックス粒界の特徴 ·· 272
　　6.3.3　Si_3N_4セラミックス粒界のTEM観察 ····································· 274
　　6.3.4　Si_3N_4粒界のSTEM観察と添加元素効果の原子メカニズム ········ 278
　　6.3.5　Si_3N_4粒界のTEM内その場破壊観察 ·································· 284
　　6.3.6　まとめ ·· 286

7　特　　性

7.1　室温での機械的特性 ·· **291**
　　7.1.1　強度と破壊靭性 ··逆井　基次······ 291
　　7.1.2　強度の統計的性質 ··松尾陽太郎······ 304
　　7.1.3　疲労 ··山内　幸彦······ 325

	7.1.4	トライボロジー………………………………岩佐美喜男……	*334*
7.2	**高温での機械的特性** ………………………………………		***342***
	7.2.1	高温での破壊強度と破壊靭性………………………大司　達樹……	*342*
	7.2.2	クリープ……………………………………………西村　聡之……	*348*
	7.2.3	超塑性……………………………………………………若井　史博……	*353*
7.3	**耐酸化性** ……………………………………………………………後藤　孝……		***361***
	7.3.1	Si_3N_4 の酸化挙動 ………………………………………………………	*361*
	7.3.2	Si_3N_4 のパッシブ酸化 ………………………………………………	*362*
	7.3.3	Si_3N_4 のアクティブ酸化 ……………………………………………	*365*
7.4	**熱的特性** ………………………………………平尾喜代司・渡利　広司……		***372***
	7.4.1	はじめに ………………………………………………………………	*372*
	7.4.2	Si_3N_4 の熱伝導率 ……………………………………………………	*372*
	7.4.3	理論熱伝導率と単結晶粒子の熱伝導率 ……………………………	*373*
	7.4.4	$\beta\text{-}Si_3N_4$ セラミックスの高熱伝導率化 ……………………………	*374*
	7.4.5	$\beta\text{-}Si_3N_4$ セラミックスの熱伝導メカニズム ………………………	*376*
	7.4.6	反応焼結による高熱伝導 Si_3N_4 の開発 …………………………	*379*
	7.4.7	おわりに ………………………………………………………………	*381*
7.5	**蛍光体** ………………………………………………………広崎　尚登……		***384***
7.6	**放射線損傷** …………………………………………………矢野　豊彦……		***392***
	7.6.1	原子力とセラミックス ………………………………………………	*392*
	7.6.2	中性子照射損傷 ………………………………………………………	*392*
	7.6.3	中性子照射による各種セラミックスの特性変化 …………………	*393*
	7.6.4	窒化ケイ素の照射損傷の照射後アニールによる回復 ……………	*394*
	7.6.5	照射による微構造変化 ………………………………………………	*395*

8　応　用

8.1	**グロープラグ** …………………………………………………松原　桂……		***403***
	8.1.1	はじめに ………………………………………………………………	*403*
	8.1.2	グロープラグの構造 …………………………………………………	*403*

8.1.3	セラミック材料の特徴	405
8.1.4	セラミックグロープラグの製造工程	406
8.1.5	おわりに	407

8.2 切削工具　　　　　　　　　　　　　　　　　　　　　浦島　和浩……408

8.2.1	はじめに	408
8.2.2	窒化ケイ素工具材料の特徴	410
8.2.3	セラミック工具の製造方法	411
8.2.4	工具に適した材料への改良	412

8.3 金属溶湯部材　　　　　　　　　　　　　　　　　　　北　　英紀……414

8.3.1	個々の部材の現状や課題	414
8.3.2	展望：ニーズと課題	417

8.4 ターボチャージャーロータ　　　　　　　　　　　　　安藤　元英……420

8.4.1	はじめに	420
8.4.2	ターボチャージャーロータのセラミックス化の課題	421
8.4.3	セラミックターボチャージャーロータの性能	424
8.4.4	おわりに	424

8.5 ベアリング　　　　　　　　　　　　　　　　　　　　米屋　勝利……426

8.5.1	窒化ケイ素材料の開発とベアリングへの応用	426
8.5.2	ベアリング材の高性能化・汎用化	427
8.5.3	Si_3N_4 材料における TiO_2 添加の役割とトライボロジー特性	428

8.6 半導体素子基板　　　　　　　　　　　　　　　　　　吉野　信行……431

8.6.1	半導体素子基板の変遷	431
8.6.2	半導体素子基板の製造方法	431
8.6.3	半導体素子基板への要求特性と課題	432
8.6.4	高信頼性半導体素子基板の開発	434

8.7 窯用部材　　　　　　　　　　　　　　　　高山　定和・安永　吉宏……436

8.7.1	窒化ケイ素系材料	436
8.7.2	各材質の特徴	436

8.8 蛍光体・白色 LED とその他の応用 ………………………… 上田　恭太…… *442*
　8.8.1 白色 LED ………………………………………………………… *442*
　8.8.2 CRT とフィールドエミッションディスプレイ ………………… *445*
8.9 粉砕機用部材 ………………………………………………… 大西　宏司…… *446*
　8.9.1 粉砕機部材特性 …………………………………………………… *446*
　8.9.2 窒化ケイ素製粉砕機用部材の摩耗特性 ………………………… *447*
　8.9.3 まとめ ……………………………………………………………… *451*
8.10 膜としての応用 ……………………………………… 岩本　雄二・宮嶋　圭太…… *452*
　8.10.1 セラミックス製高温水素分離膜 ………………………………… *452*
　8.10.2 窒化ケイ素系水素分離膜 ………………………………………… *453*

付録：Si_3N_4 の基本的性質 ………………………………………… 多々見純一…… **459**
　［1］ 化学式・分子量 …………………………………………………… *461*
　［2］ 結晶学的データ …………………………………………………… *461*
　［3］ X 線回折データ …………………………………………………… *463*
　［4］ 熱力学データ ……………………………………………………… *465*
　［5］ 熱的性質 …………………………………………………………… *467*
　［6］ 機械的性質 ………………………………………………………… *468*
　［7］ 電気的性質 ………………………………………………………… *470*
　［8］ 化学的性質 ………………………………………………………… *470*
　［9］ 光学的性質 ………………………………………………………… *471*

総索引 ……………………………………………………………………………… *475*
欧字先頭語索引 …………………………………………………………………… *482*

開発の歴史

1.1 窒化ケイ素セラミックス材料開発の歴史

1.1.1 物質としての創世記からの経緯

窒化ケイ素(Si_3N_4)は,軽量で総合的に優れた機械的・熱的性質を保有することから,今日では代表的なエンジニアリングセラミックスとして位置付けられ広く利用されている.

歴史的には,1857年にDevilleら[1]によって初めて登場し,1910年にWeissら[2]によってその生成が確認された.その後,長い年月が経過し,1950年代の前半に炭化ケイ素(SiC)の結合材として使用されたが,本格的なSi_3N_4セラミックスの開発は1955年にCollinsら[3]による反応焼結Si_3N_4に始まる.焼結体は多孔質ではあるが,熱電対保護管,溶融金属用ルツボ,ロケットノズルなど種々の部品が試作されている.1961年にDeeleyら[4]は,Si_3N_4-MgO系のホットプレスによって初めて緻密な焼結体を作製した.次いで,Si_3N_4-酸化イットリウム(Y_2O_3)系,Si_3N_4-Y_2O_3-アルミナ(Al_2O_3)系を主とした希土類酸化物添加系の組成が米屋,柘植ら[5,6]によって発明され,これが今日のSi_3N_4セラミックスの標準的な組成となっている.また,ほぼ時を同じくしてサイアロンが発見され[7〜9],ガス圧焼結法が開発された[10].

1971年に米国のセラミックガスタービンの研究がDOEプログラムとしてスタートし,これが牽引車となって企業や大学の多くの研究者・技術者が研究を開始した.とくにわが国では,1981年からの要素技術開発に力点をおいた次世代ファインセラミックスプロジェクトがスタートし,ファインセラミックス関連の技術が着実に向上していった.1981年にグロープラグがエンジン部材として最初に実用化され,その後ベアリングや金属溶湯部材などへと応用分野が拡大された.こうした部材化経験を通してSi_3N_4セラミックスの製造技術が着実に進歩した.また一方では,Si_3N_4あるいは関連物質の研究も進み,新物質・新規機能が注目されてきた.その代表的なものが高熱伝導性Si_3N_4と窒化

物蛍光体である．

　以下に，Si_3N_4 の構造と物性の概要を解説した後，原料粉末，焼結技術，応用開発の経緯を中心に解説するが，アップデイトの情報は各章，項の執筆者によって十分な記述がなされているので，ここでは Si_3N_4 の歴史における初期から中期に至る歴史的流れを中心に記述するにとどめる．

1.1.2　Si_3N_4 の構造と物性

　Si_3N_4 は強い共有結合性を示し，1気圧下では1900℃前後で分解する．結晶構造は〔SiN_4〕を構造ユニットとし，六方晶で α 型と β 型の2種類の多形が存在する．その結晶構造は図1.1.1に示された積層面 ABCD（CD は AB を裏返して180°回転した構造になっている）において，β 型は ABAB によって形成

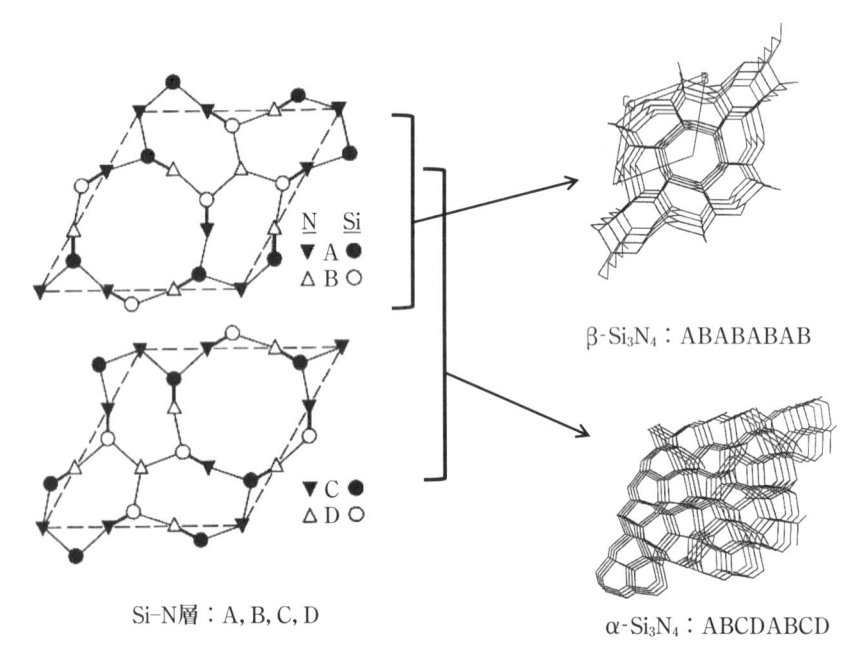

図 1.1.1　α-Si_3N_4 および β-Si_3N_4 の結晶構造

1.1 窒化ケイ素セラミックス材料開発の歴史

表1.1.1 Si_3N_4の構造と物性

項目	単位	構造と特性	補足事項
結晶構造	−	六方晶(α, β)	
格子定数	nm	$\alpha : a = 0.7748,\ c = 0.5617$ $\beta : a = 0.7608,\ c = 0.2911$	
イオン性	−	0.31	
理論密度	g/cm^3	$\alpha : 3.184$ $\beta : 3.187$	
分解温度	℃	1830〜1900　(0.1 MPa)	
弾性率	GPa	320	
熱伝導率	W/mK	$\alpha : 105$〜225(計算値) $\beta : 170$〜450(計算値)	微構造依存
熱膨張係数	/K	3.1×10^{-6}	
電気抵抗	Ω cm	$> 10^{14}$	CNTの粒界導入による導電化も研究されている
曲げ強さ	MPa	500〜1300	微構造依存
破壊靭性	MPa·m^2	5〜10(IF法)	微構造依存
耐摩耗性	−	優れる	微構造依存
耐食性	−	優れる	微構造依存
耐熱衝撃性	−	優れる	微構造依存

されるのに対して，α型はABCDABCDの繰り返しとなっている[11]．その結果，表1.1.1に示されるようにα型Si_3N_4のc軸の格子定数は，β型Si_3N_4の2倍になっており，算出された理論密度は前者が3.184 g/cm^3，後者が3.187 g/cm^{3}とほぼ同じ値を示す[11]．

このような結晶構造と強固な共有結合性によって，Si_3N_4は優れた耐熱性，耐食性，高硬度，低熱膨張係数，高熱伝導性などの性質を持つことを特徴としている．

Si_3N_4のSiとNがAlとOによって置換された固溶体は，サイアロンと呼ばれている．このサイアロンは，1971〜1973年の間に，三機関の研究者によってほぼ同時期に発見された[7〜9]．しかし，研究初期の段階では，β-サイアロン

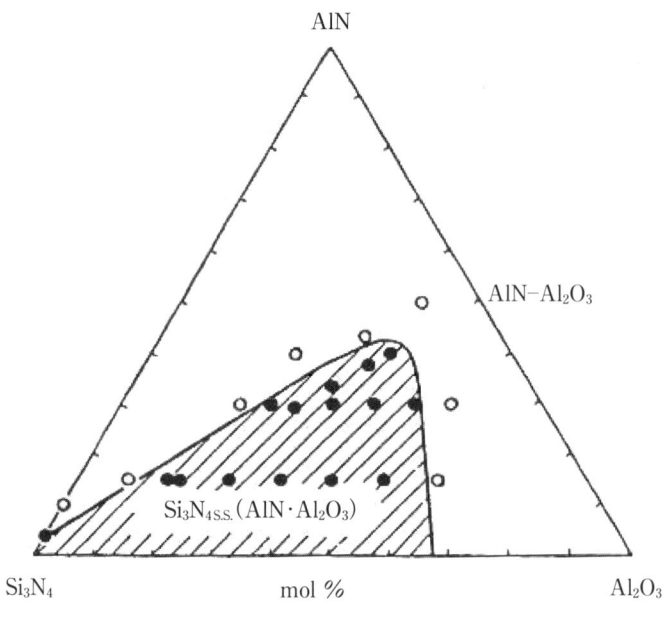

図 1.1.2 Si_3N_4-AlN-Al_2O_3 の相関係図（1700 ℃）
研究初期に提案された β-サイアロン生成域

に対して図 1.1.2 に見られるような，広範囲の固溶域が存在することが示されたが[12]，これは間違いであり，その後，Jack ら[13] や Gauckler ら[14] によって相関係図が明らかにされた．β-Si_3N_4 の置換固溶体である β-サイアロンは，$Si_{6-z}Al_zO_zN_{8-z}$（$z = 0 \sim 4.2$）の示性式で表される．α-サイアロンは，α-Si_3N_4 の単位格子（$Si_{12}N_{16}$）中に 2 個存在する約 0.3 nm の籠状空間に，Ca，Y などの金属イオンが侵入固溶した化合物であり，$M_xSi_{12-(m+n)}Al_{m+n}O_{m+n}N_{16-n}$（M：Ca，Y，Yb…，$x = m/\nu$，$\nu$：M の電荷，$n$：固溶酸素の数）で表される[11]．

図 1.1.3 および図 1.1.4[13] に，α-サイアロンと β-サイアロンの相関係図を示す．図 1.1.4 の右下には，窒化アルミニウム（AlN）の擬似多形であるポリタイポイド（$(AlN)_x(SiO_2)_y$）が存在することも付記しておく．

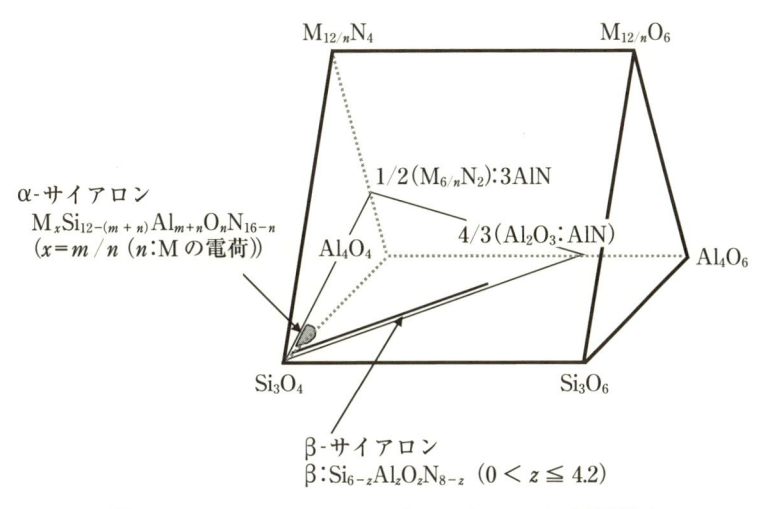

図1.1.3 α-サイアロンおよびβ-サイアロンの相関係図

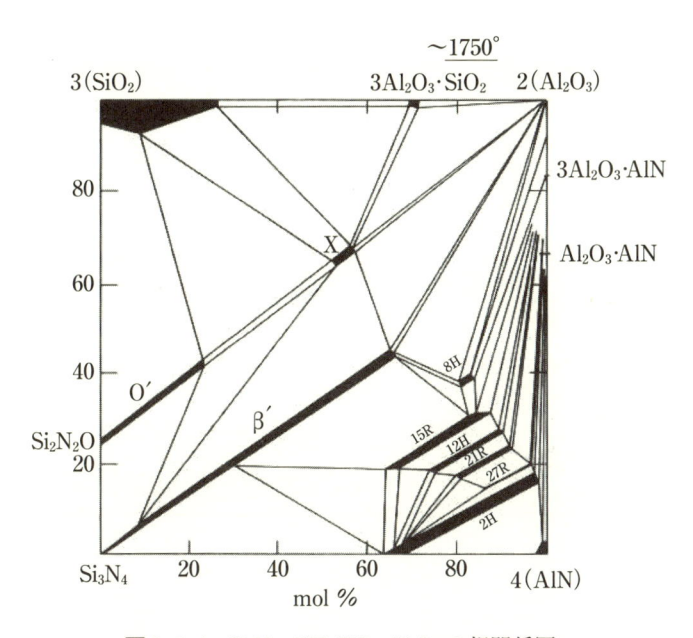

ラベル:
- $M_{12/n}N_4$
- $M_{12/n}O_6$
- $1/2(M_{6/n}N_2) \cdot 3AlN$
- α-サイアロン $M_xSi_{12-(m+n)}Al_{m+n}O_nN_{16-n}$ ($x=m/n$ (n:Mの電荷))
- Al_4O_4
- $4/3(Al_2O_3 \cdot AlN)$
- Al_4O_6
- Si_3O_4
- Si_3O_6
- β-サイアロン β:$Si_{6-z}Al_zO_zN_{8-z}$ ($0 < z \leq 4.2$)

図1.1.4 Si_3N_4-AlN-SiO_2-Al_2O_3 の相関係図

ラベル:
- ~1750°
- $3(SiO_2)$
- $3Al_2O_3 \cdot SiO_2$
- $2(Al_2O_3)$
- $3Al_2O_3 \cdot AlN$
- $Al_2O_3 \cdot AlN$
- Si_2N_2O
- O′
- β′
- 8H, 15R, 12R, 21R, 27R, 2H
- Si_3N_4
- $4(AlN)$
- mol %

1.1.3 Si$_3$N$_4$ 粉末

1960年代の前半には,市販のSi$_3$N$_4$原料粉末は国内には存在せず,英国とドイツのメーカーが製造している程度であったが,それでもα相含有率85%のSi$_3$N$_4$粉末は販売されていた.

1970年代になって,日本でも本格的なSi$_3$N$_4$粉末の製造・販売が始まった.Si$_3$N$_4$粉末の合成法は,①シリコン(Si)の直接窒化法($3\,Si+2\,N_2 = Si_3N_4$),②シリカ(SiO$_2$)の還元窒化法($3\,SiO_2+6\,C+2\,N_2 = Si_3N_4+6\,CO$),③イミド分解法($SiCl_4+6\,NH_3 = Si(NH)_2+4\,NH_4Cl$,$3\,Si(NH)_2 = Si_3N_4+N_2+3\,H_2$に大別される.

①の方法は,Siと窒素の発熱反応を利用するので,低温で焼成しても高温焼成が可能となる省エネ型の合成法である.コスト面では有利であるが,合成された塊を粉砕し,さらに精製することが必要であるため,③のイミド分解法

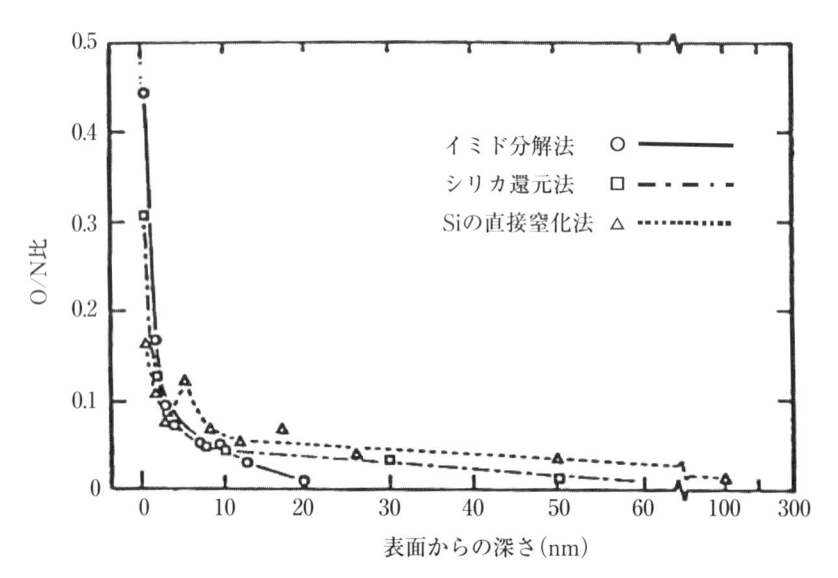

図1.1.5 オージェ分光法によって測定されたSi$_3$N$_4$粒子内の酸素と窒素原子の深さ方向濃度分布

と比べて純度，焼結性はやや劣る．それに対して，イミド分解法は典型的なビルドアップ型である．四塩化ケイ素($SiCl_4$)とアンモニア(NH_3)を反応させてシリコンイミド($Si(NH)_2$)を生成し，これを焼成して非晶質のSi_3N_4とした後結晶化工程を経て製造される[15]．そのため，高純度で微細な粉末を合成することができ，世界のスタンダード的な存在となっている．②に関して井上ら[16]は，SiO_2-C に Si_3N_4 種を添加した系を窒素気流中で焼成して生成粉末の粒形と粒径を制御する方法を開発した．図1.1.5[17]は，Si_3N_4粒子表面から内部への酸素と窒素の濃度分布を示したものである．この図から，イミド分解法による合成粉末は他法に比べて酸素が表面近傍にとどまっているのが分かる．しかし，量産段階では凝集顆粒が多く存在したため焼結性が低下し，市販粉としては大量には製造されなかった．

1.1.4　Si_3N_4の焼結技術の進歩

Si_3N_4は，すでに述べたように強い共有結合性を示し，1気圧下では1900℃前後で分解する難焼結性物質である．そのため焼結法は複雑で多種多様の技術が開発され今日に至っている．

その概要と位置づけを図1.1.6に示すが，詳細は別の項に譲り，ここでは，反応焼結および焼結助剤を用いた系の焼結について歴史的経緯を述べ，応用開発については後半にまとめて記述する．

(1)　Si の窒化反応焼結

Si粉末成形体をN_2気流中で加熱してSi_3N_4焼結体を作製する方法である．Siの窒化によって体積が増加するが，その増加分は粒子間に吸収されるので成形体の寸法はほぼ維持される．Siを原料として低温で焼結することから安価な部品を製造することができる．しかしこの方法では相対密度は75〜85％程度にとどまり強度も低い．

10   1 開発の歴史

図 1.1.6 Si_3N_4 の焼結法と温度圧力領域

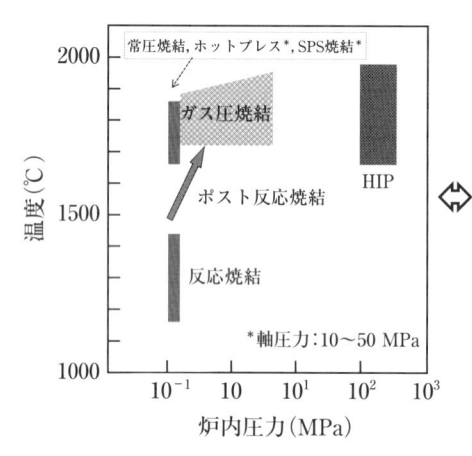

常圧焼結	低コスト，汎用的手法
反応焼結	Si 圧粉体の窒化反応を利用した焼結法
ポスト反応焼結	Si-焼結助剤系の窒化反応焼結後，高温で緻密化する
ホットプレス	高温での一軸成形，カーボンなどの耐熱モールドを使用
ガス圧焼結	Si_3N_4 専用，雰囲気加圧焼結ともいう
熱間加圧焼結 (HIP)	カプセル HIP とカプセルフリー HIP（緻密化後の HIP 処理）に大別
放電プラズマ焼結 (SPS)	パルス通電焼結ともいう
マイクロ波焼結	電磁波を利用した加熱法，電子レンジ原理

(2) Si_3N_4-MgO 系

既述したように，MgO は，焼結助剤として緻密化を可能にした最初の添加物であるが，緻密な焼結体はホットプレスによって作製された．この場合，焼成過程で生成するエンスタタイト（$MgO \cdot SiO_2$），あるいは，フォルステライト（$MgO \cdot 2SiO_2$）に近い組成の液相が生成して，緻密化が促進される．当初は，Si_3N_4 セラミックスは高温利用が目的であったので，常に高温高強度，高耐食性材料の開発が目標とされた．当初はこの MgO 添加系材料が中心であり，英国のルーカス社が開発した高強度の MgO 添加材が米国ノートン社に導入され標準材 NC132 となって研究に供された．しかし，MgO 添加の Si_3N_4 焼結体は強度，靱性ともに，次項で述べる Y_2O_3 添加系に劣り，高温では粒界相の軟化により強度は著しく低下した．さらに，MgO は蒸気圧が高いことから，Si_3N_4-MgO 系は常圧焼結では緻密化は困難であったが，三友[10]は，炉内窒素圧を 10 気圧（1 MPa）にすることによって蒸発を防ぎ緻密化を可能にすることを見出した（図 1.1.7）．この方法はガス圧焼結法（雰囲気加圧焼結ともいう）と呼ばれ，Si_3N_4 の焼結で広く用いられている．

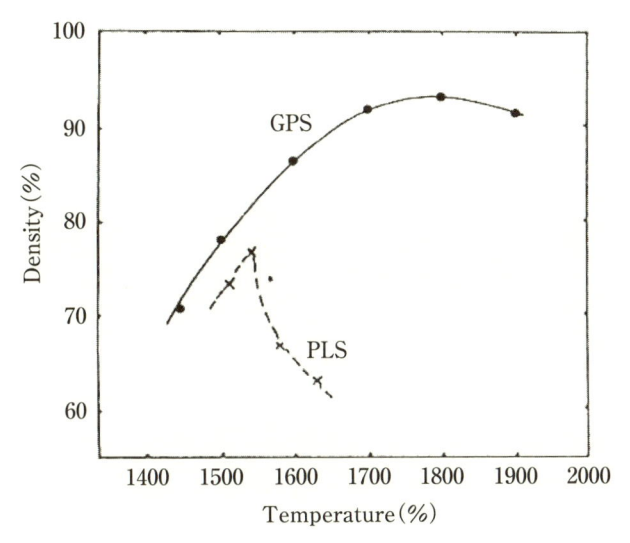

図 1.1.7 Si_3N_4-5 wt% MgO 系の緻密化に及ぼす雰囲気圧力の影響
PLS：常圧 N_2 ガス，GPS：1 MPa N_2 ガス

(3) Si_3N_4-Y_2O_3 系

1969〜1973 年の数年間にわたって米屋，柘植ら[5,6]が発明した Si_3N_4-希土類酸化物系は，最終的には α-Si_3N_4-Y_2O_3-Al_2O_3 系を出発組成とすることによって，これまでにない高い強度と靭性を有する Si_3N_4 焼結体に発展し今日に到っている．この材料系も開発当初は高温での応用を目的としたため，高温強度と耐酸化性が重要な開発課題とされた．以下，この組成系の歴史的な開発経緯を順を追って述べる．

(a) 緻密化・高強度化

α-Si_3N_4-Y_2O_3-Al_2O_3 系の成形体を焼成すると，まず 1400 ℃ 前後の比較的低温で，Si_3N_4 粒子の表面に存在する SiO_2 が他の組成物質と反応して，N 含有ガラス（サイアロンガラス）液相が生成する．一方，Al_2O_3 中の Al, O の一部は Si_3N_4 に固溶して β-サイアロン粒となり，固/液界面での溶解・析出反応と粒界相内の拡散によって緻密化が進行する．この場合，析出する固相はいずれも高

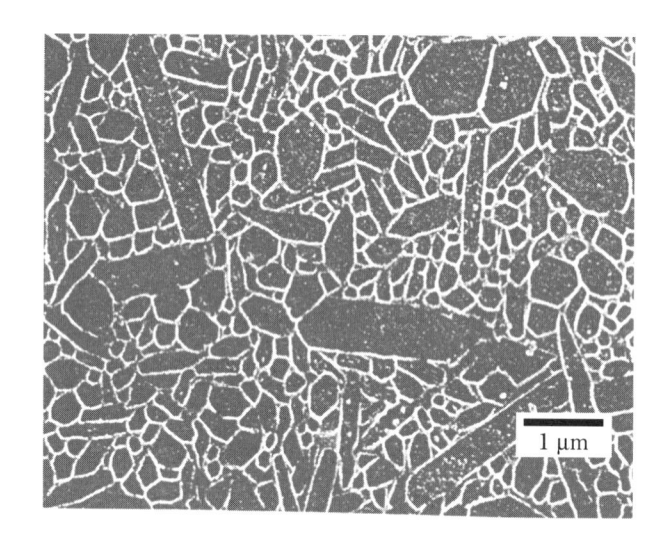

図 1.1.8 Si_3N_4-Y_2O_3-Al_2O_3 系焼結体の微構造（プラズマエッチングによる）

温で安定な β 型となって柱状に成長する．その結果，焼結体の微構造は，図1.1.8 に示すような β-サイアロン柱状粒と粒界相としてのサイアロンガラス相から構成される緻密な焼結体となり，柱状粒のアスペクト比と大きさの分布および粒界相の性状によって強度・靭性が決定される．

(b) 粒界結晶化

高温強度は主として粒界相の高温特性によって決まる．柘植ら[18]は Si_3N_4-Y_2O_3-Al_2O_3 系において高温強度をさらに高めるために，粒界ガラス相から SiO を排出させて粒界相を結晶化する技術を開発した．この場合，結晶相はメリライト相（$Y_2Si_3O_3N_4$）からなり，この化合物の融点が高いことから，図 1.1.9 に示されたように 1200 ℃でも高い曲げ強さを保持している．

ところで，その数年後にメリライト相は低温において，$Y_2Si_3O_3N_4 + 2O_2 \rightarrow Y_2Si_2O_7 + 2N_2$（$\Delta V/V_0 = 30\%$）の酸化反応が起こり，その体積変化によって致命的な劣化をもたらすという論文が発表され，業界では大きな問題になった（図 1.1.10）[19]．著者らは，このことを大変憂慮し，低温大気中で 5000 h の酸化および燃焼ガス中 100 h の腐食試験を行った．その結果，実験データからは

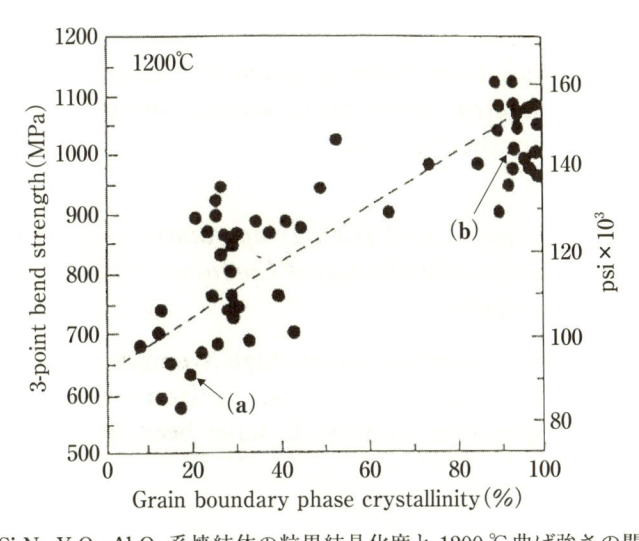

図 1.1.9 Si_3N_4-Y_2O_3-Al_2O_3 系焼結体の粒界結晶化度と 1200 ℃曲げ強さの関係
(a) σ_{RT} = 1210 MPa, $\sigma_{1200℃}$ = 650 MPa,
(b) σ_{RT} = 1240 MPa, $\sigma_{1200℃}$ = 1020 MPa
結晶化度はあらかじめ合成したメリライトを基準とした XRD 回折による検量線を基準として算出した

問題ないことが確認されたので安堵したが，このことは後に Y. B. Cheng ら[20]が，M($Y_2Si_3O_3N_4$) と M′($Y_2Si_3O_3N_4$ に Al, O が置換固溶)では耐酸化性は大きく異なり，M′ は優れた耐食性を持つことを明らかにしたことで納得できた．

(c) 高次微構造制御による特性向上

通常の Si_3N_4-Y_2O_3-Al_2O_3 系において，原料である Si_3N_4 よりも粗大な β-Si_3N_4 を核として添加すると，焼結体の微構造を粗大粒子と微細粒子が混在し，結果として，粒径分布がバイモダルになって靭性が向上することが見出された[21]．こうした高次微構造制御は 1994 年に開始されたシナジーセラミックスプロジェクトでも積極的に研究が進められた．例えば，Si_3N_4 ウィスカーを種結晶として Si_3N_4-Y_2O_3-Al_2O_3 系スラリー中に混合し，シート成形後積層化した成形体を焼成して柱状結晶粒が配向した焼結体を作製し，1400 MPa の曲げ強さ，12.4 MPa m$^{1/2}$ の破壊靭性を持つ材料が開発された[22]．また同様に Si_3N_4 ウィスカーを配向させた成形体を焼成することによって，種々の気孔率を持つ多孔

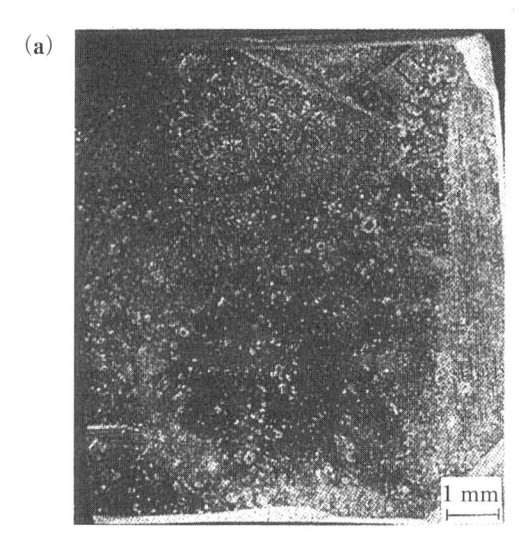

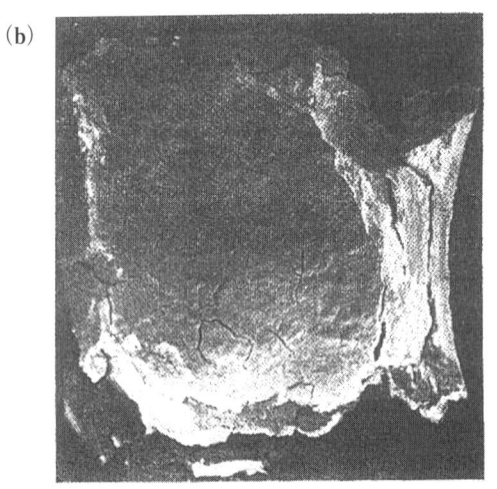

図 1.1.10 Si$_3$N$_4$-Y$_2$O$_3$ 系焼結体の酸化試験後の変化
(a)粒界相がガラス状，(b)粒界相がY-メリライト相(Y$_2$Si$_3$O$_3$N$_4$)

体が作製された[23]．この焼結体は，気孔率0〜20％の範囲で極めて高い強度，靱性，破壊エネルギーを示しており，例えば10％の気孔率でも，曲げ強さ：

1000 MPa，破壊靭性：15 MPa m$^{1/2}$，破壊エネルギー：450 J/m^2 の値が得られている．その理由は，粒子の配向に伴う気孔配向によって見掛け上の欠陥寸法が小さくなったためと説明されている．

(d) 汎用材料としての Si_3N_4 の多様化

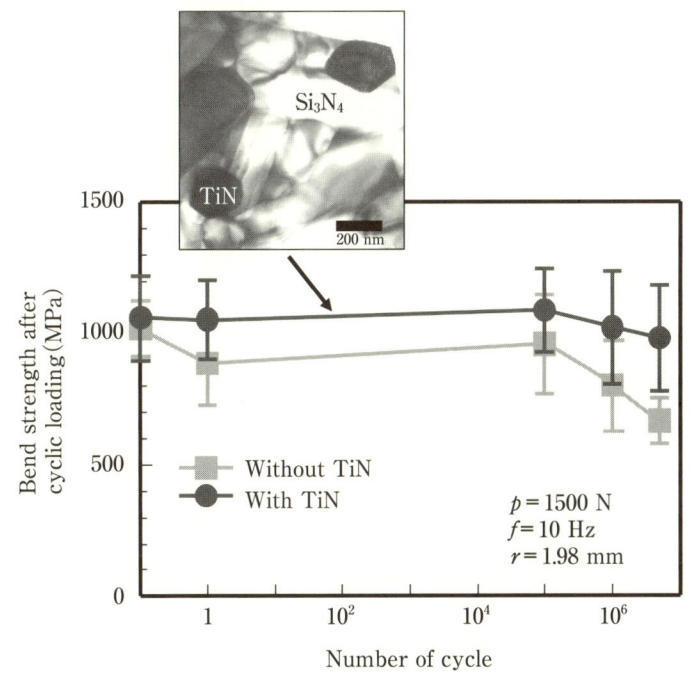

Si_3N_4 に対する市場からの期待は，室温から 1200 ℃付近の温度域であることから，対象とする部材は Si_3N_4-Y_2O_3-Al_2O_3 を基本系とするもので対応できるが，求められる課題は常に要求性能 ＋ コストである．とくに，低コスト化のために安い原料と低温焼結の研究が多面的に進められた．そのうちの一つが，安価な Si を原料とし，Si-焼結助剤系を出発組成として，反応焼結と緻密化焼結を併用するポスト反応焼結法である[24]．また，機能向上も含めて，さらに付加的な添加物やナノ粒子の適用も検討された．例えば，小松ら[25, 26]は，

図 1.1.11 Si_3N_4-Y_2O_3-Al_2O_3 系焼結体において TiN の有無に対する繰り返し圧子圧入回数と曲げ強さの関係

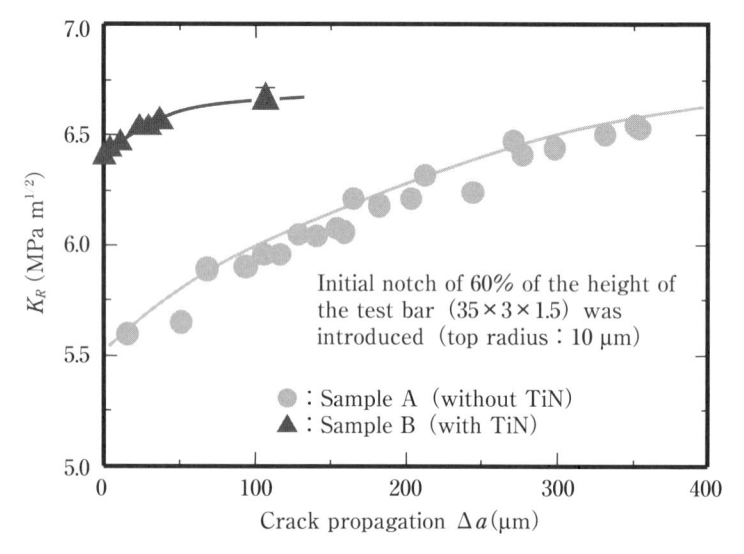

図 1.1.12 Si$_3$N$_4$-Y$_2$O$_3$-Al$_2$O$_3$系焼結体のRカーブ挙動
A：TiNなし，B：TiNあり

Si$_3$N$_4$-Y$_2$O$_3$-Al$_2$O$_3$系に窒化アルミニウム(AlN)と酸化チタン(TiO$_2$)を添加した成形体を焼成すると，低温で緻密化が促進されることを見出した．この場合TiO$_2$は，低温でSi$_3$N$_4$やAlNと反応して窒化チタン(TiN)に変化し孤立粒子として粒界に存在するが，このことによって粒界が強化されるため，摺動部材として必須の，繰り返し加重に対する耐久性が著しく向上することが確認されている(図1.1.11)[27, 28]．このように，TiN粒子が粒界に存在することによって繰り返し加重に対する耐性が向上したのは，図1.1.12のRカーブに示されたように，TiNの存在で微小き裂領域での応力拡大係数が向上し，き裂進展が抑制されたためであることが多々見ら[29]によって明らかになっている．また，粒界にカーボンナノチューブ(CNT)を導入して導電性を有するSi$_3$N$_4$焼結体も作製されている[30]．

(4) Si$_3$N$_4$-他の希土類酸化物系

希土類元素酸化物を中心とした多くの焼結助剤が検討された．その詳細は紙面の関係で省略し，ここでは高温特性に関係する2，3の例を紹介するにとど

める．

　図1.1.13はSi$_3$N$_4$-M$_x$O$_y$-SiO$_2$系焼結体(Mは希土類元素)の共融温度および高温強度と希土類元素のイオン半径との関係を示したものであるが，この図からイオン半径が小さいほど高温強度が高いことが分かる[31]．三友ら[32]は，イットリウム(Y)よりイオン半径が小さいイッテルビウム(Yb)は，共存する酸窒化物が少なくYb$_4$Si$_2$O$_7$N$_2$の融点が高いことを考慮して，Si$_3$N$_4$-酸化イッテルビウム(Yb$_2$O$_3$)系の焼結体を作製し耐熱性が向上することを示した．また，Ybよりもさらにイオン半径が小さいルテシウム(Lu)の酸化物である酸化ルテシウム(Lu$_2$O$_3$)を用いることによって，優れた高温特性を示すことも明らかにな

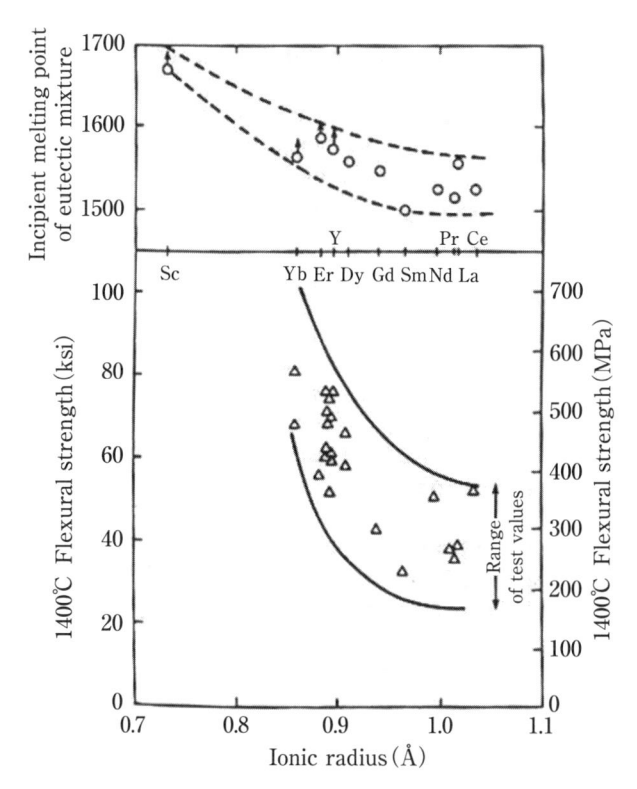

図 1.1.13 Si$_3$N$_4$-M$_x$O$_y$-SiO$_2$系焼結体(Mは希土類元素)の共融温度および高温強度と希土類元素のイオン半径の関係

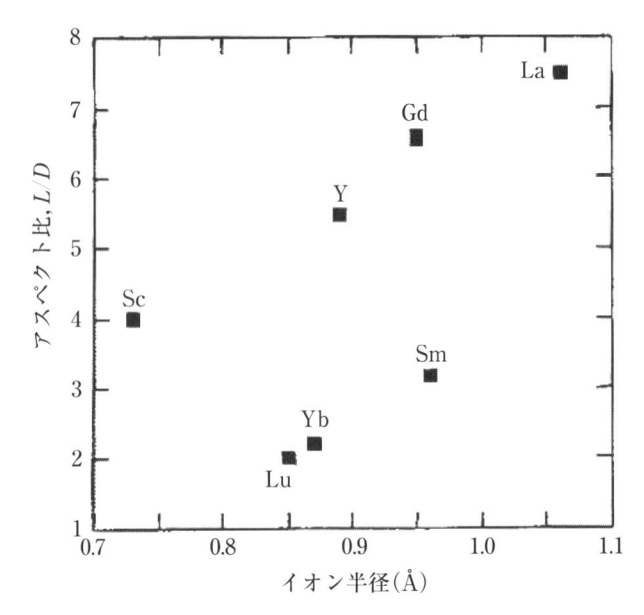

図 1.1.14 Si_3N_4-希土類酸化物系焼結体における Si_3N_4 結晶粒のアスペクト比と希土類元素のイオン半径の関係

り[33],現在この材料系による適用化研究が進められている.そのほか,図 1.1.14[34] に示されるように,添加する希土類元素の種類によって,焼結体の結晶粒の形態が異なり,そのアスペクト比はイオン半径が小さいほど小さくなることも確認されている.その粒成長機構についても計算科学と走査透過電子顕微鏡(STEM)によって明らかにされつつある[35, 36].

1.1.5 新機能材料としての Si_3N_4 関連材料

物質にはそれぞれ固有の機能が存在するが,それらが結晶,粉体,焼結体,膜などの形態において,新しい機能材料として創出され適材適所利用されている.最近,Si_3N_4 においてもエンジニアリング材料のみならず,種々の機能が注目され新しい用途が出現している.その例として,高熱伝導性 Si_3N_4 と窒化物蛍光体を紹介するが,詳細は各章,項をご覧いただきたい.

1.1 窒化ケイ素セラミックス材料開発の歴史

(1) 高熱伝導性 Si_3N_4

周知の通り，高熱伝導性セラミックスとしては AlN が使われているが，機械的な特性が不十分であることから，高熱伝導性 Si_3N_4 が注目を集めている．結晶構造は α より β-Si_3N_4 の方が単純であることから，a 軸/c 軸方向の熱伝導率の計算値としては，α-Si_3N_4 と β-Si_3N_4 でそれぞれ 105/225 W/mK, 170/450 W/mK が得られており，β の方が高い熱伝導率を示すことが知られている[37]．現在，製造されている放熱基板は 50～100 W/mK 程度の低い値であるが，これは Si_3N_4 粒内の固溶不純物や転位などによる構造の乱れに由来する．サイアロンは置換型固溶体であるので，熱伝導率は極端に低下することから焼結助剤の選択が重要である．これまで多くの研究が行われているが，いずれも Al_2O_3 を除き，MgO, Y_2O_3, $MgSiN_2$, 希土類元素酸化物などの単独あるいはこれらの組み合わせと β-Si_3N_4 粒の配向やプロセス上の工夫によって，100～155 W/mK の高熱伝導材が開発されている[38]．

(2) 窒化物蛍光体[39～41]

窒化物・酸窒化物結晶をホスト結晶とする蛍光体は窒素が結合に関与するため酸化物に比べて耐久性にすぐれ，可視光励起，広範囲の組成が可能などの特徴がある．そこで，これらの結晶をホストとして，光学活性な希土類イオンを付活することにより，α-サイアロン黄色蛍光体，赤色カズン($CaAlSiN_3$)蛍光体，緑色 β-サイアロン蛍光体が開発されている．これらの蛍光体はいずれも 450 nm 前後の光で効率よく励起できることが特徴であり，青色 LED を励起源とする用途に適しているので，新規蛍光体として期待されており，一部実用の段階に入っている．

その概要を以下に述べる．

① α-サイアロン黄色蛍光体は既述のように籠状の空間に Li, Mg, Ca, Y, ランタノイド元素が固溶できる．その中で Eu^{+2} で付活した Ca-α-サイアロンは，450 nm の青色励起で 590 nm の黄色を発光する蛍光体である．

② $CaAlSiN_3$(CASN：カズン)は，(Si, Al)-N_4 の四面体骨格に Ca を含有した斜方晶構造を持つ．この結晶の Ca の一部を Eu^{+2} で置換した蛍光体であり，

450 nm で励起され 650 nm の赤色を発する．励起帯域が広いので青色の他に紫 LED としても期待される．

③ β-サイアロンは，α-サイアロンのような籠状空間はないが，これに，Eu^{+2} の 5d→4f の遷移に伴う緑色の発光ピークが認められている．励起帯域が紫外線から 500 nm 程度と広いので，紫色あるいは青色の励起源として利用できる．

その他に，La 酸窒化物である $LaAl(Si_{6-z}Al_z)N_{10-z}O_z$ も青色蛍光体として開発されている．このように窒化物・酸窒化物は，多種多様の組成を含む化合物群であるので，今後とも多くの新規蛍光体シーズの発掘が期待でき，それらの組み合わせによって各種の LED を創出できるものと考えられている．

1.1.6 応用展開

Si_3N_4 セラミックスとしては，20 世紀の半ばに反応焼結 Si_3N_4 が開発された段階から，総合的に優れた機械的・熱的特性を持つ物質であることが知られており，部品試作も行われた．さらに，その時代に先立って反応焼結 Si_3N_4 で結合させた SiC 系耐熱煉瓦が開発され，耐火物などにも利用された．

エンジニアリングセラミックスとしての本格的な応用は 1981 年のグロープラグに始まる．その後，1982 年のホットチャンバ，1985 年のターボチャージャーロータ，1989 年のインジェクターリンクなど多様化してきている[42]．中でも，ターボチャージャーロータの場合は，回転翼というきわめて高い信頼性を要求する複雑形状部品を脆性材料であるセラミックスで実現させた点で，材料技術の発展に多大な貢献をもたらしたと評価されている．

摺動部材としてのインジェクターリンクはハイウェイジーゼルの長寿命化を実現し，しかもエミッションの激減をもたらした．このような，耐摩耗部材としての応用は Si_3N_4 セラミックスが最も得意とするところであり，1984 年のベアリングへの応用[43]を初め，切削工具，粉砕用治具ロッカーアームパッド，タペット，ブレーキ部品等々に応用されてきた[44]．とくにベアリングボールへの応用は，軸受鋼では不可能な高速回転，耐食環境，高温域などの用途に使用

され，ISO 規格も 2009 年に制定されている．さらに，アルミニウム溶湯部材としても注目され，自動車用を中心に用途が拡大しつつある．このような応用開発を軸とし，関連部品への横展開として，種々の産業機械部品，粉砕メディア，各種ヒータ，耐熱治具，焼成部材などへも利用されている．

また，前述の通り，新機能材料として Si_3N_4 の高熱伝導性と電気絶縁性を利用した半導体素子基板や α-サイアロンなどの窒化物蛍光体が創出され今後の発展が期待されている．

参 考 文 献

1) H. S. C. Deville and F. Whole, Liebigs Ann. Chedm., **104**(1857)256.
2) L. Weiss and T. Engelhardt, Z. Anorg. Chem., **65**(1910)38.
3) J. F. Collins and R. W. Gerby, j. Mert., **7**(1955)612-613.
4) G. G. Deeley, J. M. Herbert and N. C. Moore, Powder Metall., **8**(1961)145-151.
5) K. Komeya and F. Noda, 1974 SAE Transaction(1974)1030-1036.
6) A. Tsuge, K. Nishida and M. Komatsu, J. Am. Ceram. Soc., **58**[7-8](1975)323-326.
7) Y. Oyama and O. Kamigaito, Japan J. Appl. Phys., **10**(1971)1637.
8) K. H. Jack and W. I. Wilson, Nature Phys. Sci. (London), **238**(1972)28.
9) 柘植, 井上, 米屋, 第 10 回基礎討論会, 大阪(1972).
10) M. Mitomo, J. Mater. Sci., **11**[6](1976)1103-1107.
11) S. Hampshire, H. K. Park, D. P. Thompson and K. H. Jack, Nature, **274**(1978)880-882.
12) Y. Oyama, Yogyo Kyokai Shi, **82**(1971)351.
13) K. H. Jack, J. Mater. Sci., **11**(1976)1135-1158.
14) L. J. Gauckler and J. Huseby, J. Am. Ceram. Soc., **58**(1976)346, 377.
15) T. Yamada and Y. Kotoku, Jpn. Chem. Ind. Assoc. Mon., **42**(1989)8.
16) H. Inoue, K. Komeya and A. Tsuge, J. Am. Ceram. Soc., **65**(1982)C205.
17) H. Jennet, H. Bubert and E. Grallath, Fresenius Z. Anal. Chem., **333**(1989)502.
18) A. Tsuge and K. Nishida, Am. Ceram. Bull., **57**(1978)424.
19) S. Hampshire, Mats. Sci. and Tech. : Structure and Properties of ceramics, ed. M. Swain, VCH(1993)pp. 119-171.

20) Y. B. Cheng and D. P. Thompson, J. Am. Ceram. Soc., **77**[1](1994)143-148.
21) M. Mitomo, N. Hirosaki and H. Hirotsuru, MRS Bull., **20**(1995)38-42.
22) H. Imamura, K. Hirao, M. E. Brito, M. Toriyama and S. Kanzaki, J. Am. Ceram. Soc., **83**(2000)495-500.
23) Y. Shigegaki, M. E. Brito, K. Hirao, M. Toriyama and S. Kanzaki, J. Am. Ceram. Soc., **80**(1997)495-498(多孔体).
24) J. A. Mangels and G. J. Trennenhouse, Am. Ceram. Soc. Bull., **59**(1980)1216.
25) 小松通泰他, 日本特許 No. 1269316(1985).
26) 小松通泰, セラミックス, **39**(2004)633-638.
27) T. Yano, J. Tatami, K. Komeya and T. Meguro, J. Ceram. Soc. Japan, **109**[5](2001)396-400.
28) 米屋勝利, 多々見純一, FC レポート, **21**[2](2003)32-38.
29) J. Tatami, I. W. Chen, Y. Yamamoto, M. Komatsu, K. Komeya, D. K. Kim, T. Wakihara and T. Meguro, J. Ceram. Soc. Japan, **114**[11](2006)1049-1053.
30) J. Tatami, T. Katashima, K. Komeya and T. Meguro, J. Am. Ceram. Soc., **88**(2005)2889-2893.
31) C. A. Andersson, R. Bratton, Final Technical Report, US Energy Res. Dev. Adm. Contract No. EY-76-C-05-5210, Aug. (1977).
32) T. Nishimura, M. Mitomo and H. Suematsu, J. Mater. Res., **12**(1997)203-209.
33) S. Guo, N. Hirosaki, Y. Yamamoto, T. Nishimura and M. Mitomo, Scrip. Mater., **45**(2001)867-874.
34) G. S. Painter, P. F. Becher, W. A. Shelton, R. L. Satet and M. J. Hoffmann, Phys. Rev., **B70**(2004)144108.
35) N. Shibata, S. J. Pennycook, T. R. Gosnell, G. S. Painter, W. A. Shelton and P. F. Becher, Nature, **428**(2004)730-733.
36) N. Shibata, G. S. Painter, R. L. Satet, M. J. Hoffmann, S. J. Pennycook and P. F. Becher, Phys. Rev. B, **72**(2005)140101(R).
37) N. Hirosaki, S. Ogata and C. Kocxer, Phys. Rev., **B65**(2002)13410/1-13410/11.
38) K. Hirao, K. Watari, H. Hayashi and M. Kitayama, MRS Bull./June(2001)451-455.
39) R. J. Xie, M. Mitomo, K. Ueda, F. F. Xu and Y. Akimune, J. Am. Ceram. Soc., **85**(2002)1229-1234.
40) J. W. H. van Krevel, J. W. T. van Rutten, H. Mandal, H. T. Hintzen and R.

Metselaar, J. Solid State Chem., **165**(2002)19-24.
41) 広崎尚登, 解栄軍, 佐久間健, セラミックス, **41**[8](2006)602-606.
42) 安藤正英, FC レポート, **21**[1](1994)66-70.
43) K. Komeya and H. Kotani, JSAE Rev., **7**(1986)72-79.
44) 加藤仁也, 渡辺敬一郎, 三輪真一, FC レポート, **21**[1](1994)44-51.

2

結晶構造

2.1 窒化ケイ素とサイアロン

2.1.1 窒化ケイ素

　酸化物内の化学結合は主にイオン性であり，その結晶構造は剛球モデルによってほぼ説明できる．酸素イオンの密なパッキングの隙間に金属イオンが充填されるが，金属イオンの配位数はその大きさに依存する．つまり金属イオンと酸素イオンの半径の比率で決まる．金属イオンが小さいと3配位であり，大きくなるに従い4, 6, 8, 12と配位数が増加する．

　Si-Nの結合は共有性が高い．このためSiの結合電子(sp^3電子)は局在し，Siの周りには4個のNが配置し正四面体を作る(図2.1.1)．窒化ケイ素(Si_3N_4)系化合物の構造は，この四面体とNの周りに3個のSiが配位した三角形が種々の形で結びついてできる．

　窒化ケイ素内の化学結合の特性から，その低熱膨張，高熱伝導，低密度，低自己拡散(低焼結性)などの性質が発現してくる．窒化ケイ素内のSi_3N_4四面体の結びつき方にはβ, α, 立方晶の3種類がある．その内，前2者が常圧相，

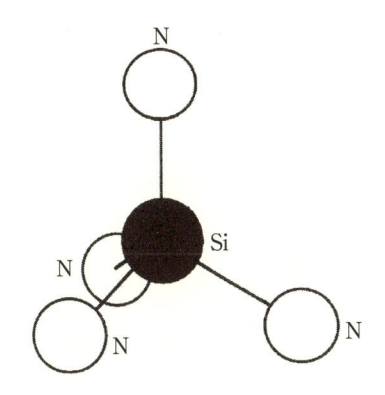

図2.1.1　窒化ケイ素の基本構造である正四面体

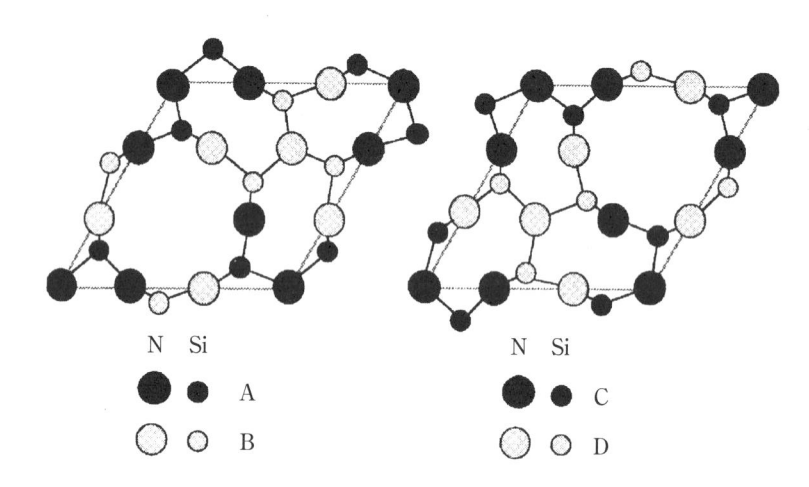

図 2.1.2 窒化ケイ素を構成する(左)AB 層，(右)CD 層(β 型窒化ケイ素：ABAB，α 型窒化ケイ素：ABCD)

後者が高圧相である．β および α を構成する単位層内の結合を図 2.1.2 に示す[1]．

(1) β 型窒化ケイ素

β 型窒化ケイ素は，図 2.1.2(左)の AB 層を繰り返す構造であり，ABAB $\cdots$ の繰り返しになる．AB 層は横から見ると 2 層に見える．小さい球は Si を表し，大きい球は N を意味する．黒と灰は異なる層を表し，四面体の一面が底面に平行になるように配置してある．空間群：$P6_3/m$(六方晶)，格子定数は $a = 0.7603$ nm，$c = 0.2907$ nm である．単位格子に 1 個の c 軸に伸びる大きなトンネルがある．軽元素からなり，しかも結合方向に制限があるため，比重が 3.20 g/cm^3 と比較的軽く，機械部品として有利である．

β 相は高温で安定であり，セラミックスは β 型窒化ケイ素粒子と焼結助剤を含む粒界相からなる．窒化ケイ素粒子はその結晶構造を反映して六角柱に発達するため，き裂の進行を妨害し，破壊靱性は高くなる．

(2) α型窒化ケイ素

α型窒化ケイ素の空間群はP31c（三方晶）であるが，β型と比較するため，六方晶で表示するのが普通である．結晶構造は，AB層の上に図2.1.2（右）のCD層が重なったABCD…の繰り返した構造になる．したがって，単位格子は$a = 0.7753$ nmとβ型窒化ケイ素とほぼ同じであるが，$c = 0.5619$ nmと約2倍となる．AB層にある大きな空間は上下のCD層で閉じられるため，孤立した大きな空間が単位胞当たり2個できる．

α型窒化ケイ素は低温で生成するので，主に焼結用原料粉末を作るプロセスで作られる．粉末中には多かれ少なかれ酸素が不純物として含まれる．さまざまな粉末の単位格子のa軸（実線）とc軸（点線）の長さと酸素量の関係は図2.1.3のようである[2]．この図は酸素が約0.2 wt%まで格子内に固溶し，それ以上では表面の酸化層（シリカ層）となることを意味する．酸素をほとんど含まないものはCVDで合成した単結晶であるが，比重は0.2 wt%の酸素を含む粉末より低いことから窒素位置に欠陥を多く含む不安定相と考えられる[2]．酸素が0.4 wt%のとき比重は極大を示し，さらに増加すると低下する．このことか

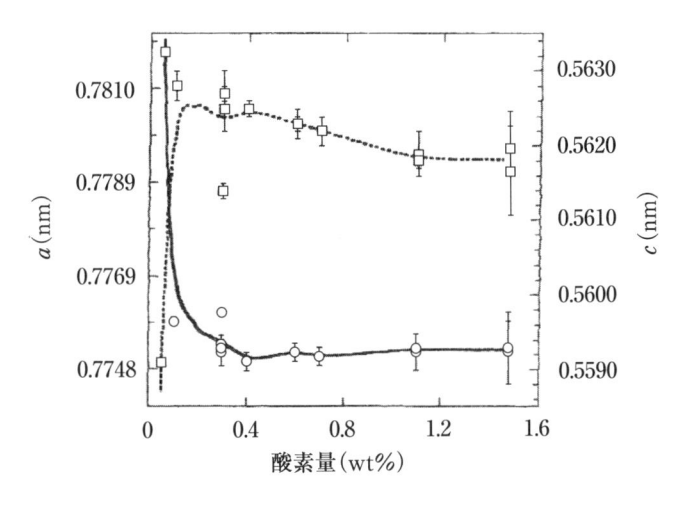

図2.1.3 α型窒化ケイ素中の酸素量と格子定数の関係

ら，少量の酸素を含む方が熱力学的に安定であると考えられる．

図 2.1.2 の AB と CD の単位構造は鏡像関係なので，回転操作では一致しない．したがって，固体内の α/β 変化が起こるメカニズムは不可能で，Si-N 結合がいったん切れる必要がある．事実，単結晶を高圧窒素下で 1800 ℃ 以上に加熱しても，解離する過程がないため，相変化が起こらない[3]．

窒化ケイ素を焼結するには，液相を生成する焼結助剤を添加する必要がある．界面の液相を通して原料 α 粒子の溶解と β 粒子の成長が起こる．この過程で相変化と緻密化が平行して進む．α 型粉末は焼結温度では不安定なので，この α/β の相変化が焼結の駆動力となる．

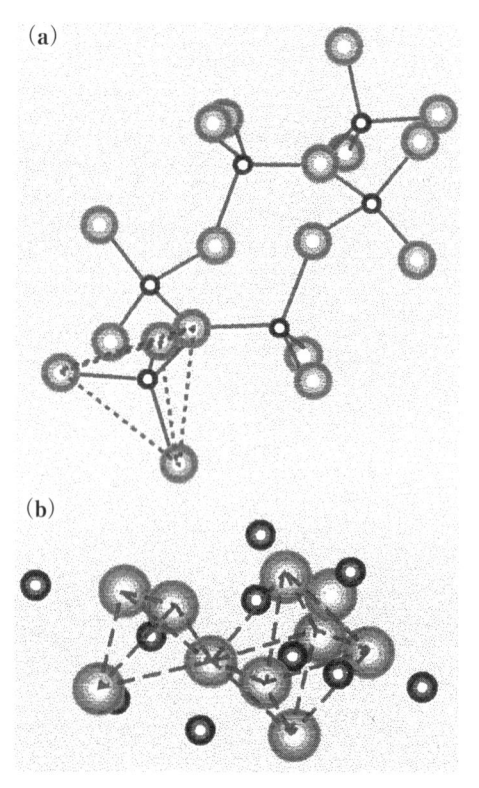

図 2.1.4 (a) β 型窒化ケイ素の構造 (図 2.1.2 の AB 層) と (b) 立方晶窒化ケイ素の比較．立方晶中の Si が 4 配位と 6 配位していることが示されている

(3) 立方晶スピネル型窒化ケイ素

1999 年になって発見された新しい相で 15 GPa 以上の高圧下，2000 K 以上の高温下のダイヤモンドアンビル中で生成した[4]．酸化物ではごくありふれたスピネル型(AB_2O_4)の立方晶と同じ構造で，$SiSi_2N_4$ と書くことができる．六方晶(a)と比較した立方晶(b)の構造は図 2.1.4 のように Si は 1：2 の割合で 4 配位と 6 配位となる．図(b)には 4 配位と 6 配位を点線で示してある．配位数の増加によって，密度は 3.93 g/cm^3 と常圧の六方晶より約 23％向上する．

酸化物スピネルは $MgAl_2O_4$，$CoAl_2O_4$，その他多くがあるが，A サイト(Mg や Co)は 4 配位であり，B サイト(Al)は 6 配位である．これはそれぞれのイオンの相対的大きさで決まる．このようにごくありふれた窒化ケイ素という物質に新しい結晶構造が見いだされたのは，高圧技術の進歩に負うところが大きい．

密度の上昇に従いヤング率も 300 GPa と常圧相の約 250 GPa よりずっと高く，硬度も 30 GPa とダイヤモンドや CBN に次ぐ硬い材料となる．

ダイヤモンドアンビルでは極少量の試料しか作れないが，衝撃圧縮による高圧ではかなりの量を得ることができ，しかも微細で粒径のそろったものなのでナノ加工用材料として期待される[5]．

2.1.2 サイアロン

(1) β-サイアロン

窒化ケイ素セラミックスは冷却後，助剤を含む粒界相が固化する．この材料は高温で粒界相が軟化し，強度，耐クリープ性や耐酸化性が低下する．ところが，アルミナを焼結助剤として窒化ケイ素焼結体を作ると，焼結後アルミナが粒内に固溶してほとんど粒界相が残らないことが見いだされた[6,7]．このセラミックスを構成する粒子はもはや窒化ケイ素ではなく Si-Al-O-N 系の固溶体なので sialon(サイアロン)と呼ばれる．β 型窒化ケイ素の固溶体なので簡単に β' で表す場合もある．サイアロンという用語は狭義には窒化ケイ素の固溶体を意味するが，広義には，金属-Si-Al-O-N 系の化合物を含む場合がある．

表 2.1.1 β-サイアロンの固溶量(z)と格子定数の関係

z	a (nm)	c (nm)	d_{cal} (g/cm^3)
0	0.7603	0.2919	3.188
1	0.7636	0.2937	3.151
2	0.7663	0.2963	3.112
3	0.7685	0.2995	3.070
4	0.7716	0.3005	3.045

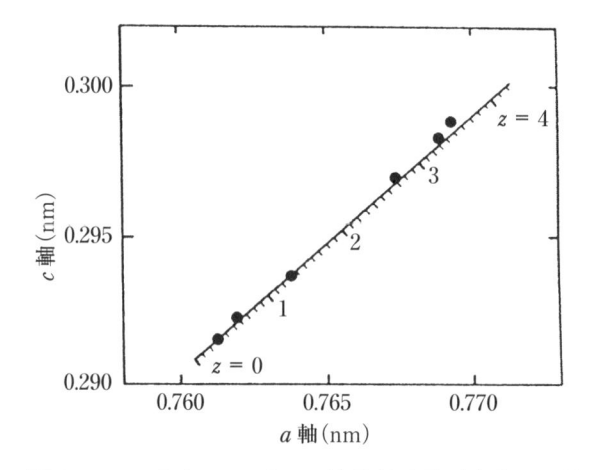

図 2.1.5 β-サイアロン中の固溶量(z)と格子定数の関係

サイアロンは焼結の際に液相が生成するが,高温では固溶が進行する.したがって,液相の量と組成は焼結と共に変化する.最終的にはほとんど粒内に固溶してしまうので,遷移的(transient)液相焼結と呼ばれる.

その後,Si_3N_4-SiO_2-AlN-Al_2O_3 系の相関係が検討され[8],サイアロンはβ型窒化ケイ素の Si 位置に Al が,N 位置に O がランダムに置換型固溶したことが明らかとなった.したがってβ-サイアロンは,Si_3N_4 と $AlN\cdot Al_2O_3$(または $SiO_2\cdot 2AlN$)の金属/非金属が 3/4 の組成の線上で生成する.一般式は,$Si_{6-z}Al_zO_zN_{8-z}$(($Si, Al)_3(O, N)_4$)で示される.z の範囲は 0〜4.2 であり,広い固

溶域がある．$z=3$ で Si と Al が等原子数なので，Al がリッチの組成まで β 型窒化ケイ素の構造を保持することになる．固溶量の増加に伴い，格子は表2.1.1，図2.1.5のように膨張する[9, 10]．固溶は主に，長さ 0.174 nm の Si-N 結合が長さ 0.175 nm の Al-O 結合に置換されるのに相当するので，格子は膨張し，密度は低下する．

焼結体には粒界相がほとんどないため，高温における強度，耐クリープ性，耐酸化性，耐食性にすぐれる．一方，室温強度，耐熱衝撃性，破壊靭性に問題がある．また一種の合金なのでセラミックスアロイということもあり，熱伝導率は窒化ケイ素より低下する．

(2) α-サイアロン

すでに述べたように，α 型窒化ケイ素は高温で不安定になり β 型に転移する．しかし，ある特定の組成の化合物を焼結助剤として加熱すると，α 型の固溶体である α-サイアロンが生成し高温でも安定となる[1, 11]．α-サイアロンは α 型窒化ケイ素の固溶体なので α' と呼ばれる場合がある．固溶できる金属は Li，Ca，Y，ランタニド金属(Ce, La を除く)であり，イオン半径は 0.11 nm 以下と制限される．これは (Si, Al)(O, N)$_4$ 四面体で構成される単位胞当たり2個ある大きな空間に，イオンが固溶する必要があるためである．構造を安定化するイオンが格子間に侵入型固溶する位置は図2.1.6に斜線で示した．α-サイアロン焼結体は単位体積内の原子数が多く，硬度が高く耐摩耗性にすぐれる．

最近，この構造を利用して安定化金属の一部を光学活性な金属イオンで置換して，蛍光体を開発する研究が始まっている[12]．耐熱性に優れているので温度が上昇しても発光強度の低下(温度消光)が少ない，窒素含有率が高いので可視光を吸収し，長波長の発光をするなどの特徴がある．

α-サイアロンは，一般式は $M_x(Si_{12-(m+n)}Al_{m+n})(O_n N_{16-n})$ で示される(x は 0.3〜2，上限は金属の種類と合成温度で異なる)．一般式で Si, Al, O, N の組成は金属/非金属 $=3/4$ で示されるが，金属(M)がその外側に記載されているのは，置換型固溶でなく格子間に侵入型固溶することを示す．α-サイアロンは原料中に窒化物の多い原料組成で製造でき，窒素含有率の高い固溶体であ

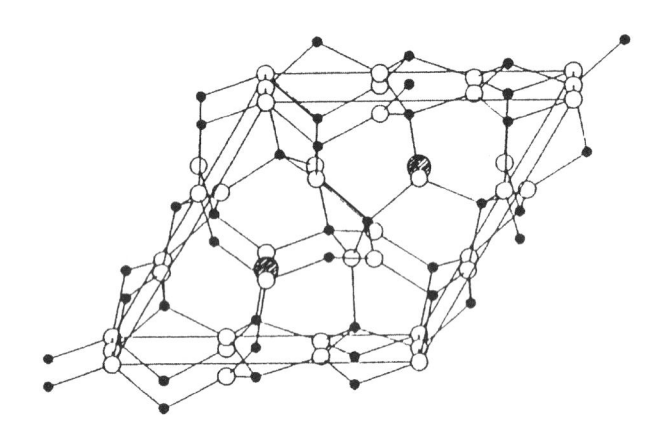

図 2.1.6 α-サイアロンの構造(格子間の 2 個の固溶位置を斜線で示す)

　る.
　つまり,近似的に窒化ケイ素の Si-N 結合(0.174 nm)を Al-N 結合(0.187 nm)で置換した固溶体と見ることができる.単位胞当たり Si-N 結合を置換した Al-N 結合の数は m,n は Al-O 結合の数である.x は金属イオンの固溶であり,m は Al の固溶量,n は窒素含有率(N/N+O)とも関係する.
　固溶範囲は金属/非金属 = 3/4 の組成上のみでなく O/N 比にも広がりがあり[13],Si_3N_4-AlN-金属酸化物-金属窒化物系の窒素含有率が高い組成で生成する.酸化物を全く含まない原料混合物からも合成できる.固溶の下限は構造を安定化するのに必要な最低限の量で,金属の種類に関係なく $x = 0.3$ である(図 2.1.7)[14].上限は金属イオンの半径が小さいほど大きく,大きいほど小さくなる.したがって,このサイトは一部のみ充填されており,ある意味では点欠陥の多い構造である.
　六方晶系の格子定数はイオンの種類に関係なく,

$$a = 0.7752 + 0.0036\ m + 0.002\ n\,(\mathrm{nm})$$
$$c = 0.5620 + 0.0031\ m + 0.004\ n\,(\mathrm{nm})$$

で表示される[15].

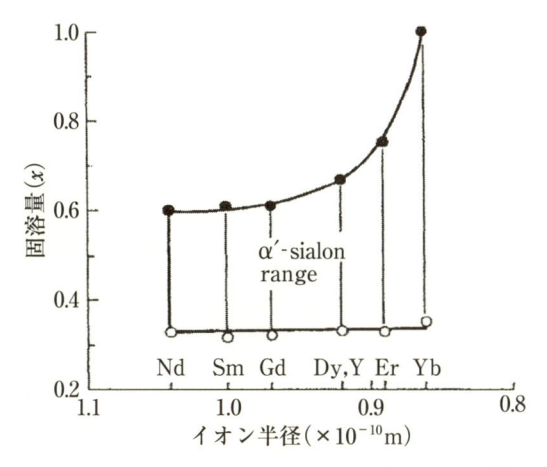

図 2.1.7 α-サイアロンの固溶金属のイオン半径と固溶範囲の関係

(3) AlN 系ポリタイポイド

β-サイアロンは Si_3N_4-SiO_2-Al_2O_3-AlN 系で生成するが，その相関係図の AlN コーナーに近い組成でポリタイポイドが生成する．SiC などに見られる組成が同じで一次元の周期が異なる構造をポリタイプと呼んでいる．AlN 系はポリタイプと区別するためポリタイポイドと呼ばれる．ポリタイポイドは AlN(2H) を基本構造とし，別の化合物が層状欠陥として挿入され，その周期によって 15R, 12H, 21R, 27R などのポリタイポイドができる．それぞれ 5, 6, 7, 9 層の基本単位が繰り返す長周期構造であり，したがって構造の変化によって組成も変動する．

シミュレーションで計算した 12H の構造単位を図 2.1.8 の右側に示す[16]．左側の図にある MX 層は AlN(2H) 構造 3 層で，$MX_{1.5}$ 層は (Si, Al)N_4 四面体からできる 2 層，そして酸素を 6 配位した Al の八面体層 1 層からなっている．したがって，金属/非金属の比は 6/7 になる．高分解能電子顕微鏡で観察した格子像は図のシミュレーション像とよく一致した．

一般にサイアロンに金属が固溶するとき大きな空間が必要となるが，ポリタイポイドでは八面体位置の Al を置換することができる．このような制限のた

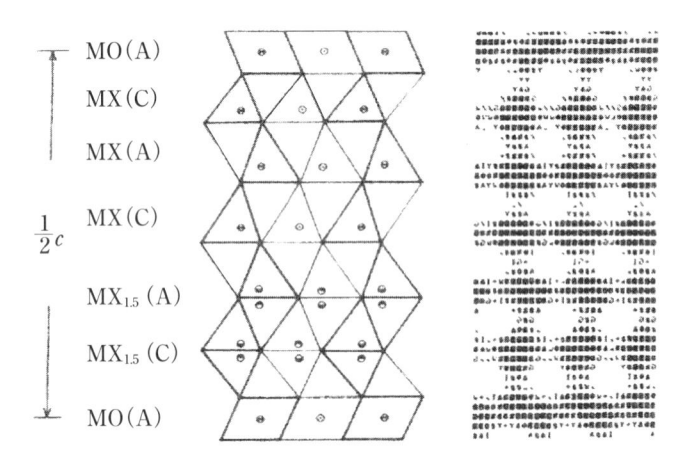

図 2.1.8 12H サイアロンの構造モデルとシミュレーション結果

め，Mg や Sr のような限られたイオンだけが固溶できる．このように Si や N に置換型固溶するのはごく限られた元素のみであるが，侵入型固溶するには母体の空間サイズのみでなく限られた化学組成が要求される．

謝　辞

(独)物質・材料研究機構の解栄軍博士には図の作製に協力をいただいた．

参考文献

1) S. Hampshire, H. K. Park, D. P. Thompson and K. H. Jack, Nature, **274**(1978) 800-882.
2) C.-M. Wang, X. Q. Pan, M. Ruehle, F. L. Riley and M. Mitomo, J. Mater. Sci., **31** (1996) 5281-5298.
3) H. Suematsu, M. Mitomo, T. E. Mitchell, J. J. Petrovic, O. Fukunaga and N. Ohashi, J. Am. Ceram. Soc., **80**(1997) 616-620.
4) A. Zerr, G. Miehe, G. Serghlout, A. Schwarz, E. Kroke, R. Riedel, H. Fluess, P. Krolls and R. Boehier, Nature, **400**(1999) 340-342.

5) T. Sekine, H. He, T. Kobayashi, M. Zhang and F. Xu, Appl. Phys. Lett., **76** (2000) 3706.
6) Y. Oyama and O. Kamigaito, Jpn. J. Appl. Phys., **10** (1971) 1637-1642.
7) K. H. Jack and W. I. Wilson, Nature, **238** (1972) 28-29.
8) L. J. Gauckler, H. L. Lukas and G. Petzow, J. Am. Ceram. Soc., **58** (1975) 346-347.
9) M. Mitomo, N. Kuramoto, M. Tsutsumi and H. Suzuki, J. Ceram. Soc. Jpn., **88** (1978) 526-531.
10) I. Yamai and T. Ota, Adv. Ceram. Mater., **2** (1987) 784-788.
11) Z. K. Huang, P. Greil and G. Petzow, J. Am. Ceram. Soc., **66** (1983) C96-C97.
12) R. J. Xie, M. Mitomo, K. Uheda, F. F. Xu and Y. Akimune, J. Am. Ceram. Soc., **85** (2002) 1229-1234.
13) N. Camscu, D. P. Thompson and H. Mandal, J. Eur. Ceram. Soc., **17** (1997) 599-613.
14) Z. K. Huang, T. Y. Tien and T. S. Yen, J. Am. Ceram. Soc., **69** (1986) C241-C242.
15) Z. Shen and M. Nygren, J. Eur. Ceram. Soc., **17** (1997) 1637-1645.
16) Y. Bando, M. Mitomo, Y. Kitami and F. Izumi, J. Micros., **142** (1979) 235-246.

2.2 金属ケイ素酸窒化物と金属ケイ素窒化物

2.2.1 金属ケイ素酸窒化物(Re-Si-O-N)

窒化ケイ素をYやランタニド系金属(Re)の酸化物を焼結助剤として加熱すると,粒界にRe-Si-O-N系の酸窒化物の化合物またはガラスが生成する.この粒界相の特性が焼結体の特性を支配する.そこで,Si_3N_4-SiO_2-Re_2O_3の相関係を調べ,その中の化合物単相をつくってその熱的・機械的性質を検討する研究が盛んに行われた.酸化物系では天然に膨大なアルミノケイ酸塩の化合物があるので,その2価の酸素の一部を3価の窒素で置換したらどのような構造が得られるかという興味からも研究された.ここではY系を中心に述べる.

(1) 酸窒化ケイ素(Si_2N_2O(O′))

この化合物は隕石中で発見され,熱力学計算から極めてP_{O_2}/P_{N_2}が低い条件で生成したことが明らかとなった.天然に得られた唯一の酸窒化物である.このように,生成条件で酸素分圧が窒素分圧に比べ低いのが,窒化ケイ素系化合物の特徴である.

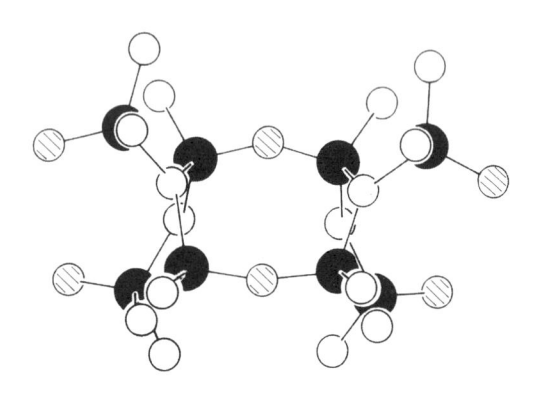

図 2.2.1 酸窒化ケイ素(Si_2N_2O)の結晶構造

2.2 金属ケイ素酸窒化物と金属ケイ素窒化物

酸窒化ケイ素の構造は図 2.2.1 のように斜方晶で $Si(N_3O)$ 四面体から構成されている[1]. SiN_3 からなる層を酸素で連結した構造である. $a = 0.550$ nm, $b = 0.888$ nm, $c = 4.485$ nm である. 図で Si は黒, N は白, O は斜線で示される. 図は斜方晶の c 軸方向から a, b 面を見たものである. つまり, 図 2.1.2 の窒化ケイ素の AB 層を切り, その間を酸素でつないだ構造となっている.

化学組成からすると酸窒化ケイ素は Si_3N_4 と SiO_2 の等モル混合物から合成できるはずであるが, 高温では気相の SiO が生成して反応が進まない. 普通は Y_2O_3 や Al_2O_3 などの酸化物を焼結助剤として加える. アルミナを加えると焼結と共に Si–N 結合の一部が Al–O 結合に置換するので O′サイアロンと表す.

酸窒化ケイ素は耐熱性や耐食性に優れているので, 耐火物の結合材として利用されている.

(2) メリライト ($Y_2O_3 \cdot Si_3N_4$) (m′)

この化合物は Si_3N_4 と焼結助剤である Y_2O_3 の等モル化合物で, $Y_2O_3 \cdot Si_3N_4$ ($Y_2Si(Si_2(O, N)_7)$) で示される. 図 2.2.2 のように正方晶で $Si(O, N)_4$ 四面体が

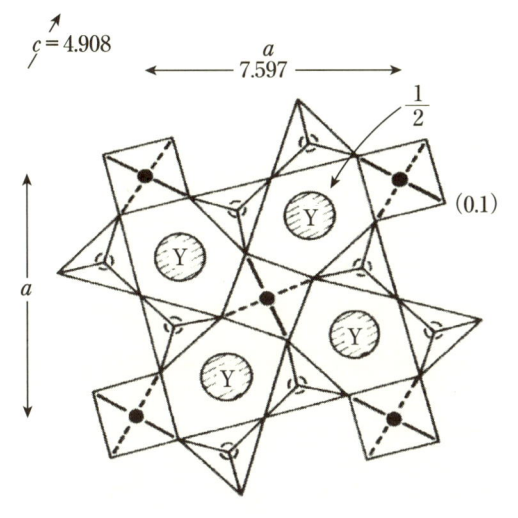

図 2.2.2 Y-メリライトの c 軸方向から見た結晶構造

頂点共有したものが層状に重なり，その層間にYが入っている[2]．図はc軸から見たもので，$a = 0.760$ nm，$c = 0.491$ nm である．

この化合物はケイ酸塩化合物であるメリライト（$Ca_2MgSi_2O_7$））と同じ構造である．この系内にアルミナがあると，焼結中にAlはSiを置換して固溶体となるのでm′で表される．

メリライトまたはm′はその組成と構造から推測されるように耐熱性に優れている．そこでY_2O_3を焼結助剤とし，焼結後助剤と窒化ケイ素粒子を反応させ高密度化する．その後，結晶化処理でメリライト相を結晶化させると耐熱性の優秀なセラミックスが得られた[3]．問題は焼結が困難なことで，ホットプレスが必要である．

(3) J相（$M_4Si_2O_7N_2$）

M_2O_3とSi_2N_2Oが2:1の組成で生成され，酸素含有率の高い化合物である．天然鉱物のクスピディン（$Ca_4Si_2(F, OH)_2O_7$）と同じ構造を取る．M = LaまたはLuの場合の単斜晶系のa-b面の結晶構造を図2.2.3[4]で示す．これはランタニド金属の原子番号は小さい元素（La：イオン半径が最も大きい）と大きい元素（Lu：イオン半径が最も小さい）ものの比較である．四面体が2個頂点共有した$Si_2(O, N)_7$からなる層の間にランタニド金属層がある．共に単斜晶系であるが図(a)と(b)のように細かい対称性が異なる．Luの場合はイオン半径の小さいことを反映し対称性が高くなる．

ランタニド系金属のJ相，$Yb_4Si_2O_7N_2$は焼結を促進し，しかも容易に結晶化する．セラミックスの界面を高分解能TEMで観察すると$Yb_4Si_2O_7N_2$と窒化ケイ素粒子が直接結合し，ガラス相が残らないことが確認された．この化合物自身は高融点であり，$Yb_4Si_2O_7N_2$を生成する組成の助剤を用いて焼結後，それより低温で熱処理すると1400℃まで耐える材料が得られた[5]．

(4) アパタイト相（$Y_5(SiO_4)_3N$）

Y-Si-O-N系で最も酸素含有率の高い化合物である．フッ素アパタイト（$Ca(PO_4)_3F$）と同じ六方晶である[1]．その構造を図2.2.4で示す．SiO_4四面体

2.2 金属ケイ素酸窒化物と金属ケイ素窒化物

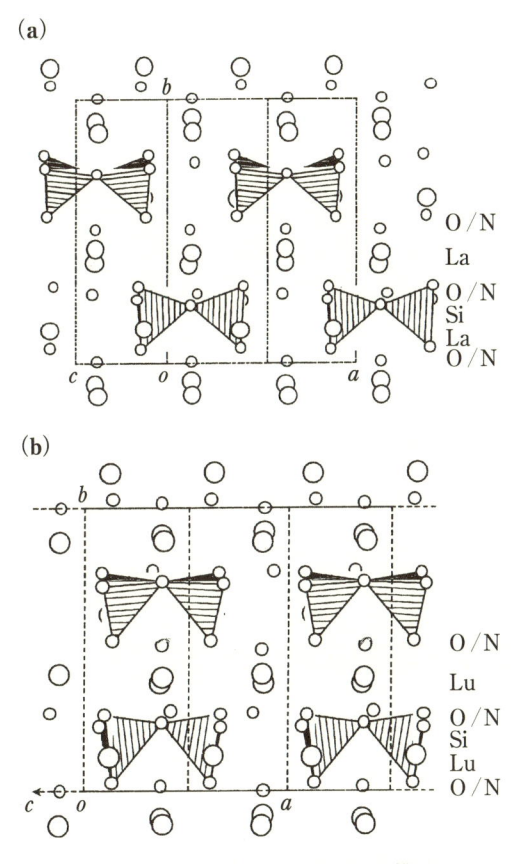

(a) O/N, La, O/N, Si, La, O/N

(b) O/N, Lu, O/N, Si, Lu, O/N

図 2.2.3 J相（$M_4Si_2O_7N_2$）の結晶構造

が孤立し，Y原子で結ばれている．単位胞の隅にNがある．

　窒素同士の共有結合がない構造から推定されるように融点が低い．また完全に結晶化するのは困難で粒界に低融点のガラス層が残る．このため焼結体を作る際に，アパタイト相の生成を避けないと耐熱性は低くなる．

　このように，Re-Si-O-N系では窒素含有率の高い化合物は窒化ケイ素の構造が部分的に残るが，反対に酸素含有率が高いとケイ酸塩類似の構造となる．セラミックスの作製という観点からは，窒素含有率が高いと耐熱性が高い一

$Y_5(SiO_4)_3N$

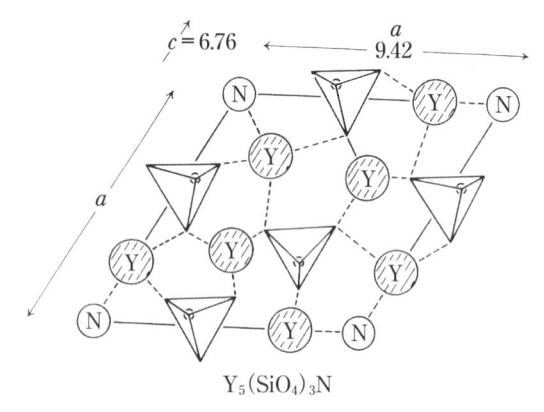

図 2.2.4 N-アパタイトの結晶構造

方，焼結性が低くなる．酸素含有率が高いと反対である．セラミックスの使用目的に応じて，助剤組成や焼結プロセスを選択する必要がある．

2.2.2 金属ケイ素窒化物 (Re-Si-N)

酸素を含まない系で生成する金属ケイ素窒化物は，2価の酸素の代わりに3価の窒素が入るので，どのような構造になるか検討されている[6]．今までの酸化物と異なり，安定な構造を決める因子は未知の段階である．広い範囲の化合物を合成し，その構造情報を集積しつつある．

構造は一般的に SiN_4 四面体ネットワークの間に大きな空間ができ，そこに種々の大きさのイオンが侵入型固溶する．そのイオンを部分的に光学活性の金属イオンで置換することにより，蛍光材料が開発された[7]．イオンには窒素だけが配位するので長波長の発光（レッドシフト）を示す．

(1) $LaSi_3N_5$

メリライト相に相当する La_2O_3 と Si_3N_4 の化合物を完全に窒化したものである．その化合物を高温・高圧の窒素中で加熱すると完全に窒化される．空間群は $P2_12_12_1$ の斜方晶で，c 軸方向から見た結晶構造を図 2.2.5[4] に示す．SiN_4

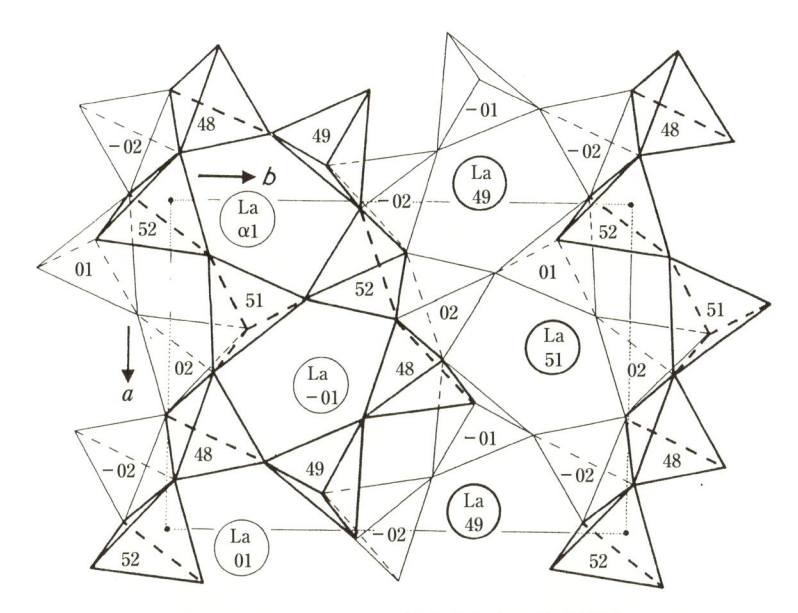

図 2.2.5 $LaSi_3N_5$ の c 軸方向からの結晶構造

四面体が5個頂点共有して作られた大きな空間に La^{3+} が入っている．Laが大きいため多数の四面体で大きな格子間の空間を作る必要がある．窒素の配位状態は2種類あり，2/5は窒化ケイ素と同様3個のSiと結びつくが，3/5は2個のSiと2個のLaと結びつく．

(2) $Ba_2Si_5N_8$

窒化物同士で反応させて金属ケイ素窒化物を作るのは容易ではないので，ケイ素源として活性な $Si(NH)_2$ を用いて作製される[7]．この化合物の空間群は $Pmn2_1$ で a 軸方向から見た結晶構造を図2.2.6に示す．

Si_6N_6 のリングで囲まれた位置に金属イオンが侵入する．Ca, Sr の化合物も同じ構造である．このイオンの位置を部分的に光学活性なイオンで置換すると赤色発光を示す．

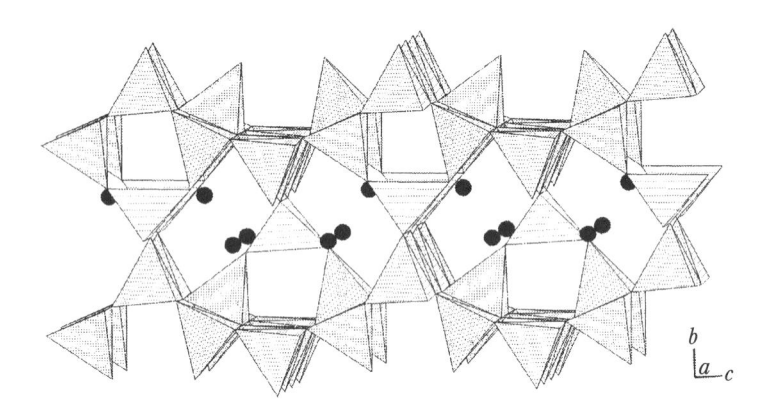

図 2.2.6 $Ba_2Si_5N_8$ の a 軸方向からの結晶構造

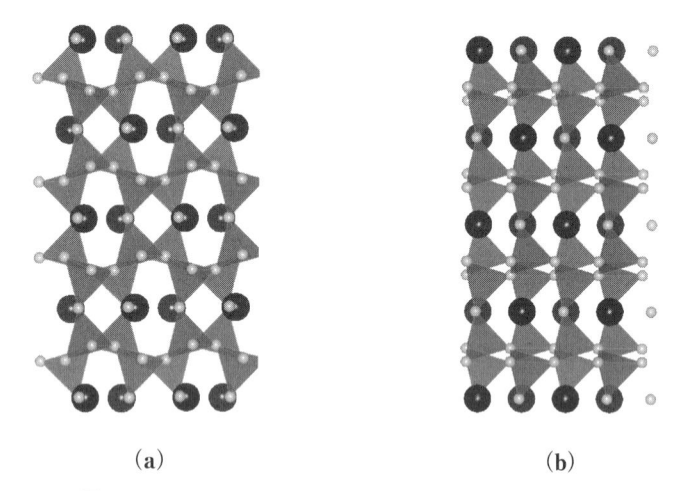

図 2.2.7 $CaAlSiN_3$ の c 軸に垂直方向からの結晶構造
(a) a-b 面，(b) b-c 面

(3) $CaAlSiN_3$

構造は斜方晶(空間群：$Cmc2_1$)で，図 2.2.7 [9)] である．図 2.2.7(a)は a-b 面を見た構造で SiN_4 と AlN_4 の 2 種類の四面体が 6 個頂点を共有してリングを作

り，その空間に Ca(大きな球)があることを示す．その構造を回転操作して図 2.2.7(b) が得られ，交互に重ねることにより CaAlSiN$_3$ となる．この構造は AlN を基本とし，その超格子となる．その関係は

$$a_{\mathrm{CaAlSiN_3}} \sim 3a_{\mathrm{AlN}}, \quad b_{\mathrm{CaAlSiN_3}} \sim a_{\mathrm{AlN}}, \quad c_{\mathrm{CaAlSiN_3}} \sim c_{\mathrm{AlN}}$$

となる．

　Ca 位置は大きいので，どのようなイオンも置換可能となる．Eu^{2+} がごく一部置換した材料は青色レーザーか紫外レーザーの照射で強い赤色発光を示す．

謝　辞

(独)物質・材料研究機構の解栄軍博士には図の作製に協力をいただいた．

参 考 文 献

1) K. H. Jack, J. Mater. Sci., **11**(1976)1133-1158.
2) S. Horiuchi and M. Mitomo, J. Mater. Sci., **14**(1979)2543-2546.
3) A. Tsuge, K. Nishida and O. Komatsu, J. Am. Ceram. Soc., **58**(1975)323.
4) J. Takahashi, H. Yamane, N. Hirosaki, Y. Yamamoto, M. Mitomo and M. Shimada, J. Euro. Ceram. Soc., **25**(2005)793-799.
5) T. Nishimura, M. Mitomo and H. Suematsu, J. Mater. Res., **12**(1997)205-209.
6) M. Woike and W. Jeitschko, Inorg. Chem., **34**(1995)5105-5108.
7) H. A. Hoeppe, H. Lutz, P. Morys, W. Schnick and A. Seilmeier, J. Phys. Chem. Solids, **61**(2000)2001-2006.
8) Z. Inoue, M. Mitomo and N. Ii, J. Mater. Sci., **15**(1980)2915-2920.
9) K. Uheda, N. Hirosaki and H. Yamamoto, Phys. Stat. Sol., **203**(2006)2712-2717.

2.3 第一原理計算に基づいた窒化ケイ素および関連非酸化物

2.3.1 第一原理計算により得られる情報

　計算科学とひとくくりにしても，連続体を扱うものから電子を扱うものまでさまざまな手法がある．ここで述べるのは，第一原理計算と呼ばれる電子状態計算法で，量子力学の『原理』のみに基づき，先験的な情報を用いないものである．近年の計算機の高速化と数値計算法の進歩により，高精度かつ大規模な第一原理計算が手軽に実行可能となり，材料科学に大きく貢献しつつある．

　第一原理計算によって得られる情報にはいくつかの階層がある．まず一次的には，与えられた原子配列についての電子の空間分布とエネルギー分布，そして電子系の全エネルギーと電子系が構成原子に及ぼす力である．次に，この力と全エネルギーに従って原子配列を最適化することで，結晶の場合には，その格子定数や内部座標，欠陥構造の場合には，局所原子配列が求められる．さらに全エネルギーから，化合物結晶の生成エネルギーや欠陥の形成エネルギー，半導体結晶におけるバンドギャップの大きさや欠陥に起因する電子準位などの情報が得られる．こうして求められたエネルギーや力の精度が十分に高ければ，これらを利用して，結晶格子の物理的変形の際のエネルギーや力の変化から弾性定数を算出したり，あるいは格子振動のエネルギー分布を精度よく計算することが可能である．格子振動状態をもとに，化合物や欠陥の生成自由エネルギーの温度依存性の議論が可能になる．さらに，クラスター展開法などの統計的手法と組み合わせることで，溶質原子の配置によるエネルギー変化を評価すれば，第一原理計算に基づいた平衡状態図の作製が可能になる．実験値と巧く組み合わせることで，高温，高圧，水溶液中など，さまざまな環境下での熱力学諸値を求めることも行われている．他方，XPSやXANES，ELNESなどの電子分光，IRやラマンなどの振動分光，メスバウアやNMRなど核的手法での実験結果を第一原理計算で定量的に再現することも近年になって可能とな

り，これらの実験結果を解釈する上で，重要な役割を持つようになってきている．

本稿では，窒化ケイ素および関連非酸化物に関して第一原理計算によって報告された結果についてまとめて記した．併せて最近の解説記事[1]も参照されたい．

2.3.2 窒化ケイ素多形のエネルギーと物性

窒化ケイ素には，六方晶で c 軸方向への積層が異なる α 相と β 相が古くから知られており，1999 年には高温高圧下で立方スピネル型構造を持つ γ 相の合成が報告された[2]．その後すぐに，第一原理計算により γ 相が 3.5 eV のバンドギャップを持つ直接遷移型の物質であることが報告された[3]．これは α 相と β 相が間接遷移型であることと大きく性質を異にし，GaN 系と同様にワイドギャップ半導体としての応用可能性が指摘され，n 型や p 型伝導を実現するためのドーパントについても理論計算結果が報告された[4]．

図 2.3.1 に示すのは，結晶の全エネルギーと体積の関係についての第一原理計算の結果である[5]．エネルギー曲線の 2 相についての共通接線の傾きが，理

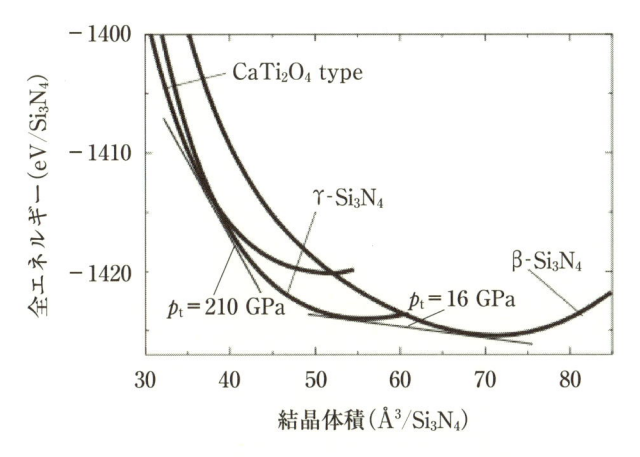

図 2.3.1 Si_3N_4 多形の全エネルギーの結晶体積依存性

論相転移圧 p_t となる．図に示したように，β 相からスピネル相への p_t は 16 GPa となった．β 相から γ 相への実験での転移圧は 15 GPa 程度なのでよく一致している．さらに高圧を与えたときの構造を計算した結果，210 GPa という高圧で $CaTi_2O_4$ 型構造に転移することが予測された[5,6]．この構造では Si に二つのサイトがあるが，いずれも N を 6 配位している．これは SiO_2 の高圧相のスティショバイトがルチル型構造を取り Si が 6 配位になるのと同様である．SiC も超高圧下では Si が 6 配位の岩塩型に相転移することが知られている[7]．

次に格子振動(フォノン)の第一原理計算結果を述べる．図 2.3.2 に β 相に

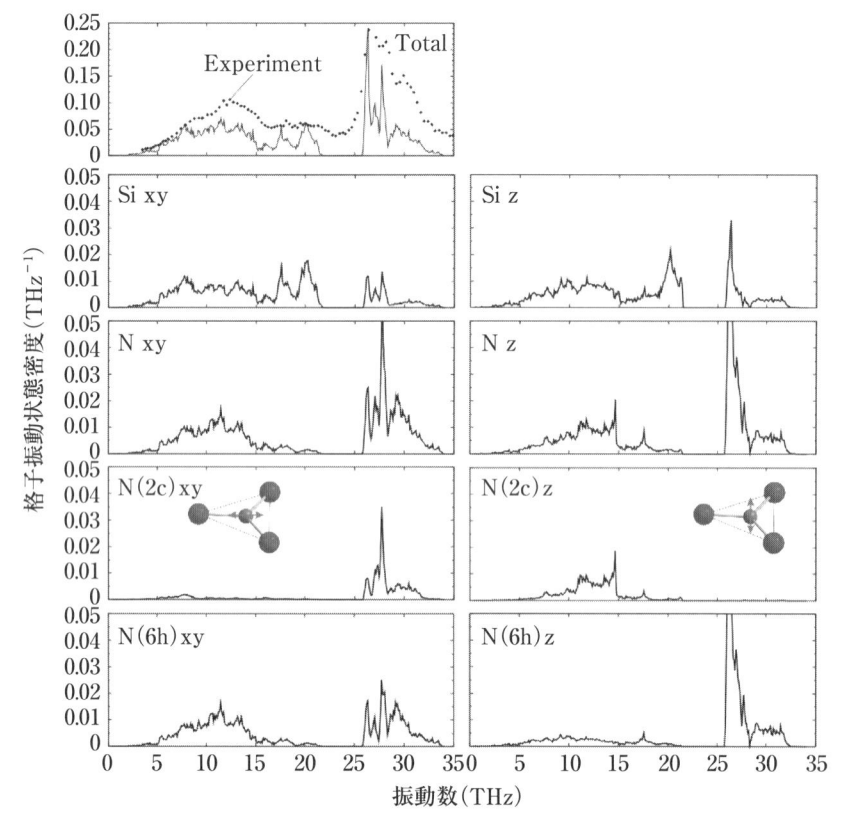

図 2.3.2 $\beta\text{-}Si_3N_4$ の格子振動の状態密度と方位依存性および構成原子についての部分状態密度[8]

2.3 第一原理計算に基づいた窒化ケイ素および関連非酸化物

ついての格子振動の状態密度と，その方位依存性と構成原子の部分状態密度を示す[8]．格子振動の状態密度は，実験的に中性子散乱法で測定でき，計算は実験をよく再現している．N と Si では原子質量が 2 倍異なり，26 THz 付近に N 原子主成分の振動，その $1/\sqrt{2}$ となる 18 THz 付近に Si 原子主成分の振動が現れ，それ以下の周波数では，両原子が協調して振動している．また結晶の c 軸に垂直に N-Si$_3$ の三角形があり，中心にワイコフ位置 2c の N 原子が存在している．図に示すように，この N(2c) の振動には大きな異方性がある．

結晶の比熱は，磁性など他の自由度を持たない場合には，その大部分が格子振動によるものである．したがって第一原理計算に基づいて，格子振動の状態密度を求めると，擬調和近似の範囲内で比熱や自由エネルギー，熱膨張率の温度依存性を計算することが可能である．図 2.3.3 には格子振動の状態密度から計算した各相におけるヘルムホルツエネルギー(F)の格子体積(V)依存性を 0〜1000 K の範囲内で 100 K ごとにプロットした．図中の実線で示している曲線は，計算結果(●)に対して Birch-Murnaghan の状態方程式によるフィッティングで得られた F-V 曲線である．点線は一定温度下で最も安定な格子体積を結ぶ曲線である．温度の上昇に伴い各温度における最安定構造の格子体積

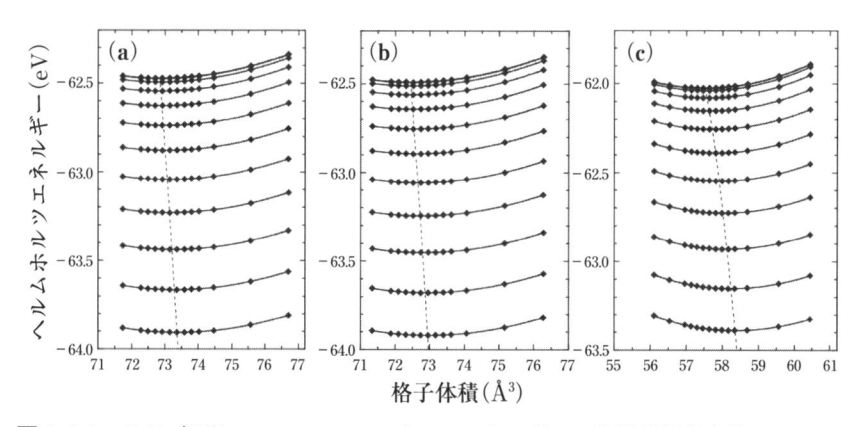

図 2.3.3 Si$_3$N$_4$ 多形についてのヘルムホルツエネルギーの格子体積依存性 (a)α 相，(b)β 相，(c)γ 相．温度は曲線の上から 0 から 1000 K まで 100 K ごと[8]

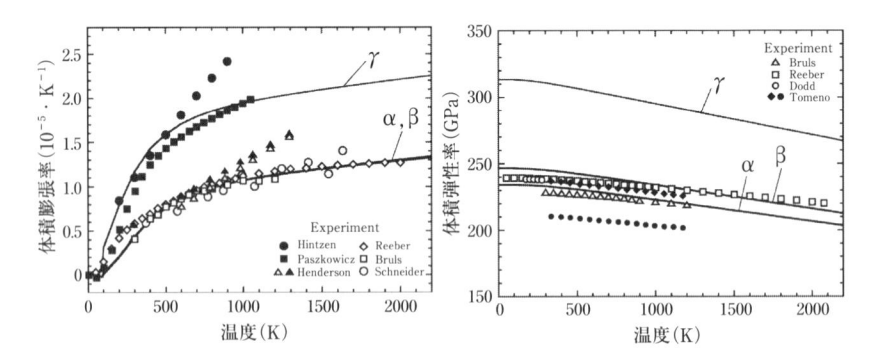

図 2.3.4 Si$_3$N$_4$ 多形についての(左)体積膨張率，(右)体積弾性率の計算結果と実験との比較[8]
実験結果の出典は文献[8]参照のこと

は増大しており，明瞭に熱膨張が確認できる．図 2.3.4 には体積膨張率の温度依存性を実験結果と比較して示した．上記の状態方程式から求められた体積弾性率(B)の温度依存性については図 2.3.4(右)に示した．体積膨張率は，α 相と β 相の間でほとんど差がないのに対し，γ 相では顕著に大きい．実験結果相互のばらつきは大きく，計算結果は実験値の平均的なものになっていることが分かる．一方，体積弾性率については，β 相のほうが α 相よりも約 10 GPa 程度高い値となった．

これらの計算から自由エネルギーを温度の関数として評価すると，図 2.3.5 に示すように，α 相に比べて β 相の方が絶対零度で 20 meV(2 kJ/mol)程度安定で，その差は高温になると若干小さくなるものの，2000 K に至るまで β 相の優位性は変わらないという結果になった．もちろん γ 相は高圧下でしか安定にならないので，圧力を加えない場合は，α，β 両相に比べて 0.5 eV 程度高い自由エネルギーを持つ．

α 相と β 相の相対的な安定性については，実験的に $\alpha \to \beta$ 相転移が見られることから，少なくとも高温で β 相が安定と推定されているものの，α 相が低温相なのか準安定相なのかは実験的には不明であった．1999 年に Liang ら[9]は，合計 7 種類の α 相と β 相試料を用いて溶解熱カロリメトリー法実験を行った結果，両者の標準生成エンタルピーに実験誤差(約 20 kJ/mol)以上の有

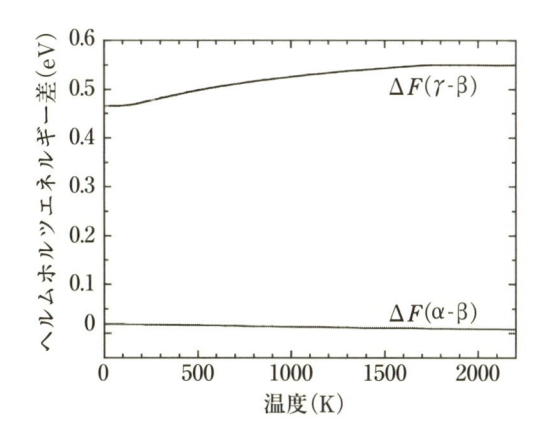

図 2.3.5 β相を基準としたSi$_3$N$_4$多形についてのヘルムホルツエネルギー差の温度依存性[8]

意差は見られないと結論している．上記の計算結果での α-β 相の自由エネルギー差は，この実験誤差の 1/10 程度であり，実験での決定が困難なことを反映している．

2.3.3 サイアロンの原子配列について

サイアロン(Si$_{6-z}$Al$_z$O$_z$N$_{8-z}$)の原子配列については，実験的には固体NMR(核磁気共鳴)法，EXAFS(広域X線吸収微細構造)法やXANES(X線吸収端微細構造)法などにより，AlとOの配列はランダムではなく，Al-Oペアが優先的に形成されること[10~12]，Si-XとAl-X(X = O, N)の結合距離が組成によらず一定値を取ることが報告されている[13]．

第一原理計算により上記の実験と相容れる結果が報告されている．また固溶体形成に伴って弾性率が著しく低下する固溶軟化現象が，Si-Nの強い共有結合がAl-Oの弱い結合に置換されることに起因することが明らかとなっている[14,15]．図 2.3.6 は，β-Si$_3$N$_4$ の 14 原子からなる単位胞にAlとOを同数だけ置換固溶させたモデルについて，次式(2.3.1)で表されるサイアロンの生成エネルギーの計算結果 E^F を，Al-Oの結合の本数 N_{Al-O} に対してプロットしたも

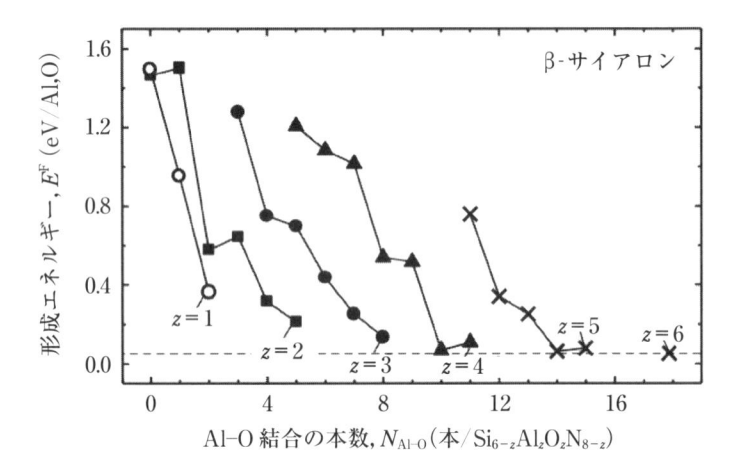

図 2.3.6 14 原子からなる β-サイアロンのモデル結晶について，計算で求められた形成エネルギーと $N_{\text{Al-O}}$ との関係 図中点線は仮想的な $\text{Al}_3\text{O}_3\text{N}$ ($z=6$) と Si_3N_4 ($z=0$) に相分離した場合のエネルギーに相当する[16]

のである[16].

$$E^{\text{F}} = \frac{1}{z}\Big(E_{\text{t}}(\text{Si}_{6-z}\text{Al}_z\text{O}_z\text{N}_{8-z}) \\ -\Big(\frac{z}{3}(E_{\text{t}}(\text{Al}_2\text{O}_3)+E_{\text{t}}(\text{AlN}))+\frac{6-z}{3}E_{\text{t}}(\text{Si}_3\text{N}_4)\Big)\Big) \quad (2.3.1)$$

ここで，E_{t} はサイアロンおよび各参照物質について同一計算手法で得た全エネルギーである．実験的には z の上限値は 4 程度であることが知られているが，計算は仮想的な $z=6$($\text{Al}_6\text{O}_6\text{N}_2$)組成まで行われた．形成エネルギーは固溶量 z によらず $N_{\text{Al-O}}$ が増えるにつれほぼ単調に減少し，Al–O 結合 1 本当たり 0.2〜0.5 eV 程度のエネルギー利得である．

図 2.3.7(左)は，上記の単位胞モデルのすべての溶質元素の配列について計算で得られたバンドギャップを固溶量 z の関数として示したものである．各組成で $N_{\text{Al-O}}$ が最大となる溶質配列を取ったときには，図中●で示すように組成に比例して単調にバンドギャップは減少するが，それよりも $N_{\text{Al-O}}$ が小さいモ

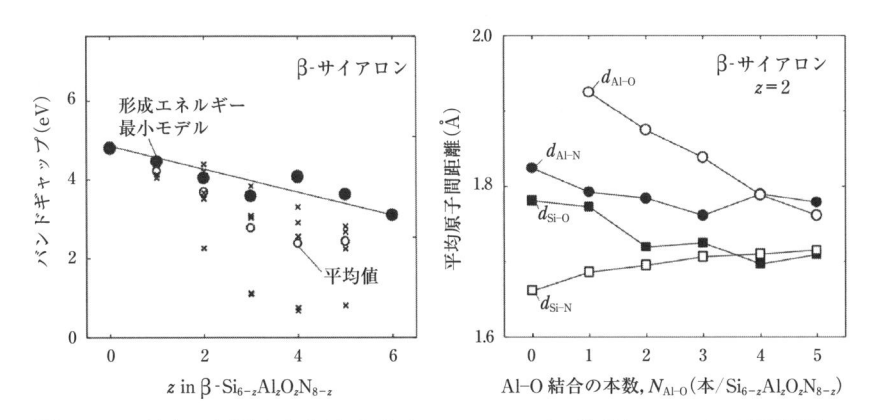

2.3 第一原理計算に基づいた窒化ケイ素および関連非酸化物　53

図 2.3.7　(左) 14 原子からなる β-サイアロンのモデル結晶について，原子配列のバンドギャップへの影響
○が同一組成での平均計算値．●が形成エネルギー最小モデル ($N_{\mathrm{Al-O}}$ が最大になるモデル) での値
(右) 左図と同じモデル結晶 ($z = 2$) について，平均原子間距離と計算で求められた $N_{\mathrm{Al-O}}$ との関係[16)]

デルを用いると，バンドギャップは極端に小さくなる場合がある．サイアロン単体は無色透明であることが実験的に知られているが，それを説明するには，このような溶質配列を精確に取り扱う必要がある．また図 2.3.7 (右) には，$z = 2$ の場合について，Si-X と Al-X (X = O, N) 結合距離の $N_{\mathrm{Al-O}}$ による変化を示した．$N_{\mathrm{Al-O}}$ が小さいときには結合距離が大きくばらついているのに対し，最も安定となる $N_{\mathrm{Al-O}}$ 最大の場合，Si-X と Al-X 結合距離がそれぞれ，ほぼ同じ値を取ることが分かる．このように，Si-N 対と同じ電子数となる Al-O 対が形成されることにより，バンドギャップで代表される電子系のひずみと，結合距離の分布で代表される格子系のひずみの双方が小さくなり，その結果として，固溶体の形成エネルギーが低下していると説明することができる．

2.3.4　その他の固溶体について

ウルツ鉱型 (2H) の SiC-AlN 固溶体について第一原理計算を行うと，サイアロンの場合と同様に，Al-N 対と同じ電子数となる Si-C 対が優先的に形成され

ることが示される．実験的には SiC-AlN 固溶体が全率固溶するのは 1900℃以上であり[17]，それ以下では相分離することが知られており，実験と計算は相容れるものとなっている．

その他に平衡状態図が第一原理計算されたものは，AlN-GaN-InN 系[18]や BN-C 系[19]がある．AlN-GaN，GaN-InN，AlN-InN それぞれの擬二元系での 2 相分離開始温度はそれぞれ 247 K，1620 K，2600 K と求められている．立方晶 BN-C 系では，融点直下での BN 中への C の固溶量が無加圧下では 10%，10 GPa 下で 3% と求められている．また窒化物蛍光材料として応用されている AAlSiN$_3$(A = Mg, Ca, Sr) や Si$_2$N$_2$O との固溶体などについては，三上らの報告[20]がある．

2.3.5 粒界ガラス層研究への第一原理計算の適用

窒化ケイ素セラミックスの強度や靱性を議論する上で，粒界ガラス層の構造や性質を知ることは重要である．粒界ガラス層の計算は，バルクの計算と違って計算モデルを作るという作業が単純ではないが，経験的ポテンシャルを使ってガラス層を構築し，それをもとに界面エネルギーを議論したもの[21]や，それをさらに第一原理計算で構造最適化した報告もある[22]．粒界ガラス層に含まれる焼結助剤由来の希土類原子の配置を走査透過型電子顕微鏡(STEM)で直視するような研究[23]もあり，これらの実験情報をもとに計算モデルを構築すれば，粒界ガラス層の構造と性質との関係を定量的に議論することが可能になる．

参 考 文 献

1) A. Zerr et al., Adv. Mater., **18**(2006)2933.
2) A. Zerr et al., Nature, **400**(1999)340.
3) S. D. Mo et al., Phys. Rev. Lett., **83**(1999)5046.
4) F. Oba et al., J. Am. Ceram. Soc., **85**(2002)97, Appl. Phys. Lett., **78**(2001)1577.

5) K. Tatsumi et al., J. Am. Ceram. Soc., **85**(2002)7.
6) P. Kroll and J. von Appen, Physica Status Solidi(b), **226**(2001)R6.
7) M. S. Miao and W. R. L. Lambrecht, Phys. Rev. B, **68**(2003)092103.
8) A. Kuwabara, K. Matsunaga and I. Tanaka, Phys. Rev. B, **78**(2008)064104.
9) J. Liang et al., J. Mater. Res., **14**(1999)1967.
10) N. D. Butler et al., J. Mater. Sci. Lett., **3**(1984)469.
11) R. Dupree et al., J. Appl. Crystallogr., **21**(1988)109.
12) K. Tatsumi et al., Phys. Rev. B, **71**(2005)0332024.
13) J. Sjöberg et al., J. Mater. Sci., **27**(1992) 5911.
14) I. Tanaka et al., Acta Metall. Mater., **40**(1992)1995.
15) W. Y. Ching et al., J. Am. Ceram. Soc., **83**(2000)780.
16) K. Tatsumi et al., Phys. Rev. B, **66**(2002)165210.
17) A. Zangvil and R. Ruh, J. Am. Ceram. Soc., **71**(1988)884.
18) B. Burton et al., J Appl. Phys., **100**(2006)113528.
19) K. Yuge et al., Phys. Rev. B, **77**(2008)094121.
20) M. Mikami et al., Mater. Res. Soc. Symp. Proc. Vol. 1040 Q10-09.
21) S. Ii et al., Phil Mag., **84**(2004)2767.
22) P. Rulis et al., Phys. Rev. B, **71**(2005)235317.
23) N. Shibata et al., Nature, **428**(2004)730.

3

状 態 図

3.1 状態図

3.1.1 はじめに

　よく知られているように Si_3N_4 は強い共有結合性を有するために，それ自身では非常に焼結が難しく，緻密な焼結体が得られにくい．そのために，MgO，Y_2O_3，Al_2O_3 などの酸化物が焼結助剤として用いられる[1~3]．これらの焼結助剤は，Si_3N_4 粉末の表面に存在している SiO_2 と反応して液相を生成し，Si_3N_4 の $\alpha \rightarrow \beta$ 変態および焼結（緻密化）を促進する．その一方，焼結後は粒界にガラス相として残存するために，Si_3N_4 焼結体の高温特性，すなわち，高温強度，クリープ特性，耐酸化性などは，Si_3N_4 結晶粒自体の性質よりも，この粒界のガラス相の化学組成，量などに大きく依存する[4,5]．

　Si_3N_4 の焼結助剤として種々の酸化物が検討されている過程において，Si_3N_4 に Al や O が固溶して固溶体を作ることが，小山と上垣外[6] および Jack と Wilson[7] によってほぼ同時期に発見された．これらの固溶体は β-Si_3N_4 と同じ構造を有しているために，$\beta(\beta')$-サイアロンと呼ばれている．一方，α-Si_3N_4 と同じ構造を有する固溶体も Jack ら[8] によって発見され，$\alpha(\alpha')$-サイアロンと呼ばれている．

　このようなことから，Si_3N_4 と助剤として用いられる種々の酸化物，窒化物との間の相関係を理解することは，Si_3N_4 の焼結過程，焼結後の微細組織すなわち焼結体の機械的特性などを理解するためにも極めて重要である．そのために，ここでは Si_3N_4 系状態図検討のきっかけとなった，Si_3N_4-Al_2O_3 系の反応を基礎として，Si_3N_4 と種々の酸化物との反応を基礎にした状態図について基本的な事柄を，とくに β-サイアロンと α-サイアロンを中心に記述する（本文においては β' および α' を用いずに β，α を用いる）．

3.1.2　Si_3N_4-Al_2O_3 系の反応

Al_2O_3 を助剤とした Si_3N_4 の焼結は，小山と上垣外[6] および Jack と Wilson[7] によって精力的に研究された．焼結後の結晶相の X 線回折パターンは β-Si_3N_4 と同じであるが，Al_2O_3 の量が増加するとともに，回折ピークはやや低角度側にシフトしていることが見出された．これが β-サイアロンの始まりである．このとき，添加された Al_2O_3 はすべてが Si_3N_4 に取り込まれないことが明らかになり，次のような過程で反応が進行すると考えられた[5]．

$$\beta(Si_6N_8) \rightarrow \beta\text{-サイアロン}(Si_{6-z}Al_zO_zN_{8-z}) \rightarrow Al_6O_6N_{12} = Al_2O_3 \cdot AlN \quad (3.1.1)$$

すなわち，カチオンとアニオンの比を 3：4 に保ち，かつ電気的中性条件を満足するように，Al と O がそれぞれ Si_3N_4 の Si と N 位置に置換型に固溶する．そして，Si と N がすべて Al と O で置換されると $Al_2O_3 \cdot AlN$ になる（$z = 6$ に相当する）．これは，Al_2O_3 と AlN の等モル混合物，すなわち $Al_2O_3 \cdot AlN$ と反応することを示しており，β-サイアロンの生成領域は Al_2O_3 方向ではなく，$Al_2O_3 \cdot AlN$ 方向に広がることを示している．このため，Si_3N_4-Al_2O_3-AlN 系での β-サイアロンの生成領域が検討された．その一例を図 3.1.1 に示す[4, 12]．

現在では，図 3.1.1 に示された状態図は正確ではないことが明らかになって

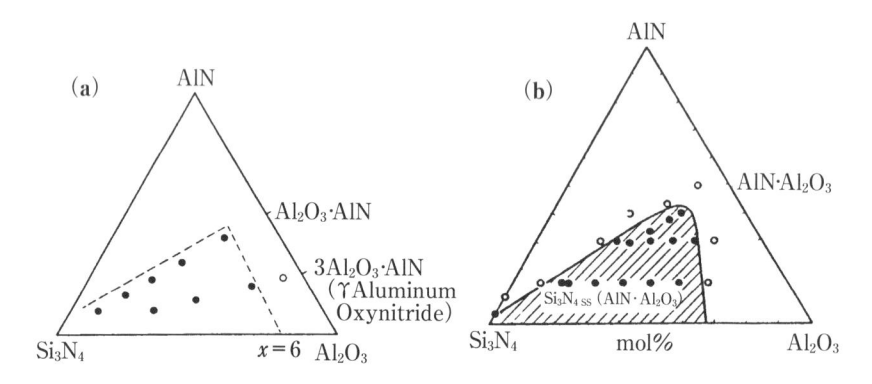

図 3.1.1　1700 ℃以上での Si_3N_4-Al_2O_3-AlN 系状態図
図中の●は固溶体（β-サイアロン）の生成，○はサイアロンと他の化合物の生成を示している[4, 12]

いる．また，実際には式(3.1.1)におけるzの最大値は約4.5と報告されている．これまでに，Mg, Li, Be, Gaなどがβ-サイアロンを生成すると報告されている[9〜11]．

3.1.3　Si-Al-O-N(Si_3N_4-SiO_2-Al_2O_3-AlN)系状態図

Si_3N_4-SiO_2-Al_2O_3-AlN系はSi-Al-O-Nからなる四成分系である．そのために，図3.1.2に示すような正四面体を用いる必要がある．この場合，Si_3N_4, Al_2O_3, AlNの各化合物の表記が複雑になりあまり実用的ではない．そのために，Jackによって示されたように，Si-Al-O-N各成分の当量濃度を用いて書き表すほうが便利である．その一例を図3.1.3に示した[5]．この図を基にして，Si-Al-O-N系のこれまでの多くの実験結果が記述され，Alを含むβ-サイアロンの生成反応が検討されてきている．図3.1.4はJackらによって求められた，1750℃でのSi-Al-O-N(Si_3N_4-AlN-Al_2O_3-SiO_2)系の状態図である[4,5]．ただし，Jackらは正式には状態図ではなく，"Behavior Diagram"という言葉

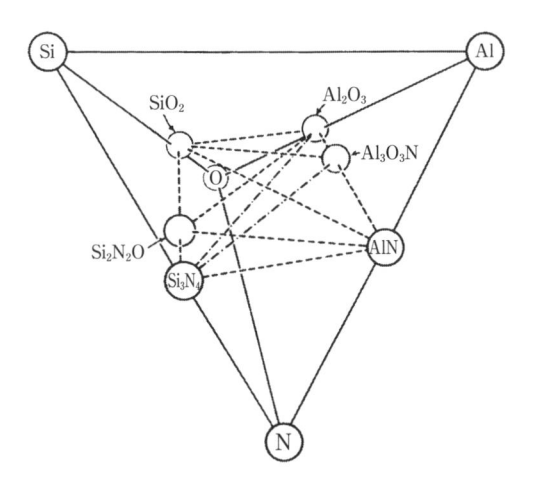

図3.1.2　正四面体を用いて表したSi-Al-O-N系

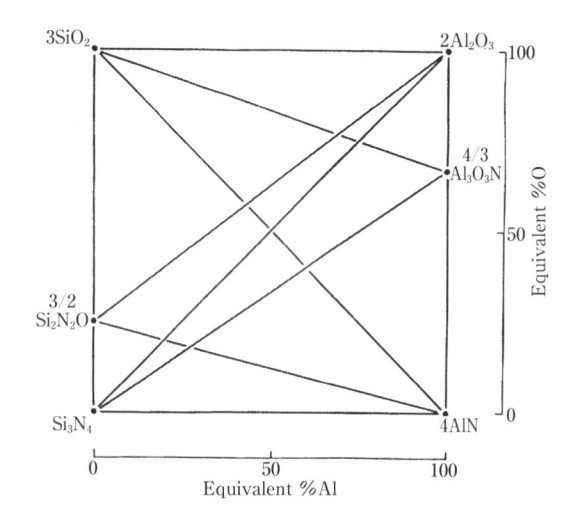

図 3.1.3 等量モル濃度を用いて表した Si-Al-O-N 系(四隅は Si_3N_4, AlN, SiO_2, Al_2O_3 で表されている)

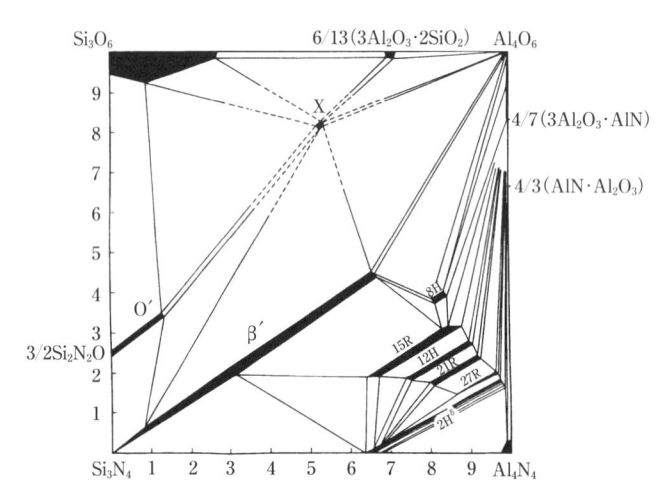

図 3.1.4 1750 ℃における Si-Al-O-N(Si_3N_4-AlN-Al_2O_3-SiO_2) 系の状態図[4, 5]

を用いている．これは，通常の状態図での平衡状態を実験的に得ることが困難なためである．

この図に示されている $\beta(\beta')$-サイアロンは，カチオン M とアニオン X の比が 3：4 であり，固溶領域は 3M：4X の線に沿って AlN・Al_2O_3 方向へ広がっている．固溶範囲は $Si_{6-z}Al_zO_zN_{8-z}$ で表され，z の最大値は 1750 ℃ では約 4 である[5]．温度が低くなるほど，z の最大値も小さくなる．図 3.1.5 には，β-サイアロンの格子定数の z 値依存性を示した．この図に見られるように，β-サイアロンの格子定数は，z すなわち固溶量が増加するとともに大きくなる傾向がある．熱伝導度，熱膨張係数などその他の物性値も多くの研究者によって測定されてきている[14]．

図 3.1.4 に含まれる結晶相としては，β-サイアロンのほかに，O′ 相，X 相，AlN ポリタイプ（15R，12H など）がある．O′ 相は Si_2N_2O と同じ構造を有しており，カチオンとアニオンの比が 2M：3X の線に沿って，Al_2O_3 の方向に広がっている．この O′ 相についての報告はいくつか見られるが，一致しない点も多いのが現状である[5, 9, 15〜17]．X 相は $SiAlO_2N$ の組成を有し，"nitrogen-

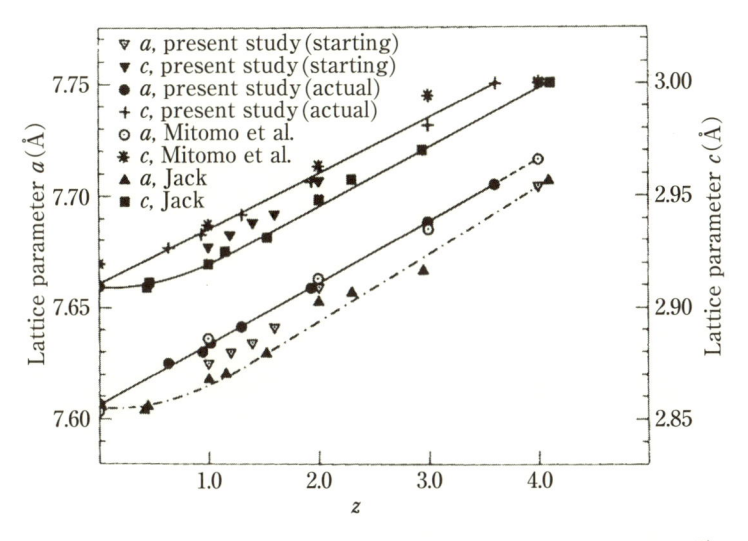

図 3.1.5 β-サイアロンの格子定数の固溶量 z ($Si_{6-z}Al_zO_zN_{8-z}$) 依存性[13]

mullite"と言われているものである[9]．この相については，初期の Oyama ら[12] の報告をはじめ非常に多くの研究結果が報告されている[5,9,11,16,18~23]．しかしながら，例えば組成について見ても研究者間で差が見られる．X 相について報告されている組成式は，$SiAlO_2N$ [9,24]，$Si_2Al_3O_7N$ [25]，$Si_3Al_6O_{12}N_2$ [26]，$Si_3Al_6O_{11}N_2$ [15]，$Si_6Al_6O_9N_8$ [27]，$Si_6Al_{12}O_{24}N_4$ [23]，$Si_{12}Al_{18}O_{39}N_8$ [16]，$Si_6Al_{10}O_{21}N_4$-$Si_6Al_{12}O_{24}N_4$ [18] など，異なる多くの結果が得られている．

1975 年，Gaucklerら[15] は，Si_3N_4-SiO_2-Al_2O_3-AlN 系の AlN に近い部分に，これまでに同定されていない 5 種類の新しい相を見出し，その相領域がカチオン M とアニオン X の比が M_mX_{m+1} の線に沿って存在していることを明らかにした．彼らによると，その組成式は $Si_{6-z}Al_{2+y}O_zN_{8-z+y}$ で表される．さらに，Jackら[4] は，Si_3N_4-SiO_2-Al_2O_3-AlN 系を詳細に検討し，先に示した図 3.1.4 のような状態図を得た．これらの化合物は AlN ポリタイプである．両者の結果は一部を省いてよく一致している．Jack[4] と Thompson[28] はこれらのポリタイプを Ramsdell[29] 記号を用いて書き表した．その結果を表 3.1.1 に示した．その結晶構造は AlN あるいはウルツ鉱型が基本であり，化学式 M_mX_{m+1} ($4 \leq m \leq 10$)で表される．同様なポリタイプは Be-Si-O-N 系でも見出されている．

Naikら[16] によって，固液平衡を含む Si-Al-O-N 系状態図も研究されている．彼らの結果によると X 相は 1750℃で融解し，液相に変化する．また，図 3.1.6 に示すように，β-サイアロンと液相の共役線を求めている．彼らは，Si-Al-O-N(Si_3N_4-AlN-Al_2O_3-SiO_2)系の最も低い融点（液相の発生する最も低い温

表 3.1.1 Si-Al-O-N 系の AlN ポリタイプ相

M/X	type	a	c	c/n
4/5	8H	2.988	23.02	2.88
5/6	15R	3.010	41.81	2.79
6/7	12H	3.029	32.91	2.74
7/8	21R	3.048	57.19	2.72
9/10	27R	3.059	71.98	2.67
>9/10	$2H^\delta$	3.079	5.30	2.65
1/1	2H	3.114	4.986	2.49

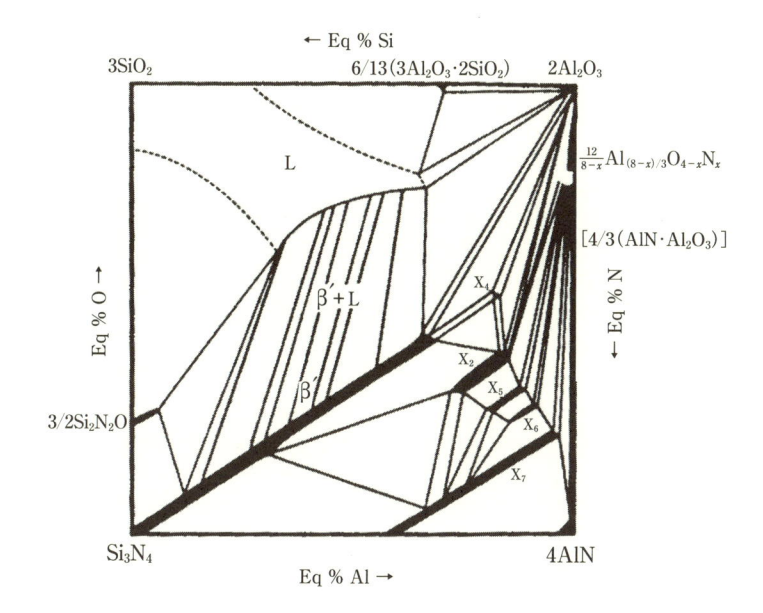

図 3.1.6 固液平衡を含む Si-Al-O-N(Si$_3$N$_4$-AlN-Al$_2$O$_3$-SiO$_2$)系の状態図[16]
図中 X$_2$, X$_3$, X$_4$, X$_5$, X$_6$, X$_7$ は，図 3.1.4 の表記法では，それぞれ H$_{15}$, R$_{12}$, H$_{21}$, R$_{27}$, R$_2$, 2H$^\delta$ に対応する

度)は，1480±20℃であること，そのときの組成は，Si$_{27}$Al$_4$O$_{54}$N$_4$(27 SiO$_2$・4 AlN あるいは Si$_3$N$_4$・4 AlN・2 Al$_2$O$_3$・51 SiO$_2$)であることを示した．液相線に関するデータは Layden[26] によって求められている．

3.1.4 Si-Mg-O-N(Si$_3$N$_4$-SiO$_2$-MgO-AlN)系状態図

初期の Si$_3$N$_4$ の焼結に関する研究では，MgO が焼結助剤としてよく用いられていた[31]．それは，Si$_3$N$_4$ 粉末の表面に存在する SiO$_2$ が MgO と反応して低融点のガラス相が生成し，焼結が進行しやすくなるためである．Si-Mg-O-N (Si$_3$N$_4$-SiO$_2$-MgO-AlN)系状態図は，Lange[32] と Jack[33] によって報告された．Lange[34] の結果によると，0.04 Si$_3$N$_4$＋0.14 Si$_2$N$_2$O＋0.82 Mg$_2$SiO$_4$ に共晶点が

あり，その共晶温度は 1515 ℃ である．図 3.1.7 および図 3.1.8 は Lange[34] と Jack[33] による，1600 ℃ 以下の Si_3N_4-SiO_2-MgO の相関係と 1700 ℃ での Mg-Si-O-N 系状態図である．Si_2N_2O, $MgSiO_3$, Mg_2SiO_4, $MgSiN_2$, Mg_4SiN_4, Mg_4N_2O, Mg_3N_2 などの相が存在する．

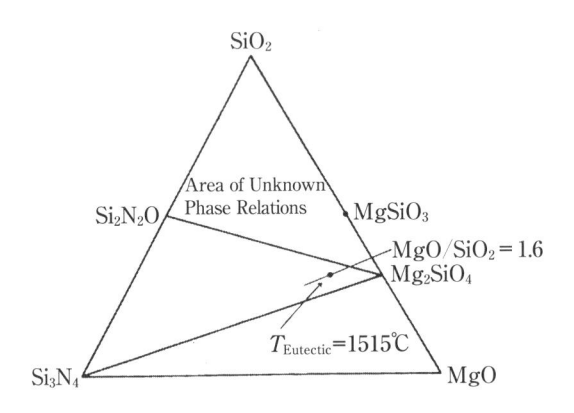

図 3.1.7 1600 ℃ 以下の Si_3N_4-SiO_2-MgO の相関係[34]

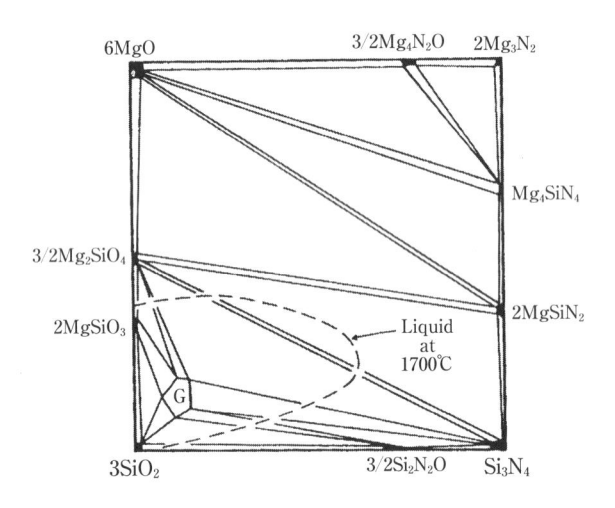

図 3.1.8 1700 ℃ での Mg-Si-O-N 系状態図[33]

3.1.5 Si-Y-O-N(Si_3N_4-SiO_2-Y_2O_3-YN)系状態図

Si_3N_4 焼結体の高温強度あるいは耐酸化性を改善するために，Y_2O_3-SiO_2 系を焼結助剤として利用することが，Gazza[35,36] によって研究された．そして，予想されたように高温強度あるいは耐酸化性が著しく改善された．この理由を調べるために，Si-Y-O-N(Si_3N_4-SiO_2-Y_2O_3-YN) 系状態図が詳しく検討されてきている．図 3.1.9 と図 3.1.10 は，Lange[37] と Gauckler ら[38] による，1600 および 1750 ℃ でホットプレスした試料を用いて求められた Si_3N_4-SiO_2-Y_2O_3 系相関系，および 1550 ℃ での Si_3N_4-SiO_2-Y_2O_3 系等温断面図である．

図 3.1.9 および図 3.1.10 から分かるように，この系では 7 個の新しい化合物が生成する．これら化合物で重要なのは，N（窒素）melilite：$Y_2O_3 \cdot Si_3N_4 \equiv Y_2Si[Si_2O_3N_4]$，N（窒素）apatite：$(Y, Si, \square)_{10}[Si(O, N)_4]_6(O, N, \square)_2$，N（窒素）YAM：$2Y_2O_3 \cdot Si_2N_2O \equiv Y_4Si_2O_7N_2$（J 相）と N（窒素）$\alpha$-wollastonite：$Y_2O_3 \cdot Si_2N_2O \equiv 2YSiO_2$（H′ 相）である．これらの化合物の耐熱性が非常に高いために，Y_2O_3 を焼結助剤として用いたとき，これらの化合物が粒界に生成するこ

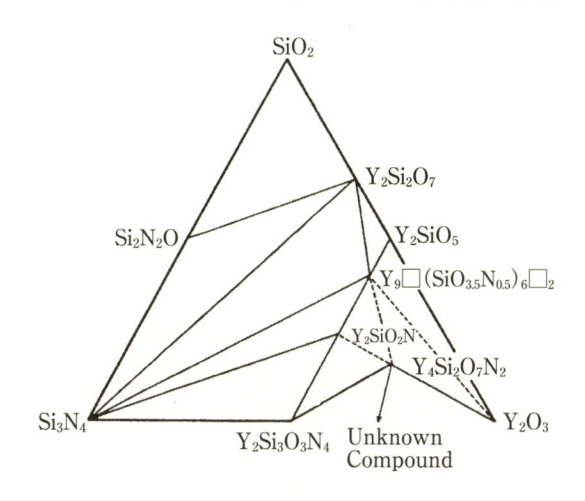

図 3.1.9 1600 および 1750 ℃ のホットプレスした試料で求められた Si_3N_4-SiO_2-Y_2O_3 系相関系[37]

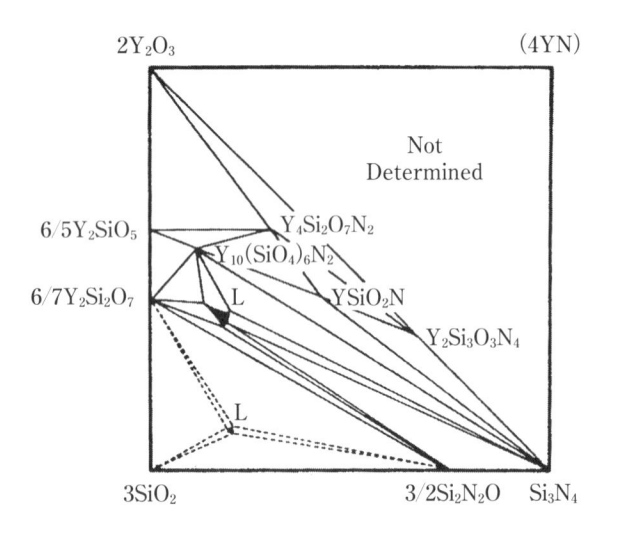

図 3.1.10 1550 ℃での Si_3N_4-SiO_2-Y_2O_3系等温断面図[37]

とにより，焼結体の耐熱性が著しく向上する．Y_2O_3を焼結助剤として用いたときは，まずY_2O_3とSi_3N_4表面のSiO_2が反応し，Y_2O_3-SiO_2系の液相が生成し，焼結が進行する．さらに，高温になるとこの液相とSi_3N_4が反応して上記の化合物が生成する．

$Y_2O_3 \cdot Si_3N_4 \equiv Y_2Si[Si_2O_3N_4]$は，酸化物ケイ酸塩の$Ca_2Mg[Si_2O_7]$あるいは$Ca_2Al[AlSiO_7]$と同じ構造を有しており，$Si_3N_4$の高温特性を低下させると言われている Ca, Mg, Al，あるいはSi_3N_4中の不純物成分をその構造中に取り込むことができ，高温特性を改善できる可能性を有している．事実，焼結体の組成がSi_3N_4-Si_2ON_2-$Y_2Si_2O_7$の範囲内にあるときには，高温強度と耐酸化性が非常に優れている．しかしY_2O_3（例えば 15 wt%）の量が多く，粒界に$Y_2O_3 \cdot Si_3N_4 \equiv Y_2Si[Si_2O_3N_4]$相などの化合物が多量に生成すると，1000 ℃付近での耐酸化性が著しく低下する．これはこれらの化合物が酸化されると大きな体積変化が生じ，焼結体にクラックが発生するためであると言われている[39~41]．

3.1.6 Si-M-O-N(M = Ce, Zr, Be など)系状態図

Si_3N_4 の焼結助剤として重要な成分は,これまでに述べてきた Al, Mg, Y などであるが,これらの成分以外でも,状態図の研究例がいくつか報告されている.それらの例を以下に示す.

Si-Ce-O-N 系:Cooke ら[42] と Petzow ら[43] が最初に CeO_2 が Si_3N_4 の焼結助剤として有効であることを見出した. CeO_2 は 1230℃ 以上に加熱されると Ce_2O_3 分解するために,Y_2O_3 と同じような挙動を示すことが予想される.図 3.1.11 と図 3.1.12 に,1700℃ での Ce-Si-O-N 系状態図,および 1650℃ と 1750℃ の間の Si_3N_4-SiO_2-CeO_2 系の固相線を示す[33,44].この系では,Mah ら[45] および Lange ら[46] が,粒界に $Ce_{4.67}(SiO_4)_3$, $CeSiO_2N$ などの化合物が生成することを見出している.

Si-Zr-O-N 系:ZrO_2 を焼結助剤として用いた研究はいくつか行われているが,良い一致は得られていない[33,47,48].図 3.1.13 に 1700℃ における Si-Zr-

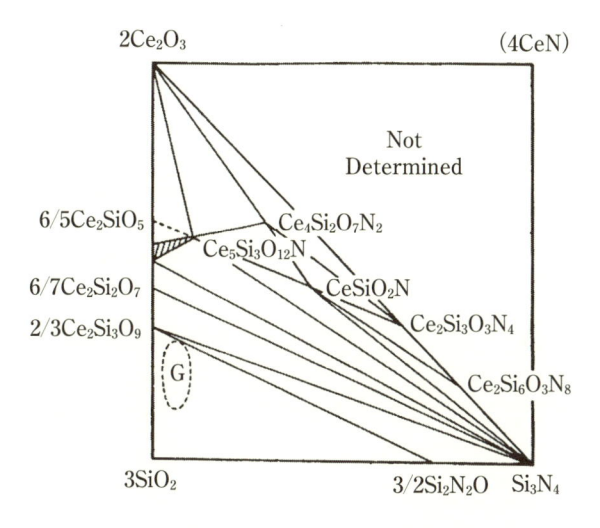

図 3.1.11 1700℃ での Ce-Si-O-N 系状態図[33]

70　3 状態図

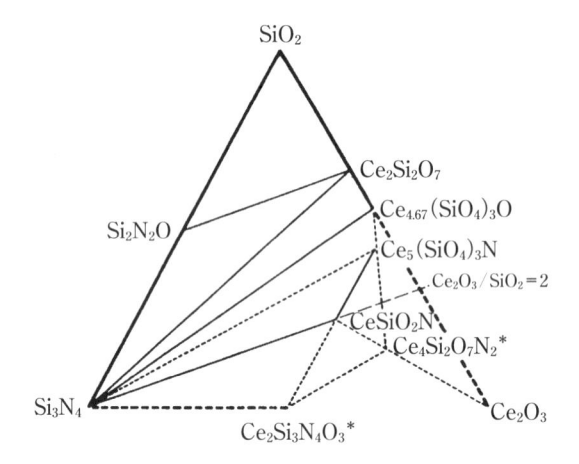

図 3.1.12　1650 ℃ と 1750 ℃ 間の Si_3N_4-SiO_2-CeO_2 系の固相線[44]

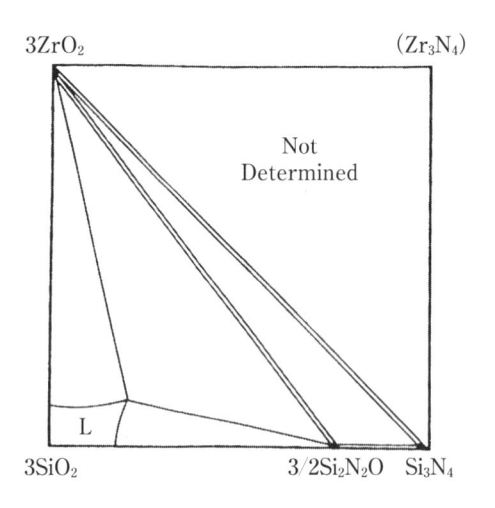

図 3.1.13　1700 ℃ における Si-Zr-O-N 系状態図[33]

O-N 系状態図を示した[33]．ZrO_2 を焼結助剤として用いた場合，Si_3N_4 と SiO_2 との反応によって ZrN が生成する．また，McDonough ら[49]と Lange[50]は，Zr の酸化窒化物の存在も確認している．

Si-Be-O-N 系：Rabenau らが初めて，Si_3N_4 の焼結助剤として BeO を用い

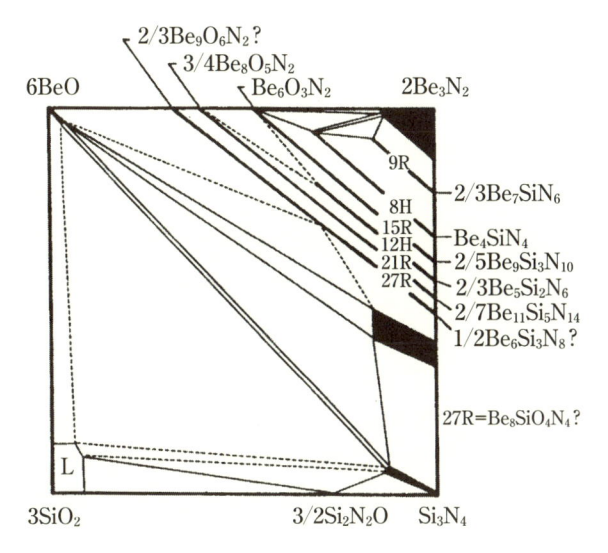

図 3.1.14 1780℃での Si_3N_4-SiO_2-BeO-Be_2N_3 系の等温断面図[53, 54]

た[51]。状態図関係の研究は，Husebyら[52]によって初めて行われ，その後Thompsonら[53, 54]によっても行われた．図 3.1.14 に Thompsonら[53]によって求められた，1780℃での Si_3N_4-SiO_2-BeO-Be_2N_3 系の等温断面図を示す．

これらの系以外にも，Si-Ti-O-N[55~57]，Si-La-O-N[58~61]，Si-Li-O-N[62, 63]，Si-Sr-O-N[64, 65]，Si-Cr-O-N[66]，Si-Mn-O-N[67]，Si-Sc-O-N[68]，Si-V-O-N[69]，Si-Ba-O-N系[70]などが研究されている．

また，ランタノイド酸化物である，Tb_2O_3[71]，Sm_2O_3[60]，Dy_2O_3[60]，Er_2O_3[60]，Yb_2O_3[60]，Nd_2O_3[60]，Gd_2O_3[72]を用いた研究も行われている．

3.1.7　Si-Al-Y-O-N 系状態図

Si_3N_4 の焼結助剤として，Al_2O_3 と Y_2O_3 の組み合わせが極めて有効で，常圧焼結においても緻密な焼結体が得られる．また，Si_3N_4-Y_2O_3 系で Tsuge ら[73]によって報告されているように，焼結後の熱処理による粒界相の結晶化により高温強度の優れた Si_3N_4 焼結体が得られる可能性がある．Al_2O_3 と Y_2O_3 を焼結

助剤として用いた場合はSi-Al-Y-O-N系として取り扱い，Si_3N_4，SiO_2，Al_2O_3，AlN，Y_2O_3，YNの6個の成分を考慮する必要がある．このために図3.1.15のようなJaneckeプリズムが用いられる．

　図3.1.15の底面は，前述したSi-Al-O-N(Si_3N_4-SiO_2-Al_2O_3-AlN)系に相当する．このプリズム内で種々の系，例えばSi_3N_4-Al_2O_3-Y_2O_3系，Si_3N_4-AlN-Y_2O_3系などを取り扱う．その例を図3.1.16に示した[5]．Si-Al-Y-O-N系では前述のβ-サイアロンのほかにYα-サイアロンの生成領域も存在する．

　Jack[74]は，$LiSi_2N_3$とAl_2O_3を反応させることによって，α-Si_3N_4が生成し，これが高温まで安定化されかつその格子定数が増加することを見出した．当時彼らは，このα-Si_3N_4を Expanded α-Si_3N_4と呼んだ．その後の彼らの研究により，このExpanded α-Si_3N_4は，Si位置にAlが置換型に固溶し，さらに電気的中性条件を保つために，Liがα-Si_3N_4の格子間位置に，OがN位置に置換型に固溶したものであることが明らかにされた．そのようなことから，β-サイアロンに対して，α-サイアロンと呼ばれるようになった．さらにJackら[74,75]の研究により，Liの他にCa, Y, Mgなどもα-サイアロンを形成し，またAlNとともにこれらの元素が酸化物の形で添加された場合には，上述したように，Si位置にAlが置換型に固溶し，Li, Ca, Y, Mgなどが格子間位置に侵入型に固溶すると同時に，OがN位置に置換型に固溶することも明らかにされた．このα-サイアロンは，一般式$M_x(Si, Al)_{12}(O, N)_{16}$($0 < x \leq 2$)で示される．ここでMは，Li, Y, Ca, Mgなど侵入型に固溶する元素である．Yを固溶するα-サイアロンはYα-サイアロンと呼ばれる．Si-Al-O-N系のβ-サイアロンおよびY-Si-Al-O-N系でのα-サイアロンの(Si+Al)：(O+N)の原子数の比はいずれも3：4である．図3.1.17にSi-Al-Y-O-N系でのβ-サイアロンとα-サイアロンの生成領域を示した[75]．Yα-サイアロンは，図3.1.17のSi_3N_4-AlN-Al_2O_3・AlN-YN・3AlN面上にある固溶領域を有している．この様子を図3.1.18に示した[76]．

　Sunら[77]によって，Yα-サイアロンの固溶領域が詳細に検討されている．α-サイアロンの組成をより正確に示すために，$M_xSi_{6-(m+n)}Al_{m+n}O_nN_{16-n}$で表すこともできる[8]．この式は，$\alpha$-$Si_3N_4$の$(m+n)$個のSi-N結合が，$n$個のAl-

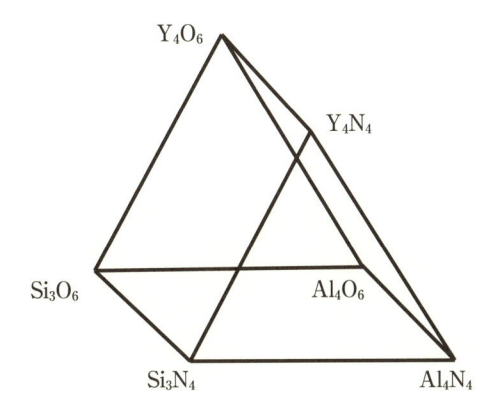

図 3.1.15 Si_3N_4-SiO_2-Al_2O_3-AlN-Y_2O_3-YN 系状態図

Si_3N_4–Y_2O_3–Al_2O_3

2 : 3

3 : 4

Si_3N_4–Y_2O_3–"Al_3O_3N"

Si_3N_4–Y_2O_3–AlN

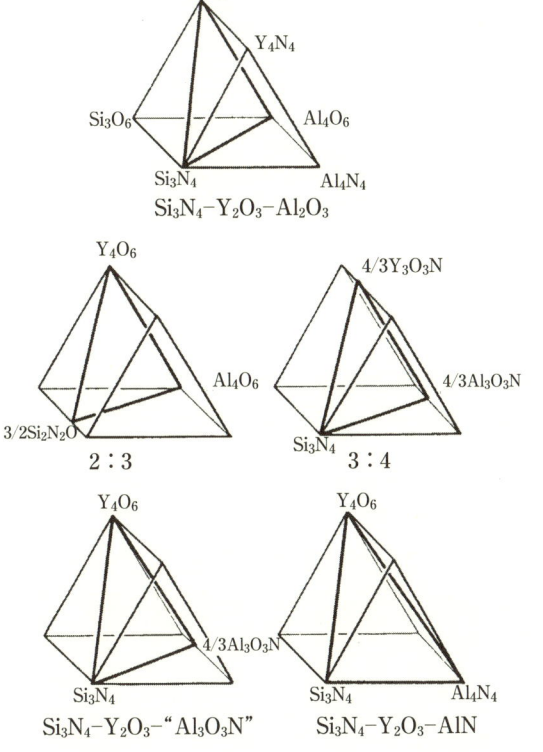

図 3.1.16 Si-Al-Y-O-N 系のカチオン M とアニオン X の比が一定の系の例[5]

74   3 状 態 図

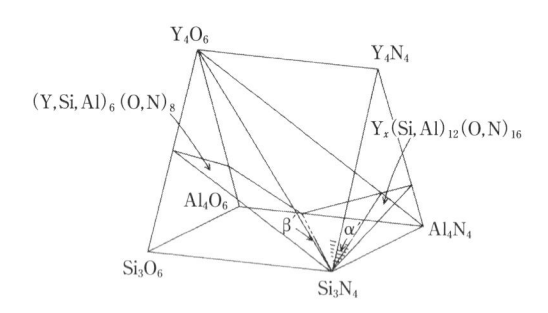

図 3.1.17 Y-Si-Al-O-N 系内の α-サイアロンおよび β-サイアロンの生成領域[75]

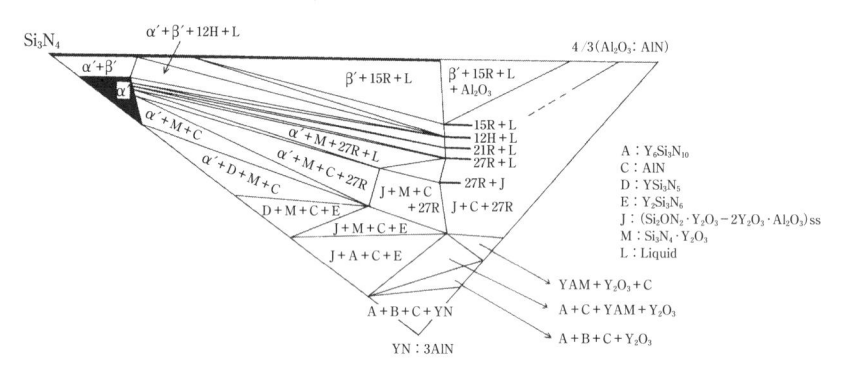

図 3.1.18 1750 ℃ における Yα-サイアロン系の相関係[76]

O 結合と m 個の Al-N 結合に置き換えられ，電気的中性条件を保つために M 原子が x 個侵入型に固溶することを示している．この m と n を用いて α-サイアロンの固溶領域を表すことも可能である．Thompson[78] は，Si$_3$N$_4$-AlN-YN 系では m = 1.8 から 3.4 と決定した(この場合 O は存在しないので n = 0)．Slasor[76, 79] は，Yα-サイアロンの単相領域は，Si$_3$N$_4$ から Al$_2$O$_3$ の方向へも広がっていることを見出した(図 3.1.18)．β-サイアロンと共存する Yα-サイアロンの組成はおおよそ，m = 1.0, n = 0 から n = 1.7 である．この場合，組成式は Y$_{m/3}$Si$_{12-(m+n)}$Al$_{m+n}$O$_n$N$_{16-n}$ (n = 0.5 m) である．Huang ら[80] は，Si$_3$N$_4$-Y$_2$O$_3$：9 AlN 線上では，m は 1.0 から 2.0 であること示した．また，Stutz ら[81] は，O の多い領域での Yα-サイアロンの固溶限界を求め，x = 0.33〜0.67,

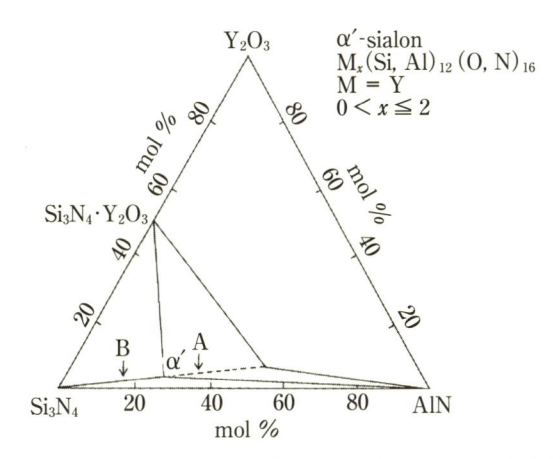

図 3.1.19 Si_3N_4-Y_2O_3-AlN 系での Yα-サイアロンの生成領域

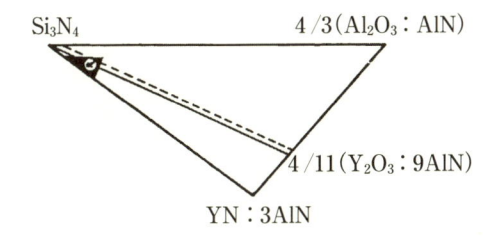

図 3.1.20 Si_3N_4-AlN-Al_2O_3・AlN-YN・3AlN 系の Yα-サイアロン生成領域
実線は Y_2O_3 と AlN のモル比が 1:9 を示す[78]

$m+n = 1.5〜3.0$, $n = 0.5〜1.24$ と報告している.

図 3.1.17 で, Si_3N_4-Y_2O_3-AlN と Si_3N_4-AlN-Al_2O_3・AlN-YN・3AlN 面の交差する部分を Si_3N_4-Y_2O_3-AlN 面上と Si_3N_4-AlN-Al_2O_3・AlN-YN・3AlN 面上に示すと図 3.1.19 および図 3.1.20 のようになる.

Si_3N_4-Y_2O_3-AlN 系では, Y_2O_3 と AlN のモル比が 1:9 ときは, 次式に従って Yα-サイアロンが生成する.

$$(4-1.5x)Si_3N_4 + 0.5x(Y_2O_3 + 9\,AlN) \rightarrow Y_x(Si_{12-4.5x}, Al_{4.5x})O_{1.5x}N_{16-1.5x}$$
(3.1.2)

図 3.1.19 において，A は Yα-サイアロン単相領域，B は Yα-サイアロンと，β-Si_3N_4 の 2 相共存領域である．Si_3N_4-Y_2O_3-AlN 系では，Yα-サイアロン生成領域は非常に狭い．実際の合成の場合には，Si_3N_4 粉末に含まれる SiO_2 などの影響を受ける．図 3.1.20 は，Si_3N_4-AlN-Al_2O_3·AlN-YN·3 AlN 面上に示した，図 3.1.19 の Yα-サイアロン生成領域を示したものである．理想的には実線が Y_2O_3 と AlN のモル比が 1：9 であるが，実際には破線で示すように O の多い方向に組成がずれてしまう．このために，N の多い領域の相関係の実験的研究には困難が伴う．

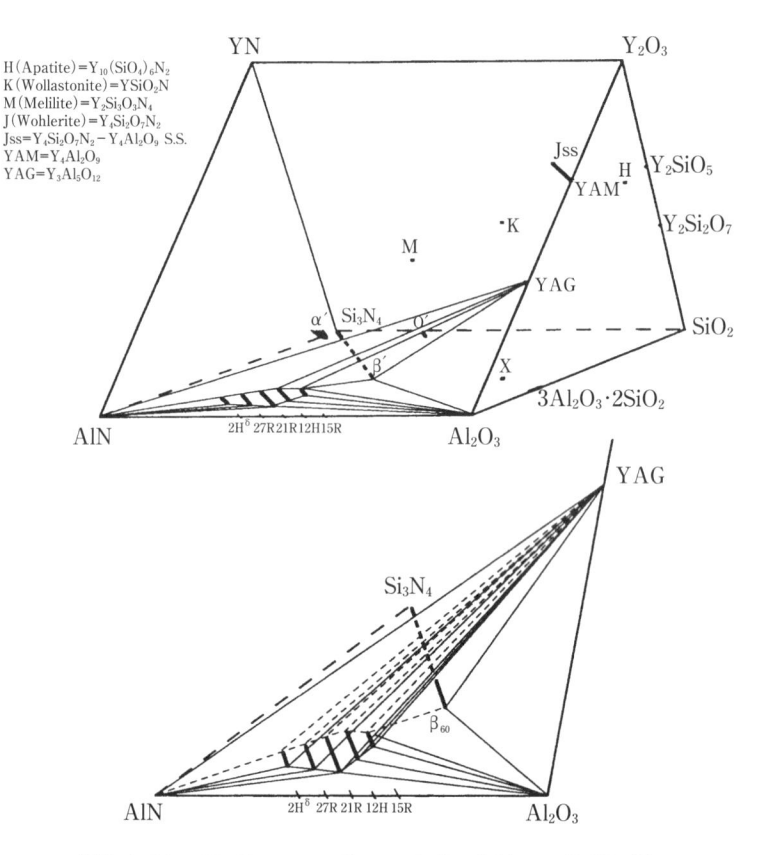

図 3.1.21 Si-Al-Y-O-N 系の O が多い領域での状態図[84)]

Si-Al-Y-O-N系のOが多い領域の相関係に関する研究は，実用的な観点からも重要であり，また比較的実験が容易に行えるため，多くの研究が行われている[15, 38, 77, 82~84]．図3.1.21は，Sunら[84]によって求められた，1800℃でのSi-Al-Y-O-N系のOが多い領域（YAGが存在する領域）の状態図を示したものである．また，表3.1.2には，Si_3N_4-AlN-Al_2O_3-Y_2O_3系内で互いに共存する相を示した．Oの多い領域では広い範囲でYAGが安定に存在することが分かる．また，表3.1.2に見られるように多くの相が存在し，その相関係は非常に複雑になる．

表3.1.2 Si_3N_4-AlN-Al_2O_3-Y_2O_3系内で互いに共存する相[84]

$Al_2O_3-\beta_{60}-15R-YAG$	$Al_2O_3-15R-15R'-YAG$
$Al_2O_3-15R'-12H'-YAG$	$Al_2O_3-12H'-21R'-YAG$
$Al_2O_3-21R'-AlN-YAG$	$15R-15R'-12H-12H'-YAG$
$12H-12H'-21R-21R'-YAG$	$21R-21R'-27R-27R'-YAG$
$27R-27R'-2H^\delta-2H^{\delta'}-YAG$	$2H-2H^\delta-AlN-YAG$
$21R'-27R'-AlN-YAG$	$27R'-2H^{\delta'}-AlN-YAG$
$21R-27R-YAG-J_{SS}$	$27R-2H^\delta-YAG-J_{SS}$
$2H^\delta-AlN-YAG-J_{SS}$	$AlN-YAG-J_{SS}-YAM$
$AlN-YAM-J-Y_2O_3$	$\beta_{60}-\beta_{25}-15R-YAG$
$\beta_{25}-15R-12H-YAG$	$\beta_{25}-\beta_{10}-12H-YAG$
$\beta_{10}-\alpha'-12H-YAG$	$\alpha'-12H-21R-\beta_{10}$
$\alpha'-21R-\beta_{10}-\beta_8$	$\alpha'-21R-\beta_8-27R$
$\alpha'-\beta_8-27R-\beta_2$	$\alpha'-27R-\beta_5-2H^\delta$
$\alpha'-\beta_5-2H^\delta-\beta_2$	$\alpha'-2H^\delta-\beta_2-AlN$
$\alpha'-\beta_2-AlN-Si_3N_4$	$\alpha'-12H-21R-YAG$
$\alpha'-21R-YAG-M$	$\alpha'-21R-27R-M$
$\alpha'-27R-2H^\delta-M$	$\alpha'-2H-AlN-M$
$M-21R-YAG-J_{SS}$ $M-21R-27R-J_{SS}$	$M-21R-27R-J_{SS}$
$M-27R-2H^\delta-J_{SS}$	$M-2H^\delta-AlN-J_{SS}$
$M-AlN-J_{SS}-J$	

* YAM：$2Y_2O_3 \cdot Al_2O_3$, J：$2Y_2O_3 \cdot Si_2N_2O$, J_{SS}：$2Y_2O_3 \cdot Al_2O_3-Y_2O_3 \cdot Si_2N_2O$, M：$Si_3N_4 \cdot Y_2O_3$, 15R, 12H, 21R, 27R, $2H^\delta$：Si-rich terminals of AlN polytypoids, 15R', 12H', 21R', $2H^{\alpha'}$：Al-rich terminals of AlN polytypoids.

3.1.8 Si-Al-Mg-O-N 系状態図

焼結助剤として Al_2O_3 と MgO の組み合わせ，あるいは $MgAl_2O_4$ などが用いられる場合も多い．そのために，Si-Al-Mg-O-N 系の状態図の研究も行われている[86]．また Al が存在すると，Mg は Si_3N_4 に固溶し β-サイアロンを形成する[5,85]（今後，Al を含む β-サイアロンは単に β-サイアロン，Mg など他の金属原子を含む場合には Mgβ-サイアロンなどと区別する）．

図 3.1.22 は，Si-Al-Mg-O-N(Si_3N_4-SiO_2-Al_2O_3-AlN-MgO-Mg_3N_2)系を示したものである[5]．この図には，カチオン M とアニオン X の比が 3：4 の面も合わせて示されている．$MgAl_2O_4$ あるいは等モルの MgO と Al_2O_3 が用いられると，Si_3N_4 との反応により Mgβ-サイアロンが生成する．このとき，カチオン M とアニオン X の比は 3：4 に保たれる．

図 3.1.23 は図 3.1.22 の 1800 ℃ での Si_3N_4-Al_2O_3-MgO 面を示したものである．Si_3N_4-Al_2O_3-MgO 面上では，Mgβ-サイアロン，12H，15R の混合相領域が多く観察される．12H，15R は AlN のポリタイプである．また，S で示される $MgAl_2O_4$ と MgO が少ないながらも，Si と N を固溶することは注目に値する．また，前述した Si-Al-O-N 系で存在したポリタイプはすべて Si-Mg-Al-O-N

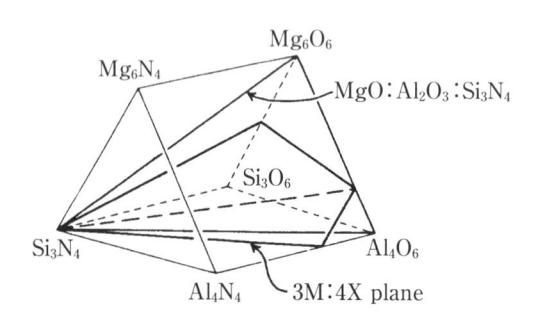

図 3.1.22 Si-Al-Mg-O-N(Si_3N_4-SiO_2-Al_2O_3-AlN-MgO-Mg_3N_2)系状態図

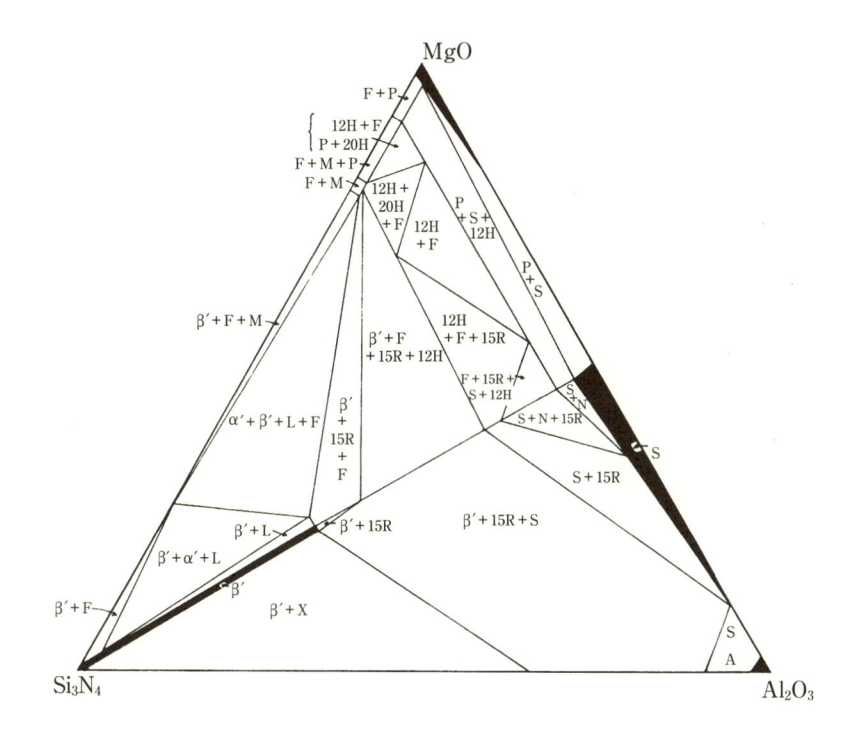

図 3.1.23 1800℃における Si-Mg-Al-O 系の Si$_3$N$_4$-Al$_2$O$_3$-MgO 面[5]

系でも存在し，さらに 6H′ あるいは 14H で示される新しいポリタイプも見られる．

　Si-Al-Mg-O-N 系では，Mgβ-サイアロンが生成する．カチオン M とアニオン X の比が 3：4 の面(3M：4X 面)がとくに重要になる．

　図 3.1.24 は 1500℃から 1700℃の 3M：4X 面である．Mgβ-サイアロンの固溶領域が Si$_3$N$_4$-Al$_3$O$_3$N 線から Mg$_2$SiO$_4$ の方向へ広がっている．これは，Mgβ-サイアロンがより多くの O をその構造中に取り込むことができることを示している．また，この図には，1500～1700℃での液相の生成範囲が示されている．

80　3 状態図

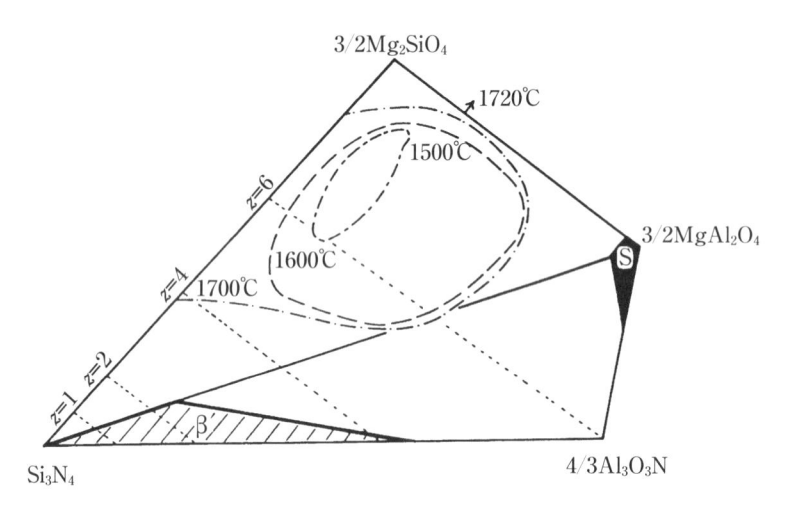

図 3.1.24 Si-Al-Mg-O-N 系のカチオン M とアニオン X の比が 3：4 の面（3M：4X 面）．1500～1700 ℃での液相の生成範囲も示してある[5]

3.1.9　Si-Al-Be-O-N 系および Si-Al-Li-O-N 系状態図

化学的な観点から BeO は，Si_3N_4 あるいはサイアロンに対しては，MgO と同様な挙動を示すことが期待される．また，Be_2SiO_4 が β-Si_3N_4 と同じ原子配列を有しているために，Mg_2SiO_4 よりも β-Si_3N_4 あるいは β-サイアロンへの固溶量が大きい[9,87]．このために，図 3.1.25 のように，Beβ-サイアロンは，Si-Al-Be-O-N 系の 3M：4X 平面上に非常に広い固溶領域を有している．

Si_3N_4 と $LiAl_5O_8$ の反応によって，Liβ-サイアロン，$LiAlO_2$ と α-サイアロン（前述した Expanded α-Si_3N_4）が生成する．図 3.1.26 は，Si-Al-Li-O-N 系の Si_3N_4-Al_2O_3 面を示したものである[4]．

まとめ

Si_3N_4 と助剤として用いられる種々の酸化物との相関係の主な研究について

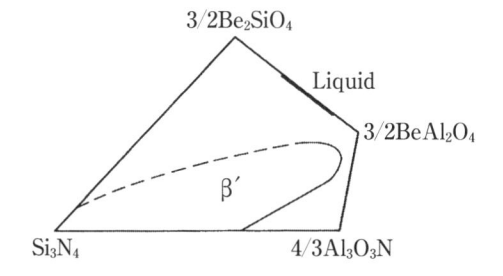

図 3.1.25 Si-Al-Be-O-N 系の 3M：4X 平面[87]

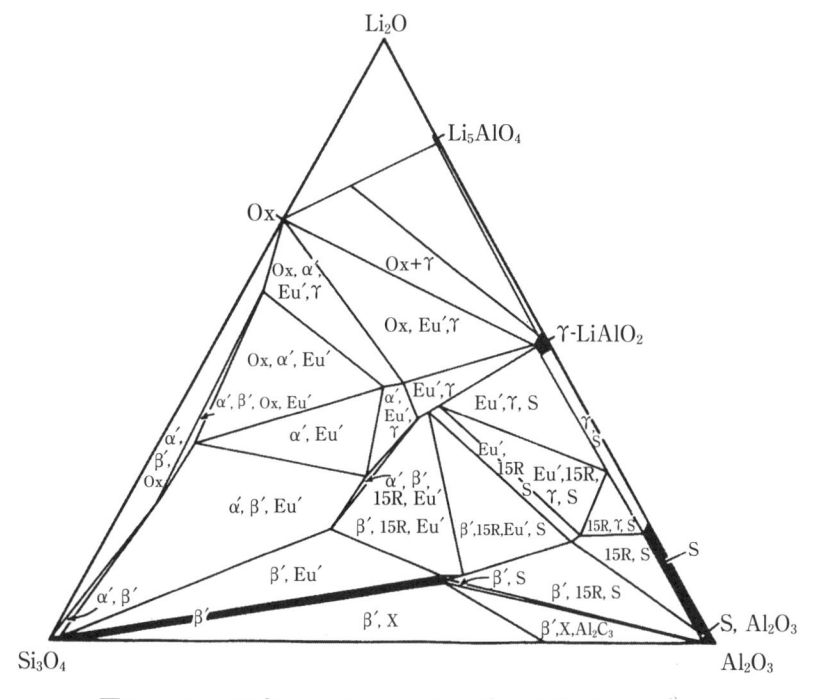

図 3.1.26 1550℃での Si-Al-Li-O-N 系の Si_3N_4-Al_2O_3 面[4]

まとめた．これらの相関関係を正確に把握することにより，焼結時の助剤成分および量の選定，あるいは焼結条件(温度，雰囲気など)の適切な選定が可能になる．また，焼結後の熱処理条件の決定にも有効である．すなわち，相関関係(状

態図)を理解することにより,所望の相を得ることができるようになり,Si_3N_4 焼結体の組織設計,さらには種々の性能を向上させることが可能となる.今後も,Si_3N_4 を含む平衡状態図の研究が進展することが期待される.

参考文献

1) K. Kijima and S. Shirasaki, J. Chem. Phys., **65**(1976)2668.
2) F. F. Lange, Int. Met. Rev., No.1(1980)1.
3) F. F. Lange, Am. Ceram. Soc. Bull., **62**(1983)1369.
4) K. H. Jack, J. Mater. Sci., **11**(1976)1135.
5) K. H. Jack, Refract. Mater., **6**(1978)241.
6) Y. Oyama and O. Kamigaito, A. Apply. Phys., **10**(1971)1637.
7) K. H. Jack and W. I. Wilson, Nature, **238**(1972)28.
8) S. Hampshire, H. K. Park, D. P. Thompson and K. H. Jack, Nature, **274**(1978) 880.
9) K. H. Jack, Trans. Brit. Ceram. Soc., **72**(1973)376.
10) Y. Oyama, Japan J. Appl. Phys., **11**(1972)760.
11) Y. Oyama, Japan J. Appl. Phys., **11**(1972)1572.
12) Y. Oyama, Yogyo Kyokai Shi, **82**(1974)351.
13) M. Haviar and O. Johansen, Ad. Ceram. Materials, **3**(1988)405.
14) W. J. Arrol, Proc. Army. Mater. Technol. Conf., Ceram. for High-Performance Appl., 2nd Hyannis(1973)p. 279.
15) L. J. Gauckler, H. L. Lucas and G. Petzow, J. Amer. Ceram. Soc., **58**(1975)6.
16) I. K. Naik, L. J. Gauckler and T.-Y. Tien, J. Amer. Ceram. Soc., **61**(1978)332.
17) I. Sekerciogu and R. R. Wills, J. Amer. Ceram. Soc., **62**(1979)590.
18) P. L. Land, J. M. Wimmer, R. W. Burns and N. S. Choudhury, J. Amer. Ceram. Soc., **61**(1978)56.
19) P. Drew and M. H. Lweis, J. Mater. Sci., **9**(1974)1833.
20) R. J. Lumby, B. North and A. Taylor, Special Ceramics, 6, British Ceramic Association(1975)p. 283.
21) A. Zangvil, J. Mater. Sci., **13**(1978)1370.
22) A. Zangvil, L. J. Gauckler and M. Ruhle, J. Mater. Sci., **15**(1980)788.

23) P. Land, J. M. Wimmer, R. W. Burns and N. S. Choundhury, Compounds and Properties of the Si-Al-O-N System, Tec. Report No. AFML-TR-209, Oct. 1975 (Right Patterson air Force Base, Ohio).
24) E. Gugel, I. Petzenhauser and A. Fickel, Powd. Met. Int., **7**(1975)66.
25) A. W. J. M. Rae, D. P. Thompson and K. H. Jack, Ceramics for High Performance Applications-II, Brook Hill(1975)p. 1039.
26) G. K. Layden, Process Development for Pressureless Sintering of SiAlON Ceramic Components, Final Report R75-912072, Feb. 1976. Naval Air Systems Command Contract N00019-75-C-0232(United Technologies Research Center, Conn).
27) Y. Oyama, Yogyo Kyokai Shi, **80**(1972)327.
28) D. P. Thompson, Nitrogen Ceramics, Noordhoff(1977)p. 129.
29) L. S. Ramsdell, Am. Mineral, **32**(1974)64.
30) D. P. Thompson, J. Mater. Sci., **11**(1976)1377.
31) G. G. Deeley, J. M. Herbert and N. C. Moore, Powd. Met., **8**(1961)145.
32) F. F. Lange, J. Amer. Ceram. Soc., **61**(1978)53.
33) K. H. Jack, Materials Science Research, Vol. 11. Processing of Crystalline Ceramics, Plenum Press(1978)p. 561.
34) F. F. Lange, J. Amer. Ceram. Soc., **62**(1979)617.
35) G. E. Gazza, J. Amer. Ceram. Soc., **56**(1973)662.
36) G. E. Gazza, Am. Cer. Soc. Bull., **54**(1975)778.
37) F. F. Lange, Materials Science Research, Vol. 11. Processing of Crystalline Ceramics, Plenum Press(1978)p. 597.
38) L. J. Gauckler, H. Hohnke and T.-Y. Tien, J. Amer. Ceram. Soc., **63**(1980)35.
39) F. F. Lange, S. C. Singhal and R. C. Kuznick, J. Amer. Ceram. Soc., **60**(1977)249.
40) G. Q. Weaver and J. W. Lucek, Am. Cer. Soc. Bull., **57**(1978)1131.
41) H. Knoch and G. E. Gazza, J. Amer. Ceram. Soc., **62**(1979)634.
42) K. S. Mazdiyasni and C. M. Cooke, J. Amer. Ceram. Soc., **57**(1974)536.
43) I. C. Huseby and G. Petzow, Powd. Met. Int., **6**(1974)17.
44) F. F. Lange, Am. Cer. Soc. Bull., **59**(1980)239.
45) T. Mah, K. S. Mazdiyasni and R. Ruh, Am. Cer. Soc. Bull., **58**(1979)840.
46) F. F. Lange and B. I. Davis, J. Amer. Ceram. Soc., **62**(1979)629.
47) P. F. Becher and St. A. Halen, Am. Cer. Soc. Bull., **58**(1979)582.

48) J. Weiss, L. J. Gauckler and T.-Y. Tien, J. Amer. Ceram. Soc., **62**(1979)632.
49) W. J. McDonough, W. J. Wu, Cm. C and P. E. D. Morgan, J. Amer. Ceram. Soc., **64**(1981)C45.
50) F. F. Lange, J. Amer. Ceram. Soc., **63**(1980)38.
51) A. Rabenau and P. Eckerlin, Special Ceramics, Heywood & Company(1960)p. 136.
52) I. C. Huseby, H. L. Lucas and G. Petzow, J. Amer. Ceram. Soc., **58**(1975)377.
53) D. P. Thompson and L. J. Gauckler, J. Amer. Ceram. Soc., **60**(1977)470.
54) D. P. Thompson, J. Mat. Sci., **11**(1976)1377.
55) M. B. Trigg and E. R. McCartney, J. Amer. Ceram. Soc., **63**(1980)103.
56) M. B. Trigg and E. R. McCartney, J. Amer. Ceram. Soc., **64**(1981)C151.
57) M. B. Trigg and E. R. McCartney, J. Aust. Cer. Soc., **17**(1981)6.
58) P. E. Morgan, J. Amer. Ceram. Soc., **62**(1979)636.
59) J. W. Visser, Jr. G. G. Johnson and R. Ruh, J. Amer. Ceram. Soc., **62**(1979)636.
60) R. R. Wills, R. W. Stewart, J. A. Cunningham and J. M. Wimmer, J. Mat. Sci., **11**(1976)749.
61) M. Mitomo, N. Kuramoto and H. Suzuki, J. Mat. Sci., **13**(1978)2523.
62) J. L. Isokoe, F. F. Lange and E. S. Diaz, J. Mat. Sci., **11**(1976)908.
63) L. J. Bowen, T. G. Carruthers and R. J. Brook, J. Amer. Ceram. Soc., **61**(1978)335.
64) J. M. Birch and B. Wilshire, J. Mat. Sci., **13**(1978)2627.
65) D. J. Godfrey, Proc. Brit. Ceram. Soc., **26**(1978)265.
66) I. M. Finkel'shtein, Poroshk. Metall, **11**(1972)40.
67) S. Wild, P. Grieveson and K. H. Jack, Special Ceramics 5, British Ceramic Association(1972)p. 289.
68) P. E. D. Morgan, F. F. Lange, D. R. Clarke and B. I. Davis, J. Amer. Ceram. Soc., **64**(1981)C77.
69) M. B. Trigg and E. R. McCartney, Ceramurgia Int., **6**(1980)147.
70) J. Gaude and J. Lang, Comptes Rendus, **274C**(1972)521.
71) M. Montorsi and P. Appendino, Am. Cer. Soc. Bull., **58**(1979)789.
72) J. Gaude, R. Marchand, Y. Laurent and J. Lang, Nitrogen Ceramics, Noordhoff (1977)p. 137.
73) A. Tsuge, K. Nishida and M. Komatsu, J. Amer. Ceram. Soc., **58**(1975)323.

74) K. H. Jack and W. I. Willson, Nature, **238**(1972)28.
75) S. P. Hampshire, H. K. Park, D. P. Thompson and K. H. Jack, Nature, **274**(1978) 880.
76) S. Slasor and D. P. Thompson, J. Mat. Sci., **6**(1987)315.
77) W.-Y. Sun, T.-Y. Tien and T.-S. Yen, J. Amer. Ceram. Soc., **74**(1991)2547.
78) D. P. Thompson, Proc. of the 21st University Conference on Ceramic Science: Tailoring Multiphase and Composite Ceramics. Ed. by R. F. Tressler et al. Plenum Press, New York(1986)p. 79.
79) S. Slasor and D. P. Thompson, Proc. Int. Conf. on Non-oxide Technical and Engineering Ceramics. Ed. By S. Hampshire, New York(1986)p. 223.
80) Z. K. Huang, T.-Y. Tien and T.-S. Yen, J. Amer. Ceram. Soc., **69**(1986)C241.
81) D. Stutz, P. Greil and G. Petzow, J. Mat. Sci. Lett., **5**(1986)335.
82) I. K. Naik and T.-Y. Tien, J. Amer. Ceram. Soc., **62**(1979)642.
83) D. P. Thompson, P. Krogul and A. Hendry, NATO ASI., Ser. E, **65**(1983)61.
84) W.-Y. Sun, T.-Y. Tien and T.-S. Yen, J. Amer. Ceram. Soc., **74**(1991)2753.
85) K. H. Jack, Proc. Army Mater. Technol. Conf., Ceram. for High-Performance Appl., 2nd, Hyannis(1973)p. 265.
86) A. Hendry, D. S. Perera, D. P. Thompson and K. H. Jack, Special Ceramics, Bri. Ceram. R. A. Stoke-on-Trent(1975)p. 321.
87) L. J. Gauckler, H. L. Lucas and T.-Y. Tien, Mater. Res. Bull., **11**(1976)503.

3.2 サイアロンガラス

要 約

　サイアロンガラスとは，ガラス網目構造において酸素原子が窒素原子に置換されたケイ酸塩もしくはアルミノケイ酸塩である．これらのガラスは，窒化ケイ素基セラミックスの微細構造において，焼結助剤と窒素や粉末表面のシリカが反応し，液相が形成され，冷却された結果生じる粒界フィルムや粒界三重点として存在する．このサイアロンガラスの化学や体積比率は，窒化ケイ素やサイアロンセラミックスにおける微細構造の基型を，そしてそれらの特性を決定するものであり，とくに，強度，破壊靭性や高温クリープ挙動に大きな影響を及ぼす．これらの粒界相の本質を理解しようとする願望から，サイアロンガラスの形成，構造，特性，および結晶化に関する多くの研究がなされ，サイアロンガラスが対応する酸化物ガラスと比べ高いガラス転移温度，弾性率，粘性および硬度と低い熱膨張係数を有することが明らかとなっている．ここではサイアロンガラスの形成とともに，ガラスの組成，とくに窒素含有量と陽イオン比の特性に及ぼす影響について要点を述べ，サイアロンガラスの構造的な特徴と関連づける．また，核生成と結晶化に関する研究やフッ素に関連する新しいサイアロンガラスについて紹介するとともに，酸窒化リンガラスについても略述する．

　キーワード：サイアロンガラス，酸窒化物ガラス，粘性，熱的特性，機械的特性，粒界相，結晶化

3.2.1 緒　　言

　サイアロンガラスは，基本的には，ガラス網目構造において五つの酸素原子のうちの一つあるいはそれ以下の割合のものが窒素原子に置換されたアルミノケイ酸塩ガラスである[1~4]．これらのガラスは，相当する酸化物ガラスよりも

最大で 25% 高い弾性率と硬度を有している[1~6]．粘性やガラス転移温度などの熱的特性も窒素含有量の増加に従って増大する[1~5, 7]．より軽く，より硬い材料が求められる現在，酸窒化物ガラスの実用性は高いと考えられる．

サイアロンガラスは，緻密化のために液相焼結を誘起させる助剤を用いた結果として，窒化ケイ素の粒界相として存在する[8~11]．アルミナに加え，イットリアもしくは 1 種類の希土類酸化物からなる焼結助剤は，窒化ケイ素や粉末表面のシリカと反応し，M-Si-Al-O-N（M = Y もしくは希土類元素）の液相を形成し，窒化ケイ素の緻密化と α-β 相転移を促進する[8, 9]．このような液相は，冷却されると酸窒化物ガラスの粒界フィルム[12] や粒界三重点[10~12] として残る．これらの粒界ガラス相における修飾陽イオン（Y もしくは希土類元素）や，ガラス相の窒化ケイ素セラミックス全体に占める体積分率は，その機械的特性を決定する[8~11]．例えば，Y：Al 比が増大すると，窒化ケイ素の粒界剥離が誘起されやすくなるために破壊靭性は向上する[10, 11]．すなわち，窒化ケイ素セラミックスにおいては，焼結助剤の化学組成により粒界の酸窒化物の液相（ガラス相）が変化し，これが，さらに特性に影響を及ぼす微細構造を決定するのである．粒界ガラス相の性質を理解するために，M-Si-O-N[13~16]，M-Si-Al-O-N[5, 6, 13, 14, 17~27]，M-Si-Mg-O-N[28, 29] などのさまざまなサイアロンガラスの形成，構造，特性および結晶化について，多くの研究がなされてきた（ここで M は，Mg，Ca，Ba，Sc，Y，もしくは希土類ランタノイドのような修飾陽イオンである）．

3.2.2 サイアロンガラスの形成

サイアロンガラス[1~5] は，窒化ケイ素や窒化アルミニウムに加えシリカ，アルミナ，修飾酸化物などの適当な粉末をイソプロピルアルコールにおいてサイアロンのボールミルなどで混合した後に，アルコールを蒸発させることによって得られる．ガラス（50～60 g）は，窒化ホウ素で内側が被覆されたカーボンルツボにおいて，0.1 MPa の窒素雰囲気下で 1600～1750 ℃ で 1 時間溶融し，その後素早く炉から取り出し，～850～900 ℃ にあらかじめ加熱したグラファイ

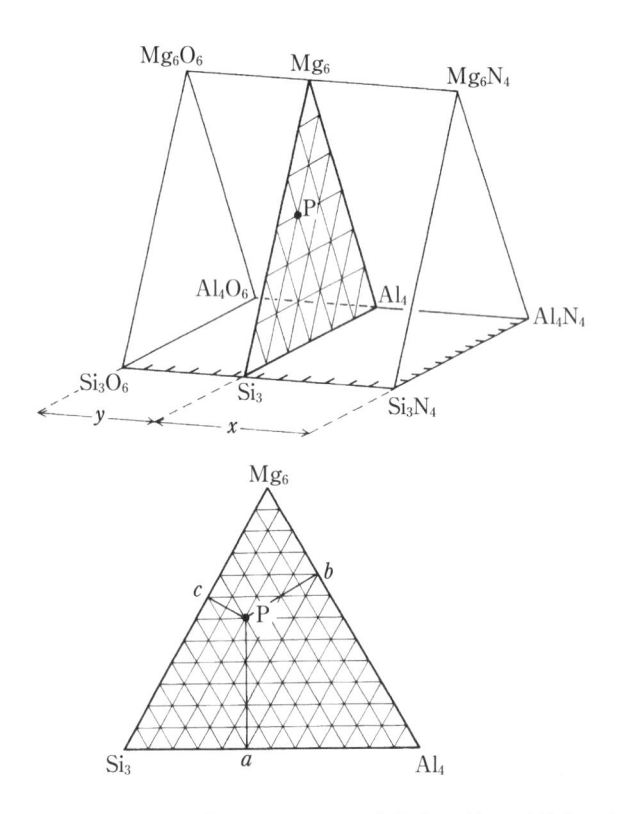

図 3.2.1 Mg-Si-Al-O-N 系の Jänecke の三角柱表現（各成分濃度は当量）

トの型に注入する．ガラスは応力を除去するためにこの温度で1時間熱処理し，次に徐冷する．Mg-，Ca-，Y-およびランタノイド RE-Si-Al-O-N 系のガラス形成に関しては，多くの研究がそれらの境界領域について明らかにしている[1~5, 13~16, 28]．Si-Al-O-N 系および M-Si-Al-O-N 系[30]の両方を効果的に表現する方法として，相対する塩の対を考える方法がある．Si-Al-O-N の四成分の系は，ケイ素とアルミニウムの酸化物と窒化物を角として持つ正方形の面(状態図)で表される．新たな陽イオンの導入は，例えば Mg-Si-Al-O-N 系については，図 3.2.1 で示されるような Jänecke の三角柱で表現できる五成分系となる．各成分の濃度は原子やグラム原子の代わりに当量として表されてい

る. 基部となる Si-Al-O-N 系の正方形の四角は Si_3O_6, Si_3N_4, Al_4O_6 および Al_4N_4 である. 三角柱の表現では, 第三の修飾陽イオン(図 3.2.1 の場合は Mg)を考慮に入れることが可能となり, 12 の正の原子価と 12 の負の原子価の組み合わせは, 三角柱における点で表現できる. 図 3.2.1 の点 P は, Si^{4+} : Mg^{6+} : Al^{2+} を表している. 当量の比(%)は, 同じ符号のすべてのイオンの電荷に対する, 対象とするイオンの電荷の比で求められる. すなわち, Mg-Si-Al-O-N 系のガラスにおいては, Si の当量%(e/o)は以下のように表される.

$$Si 当量\%(e/o) = (4[Si].100)/(4[Si]+3[Al]+v_M[M]) \qquad (3.2.1)$$

ここで, [Si], [Al]および[M]は, それぞれ Si, Al, および修飾陽イオン M (図 3.2.1 の場合は Mg)の原子濃度であり, 4, 3, および v_M(図 3.2.1 の場合は 2)はそれらの標準の原子価である. 三角柱におけるどの鉛直面も一定の N:O の比率を有し, それは以下のように表される.

$$窒素当量\%(e/o) = (3[N].100)/(2[O]+3[N]) \qquad (3.2.2)$$

ここで, [O]および[N]はそれぞれ酸素と窒素の原子濃度であり, 3 および 2 はそれらの原子価である.

$$酸素当量\%(e/o) = x(\text{in fig. 3.2.1}) = 100-y \text{ e/o N} \qquad (3.2.3)$$

したがって, 図 3.2.1 の点 P は当量%で以下のような組成を有している.

$$50 \text{ Mg} : 33.33 \text{ Si} : 16.67 \text{ Al} : x \text{ O} : y \text{ N} \qquad (3.2.4)$$

ガラスを形成する領域は一定の N:O の比率を有する個々の鉛直面において同定され, これらを連結させることにより三次元的な表現を得ることができる. 図 3.2.2 に, 1700 ℃ で溶融させた後の Y-Si-Al-O-N 系における明確なガラス形成領域を示す[13,14]. 酸化物の系におけるガラス形成領域は三角柱の正面の面で表され, 窒素が導入されると, Y-Si-Al-O-N 系のガラス形成領域は, 最初は拡大するが, 窒素が約 10 e/o 以上では, その可溶限度(28 e/o, 5 酸素原子に対し 1 窒素原子の割合)に到達するまで縮小する. 同様な領域は, Mg-Si-Al-O-N の系においても明確に同定されている[14]. また, Ca-Si-Al-O-N の系[14,18]や, いくつかの Ln-Si-O-N および Ln-Si-Al-O-N の系[15,28,31,32]において, 有意義な実験データが存在する.

M-Si-O-N 系においては, 図 3.2.3 の Ca-Si-O-N の系[14]で示すように, は

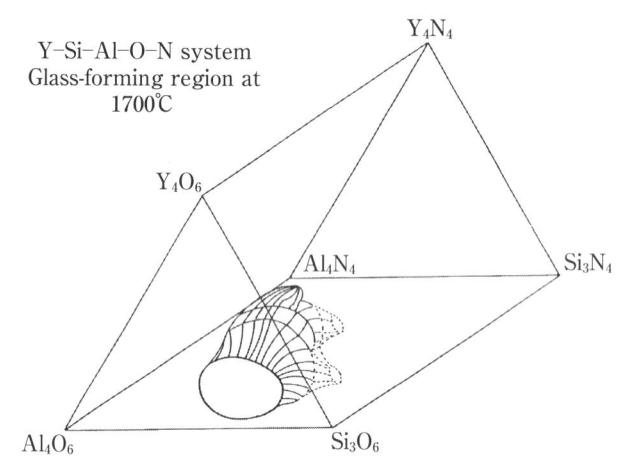

図 3.2.2 Y-Si-Al-O-N 系の Jänecke の三角柱表現における 1700 ℃溶融後のガラス形成領域(Drew ら[13, 14] より)

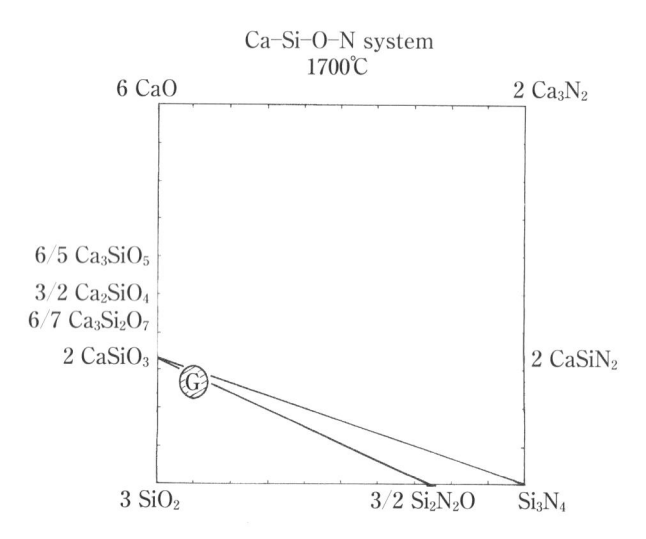

図 3.2.3 1700 ℃での Ca-Si-O-N 系の小さなガラス形成領域 (Hampshire ら[14] より)

るかに小さなガラス形成領域が観察される．したがって，アルミナがケイ酸塩においてそうであるように，酸窒化物の系においてもガラスの形成領域を広げていることが明らかである．さまざまなケイ酸塩の二成分系における非混和領域は，対応する M-Si-O-N の四成分系においては，いくつかの低アルミナ含有量のガラスに見られる相分離の領域となる[15,16]．

最近では，さまざまな M-Si-O-N の系(M = Ca, Sr, Ba, La, Pr もしくは Sm)[32,33]において，窒素当量が 65 e/o 以上の酸化物ガラスが，正に荷電した金属 M，窒化ケイ素およびシリカの混合粉末を窒素雰囲気で 1650～1800 ℃ で熱処理することによって得られている．ガラス形成は使用する前駆体に大きく依存し，900～1100 ℃ の低い温度で強い発熱反応が起こり，それ以上の熱処理では溶融するアモルファス相もしくは結晶相が形成される．ほとんどのガラスでは少量の金属シリサイドを含んでいる．Si 原子に対する陰イオンの割合は 2.5 から 4 と高く[32]，これらのガラス構造はこれまでに報告されている窒素の含有量の低い酸窒化物ガラスとは全く異なるものであることを示している．

3.2.3　酸窒化物ガラスの構造と特性

Y-Si-Al-O-N ガラスと窒素含有量と特性との関係は Loehman[17] によって初めて示された．イットリウム-アルミノケイ酸塩ガラスに加える窒化ケイ素の量が増大すると，熱膨張係数は減少するが，ガラス転移温度(T_g)，微小硬度，および破壊靱性は増大する．赤外分光法(IR)によりガラス網目構造において Si-N の結合が確認されている．しかしながら，窒化ケイ素量の増大は Si：(Y+Al)比の増大につながり，したがって，これらの特性の変化は陽イオンの濃度にも影響され，窒素含有量の変化のみによるものではない．Drew, Hampshire および Jack[13,14] は，陽イオンの割合を固定したガラスの特性について体系的に調べ，それらの特性に及ぼす N：O の変化の影響を明確にした．陽イオンの組成を 28 Y：56 Si：16 Al(当量%)に固定した Ca-, Mg-, Nd-および Y-Si-Al-O-N 系のガラスについては，窒素を導入することにより，微小硬度，粘性，耐失透性，屈折率，誘電率，交流伝導率およびガラス転移温度

(T_g)が増大する．窒素に対する T_g の変化を図 3.2.4 に示す[14]．

Y-Si-Al-O-N 系に関するより最近の広範な研究では，異なる種類のガラスについて，ガラス転移温度(T_g)，粘性，微小硬度および弾性率は窒素の増加に従って増大するが，熱膨張係数(CTE)は減少することが確かめられており[5]，同様の挙動は，Sun ら[23] によっても確認されている．図 3.2.5 に示すように陽イオンの割合を固定した場合，酸素を窒素に～17～20 e/o 置換すると，ヤング率は 15～25% 増大する[5, 23]．

これらの効果は，配位数 2 の酸素原子が配位数 3 の窒素原子と置き換わり，ガラス網目構造において四面体同士の架橋が増大することによるものであることが知られている[5, 14, 18, 23, 34]．ガラス網目構造は SiO_4，SiO_3N および SiO_2N_2 の四面体構造のグループを有しており，$[SiO_4]^{4-}$ のグループのみを持つ非晶質 SiO_2 は，四つの架橋酸素原子を持つ四面体で互いに完全に均衡した網目構造を有している．$[SiO_3N]^{5-}$ のグループは，窒素陰イオンからの余分な負の電荷を局所的に均衡させるために同じ正の電荷が必要となり，これはまさしくガラス網目構造において $[AlO_4]^{5-}$ の四面体が SiO_4 四面体と等電子となるために，余分な正の電荷を必要としているのと同じである．したがって，SiO_3N グループを含む酸窒化物ガラスは，対応する酸化物ガラスに比べ，非架橋酸素を増やすことなく，「電荷を均衡させる場所」に，より多くの修飾イオンを取り込むことができる．すなわち，窒素の量が増えると，SiO_4 四面体と結合する架橋陰イオンの数が 3 である酸化物のユニット(Q^3)の割合が減るのに対し，4 である酸窒化物のユニット(Q^4)が増大し，このことは窒素が Q^3 から Q^4 への変換により四面体間の架橋を増大させることを示唆している[35]．

図 3.2.6 に，28 Y : 56 Si : 16 Al : (100−x) O : x N ($x = 0, 10, 17$)の組成(当量%)のガラスにおける異なる窒素含有量での，粘性と温度(逆数)との関係を示す．17 e/o の酸素を窒素に置換するだけで，ガラス転移温度(T_g)に近い温度では，粘性が 2 から 3 桁，増大するのが分かる．同様の傾向は，陽イオンの比率の異なる他の Y-Si-Al-O-N 系のガラスでも報告されている[27, 36]．O : N 比が一定の場合の Si : Al 比および Y : Al 比のガラスの特性に及ぼす影響を見ると[5, 23, 27, 33]，Si : Al 比が増えるに従って，T_g と粘性は増加するが，弾性率，

3.2 サイアロンガラス 93

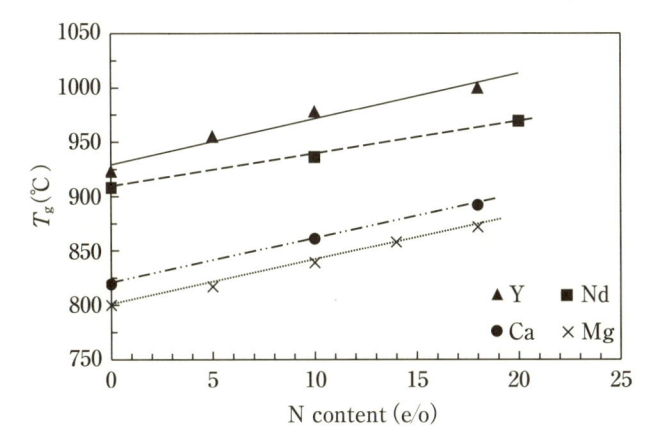

図 3.2.4 陽イオン比 28 Y：56 Si：16 Al を固定したガラスにおけるガラス転移温度(T_g)に及ぼす窒素(当量%)の影響(Hampshire ら[14] より)

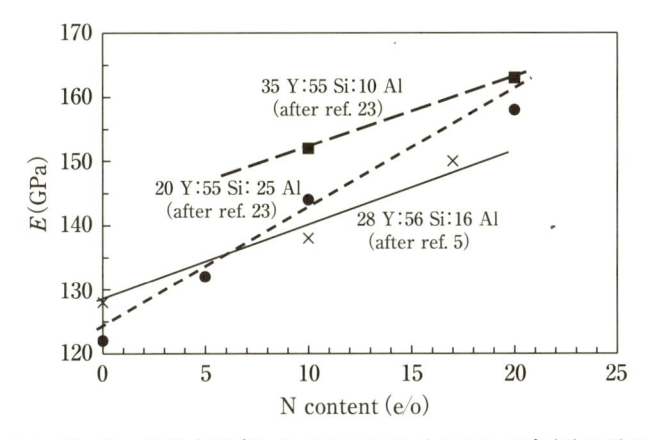

図 3.2.5 Y：Si：Al 比を固定したガラスにおけるヤング率(E)に及ぼす窒素(当量%)の影響(Hampshire ら[5]，Sun ら[23] より)

硬度，および熱膨張係数は減少する．Al：Y 比が増加すると，弾性率と熱膨張係数は減少し，T_g と粘性はいったん減少するが，16 e/o Al 付近で極小値を取り，その後，Al の増加に従って増大する．

概して言えば，これらの効果は，Al がその配位数の変化に従って，ガラス

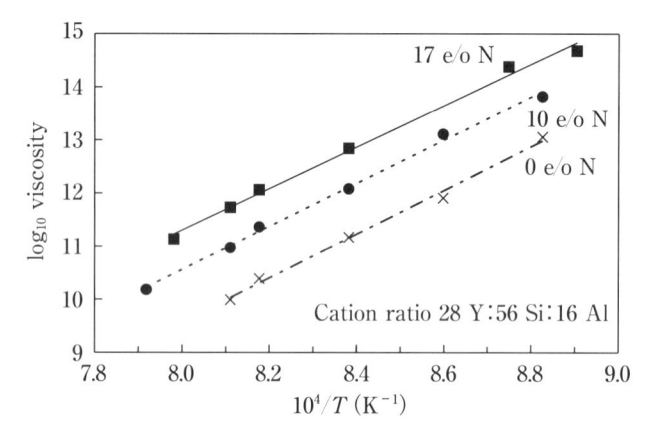

図 3.2.6 28 Y：56 Si：16 Al：$(100-x)$ O：x N ($x = 0, 10, 17$)）組成（当量％）のガラスにおける粘性と温度（逆数）との関係（Hampshire ら[35] のデータより）

網目構造の密度や非架橋酸素の数が変化することに関係していると考えられる．Al：Y 比が高く，配位数 4 の Al が支配的な場合は，ラマン分光法の解析が示すように，より多くの Al-O-Si 結合の形成により，ガラス網目構造の架橋が促進される[34]．

さまざまな RE-Si-Al-O-N 系のガラスの特性も報告されている[21, 24~27]．ランタノイドイオンの原子番号が増えると，陽イオン電界強度（$CFS = v/r^2$, ここで v は原子価，r はイオン半径）は増大し，それに従って，ガラス転移温度（T_g），粘性，弾性率および硬度はほとんど線形的に増加する[24~26]．図 3.2.7 は，陽イオン比を 28 RE：56 Si：16 Al に固定し，窒素含有量を 17 e/o に固定した場合のガラスにおける，RE の陽イオン電界強度に対する，ヤング率 E の線形的な変化を示す．ガラス網目構造は希土類陽イオンの半径が減少するに従って強固になり，架橋の程度は窒素含有量の関数となることを示唆している[24, 25]．例外はユーロピウム Eu であるが，陽イオン電界強度の値に Eu^{3+} ではなく Eu^{2+} のものを使うと，他のデータの線と一致する[37]．アルミノケイ酸塩ガラスにおいては Eu^{3+} は Eu^{2+} に還元されることが知られ，また，ガラスマトリックスに窒素（N^{3-}）が化学的に含まれると，Eu^{2+} が好適な状態となる．

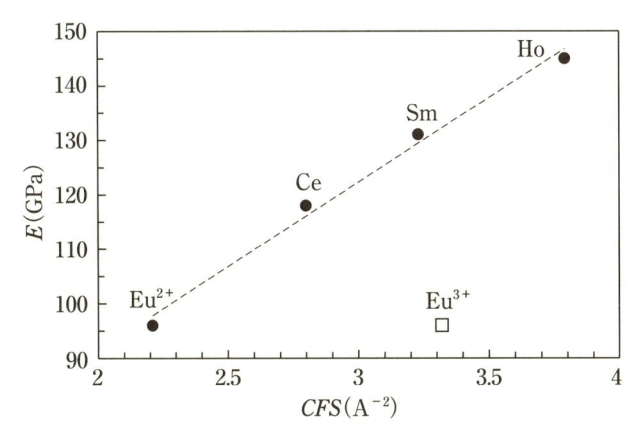

図 3.2.7 28 RE：56 Si：16 Al：83 O：17 N（RE ＝ Eu^{2+}, Ce, Sm, Ho）組成（当量%）のガラスにおけるヤング率に及ぼす陽イオン電界強度の影響

Eu^{3+} から Eu^{2+} に変化すると，発光現象も変化し[38]，異なる場所へのエネルギー移動や Eu^{2+} の位置分布の変化により，発光がより長い波長（500～650 nm）の領域まで拡大する．

図 3.2.8 に，陽イオンの比率を 28 RE：56 Si：16 Al に固定した RE-Si-Al-O-N のガラスでの，異なる希土類ランタノイド陽イオン（RE は Eu, Ce, Sm もしくは Ho）場合の粘性と温度（逆数）との関係を示す[39]．ガラス転移温度（T_g）に近い温度では，粘性が Ho ＞ Sm ＞ Ce ＞ Eu の順で約 3 桁減少する．すでに述べたように，Eu は Eu^{3+} よりもはるかに大きなイオンのである ＋2 の状態である．粘性は他の特性と同様に，希土類イオンの電界強度の増加に従って，ほとんど線形的に増大する[39]．イオン半径が Y よりも大きい Sm，Ce，およびEu を含む RE-Si-Al-O-N の液相の粘性は，対応する Y-Si-Al-O-N の液相の粘性よりも低く，窒化ケイ素セラミックスの緻密化に有利であることを示唆している．同じ陽イオン組成比と窒素含有量の Y-Si-Al-O-N ガラスの粘性は，Ho 系のガラスの粘性に近い．しかしながら，これらのことは高温特性，とくにクリープ特性にも現れる．Y よりもイオン半径の小さい希土類陽イオン（Lu，Er，Dy，Yb）を持つ液相やガラスは，Y-サイアロンガラスよりも高い粘性を持ち，窒化ケイ素セラミックスにおいては，これらの希土類陽イオンは高

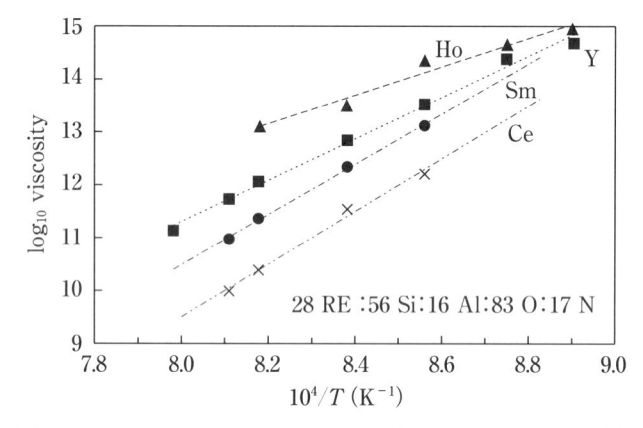

図 3.2.8 28 RE：56 Si：16 Al：83 O：17 N(RE = Y, Ho, Sm, Ce)組成(当量％)のガラスにおける粘性と温度(逆数)との関係

い軟化温度を持つ粒界ガラス相を形成する．

すでに述べたように，アルミニウムの含有量は粘性に大きな影響を持つ．Becher ら[27]はアルミナのない La-Si-O-N ガラスの粘性と温度との関係を調べ，La-Si-Al-O-N ガラスと比べ，温度軸で 50 ℃ 高温側にシフトすることを示しているが，これは同一温度で粘性が 1 桁以上増加することを表している．すなわち，これらのサイアロンガラスにおいてアルミナ含有量を減らすことは，より高い粘性を持つ耐熱性の高いガラスとなることを意味する．

焼結助剤の変化の結果として起こる，窒化ケイ素の粒界ガラス相の化学の変化が，その特性に及ぼす影響をまとめると以下のようになる[27, 39]．

① 同じ陽イオンで，17 e/o の窒素を酸素と置き換えると粘性は 2 桁以上増加する．

② 同じ窒素含有量では，ガラスの Y：Al 比を増加させると，粘性はわずかではあるが，さらに向上する．

③ 希土類陽イオンを La や Ce のような大きなイオン半径のものから，Er や Lu のような小さなものに変えると，粘性はさらに 3 桁向上する．

全体としては，窒素含有量を増やすとともに，全体の陽イオン比や希土類イオンの種類を制御することにより，約 6 桁の粘性の向上が得られる．

窒化ケイ素における粒界フィルムの観察は，希土類イオンの半径が減少すると，粒界厚みも減少することを明らかにしている[8,10]．このような粒界フィルムの粘性流動は窒化ケイ素のクリープ変形に大きな影響を及ぼす．LaやCeのような大きな希土類イオンは，ErやLuにような小さな希土類イオンよりも窒素にとっては好適であり，その結果これらのイオンは粒界フィルムでは窒化ケイ素角柱の側面近傍に選択的に残り[40]，小さな希土類イオン(Lu, Er)は，粒界三重点に偏析する傾向にある．

一連のMg-Y-Si-Al-O-Nガラスにおける，マグネシウムを酸素やイットリウムで置換した際の，さまざまな特性に及ぼす影響について調べられている[41,42]．予測されるように，陽イオン比が同じの場合，酸素の窒素に置換すると，ヤング率，ガラス転移温度，および熱膨張軟化温度はほぼ直線的に増加する．同じ窒素含有量では，MgをYに置換すると，ガラス転移温度および熱膨張軟化温度は非線形的に増加するが，弾性率にはほとんど影響しない．これらの陰イオンの置換(酸素を窒素)や修飾陽イオンの置換(MgをY)の効果は互いに独立しており，一方の置換が他の置換の効果の発現に根本的な影響を及ぼすものではない．

RE-Si-Mg-O-N(RE = Sc, Y, La, Nd, Sm, Gd, YbもしくはLu)ガラスの特性と構造についても研究がなされており[29]，RE-Si-Al-O-Nガラスと同様な傾向を示すことが明らかになっている．陽イオン電界強度が増加するに従って，RE-Si-Al-O-Nガラスで観察されたように，硬度，弾性率，粘性，熱膨張係数，ガラス転移温度および軟化温度は線形的に増加する．

これらのガラスにおいては，Er-Si-Al-O-Nガラスで見られたように[35]，窒素は，2個の架橋角しか持たないSiO_4の四面体ユニットを減らし，余分な架橋角を持つSiO_3Nの四面体ユニットを増やすことにより，ガラスの構造を変化させている．RE-Si-Mg-O-Nガラスにおいては，この挙動は希土類陽イオンに影響され，Laに比べLuはSiO_3Nのユニットを増やすのに，より効果的であることが明らかになっている[29]．LaをLuに置換すると，その結果，粘性が約1桁向上する．

3.2.4 酸窒化物ガラスセラミックスの形成

　他のケイ酸塩ガラスと同様に，酸窒化物ガラスは適当な温度で熱処理することにより，結晶化しガラスセラミックスとなる[1,5,43~47]．ガラスセラミックスを作製するプロセスは通常二つの段階に分けられる．核生成を誘起させる，より低温での，一般的にはガラス転移温度より少し高温での熱処理と，結晶成長のためのより高い温度での熱処理である．28 Y：56 Si：16 Al：83 O：17 N (e/o) の組成のガラスにおけるガラスセラミックス転移温度について，古典的な熱解析手法と差分的な手法の両方により研究されており[45]，両方の結果はよく一致することが明らかになった．ガラス転移温度から最適な核生成温度および結晶化温度が決定され，主な結晶相は二ケイ酸イットリウムと酸窒化ケイ素の種々の相の混合であった．支配的な核生成メカニズムはバルク核生成であり，結晶化過程における活性化エネルギーは 834 kJ/mol と見積もられた．

　35 Y：45 Si：20 Al：77 O：23 N の組成のガラスについては，1200 ℃以下の温度での結晶化で，B 相(Y_2SiAlO_5N)，Iw 相($Y_2Si_3Al(O, N)$[10])(すなわち～10 e/o N)およびケイ灰石($YSiO_2N$)の形成が認められ，それ以上の温度では，α-二ケイ酸イットリウム($Y_2Si_2O_7$)，アパタイト($Y_2Si_3O_{12}N$)および YAG($Y_3Al_2O_{12}$)が確認された[5]．さらに，Er-および Y/Yb-Si-Al-O-N ガラスについての電子分光結像法を用いた透過型電子顕微鏡による解析では，それぞれ 1050 および 1150 ℃での熱処理で B 相が形成されることが明らかになった[46,47]．得られた結晶は広い範囲の組成を取り，エルビウムの陽イオンの比率は，B 相の組成比(Er_2SiAlO_5N)とほぼ一致していたが，アルミニウムの含有量はこれよりもわずかに低く，ケイ素のそれはこれより高いものであった．また，エルビウムの含有量とケイ素の含有量は強い反相関関係にあった．イットリウム，エルビウム，あるいはイッテルビウムを加えた B 相の組成に相当するガラスを結晶化した後の組成を調べたところ，B 相の固溶挙動は個々の陽イオン半径に依存することが明らかとなった．したがって，これらのガラスの結晶化の程度や残存するガラスの組成も個々の陽イオン半径に依存すると考えられる．結晶化の熱処理は，結晶成長に加え，残留ガラス相が相分離を起こし，Si および N リッ

チのより小さなガラスの特徴的な部分が形成される．これらは結晶成長の境界を効果的にピンニングする．このようにして得られるガラス・セラミックスは，例えば 200 GPa 以上の弾性率を示すなど，元のガラスよりはるかに優れた特性を有する．

3.2.5　フッ素添加 M サイアロンガラス

ガラスで架橋を起こさないフッ素のような陰イオンは，架橋酸素イオンと置換するため，ネットワークを分裂させる強い働きがある．フッ素を Ca-Si-Al-O-N 系のガラスに導入すると，Ca-Si-Al-O-N-F 系において，ガラス形成領域が広がり[48, 49]，液化温度が大きく低下する(より Ca リッチな組成においては〜800℃)．フッ素 5 e/o における，ガラス形成の組成限界は明らかにされている．また，Ca-Si-Al-O-N-F 系と比較して，フッ素はより多量の窒素(40 e/o N まで)をガラスに溶け込ませる働きがある[48, 49]．フッ素はこれらのガラスのガラス転移温度を低下させる効果があるが，弾性率や微小硬度には影響しない．

3.2.6　酸窒化リンガラス

耐化学性や光学的特性を向上させるために，ケイ酸塩基の酸窒化ガラスの架橋プロセスと同様な手法で，リン酸塩基ガラスへの窒素の導入について研究されている[50〜55]．金属窒化物(多くは窒化アルミニウム)を用いた溶融物中に窒素を導入するか，もしくは無水アンモニア中において一般式 $MPO_{3-3x}N_{2x}$(M = Li, Na, K)で表されるリン酸塩ガラスのフリットを再溶解することにより，ケイ素のない酸窒化リンガラスを得ることができる．これらの系における窒化反応は 800〜900℃ 付近で安定限界に到達し，この温度範囲以上では溶融中のリンは P^V から P^{III} に還元され，の後，揮発と大気中の水蒸気との反応によりホスフィン PH_3 となる[51, 54, 55]．

酸窒化リンの構造単位は酸窒化ケイ素のそれと同様である．PO_4 における酸

素の窒素への置換は，NとPの比率に従って，PO_4からPO_3NやPO_2N_2の四面体に変化する．異なる$P(O, N)_4$四面体の割合や，構造中の2もしくは3に配位した窒素の比率は，ガラス中に存在する修飾陽イオンや最終生成物で到達される窒化の程度に依存する[52〜55]．

ケイ酸塩基酸窒化ガラスの場合と同様に，窒素含有量の増加に従って，粘性，ガラス転移温度，軟化点，屈折率，ヤング率，微小硬度は増加し，熱膨張係数は減少する．

3.2.7 結　　語

サイアロンガラスの形成は，多くのM-Si-O-N，M-Si-Al-O-NおよびM-Si-Mg-O-Nの系で起こり，通常の溶融プロセスを用いて，これらのガラスに窒素を約30 e/oまで溶かすことができる．また，金属前駆体を用いた新しい方法では，これよりはるかに多くの窒素をいくつかの酸窒化ガラスに溶かすこともできる．

窒素含有量の増加に従って，ガラス網目構造における窒素の架橋が増加するため，ガラス転移温度，弾性率，粘性および硬度などの特性値は増加し，熱膨張係数は減少する．陽イオンが一定の組成では，17 e/oの酸素が窒素に置換された場合，粘性は2から3桁増加する．窒素含有量が一定の場合，RE-Si-Al-O-Nガラスは，粘性，弾性率，ガラス転移温度（T_g）などの特性値は，ランタノイド陽イオンの電界強度の増加に従って線形的に増加する．分光学的研究によりガラスの構造的特徴や網目構造形成における窒素の役割が明らかにされている．

B相（M_2SiAlO_5N；M = Y, Er, Y+Yb）を含むサイアロンガラスの結晶化に関して多くの研究がなされ，結晶相の生成と成長に効果的な2段階の熱処理により，元のガラスに比べ弾性率が大きく向上したガラスセラミックスが形成される．

Ca-Si-Al-O-N系におけるフッ素の添加はガラス形成領域を拡張し，より多量の窒素がガラスへ溶解される．フッ素はガラス転移温度を低下させるが，弾

性率や微小硬度には影響しない．リン酸塩ガラスに窒素を溶解させると多くの物理的および機械的特性が向上する．

謝　辞

リムリック大学におけるサイアロンガラスに関する研究は，Science Foundation Ireland, Enterprise Ireland, the European Union Framework programmes, 新エネルギー・産業技術総合開発機構，および the U.S.Army Research Office, London からの助成によるものである．

参 考 文 献

1) S. Hampshire, Oxynitride Glasses. J. Euro. Ceram. Soc., **28**[7] (2008) 1475-1483.
2) S. Hampshire and M. J. Pomeroy, Oxynitride Glasses. Int. J. Appl. Ceram. Tech., **5**[2] (2008) 155-163.
3) S. Hampshire and M. J. Pomeroy, SiAlON Glasses: Effects of Nitrogen on Structure and Properties. J. Ceram. Soc. Japan., **116** (2008) 755-761.
4) S. Hampshire, Oxynitride glasses, their properties and crystallisation-a review. J. Non-Cryst. Solids, **316** (2003) 64-73.
5) S. Hampshire, E. Nestor, R. Flynn, J.-L. Besson, T. Rouxel, H. Lemercier, P. Goursat, M. Sebai, D. P. Thompson and K. Liddell, Yttrium oxynitride glasses: properties and potential for crystallisation to glass-ceramics. J. Euro. Ceram. Soc., **14** (1994) 261-273.
6) H. Lemercier, T. Rouxel, D. Fargeot, J.-L. Besson and B. Piriou, Yttrium SiAlON glasses: structure and mechanical properties-elasticity and viscosity. J. Non-Cryst. Solids, **201** (1996) 128-145.
7) S. Hampshire and M. J. Pomeroy, Effect of composition on viscosities of rare earth oxynitride glasses. J. Non-Cryst. Solids, **344** (2004) 1-7.
8) F. F. Lange, The sophistication of ceramic science through silicon nitride studies. J. Ceram. Soc. Japan, **114** (2006) 873-879.
9) F. L. Riley, Silicon Nitride and Related Materials. J. Am. Ceram. Soc., **83**[2] (2000) 245-265.

10) P. F. Becher, E. Y. Sun, K. P. Plucknett, K. B. Alexander, C.-H. Hsueh, H.-T. Lin, S. B. Waters, C. G. Westmoreland, E.-S. Kang, K. Hirao and M. E. Brito, Microstructural Design of Silicon Nitride with Improved Fracture Toughness: I, Effects of Grain Size and Shape. J. Am. Ceram. Soc., **81**[11](1998)2821-2830.

11) E. Y. Sun, P. F. Becher, K. P. Plucknett, C.-H. Hsueh, K. B. Alexander, S. B. Waters, K. Hirao and M. E. Brito, Microstructural Design of Silicon Nitride with Improved Fracture Toughness: II, Effects of Yttria and Alumina Additives. J. Am. Ceram. Soc., **81**[11](1998)2831-2840.

12) C.-M. Wang, X. Pan, M. J. Hoffmann, R. M. Cannon and M. Rühle, Grain Boundary Films in Rare-Earth-Based Silicon Nitride. J. Am. Ceram. Soc., **79**[3](1996)788-792.

13) R. A. L. Drew, S. Hampshire and K. H. Jack, Nitrogen Glasses. Proc. Brit. Ceram. Soc., **31**(1981)119-132.

14) S. Hampshire, R. A. L. Drew and K. H. Jack, Oxynitride Glasses. Phys. Chem. Glasses, **26**(1985)182-186.

15) M. Ohashi and S. Hampshire, Formation of Ce-Si-O-N glasses. J. Am. Ceram. Soc., **74**(1991)2018-2020.

16) M. Ohashi, K. Nakamura, K. Hirao, S. Kanzaki and S. Hampshire, Formation and properties of Ln-Si-O-N glasses. J. Am. Ceram. Soc., **78**(1995)71-76.

17) R. E. Loehman, Preparation and Properties of Yttrium-Silicon-Aluminum Oxynitride Glasses. J. Am. Ceram. Soc., **62**[9-10](1979)491-494.

18) S. Sakka, K. Kamiya and T. Yoko, Preparation and properties of Ca-Al-Si-O-N oxynitride glasses. J. Non-Cryst. Solids, **56**(1983)147-155.

19) W. K. Tredway and R. E. Loehman, Scandium-containing oxynitride glasses. J. Am. Ceram. Soc., **68**(1985)C131-C133.

20) D. R. Messier and R. P. Gleisner, Preparation and characterisation of Li-Si-Al-O-N glasses. J. Am. Ceram. Soc., **71**(1988)422-425.

21) Y. Murakami and H. Yamamoto, Properties of oxynitride glasses in the Ln-Si-Al-O-N systems (Ln = rare-earth). J. Ceram. Soc. Jap., **102**(1994)231-236.

22) S. Sakka, Structure, properties and applications of oxynitride glasses. J. Non-Cryst. Solids, **181**(1995)215-224.

23) E. Y. Sun, P. F. Becher, S.-L. Hwang, S. B. Waters, G. M. Pharr and T. Y. Tsui, Properties of silicon-aluminum-yttrium oxynitride glasses. J. Non-Cryst. Solids,

208 (1996) 162-169.
24) R. Ramesh, E. Nestor, M. J. Pomeroy and S. Hampshire, Formation of Ln-Si-Al-O-N Glasses and their Properties. J. Euro. Ceram. Soc., **17** (1997) 1933-1939.
25) Y. Menke, V. Peltier-Baron and S. Hampshire, Effect of rare-earth cation on properties of SiAlON glasses. J. Non-Cryst. Solids, **276** (2000) 145-150.
26) P. F. Becher, S. B. Waters, C. G. Westmoreland and L. Riester, Influence of Composition on the Properties of SiREAl Oxynitride Glasses: RE = La, Nd, Gd, Y, or Lu. J. Am. Ceram. Soc., **85** [4] (2002) 897-902.
27) P. F. Becher and M. K. Ferber, Temperature-Dependent Viscosity of SiREAl-Based Glasses as a Function of N:O and RE:Al Ratios (RE = La, Gd, Y, and Lu). J. Am. Ceram. Soc., **87** [7] (2004) 1274-1279.
28) E. Zhang, K. Lidell and D. P. Thompson, Glass forming regions and thermal expansion of some Ln-Si-Al-O-N glasses (Ln = La, Nd). Brit. Ceram. Trans., **95** [4] (1996) 169-172.
29) F. Lofaj, S. Deriano, M. LeFloch, T. Rouxel and M. J. Hoffmann, Structure and rheological properties of the RE-Si-Mg-O-N (RE = Sc, Y, La, Nd, Sm, Gd, Yb and Lu) glasses. J. Non-Cryst. Solids, **344** (2004) 8-16.
30) K. H. Jack, Review: SiAlONs and Related Nitrogen Ceramics. J. Mater. Sci., **11** (1976) 1135-1158.
31) W. Redington, M. Redington and S. Hampshire, Extension and Representation of the Glass forming Region in the Nd-Si-Al-O-N System, Key Eng. Mater., **264-268** (2004) 1911-1914.
32) A. S. Hakeem, J. Grins and S. Esmaeilzadeh, La-Si-O-N glasses. Part I. Extension of the glass forming region. J. Euro. Ceram. Soc., **27** (2007) 4773-4781.
33) A. S. Hakeem, R. Dauce, E. Leonova, M. Eden, Z. Shen, J. Grins and S. Esmaeilzadeh, Silicate Glasses with Unprecedented High Nitrogen and Electropositive Metal Contents Obtained by Using Metals as Precursors. Adv. Mater., **17** (2005) 2214-2216.
34) T. Rouxel, J.-L. Besson, E. Rzepka and P. Goursat, Raman Spectra of SiYAlON Glasses and Ceramics. J. Non-Cryst. Solids, **122** (1990) 298-302.
35) E. Dolekcekic, M. J. Pomeroy and S. Hampshire, Structural Characterisation of Er-SiAlON Glasses by Raman Spectroscopy. J. Euro. Ceram. Soc., **27** [2-3]

(2007) 893-898.
36) S. Hampshire, R. A. L. Drew and K. H. Jack, Viscosities, Glass Transition Temperatures and Microhardness of Y-Si-Al-O-N Glasses. J. Am. Ceram. Soc., **67**[3] (1984) C46-C47.
37) Y. Menke, V. Baron, H. Lemercier and S. Hampshire, Influence of the atmosphere on the oxidation state of the Eu-ion in a SiAlO(N) glass and glass-ceramic. Mater. Sci. Forum, **325-326** (2000) 277-282.
38) D. de Graaf, H. T. Hintzen, S. Hampshire and G. de With, Long Wavelength Eu^{2+} Emission in Eu-doped Y-Si-Al-O-N Glasses. J. Euro. Ceram. Soc., **23** (2003) 1093-1097.
39) S. Hampshire and M. J. Pomeroy, Effect of composition on viscosities of rare earth oxynitride glasses. J. Non-Cryst. Solids, **344** (2004) 1-7.
40) N. Shibata, S. J. Pennycook, T. R. Gosnell, G. S. Painter, W. A. Shelton and P. F. Becher, Observation of rare-earth segregation in silicon nitride ceramics at subnanometre dimensions. Nature, **428** (2004) 730-733.
41) M. J. Pomeroy, C. Mulcahy and S. Hampshire, Independent effects of nitrogen substitution for oxygen and magnesium substitution by yttrium on the properties of Mg-Y-Si-Al-O-N glasses. J. Am. Ceram. Soc., **86**[3] (2003) 458-464.
42) M. J. Pomeroy, E. Nestor, R. Ramesh and S. Hampshire, Properties and crystallisation of rare earth SiAlON glasses containing mixed trivalent modifiers. J. Am. Ceram. Soc., **88**[4] (2005) 875-881.
43) J.-L. Besson, D. Billieres, T. Rouxel, P. Goursat, R. Flynn and S. Hampshire, Crystallization and Properties of a Si-Y-Al-O-N Glass Ceramic. J. Am. Ceram. Soc., **76**[8] (1993) 2103-2105.
44) R. Ramesh, E. Nestor, M. J. Pomeroy, S. Hampshire, K. Liddell and D. P. Thompson, Potential of NdSiAlON Glasses for Crystallisation to Glass-Ceramics. J. Non-Cryst. Solids, **196** (1996) 320-325.
45) R. Ramesh, E. Nestor, M. J. Pomeroy and S. Hampshire, Classical and DTA studies of the glass-ceramic transformation in a YSiAlON glass. J. Am. Ceram. Soc., **81**[5] (1998) 1285-1297.
46) Y. Menke, L. K. L. Falk and S. Hampshire, The Crystallisation of Er-Si-Al-O-N B-Phase Glass-Ceramics. J. Mater. Sci., **40**[24] (2005) 6499-6512.
47) Y. Menke, S. Hampshire and L. K. L. Falk, Effect of Composition on

Crystallization of Y/Yb-Si-Al-O-N B-Phase Glasses. J. Am. Ceram. Soc., **90** (2007) 1566-1573.

48) A. R. Hanifi, A. Genson, M. J. Pomeroy and S. Hampshire, An Introduction to the Glass Formation and Properties of Ca-Si-Al-O-N-F Glasses. Mater. Sci. Forum, **554** (2007) 17-23.

49) S. Hampshire, A. R. Hanifi, A. Genson and M. J. Pomeroy, Ca-Si-Al-O-N Glasses: Effects of Fluorine on Glass Formation and Properties, CSJ Series-Publ. Ceram. Soc. Japan, **17** (2007) Key Eng. Mater., **352** (2007) 165-172.

50) M. R. Reidmeyer, M. Rajaram and D. E. Day, Preparation of Phosphorus Oxynitride Glasses. J. Non-Cryst. Solids, **85** (1986) 186-203.

51) B. C. Bunker, D. R. Tallant, C. A. Balfe, R. J. Kirkpatrick, G. L. Turner and M. R. Reidmeyer, Structure of phosphorus oxynitride glasses. J. Am. Ceram. Soc., **70** [9] (1987) 675-81.

52) R. K. Brow, M. R. Reidmeyer and D. E. Day, Oxygen bonding in nitrided sodium and lithium-metaphophate glasses. J. Non-Cryst. Solids, **99** (1988) 178-189.

53) M. R. Reidmeyer, D. E. Day and R. K. Brow, Phosphorus oxynitride glasses of variable sodium content. J. Non-Cryst. Solids, **177** (1994) 208-215.

54) M. R. Reidmeyer and D. E. Day, Phosphorus oxynitride glasses. J. Non-Cryst. Solids, **181** (1995) 201-214.

55) A. Le Sauze, L. Montagne, G. Palavit and R. Marchand, Nitridation of alkali metaphosphate glasses: a comparative structural analysis of the Na-P-O-N and Li-Na-P-O-N systems. J. Non-Cryst. Solids, **293-295** (2001) 81-86.

4

合 成

4.1 直接窒化法

窒化ケイ素(Si_3N_4)セラミックスは，耐摩耗性，耐熱衝撃性などに優れ，高温強度・高破壊靱性のエンジニアリングセラミックスとして，機械的特性のバランスに優れており，1990年代には，高温で使用されるセラミックスガスタービンや自動車部品（とくにバルブ）材料として検討されてきたが，大きな実績には結びつかなかった．

しかしながら，その優れた機械的特性を活かした技術が切削工具，ベアリングボール[1]，溶接用ノズルなどの一般産業機械部品向けの成功例として注目されてきている．最近では，本来の良好な機械的特性，並びに耐絶縁性に加えて高熱伝導性を付与した半導体素子基板の実用化やLED発光材料の一つであるSiAlON蛍光体[2]の原料として，それぞれ機能性セラミックスとしての材料ポテンシャルを活かした応用展開も拓けてきている．窒化ケイ素は，自然界で存在しない人工鉱物であるため，種々の合成方法が考案されている．この窒化ケイ素セラミックスの原料粉末には，α型とβ型があり，主に焼結原料としては，α型の原料粉末が好まれる．本項では，α-Si_3N_4粉末を直接窒化法で合成する方法について着眼した解説を行う．

4.1.1 窒化ケイ素粉末の特徴

代表的な窒化ケイ素粉末の製造プロセスを表4.1.1に示す．各製法ともにそれぞれ特徴を有するが，現在，市販化されている製法は，直接窒化法，並びにイミド熱分解法である．市場においては，「直接窒化粉＝安価」，「イミド熱分解粉＝高品位」の色分けがなされている[3]．イミド熱分解粉は高純度であり，かつ高α化率粉と言えるのに対して，直接窒化粉は，高α化率ではあるが，工程中で不純物混入の影響を受けやすいため，イミド熱分解粉に比べると，金属不純物が比較的多いことが特徴である．この直接窒化法のプロセスは，目標

表 4.1.1 代表的な Si_3N_4 粉末の製造プロセスとその特徴

合成方法	原料	製造条件	特徴
直接窒化法	Si, N_2	合成温度；1200〜1500 ℃ 粉砕 化学処理(湿式)	成形体密度が高い 安価 凝集性
イミド熱分解法	$SiCl_4$, NH_3	熱分解温度；1300 ℃以下 結晶化温度；1300 ℃以上 粉砕	高純度 均一微粒子 α 率が高い 高価 成形体密度が低い
酸化物還元法	SiO_2, C, N_2	合成温度；1400〜1500 ℃ 酸化処理；800 ℃以下 粉砕	C, O 不純物として残存 安価 凝集が多い
高温気相法	$SiCl_4$, NH_3	合成温度；1000 ℃以上 結晶化温度；1300 ℃以上 粉砕	高密度 均一微粒子 高価 成形体密度が低い

粒度の窒化ケイ素粉末を異相から析出させて合成するイミド熱分解法の Build-up 法に対して，Break-down 法と呼ばれ，窒化合成されたインゴット(窒化ケイ素塊)を必要な粒径にまで粉砕・解砕を加えて行うことが必須となる．図 4.1.1 に直接窒化粉の製造フロー例を示す．このフロー図から明らかなように，良質の高純度粉を得るためには，高純度な金属 Si 粉を使用するだけでなく，直接窒化法では原料，および窒化合成後に 2 回の粉砕工程が存在するため，コンタミフリープロセスの実現が課題となる．

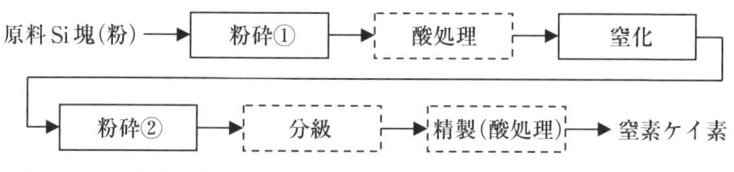

原料 Si 塊(粉) → 粉砕① → 酸処理 → 窒化 → 粉砕② → 分級 → 精製(酸処理) → 窒素ケイ素

図 4.1.1 直接窒化粉の製造フロー例(点線部は，目的に応じて実施)

4.1.2 直接窒化法による合成メカニズム

図4.1.2にSi-N-O系の状態図[4]を示す．一般に焼結用途の窒化ケイ素粉を合成する場合は，α相が安定に存在する領域で，合成反応をさせることが条件となる．式(4.1.1)のように直接窒化法による窒化ケイ素の合成は，発熱反応であること，また，金属Siと窒素ガスとのVapor-Solid反応が主体である．

$$3\,\mathrm{Si(s)} + 2\,\mathrm{N_2(g)} \rightarrow \mathrm{Si_3N_4(s)} \tag{4.1.1}$$

$$\Delta H = -735.7\,\mathrm{kJ/mol}\,(1227\,\mathrm{℃})$$

したがって，直接窒化法における合成の基本は，金属Si原料を用い，そのSiのメルトを抑制させるため，いかに発熱反応を抑えて，合成温度，窒化雰

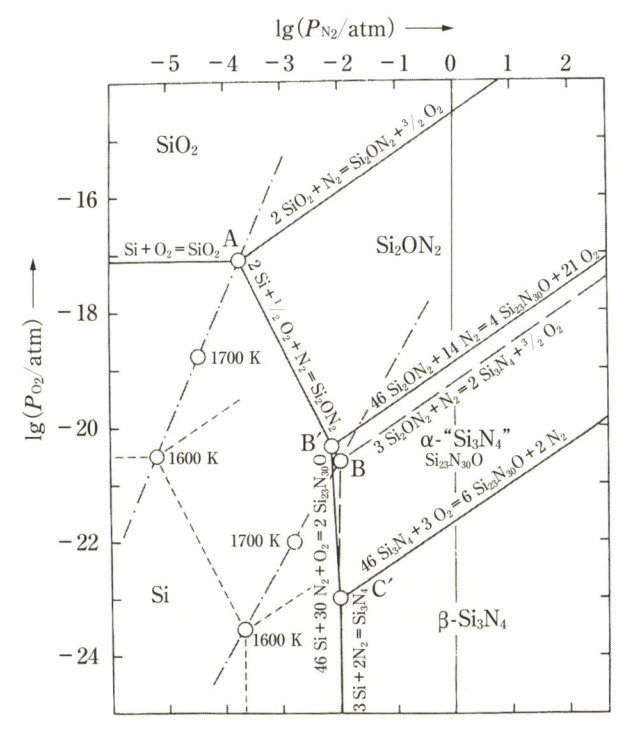

図4.1.2 Si-N-O系の状態図[4]

囲気などの条件最適化により，窒化反応速度を制御したプロセスを構築するかが鍵となる．

窒化ケイ素の合成について，α化率に影響を与える因子やα/β相の生成機構などの多くの報告があるが，各々の合成条件が異なるため，必ずしも実験結果は一致していない．以下に，これまで行われた直接窒化による合成法でα化率に影響を与える因子について紹介する．

(1) 反応温度の影響

一般的な傾向として，1300～1350℃程度までの温度領域における生成相はα化率が高く，1350～1400℃領域における窒化反応では，α化率が低くなる，すなわちβ相が安定相として形成されることが多い．しかしながら，同じ反応温度でも窒化が進行すると，α化率は低下する予測もあり[5]，流動層を用いた別の結果[6]では，1200～1300℃の温度では，むしろ高温の方が高α化率となっている．反応温度が反応機構に与える影響としては，原料のSi蒸気圧の上昇(すなわち，気相反応促進)と溶融以外にMoulson[7]は核生成を挙げて低温・高窒素ガス濃度になるほど，核形成が促進されるとし，Jeninngs[8]は反応する窒素ガスの形態を考えて，高温領域ではSi表面に吸着された窒素が原子状になるため，β相の(001)面がエピタキシャルに成長しやすくなるとしている．窒化反応は発熱反応であるので，反応温度を考える際には，雰囲気温度と反応場の温度差を考慮すべきであり，少量のSi粉末成形体でも，その温度差が160℃に達することがある[9]．

(2) 雰囲気ガスの影響(水素ガス)

水素ガスやアンモニアガスを用いると，α化率は高くなりやすいと考えられており，とくに水素ガスは窒化の促進や，インゴット組織の微細化を伴うという報告が多数見られる．添加量は一般的には数～10 vol%であり，1 vol%添加でも反応焼結品の組織制御効果は明確との報告もある[10]．一方，水素の効果としては，アルゴンなどと比較して拡散係数が大きく，粘度が小さいなどの影響もあり[11]，この影響が主であるとすれば，水素添加の初期で，Si表面のSiO_x

皮膜を還元し，Si の再酸化を抑制することになり，後者の考えに基づく報告は多い．水素ガスがとくに影響するのは，反応初期（＝ Si 表面の酸化層還元，再酸化抑制）が多く，窒化合成を行うために，水素や不活性ガス（例えば，アルゴン）を窒素ガスと適量混合して使用することが多いようである．

(3) 雰囲気ガスの影響(酸素/水)

酸素や水は，微量であっても反応生成物に与える影響は大きく，例えば，反応管の材質の違いで窒化反応の結果が異なるという報告もある[12]．Mitomo[13] の報告では，$P_{O_2} = 10^{-15} \sim 10^{-11}$ の範囲では，高酸素雰囲気ほど，α 化率が高くなるが，0〜10000 ppm の範囲で酸素は，窒化反応に影響を及ぼさない[7]．Messier ら[14] は，Ta を酸素ゲッターに用いた低酸素雰囲気($P_{O_2} = 10^{-19}$)において窒化すると，窒化が遅延するとしている．酸素や水は Si の窒化促進作用はなく，SiO を生成するため Si をポーラスにする効果もある[8]．酸素の効果として SiO 生成があり，水の効果としてはさらに分解して生成した水素ガスの及ぼす影響もある[15]．したがって，酸素が与える影響は，それによって生成する SiO の影響と考えた方が良く，水の効果は，さらに分解してできた水素ガスの影響と考えることが妥当と言える．

(4) 金属 Si 中不純物(添加物)の影響

谷[16] は，それまでの研究をまとめて 26 種類の不純物の効果について述べており，α 化率を高める不純物(添加物)として Fe(Fe_2O_3)，SiO_2，MgO，CoO，PbO，MoO，MnO_2，CaO，CeO_2，CaF_2，NH_4F，NaF，SrF_4，S などを挙げている．このうちとくに Fe は，Fe/Mn や Fe/Ni，Fe/Mo，Fe/Cu 合金では窒化を促進するが，Fe/Al 合金では，β 相生成を促進するとしている．また，50〜5500 ppm の範囲で Fe が多いほど窒化が促進され，水素ガスを用いた高 FeSi ではとくに窒化反応が進む報告もあり[17]，Fe の挙動が重要である可能性が示唆されていることは注目すべき結果である．原料 Si に対する Fe 添加は，$SiFe_x$(低融点合金)の生成により，Si，N_2 の拡散を促進させるため，これは，低温における窒化速度を増加させることを意味する[18]．フッ化物についてもい

くつか報告があり，BaF_2，CaF_2，SrF_2 の添加により，式(4.1.2)のように Si 表面の SiO_x 層が除去されて反応が促進されるとして，蒸気圧の高い順(BaF_2 > CaF_2 > SrF_2)にその効果が大きいことから，SiF_4 経由の窒化反応の可能性もある[19]．

$$SiO_2(s) + CaF_2(g) \rightarrow SiF_4(g) + CaO(s) \qquad (4.1.2)$$
$$\Delta G_{1200℃} = -22.6 \text{ kcal/mol}$$

(5) その他の影響

反応ガスがフローしている系と静止している系では，SiO の生成が異なるため窒化反応も変わる場合がある[20, 21]．とくに微粉 Si を原料に用いた場合は，窒素ガス流量が $50 \text{ cm}^3/\text{min}$ 付近から α 化率が大きく低下する．

昇温速度が大きいと β 相が生成しやすい[21]．一方，原料の金属 Si の比表面積が大きくなると，α 化率が高くなる報告もある[8]．しかしながら，この場合，比表面積を大きくすると同時に酸素量も増加し，合成雰囲気の SiO 分圧が変化することも考慮すべきであろう．1350℃における窒化反応に先立って同じ温度で水素，または，アルゴン雰囲気中で 1 hr の前処理をすると窒化が促進され，α 化率が高くなる[22]．この結果は，昇温中の雰囲気によって，到達する α 化率が影響を受けることを示していると言える．一般的には，気相反

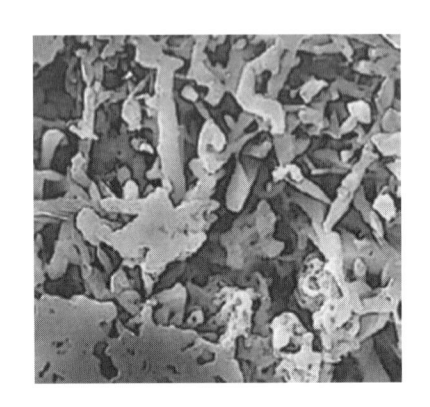

図 4.1.3 窒化後のインゴット
(左)通常の直接窒化法，(右)気相反応系

応では，α相が主に生成し，液相のSiが存在すると，β相が優勢になると言われている．図4.1.3に示すように，窒化時に雰囲気ガスや触媒を制御することで，SiOガスを生成させた気相反応による窒化も検討されている．

4.1.3 Si_3N_4 の粉末特性

窒化ケイ素は，通常，焼結助剤を添加し，液相を形成することでα相がβ相に相転移しながらアスペクト比の高いβ相が互いに絡み合った微構造を形成していく，いわゆるin-situコンポジットであり，破壊靭性が高く高強度を示す．焼結用原料として窒化ケイ素粉末を考えた場合，以下のような要求特性が挙げられる[23]．

① α相の含有率が高い
② 粒径が小さく，分布がシャープである

表4.1.2 市販直接窒化粉の代表的特性(電気化学工業(株)製)

特性	グレード	SN-7	SN-9S	SN-9FWS	NP-200	NP-600
α化率	(%)	73	92	92	93	88
平均粒径	(μm)	4.3	1.1	0.7	0.7	0.7
比表面積	(m²/g)	5	7	11	11	13
Fe	(ppm)	2000	2000	200	500	130
Al	(ppm)	2000	1000	1000	700	800
Ca	(ppm)	2000	2000	2000	200	60
Cl	(ppm)	1	1	1	1	1
F	(ppm)	70	70	70	1	1
C	(%)	0.3	0.2	0.2	0.3	0.2
O	(%)	1.5	1.7	0.8	1.6	1.2
比重		3.18				
熱安定性		1900℃で昇華				
外観		灰白色				

③粒子形状が等軸的である

④金属不純物が少ない

⑤酸素，塩素などの非金属不純物が少ない

⑥凝集がない

表4.1.2に直接窒化法で製造された代表的な窒化ケイ素粉末に関する特性一覧を示した．現在では，原料の高純度化や，窒化合成工程の改善，粉砕工程における発生コンタミ量を低減するなどの工夫で直接窒化粉の純度は，以前に比べて向上し，コスト，要求品質に見合った原料を選択することが可能である．

4.1.4 むすび

ファインセラミックスブームを経て，バブル崩壊後は，窒化ケイ素粉メーカーの淘汰が進み，現在は生き残った数社がそれぞれの製品個性を主張した市場を形成している．現在，窒化ケイ素セラミックスは，焼結体本来の優れた機械的特性を利用した高温用途のエンジニアリングセラミックスへの展開のみならず，機能性セラミックスとしての新たなる用途展開の時期を迎えていると考える．窒化ケイ素粉メーカーは，要求される粉体品質を適正な価格で供給し，また，たえず粉末製造プロセスを見直すなどの改善努力を継続していくことが大きな責務と考える．

参考文献

1) Y. Makino, FC Report, **24**[3](2006)109-111.
2) 解説として，山元明，応用物理 **76**, [3](2007)241-251.
3) 川崎卓，セラミックス，**35**[11](2000)919-922.
4) G. Schwier, G. Nietfeld and G. Franz, Materials Science Forum, **47**(1989)1-20.
5) G. A. Rossetti Jr. and R. P. Denkewicz Jr., J. Mater. Sci., **24**(1989)3081-3086.
6) Z. Jovanovic, S. Kimura and O. Levenspiel, J. Am. Ceram. Soc., **77**(1994)186-192.
7) A. J. Moulson, J. Mater. Sci., **14**(1979)1017-1051.

8) H. M. Jennings, J. Mater. Sci., **14**(1983)951-967.
9) B. W. Sheldon, J. Szekley and J. S. Haggerty, J. Am. Ceram. Soc., **75**[3](1992) 677-685.
10) J. A. Mangels, J. Am. Ceram. Soc., **58**[7-8](1975)354-355.
11) H. Kim and C. H. Kim, J. Mater. Sci., **20**(1985)141-148.
12) R. G. Pigeon, A. Varma and A. E. Miller, J. Mater. Sci., **28**(1993)1919-1936.
13) M. Mitomo, J. Am. Ceram. Soc., **58**[11-12](1975)527.
14) D. R. Messier, P. Womg and A. E. Ingram, J. Am. Ceram. Soc., **56**[3](1973)171-172.
15) H. Dervisbegovic and F. L. Riley, J. Mater. Sci., **16**(1981)1945-1955.
16) 解説として, 谷俊彦, 豊田中央研究所 R & D レビュー(1985)1-26.
17) A. K. Gupta and K. V. Rao, J. Mater. Sci. Letters, **14**(1979)1265-1268.
18) 科学技術庁 無機材質研究所研究報告書第 13 号, 窒化けい素に関する研究.
19) S. K. Biwas and J. Mukerji, Mat. Res. Bill., **19**(1984)401-406.
20) 解説として, Progress in Nitrogen Ceramics, F. L. Riley. Boston(1983)pp. 121-133.
21) H. M. Jennings and M. H. Richman, J. Mater. Sci., **11**(1976)2087-2098.
22) M. N. Rahaman and A. J. Moulson, J. Mater. Sci., **19**(1984)189-194.
23) 磯崎啓, 中島征彦, 日本セラミックス協会原料部会講演会「非酸化物セラミックス原料粉末」要旨集(1994)pp. 56-65.

4.2 イミド分解法

4.2.1 緒　　言

　窒化ケイ素(Si_3N_4)は，軽くて，耐熱性，耐熱衝撃性，および耐摩耗性に優れ，高強度，高靱性なエンジニアリングセラミックスとして，熱機関に使用される高温部材や機械部品への応用が期待されてきた．1980年代後半より，グロープラグ，ターボチャージャーロータなどの自動車部品や，切削工具，軸受ボールなどの産業機械部品，高熱伝導基板などの電子部品への適用が進展し，Si_3N_4セラミックスの市場規模は，着実に拡大しつつある．

　このような用途で十分な機能を発現するには，高品質な原料粉体と粒界制御に適した焼結助剤の設計，および高度に制御された成形，焼結プロセスの開発など，粒子構造，粒界相組成などの微細構造を高度に制御できる材料創製プロセスの確立が必要不可欠である．

　とくに，性質の良い高品質な原料粉末を設計し，合成することは，最終セラミック製品の基本性能をも支配してしまう重要な因子と考えられる．

　焼結体製造用原料として理想的な粉末とは，「緻密化および焼結体特性に影響を及ぼす因子が高度に管理，制御された粉末」である．このような要求を満足する高品質な粉末の製造には，固体の焼成-粉砕(Break-down法)という従来の窯業的手法に代わる，新しい粉末合成プロセスの開発が必要とされていた．

　宇部興産では，長年培ってきた化学合成技術をベースに，窒化ケイ素粉末の製造プロセスの開発に取り組み，イミド分解法によるSi_3N_4粉末製造を企業化した．

　本稿においては，イミド分解法によるSi_3N_4粉末の合成技術を取り上げ，粉末特性と成形性，焼結性および焼結体特性との相関について考察した．

4.2.2 Si_3N_4 粉末に対する諸要求

　原料粉末の品質，特性に対しては，実にさまざまな要求が寄せられる．原料粉末と焼結体製造との関連事項を図 4.2.1 に示す．

　ファインセラミックス用原料粉末は，できる限り高純度であることが，まず第一の前提条件である．しかしながら，工業的製造プロセスにおいては，ある程度の不純物の混入は避けられない．さらに，低コスト粉末になるほど不純物量は増加する．したがって，原料中の不純物の種類，量および存在状態を明確にし，どのような成分が，焼結体の特性にいかなる影響を及ぼすのかを解明しておく必要がある[1]．

　粒径，粒度分布，凝集状態などの物理的状態についても同様である．粉末は取り扱いやすいことが，第二の条件である．セラミックスの成形プロセスのほとんどには，原料粉末を調合してスラリー化する前処理工程が含まれており，スラリー粘度が低く，取り扱いが容易で，成形しやすい原料が求められる．粉末特性と，成形しやすさ，緻密化しやすさおよび焼結体性能とは，密接な関係

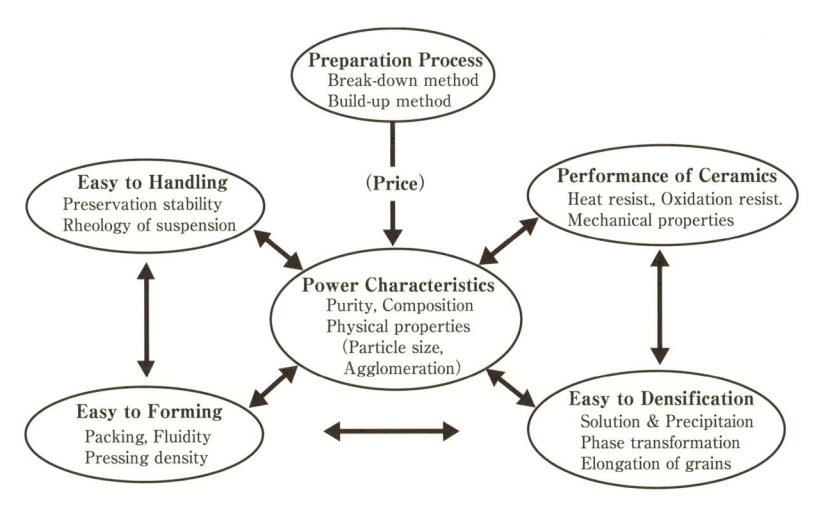

図 4.2.1 原料粉末と焼結体製造プロセスとの関わり合い

にある．ここで問題となるのは，成形，緻密化および焼結体性能から要求される「望ましい粉末特性」が，それぞれ異なり，しかも，しばしば互いに相反することである．例えば，微粒で粒度分布の狭い粉末は緻密化および焼結体性能の面からは好ましいが，成形しづらい．緻密化しやすい原料(例えば高酸素含有量の粉末)が，優れた焼結体性能を示すとは限らない．したがって，成形，緻密化および焼結体性能面からの要求事項を，いかにして粉末特性に反映させるのかが重要な課題となる．

4.2.3　Si_3N_4 粉末の製造プロセス

Si_3N_4 粉末の製造方法としては，直接窒化法，還元窒化法，気相反応法およびイミド分解法が知られている[2~12]．これらの製造方法は，焼成した塊状物を粉砕して微粉にする Break-down 法と高温での結晶成長によって自形粒子を形成させる Build-up 法とに大別される．

表 4.2.1 窒化ケイ素粉末の製造方法と特徴[2~12]

区　分	合成方法	反応式	ΔH (kJ/mol)	特　徴
Break-down 法	金属ケイ素直接窒化法	$3\,Si + 2\,N_2 \rightarrow Si_3N_4$	-735.7 (1500 K)	汎用品から高純度品まで
Build-up 法	シリカ還元窒化法	$3\,SiO_2 + 6\,C + 2\,N_2 \rightarrow Si_3N_4 + 6\,CO$	1270 (1500 K)	高純度品 高炭素濃度 粒度分布狭い
	気相反応法	$3\,SiCl_4 + 4\,NH_3 \rightarrow Si_3N_4 + 12\,NH_4Cl$ $3\,SiH_4 + 4\,NH_3 \rightarrow Si_3N_4 + 12\,H_2$	422.4 (1500 K) -573.0 (1500 K)	高純度品 高塩素濃度 低結晶化度
	イミド分解法	$SiCl_4 + 6\,NH_3 \rightarrow Si(NH)_2 + 4\,NH_4Cl$ $3\,Si(NH)_2 \rightarrow Si_3N_4 + 2\,NH_3$	-462.8 (298 K) 82.5 (298 K)	高品質品 高純度 微粒子 粒度分布狭い

(1) イミド分解法による Si_3N_4 粉末合成

イミド分解法では，低温で中間生成物であるシリコンジイミド($Si(NH)_2$)を合成し，これを窒素またはアンモニア雰囲気中で熱分解して，窒化ケイ素粉体を得る．開発技術による粉末製造プロセスは，イミド合成，仮焼（熱分解）および焼成（結晶化）の各工程で構成されている[11~15]．図 4.2.2 には，独自のイミド分解法による Si_3N_4 粉末製造プロセスのフローダイヤグラムを示す．

まず，四塩化ケイ素($SiCl_4$)とアンモニア(NH_3)とを液相界面で反応させて，シリコンジイミド($Si(NH)_2$)を沈殿させる．反応熱は過剰に存在する液体 NH_3 の蒸発潜熱として吸収するので，安定した条件での晶析が可能となる．

$$SiCl_4(l) + 6\,NH_3(l) \rightarrow Si(NH)_2(s) + 4\,NH_4Cl(s) \quad \Delta H = -463\,kJ/mol$$

反応時に副生する塩化アンモニウム(NH_4Cl)を液体 NH_3 で洗浄，ろ過して，精製 $Si(NH)_2$ を得た後，熱分解炉にて，生成した $Si(NH)_2$ を 1000 ℃ 前後の温度で仮焼して，超微粒のアモルファス Si_3N_4 粉体に変換する．

$$3\,Si(NH)_2 \rightarrow Si_3N_4 + 2\,NH_3 \quad \Delta W = -19.5\,wt\%$$

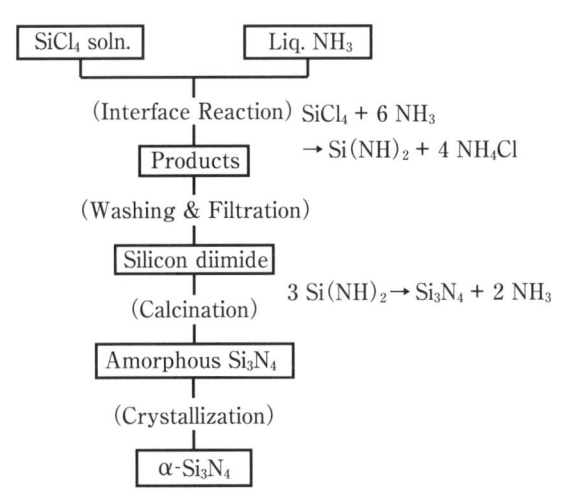

図 4.2.2 宇部興産独自のイミド分解法による Si_3N_4 粉末の製造プロセス[11, 12]

(2) Si_3N_4 粉末の結晶化挙動

焼成工程においては，得られたアモルファス Si_3N_4 を高温で結晶化させつつ成長させる，いわゆる Build-up プロセスにより，主として α 相よりなる，均質で焼結活性の高い結晶質 Si_3N_4 を生成させる[11〜15]．高温焼成時における結晶化の進行状況を調べるために，^{29}Si Magic-Angle Spinning Nuclear Magnetic Resonance (MAS NMR) 分光法により Si_3N_4 中の^{29}Si 核のスペクトルを測定した．

まず，リファレンスとなる α-Si_3N_4，β-Si_3N_4 およびアモルファス Si_3N_4 の標準サンプルを調製し，各相の標準 NMR スペクトルを測定した[16〜18]．これらのサンプルは，各相に固有の異なった化学シフトに NMR シグナルを示した．α-Si_3N_4 のスペクトルには，-46.69 ppm と -48.81 ppm に，2種類の Si サイトを反映した2本の吸収ピークが現れた．β-Si_3N_4 格子には，1種類の Si サイトしか存在しないため，-48.61 ppm に1本の吸収ピークのみが認められた．アモルファス Si_3N_4 の吸収ピークは非常に広く，その化学シフトは -47.1 ppm であった．

α-Si_3N_4，β-Si_3N_4 およびアモルファス Si_3N_4 の NMR スペクトルにおける共鳴シグナルの線形は，pseudo-Voigt 関数に合致した．アモルファス Si_3N_4 の吸収ピークが広いのは，アモルファス状態を構成する Si 原子周囲の局所的な電子状態が不均一であることに起因している．各標準サンプルの NMR スペクトルから，多重パルス飽和回復法により α-Si_3N_4，β-Si_3N_4 およびアモルファス Si_3N_4 のスピン-格子緩和時間 T_1 を求めた．結果を表 4.2.2 に示す．

表 4.2.2　^{29}Si MAS NMR 分光法により測定した標準 Si_3N_4 のスペクトルパラメータ[16〜18]

Phase	Peak maximum position (ppm)	FWHM (ppm)	Lorentzian ratio	T_1 (min)
α-Si_3N_4	-46.686	1.23	0.00	284 ± 29
	-48.812	1.30	0.39	260 ± 23
β-Si_3N_4	-48.605	1.34	0.25	36 ± 4
Amorphous	-47.09	13.3	1.0	11 ± 1

Determined by pseudo-Voigt function fitting

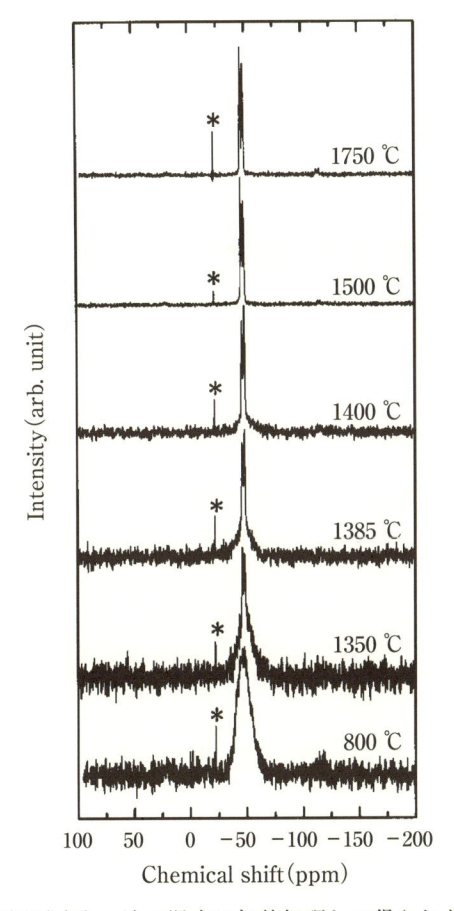

図 4.2.3 前駆体($Si(NH)_2$)を一連の温度で加熱処理して得られた Si_3N_4 の ^{29}Si MAS NMR スペクトル[16〜18]
測定条件：lamour 周波数 59.7 MHz，回転速度 4 kHz
-22.333 ppm(*)の鋭いシグナルは内部標準(シリコーン樹脂)による

　焼成粉末のアモルファス含有量の測定に際しては，各相のスピン-格子緩和時間 T_1 の影響を補正する必要がある．$Si(NH)_2$ の熱分解および Si_3N_4 の結晶化挙動を調べるために，$Si(NH)_2$ またはアモルファス Si_3N_4 を一連の温度で焼成して，各焼成粉末の ^{29}Si MAS NMR スペクトルを測定し，図 4.2.3 に示す一

連の吸収スペクトルを得た．Si_3N_4 の結晶化は 1350〜1400℃付近の温度で進行した．pseudo-Voigt 関数を用いて個々の NMR スペクトルを α-Si_3N_4，β-Si_3N_4 およびアモルファス Si_3N_4 のシグナルにピーク分離することにより，各焼成粉末の結晶化度を求めることができた．

4.2.4 Si_3N_4 粉体の代表的な特性値

各々の製法により製造された Si_3N_4 粉体の代表的なグレードの特性を，表 4.2.3 に示す[2〜15, 19, 20]．固体の焼成-粉砕という Break-down 法に基づく直接窒化法では，用途に応じて，汎用グレードから高純度グレードまでを品揃えしている[2, 3, 7〜10]．

シリカ還元法によれば，粒径の揃った自形を有する粉末を製造できるが，炭素含有量および酸素含有量が高レベルであるように見受けられる[4, 5, 19, 20]．

イミド分解法により製造された Si_3N_4 粉末は，高純度，微粒子，高 α 分率の

表 4.2.3 各製法により製造された窒化ケイ素粉末の代表的な製品特性例 [2〜15, 19, 20]

Process Items	Direct nitridation of Silicon		Carbothermal reduction and Nitridation	Imide decomposition method			
	Dry milling	Wet refinement		SN-E10	SN-E05	SN-E03	SN-ESP
Chemical composition（wt%）							
N	〜38.5	〜38.5	—	〜38.6	〜38.7	〜38.7	〜38.7
O	1.2〜2.0	0.4〜2.0	1.8〜2.5	1.0〜1.5	〜1.1	〜0.9	〜1.2
C	0.1〜0.3	≦ 0.3	0.05〜0.9	〜0.1	〜0.1	〜0.1	〜0.1
Fe	0.05〜0.7	≦ 0.04	0.002〜0.015	≦ 0.005	≦ 0.005	≦ 0.005	≦ 0.005
Al	0.07〜0.3	≦ 0.1	≦ 0.2	≦ 0.002	≦ 0.002	≦ 0.002	≦ 0.002
Ca	0.02〜0.2	≦ 0.1	0.005〜0.01	≦ 0.001	≦ 0.001	≦ 0.001	≦ 0.001
Cl	—	—	≦ 0.002	≦ 0.01	≦ 0.01	≦ 0.01	≦ 0.01
α-Si_3N_4 (wt%)	≦ 20 or 50〜94	≦ 20 or 70〜95	≧ 95	97	100	100	98
Specific surface area (m^2/g)	3.0〜13	9.0〜23	8.0〜12	10〜13	〜5	〜3	〜7
Mean particle size, d_{50}(μm)	0.7〜5	0.5〜1.2	0.8〜1.0	0.5	0.7	0.9	0.7

図 4.2.4 SN-E10 の走査型電子顕微鏡写真

高品質グレードに特化しており、粒子径についてのみ品揃えがなされている。すなわち、SN-E10, SN-ESP, SN-E0X(X = 3, 5) など、粒径、粒度分布の異なる数種類のグレードが用意されており、いずれのグレードも、金属不純物については、全く影響のないレベルにある[11～15]。

SN-E10, SN-E05 および SN-E03 は均一な等軸結晶よりなる α-Si_3N_4 粉末であり、平均粒径は、それぞれ 0.2 μm, 0.4 μm および 0.7 μm である。代表グレードである SN-E10 の走査型電子顕微鏡写真を図 4.2.4 に示す。SN-ESP は粒度分布が広く、複雑形状品の成形に適している。

4.2.5　Si_3N_4 粉末表面の化学的性状(酸素含有量および酸素分布)

Si_3N_4 に限らず、非酸化物の合成においては、いかなる方法を採用しても酸化の問題が付きまとい、生成粉末は不可避的に％オーダーの酸素を含有している。また、α-Si_3N_4 結晶中には、構造酸素として通常 1％弱の酸素が固溶しており、さらに粒子表面には、表面酸化物層として SiO_2 またはオキシナイトライド(Si-O-N 系)化合物が存在している[3, 21, 22]。このため、Si_3N_4 粉末におい

126   4 合　　成

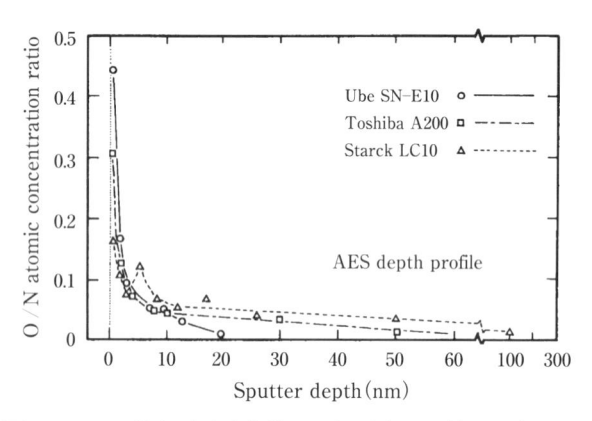

図 4.2.5　X線光電子分光法により測定した種々の窒化ケイ素粒子内部の酸素/窒素原子の深さ方向の濃度分布[24]

ては，焼結特性との関係から　粒子内部の酸素の分布状態が問題となり，酸素分布の測定およびその焼結特性に及ぼす影響が，熱心に研究されるようになった[23]．

X線光電子分光(XPS)法により分析した，Si_3N_4粒子内の酸素濃度のエッチング深さによる変化を，図4.2.5に示す[24]．直接窒化法により製造された粉末(LC10)に比べ，イミド分解法による粉末(SN-E10)の酸素は，著しく粒子表面に偏在していることが分かった．すなわち，前者の粉末中の酸素の大半はSi_3N_4の結晶格子内に固溶しているのに対して，後者の粉末では，かなりの酸素が粒子表面にSiO_2層として存在している．また，イミド分解法では，製法上，アモルファスSi_3N_4に含まれる酸素を制御することにより固溶酸素を低減して，粒子内部をほぼ完全なSi_3N_4結晶にすることも可能である．イミド分解法Si_3N_4粉末から得られた焼結体の特性が優れている理由の一つに，内部酸素量の少ないことが挙げられているが，直接窒化法においても，粒子内部の酸素分布に着目した試作が進められ[9,10]，内部酸素量を低減することが可能となってきた．

4.2.6 粉末特性と焼結性および焼結体特性との相関

(1) 原料中の金属不純物とその影響

Si_3N_4 粉末中には，Fe, Al, Ca, Mn, W などの各種の不純物が含有されている．一般に，低級グレードほど，金属不純物の含有量が多い．これらの不純物は焼結体の粒界に存在し，破壊の起点となる異物，欠陥として作用する．また，粒界相に溶け込んで，低融点のケイ酸塩を生成させ，高温で軟化して，粒界すべりを加速するなどの作用を及ぼす[25, 26]．

(2) 常圧焼結法による Si_3N_4 セラミックスの作製

圧粉体の緻密化速度は構成粒子の粒径によって著しく変化し，粒径を μm レベルから nm レベルに微細化することで，より低温・短時間での焼結体作製が可能となるものと予想される．そこで，α-Si_3N_4 とアモルファス Si_3N_4 との混合粉末を原料に用いて常圧焼結を行い，アモルファス相が結晶化する際の活性化された物質移動が，焼結過程における緻密化の駆動力となるのか否かを調べた[27]．図 4.2.6 には，原料粉末中のアモルファス Si_3N_4 の含有量と，グリーン密度および焼結体のかさ密度との相関を示す．1600 ℃から 1780 ℃の温度範囲においては，アモルファス Si_3N_4 含有量の増加と共に焼結体のかさ密度が低下し，期待した結晶化時の活性化された物質移動は緻密化には利用できないことが分かった．焼結体のかさ密度はグリーン密度に依存しており，グリーン密度の高いほど焼結後のかさ密度が高くなった．Si_3N_4 の焼結においては，構成粒子の粒径自体よりも粒子間の気孔，空隙の曲率や大きさが焼結過程を支配しているようである．一次粒子径 0.2 μm 程度の α-Si_3N_4 (SN-E10) のみを原料とした場合には，所定量の焼結助剤を添加した常圧焼結で，高密度な Si_3N_4 セラミックスが得られた．現状の成形技術では，nm レベルの粒径を有するアモルファス Si_3N_4 粉末から妥当なグリーン密度を有する成形体を得ることは難しく，van der Waals 力などの粒子間凝集力を低減し，粒子群の再配列を容易にすることによって，ナノ粒子を均一に成形できる革新的なグリーン体成形技術の開発が待望される．

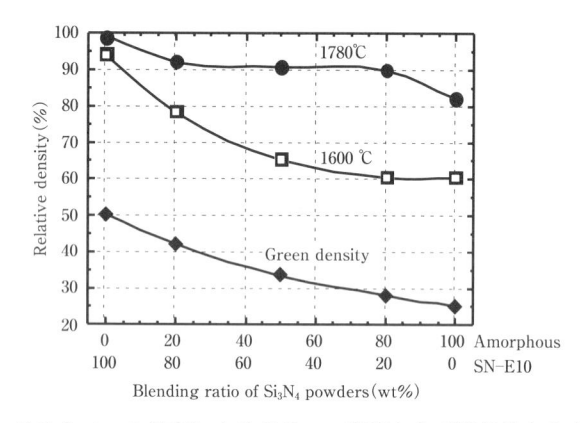

図 4.2.6 アモルファス分率によるグリーン密度および焼結体かさ密度の変化
焼結条件：90.5 Si_3N_4-6.0 Y_2O_3-3.5 Al_2O_3(wt％)
N_2 雰囲気中 1600〜1780℃にて 2 時間保持

（3） 焼結挙動に及ぼす酸素含有量および酸素分布の影響

　一般に Si_3N_4 の焼結においては，助剤として添加した Y_2O_3，Al_2O_3 などの酸化物と粒子表面の SiO_2 層との反応により，昇温過程で Y_2O_3-Al_2O_3-SiO_2 系溶融シリケート相が生成し，この液相の容積および粘度が，緻密化に大きく影響することが分かっている．そこで，イミド分解法により製造された Si_3N_4 粉末(SN-E10)の焼結性を評価すべく，Y_2O_3 5 wt％，Al_2O_3 2 wt％を助剤として添加し，保持温度 1780 ℃で焼結体を作製した．まず，原料粉末の表面酸素量と到達密度との相関を調べた．その結果を図 4.2.7 に示す[15, 28, 29]．SN-E10 は焼結活性が高く，Y_2O_3-Al_2O_3-SiO_2 系共晶点である 1400 ℃以上で緻密化が進行した．焼結体の到達密度は表面酸素量の増加と共に急激に上昇し，表面酸素量 0.6 wt％以上で　相対密度 97％以上の高密度な焼結体が得られた．この条件においては，イミド分解法 Si_3N_4 粉末の焼結性は，比表面積よりも，むしろ表面酸素量に支配されていることが分かった．これに対して，従来の直接窒化法により製造された粉末の場合には，7 wt％という低助剤量では，緻密な焼結体を得ることができなかった．SN-E10 は，粒子表面が SiO_2 層で覆われているために焼結活性が高く，より少量の助剤添加で高密度な焼結体が得られた．この

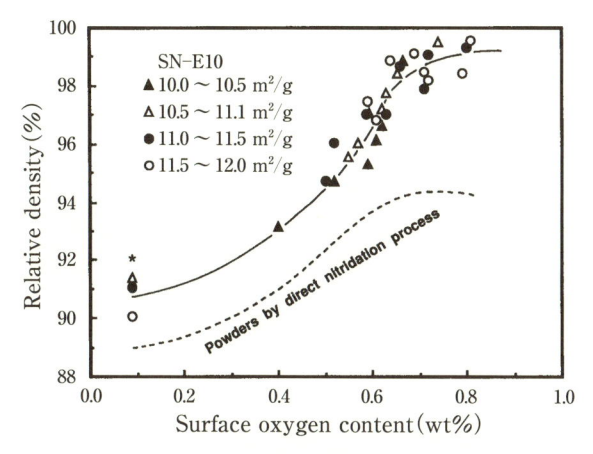

図 4.2.7 表面酸素量による Si_3N_4 質焼結体の到達密度の変化[15, 28, 29]
 ＊HF 処理により表面酸素を除去
 焼結条件：93.0 Si_3N_4-5.0 Y_2O_3-2.0 Al_2O_3(wt%)
 　　　　　N_2 雰囲気中 1780℃ にて 2 時間保持

ように低助剤量で高密度な焼結体が得られることは，とくに高温高強度組成の探索に適している．

(4) 焼結体の強度特性に及ぼす酸素含有量の影響

Si_3N_4 セラミックスの機械的性質は，焼結体の気孔率，粒径およびアスペクト，さらに粒界相の組成などの因子に依存している．原料粉末の特性が焼結体の強度に及ぼす影響を検討するために，種々の酸素含有量の Si_3N_4 粉末を焼結し，原料粉末の酸素含有量と，得られた焼結体の 4 点曲げ強度との相関を調べた[15, 28, 29]．その結果，$Y_2O_3/Al_2O_3 = 5/2$(wt%) という助剤組成では，焼結体の到達密度が酸素含有量の増加と共に上昇してゆくために，低酸素量側での曲げ強度は，酸素含有量の増加と共に上昇していった．酸素含有量 1.5 wt% で最高強度 (〜1080 MPa) が得られた．しかしながら，さらに酸素含有量が増加してゆくと，焼結体は高密度であるにもかかわらず，曲げ強度が低下してゆく現象が認められた．この高酸素量側における強度低下現象の原因を調べるために，粒界相中の SiO_2 濃度に注目してみた．すなわち，Si_3N_4 粉末に，焼結助剤

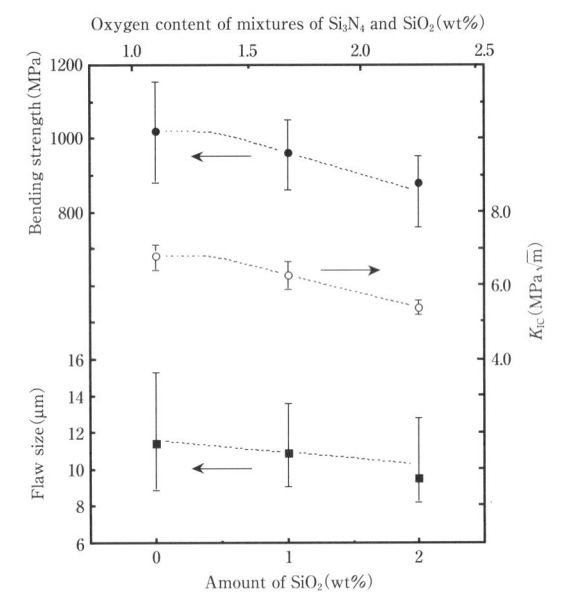

図 4.2.8 原料粉末へのシリカ添加量による Si_3N_4 質焼結体の曲げ強度,破壊靱性値および等価き裂長さの変化[15, 28, 29)]
焼結条件：93.0 (Si_3N_4-SiO_2)-4.5 Y_2O_3-2.5 Al_2O_3(wt％)
　　　　　N_2 雰囲気中 1750℃にて 2 時間保持

である Y_2O_3,Al_2O_3 以外に SiO_2 を 0〜2 wt％添加して,粒界 SiO_2 濃度の異なる高密度焼結体を作製し,曲げ強度および破壊靱性値（臨界応力拡大係数 K_{IC}）を測定した.また,曲げ強度 σ と K_{IC} の値を用いて,次式により破壊進行の原因となる等価き裂長さ c を算出した.

$$K_{IC} = \sigma Y \sqrt{c}$$

ここで,Y は形状係数であり,縁端部のき裂へ 4 点曲げ負荷を印加した場合には,

$$Y = 1.12\sqrt{\pi}\ (=1.99)$$

となる[30)].

強度に関係したこれらの特性値の測定結果を,図 4.2.8 にまとめて示す.図

より，SiO$_2$ 添加量の増加と共に，曲げ強度，K_{IC} 共に急激に低下してゆくことが分かる．これに対して，破壊進行の原因となる等価き裂長さの変化は小さく，しかも，曲げ強度の低下にもかかわらず，むしろ小さくなってゆく傾向を示した．したがって，SiO$_2$ 添加量の増加に伴う強度の低下は，通常考えられている粗大欠陥の生成によるものではなく，材料の K_{IC} 自体が低下したことによるものと判断した．この事実より，前記の酸素含有量 1.5 wt% 以上の高酸素量領域における曲げ強度の低下も，粒界 SiO$_2$ 濃度の増加により K_{IC} が低下し，その結果，強度が低下したものであるという結論に達した[15, 28, 29]．焼結体の SiO$_2$ 含有量の増加は，粒界相の脆弱化をもたらすようである．

以上のように，焼結活性の高い SN-E10 を出発原料に用い，種々のプロセス条件を最適化することにより，常圧焼結法で高強度，高性能な Si$_3$N$_4$ セラミックスを容易に作製できることを実証できた．

4.2.7　サイアロン基焼結体の高温特性

α-Sialon は，α-Si$_3$N$_4$ 結晶構造を有する一連の固溶体であり，一般式，M$_x$(Si, Al)$_{12}$(O, N)$_{16}$ で表される（ここで M は，Mg, Ca, Y またはランタニド (Ln) 元素（La, Ce を除く）などの変性カチオン（侵入固溶元素）であり，$0 < x \leq 2$ である）[31]．α-Sialon と β-Sialon（一般式 Si$_{6-z}$Al$_z$O$_z$N$_{8-z}$（$0 < z \leq 4.2$））の混相よりなるポリタイプ Sialon 基セラミックスは粒界相の組成，形状などの制御により，優れた機械的性質を示すことが報告されている．そこで，アモルファス Si$_3$N$_4$, AlN, Al$_2$O$_3$, および希土類酸化物 (Ln$_2$O$_3$) の混合粉末を焼成して，Ln-α-Sialon 粉末を合成した．得られた Ln-α-Sialon 粉末と Si$_3$N$_4$ 粉末 (SN-E10) とを混合，成形して，常圧焼結法により高密度な Ln-α/β-Sialon 基焼結体を作製し，Ln-α/β-Sialon 基セラミックスの熱的・機械的性質に及ぼす希土類元素のイオン半径の影響を調べた[32]．Ln-Sialon 基セラミックスの室温および 1200℃ における曲げ強度は Ln 元素のイオン半径の減少と共に急上昇した．次に，耐酸化性を調べた．図 4.2.9 には，Ln-Sialon 基セラミックスの酸化増量の測定結果を示す．Ln のイオン半径の影響は著しく，イオン半径の

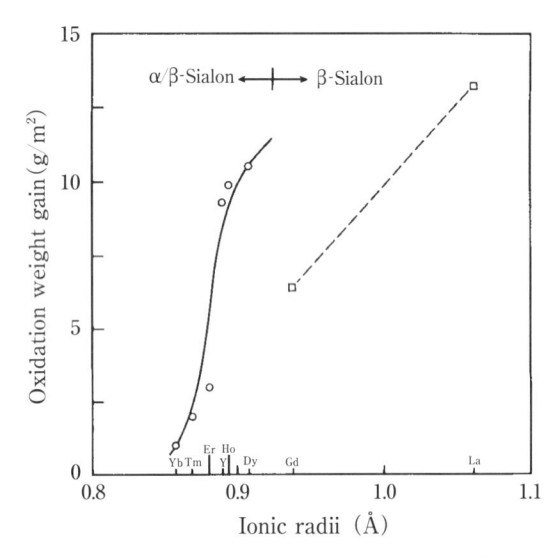

図 4.2.9 Ln-Sialon 基セラミックスの酸化増量に及ぼす希土類元素(Ln)のイオン半径の影響[32]
酸化条件：空気中 1350℃にて 48 時間保持

小さいほど，酸化増量が減少し，耐酸化性の向上していることが明らかとなった．イオン半径の最も小さい Yb-α/β-Sialon 基セラミックスを空気中 1350℃で 48 時間保持した後の酸化増量は 1.0 g/m^2 であり，SiC セラミックスの酸化増量文献データ[33]と同等の値であった．イミド分解法を利用した Ln-α-Sialon 粉末の合成と焼結挙動の検討結果から，希土類元素の選択により Ln-α/β-Sialon 基セラミックスの熱的・機械的性質を改善でき，Yb-α/β-Sialon 基セラミックスが優れた高温特性を示すことを実証できた．

4.2.8 まとめ

イミド分解法に基づく独自のプロセス技術の開発により，宇部興産では，1986 年より高純度，微粒子，高 α 分率という特徴を有する高品質 Si$_3$N$_4$ 粉末の工業生産を続けている．スラリーの分散性や成形性，焼結性および焼結体特

性を支配する粒子径，アモルファス分率，酸素濃度とその粒子内分布などの種々の要因について，顧客ニーズに対応すべく品質検査・管理技術の向上にも努めてきた．また，^{29}Si MAS NMR 分光法による相組成の定量，粒子内の酸素濃度分布と緻密化挙動の相関や酸素含有量と得られる焼結体の微細構造および強度特性との相関の解析，α/β-サイアロン相を利用した粒界エンジニアリングによる高温特性改善を通じて，粉末特性の本質に迫る研究の推進にも注力してきた．今後，品質制御，粉体ハンドリング，スラリーのレオロジー，ニアネットシェイプ成形，焼結挙動，微細構造制御などの一連のセラミックプロセス技術の革新・進化とその共通化・標準化の進捗により，窒化ケイ素関連材料のさらなる市場拡大が進行していくことを願っている．

近年，エンジニアリング用途に代わり，次世代の高輝度白色 LED 向けサイアロン系蛍光体などの光学用途の開発に注目が集まり，共有結合性などの単一物質（Si_3N_4）としての特性を利用した従来の機械部品用途への展開から，固溶体，アロイとしての複合系の新機能の探索に研究開発の中心が移ってきた．複合酸窒化物の機能探索は緒についたばかりであり，今後の技術開発の進捗に期待が寄せられている．世界同時不況後のパラダイムシフトにより，今後の窒化ケイ素関連材料の用途展開は予想がつかないが，窒化物系新機能材料の先駆的ランナーとして，次々に窒化ケイ素関連材料の新しい機能，応用および用途が開拓され，原料粉末メーカーとして，その実用化に少しでも貢献できれば幸いである．

参考文献

1) 鈴木弘茂, セラミックス, **22**[1](1987)3-7.
2) 津々見毅, 新素材シリーズ「窒化珪素セラミックス」, 宗宮重行, 吉村昌弘, 三友護 共編, 内田老鶴圃(1987)pp. 9-17.
3) 中村美幸, 倉成洋三, 今村保男, 新素材シリーズ「窒化珪素セラミックス」, 宗宮重行, 吉村昌弘, 三友護 共編, 内田老鶴圃(1987)pp. 27-42.
4) 石井敏次, 佐野省, 今井功, 新素材シリーズ「窒化珪素セラミックス」, 宗宮重行, 吉村昌弘, 三友護 共編, 内田老鶴圃(1987)pp. 43-51.

5) 小出一成, 森正章, 井上寛, 耐火物, **34**[291](1982)225-230.
6) 川崎卓, セラミックス, **36**[4](2001)260-261.
7) 飴谷公兵, 中島征彦, 磯崎啓, セラミックス, **29**[8](1994)673-675.
8) 磯崎啓, 第43回構造材料部会講演要旨集, 日本ファインセラミックス協会(1994)11-15.
9) 磯崎啓, 中島征彦, 日本セラミックス協会原料部会講演会「非酸化物セラミックス原料粉末」要旨集(1994)56-65.
10) 進藤敏彦, 本多立也, 工業材料, **43**[1](1995)70-75.
11) T. Yamada, T. Kawahito and T. Iwai, in Proc., 1st Int. Symp. on Ceramic Components for Engine, held in Hakone, Japan, Edited by S. Somiya, E. Kanai and K. Ando, KTK Scientific Publishers, Tokyo(1984)pp. 333-342.
12) 山田哲夫, 神徳泰彦, 日化協月報, **42**[12](1989)8-13.
13) 山田哲夫, セラミックデータブック'93, 斉藤進六, 柳田博明他 共編, 工業製品技術協会(1993)pp. 53-58.
14) T. Yamada, Am. Ceram. Soc. Bull, **72**[5](1993)99-106.
15) T. Yamada, in Ceramic Transactions, 42, "Silicon-Based Structural Ceramics", PAC RIM Meeting, held in Honolulu, USA, Edited by B. W. Sheldon and S. C. Danforth, The American Ceramic Society, Westerville, Ohio, USA(1994)pp. 15-27.
16) H. Fujimori, H. Kitahara, K. Ioku, S. Goto, T. Nakayasu and T. Yamada, Korean J. Ceram., **6**[2](200)155-158.
17) H. Fujimori, N. Sato, K. Ioku, S. Goto and T. Yamada, J. Am. Ceram. Soc., **83**[9](2000)2251-2254.
18) H. Fujimori, K. Ioku, S. Goto and T. Yamada, J. Ceram. Soc. Japan, **109**[2](2001)132-136.
19) 石井敏次, 今井功, 佐野省, 小松通泰, 新素材シリーズ「窒化珪素セラミックス2」, 三友護, 宗宮重行 共編, 内田老鶴圃(1990)pp. 11-19.
20) G. A. Cochran, C. L. Conner, G. A. Eisman, A. W. Weimer et al., in Key Engineering Materials, Vol. 89-91, "Silicon Nitride 93", Ed. by M. J. Hoffmann, P. F. Becher and G. Petzow, Trans Tech Publications, Switzerland(1994)pp. 3-8.
21) S. Wild, P. Grieveson and K. H. Jack, in "Special Ceramics, 5", Ed. by P. Popper, British Ceramic Research Association, Stoke-on-Trent, Manchester(1972)pp. 385-395.

22) 阿部修実, 神崎修三, 田端英世, 日本化学会誌, **2**(1989)275-281.
23) M. Peuckert and P. Greil, J. Mater. Sci., **22**[10](1987)3717-3720.
24) H. Jenett, H. Bubert and E. Grallath, Fresenius Z. Anal. Chem., **333**(1989)502-506.
25) D. W. Richerson, Am. Ceram. Soc. Bull, **52**[7](1973)560-562,569.
26) 柘植章彦, 第 11 回高温材料技術講演会「焼結用セラミック粉体のプロセス技術」要旨集, 窯業協会(1980)237-252.
27) T. Yamada, Proc. US-Japan workshop on Low Cost Production of Ceramics and Related Materials, Osaka, March 17(2003).
28) T. Yamada, Y. Kanetsuki, K. Fueda, T. Takahashi et al., in Key Engineering Materials, Vol. 89-91, "Silicon Nitride 93", Ed. by M. J. Hoffmann, P. F. Becher and G. Petzow, Trans Tech Publications, Switzerland(1994)pp. 177-180.
29) 山田哲夫, 稲石種利, ニューセラミックス[10](1997)4, 7-17.
30) B. Gross and J. E. Strawley, Tech. Note D-3092, NASA(1965).
31) S. Hampshire, H. K. Park, D. P. Thomson and K. H. Jack, Nature, **274**(1978)880-882.
32) T. Yamada, T. Nakayasu, T. Takahashi, T. Yamao and Y. Kohtoku, in Proc., 4th Int. Symp. on Ceramic Materials and Components for Engines, held at Goteborg, Sweden, 10-12 June 1991, Edited by R. Carlsson, T. Johansson and L. Kahlman, Elsevier Applied Science, London and New York(1992)pp. 672-679.
33) K. Suzuki, N. Kageyama, K. Furukawa and T. Kanno, in Proc., 2nd Int. Symp. on Ceramic Materials and Components for Engines, held at Lubeck-Travemunde, FRG, 14-17 April 1986, Edited by W. Bunk and H. Hausner, Verlag Deutsche Keramiche Gesellschaft, Bad Honnef, Germany(1986)pp. 697-704.

4.3 還元窒化法

4.3.1 合成法の歴史と基本プロセスの開発

シリカ(SiO_2)還元窒化法は，SiO_2とカーボン(C)を窒素中で加熱して還元窒化により窒化ケイ素(Si_3N_4)粉末を合成する方法である．歴史的には空中窒素の固定法の一つとして19世紀末に考案された技術である．1970年代に入ってSiO_2を多量に含有する籾殻からの合成研究が発表され注目された[1]．合成反応の基本式は次式によって与えられる．

$$3\ SiO_2 + 6\ C + 2\ N_2 = Si_3N_4 + 6\ CO \quad (4.3.1)$$

この反応は，1300℃近辺で開始するが，1500℃を超えるとSiCが生成するため，低温で合成することが必要である．この反応に関して固相反応の基本モデルであるJanderの式を適用して整理し，活性化エネルギーを求めた結果163 kcal/molの値が得られた[3]．この数値は，シリカ還元において考えられる次の素反応(4.3.2)〜(4.3.4)に対するJANAFの熱力学データ[4]から求めた結果から，式(4.3.2)のエンタルピー変化に対応していることが判明した．

$$SiO_2(S) + C(S) = SiO(G) + CO(G), \quad \Delta H = 160 (kcal/mol) \quad (4.3.2)$$
$$SiO(G) + C(S) = Si(G) + CO(G), \quad \Delta H = 105 (kcal/mol) \quad (4.3.3)$$
$$3\ Si(G) + 2\ N_2(G) = Si_3N_4(S), \quad \Delta H = -493 (kcal/mol) \quad (4.3.4)$$

このことから，シリカ還元法によるSi_3N_4粉末の合成は素原料であるSiO_2とC粒子の接触による固相反応が，全体の反応律速になっているものと考えられる．

米屋ら[2]は，種々のSiO_2，C原料を用い，両者の組成比や焼成条件について検討した結果，組成比に関しては，量論比よりもやや C リッチの条件において高いα相含有率と窒化率を得ることができたが，出発原料の粒径と不純物によって生成したSi_3N_4粉末の形態は，図4.3.1に示すように複雑な様相を呈

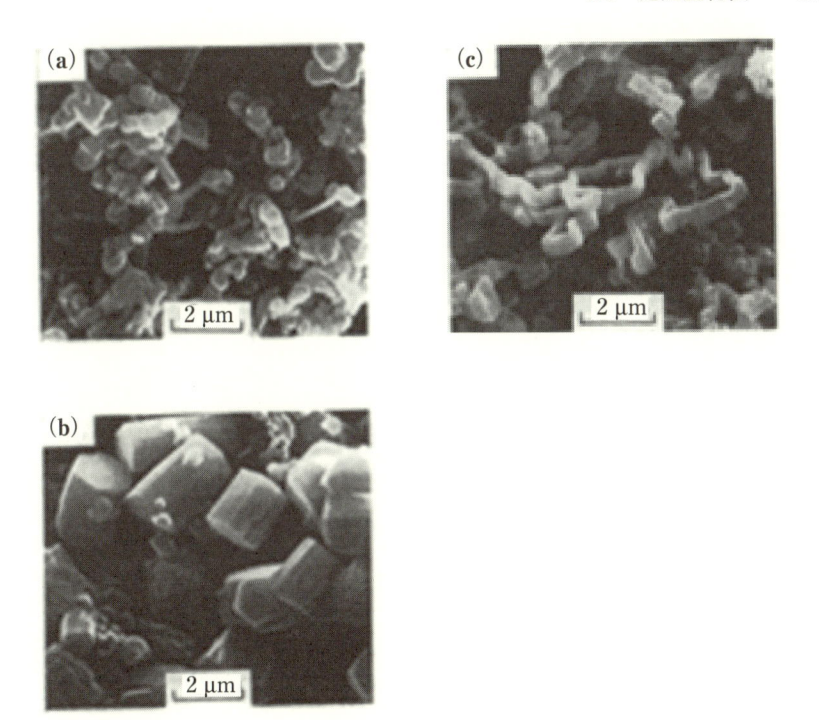

図 4.3.1 SiO$_2$ 還元窒化法によって合成された Si$_3$N$_4$ 粉末の SEM 写真
(a) C/SiO$_2$ (A) = 20 (モル比), 1400 ℃, 5 h, N$_2$ 中, (b) C/SiO$_2$ (A) = 20 (モル比), 1400 ℃, 10 h, N$_2$ 中, (c) C/SiO$_2$(B) = 20(モル比), 1400 ℃, 5 h, N$_2$ 中

し,所定の粉末を得ることは困難であった[2]. その後,井上ら[5]はこの系に種結晶として Si$_3$N$_4$ 粉末を添加した SiO$_2$-C-Si$_3$N$_4$ を用いることによって,反応が著しく促進され Si$_3$N$_4$ 粉末の形態と粒径を制御できることを見出した. 微細な SiO$_2$-C-Si$_3$N$_4$ 粉末を重量比 1:2〜4:0〜2 に配合し,その混合粉を窒素気流中 1400 ℃,5 h の条件で焼成して得られた合成粉の窒素含有率と Si$_3$N$_4$ 添加量の関係を図 4.3.2 に,また合成粉の SEM 写真を図 4.3.3 に,さらに代表的な X 線回折パターンを図 4.3.4 に示す. この結果から,Si$_3$N$_4$ 粉末添加によって窒化反応が加速され,種結晶としての Si$_3$N$_4$ 量が増加するにつれて明確な自形を持った Si$_3$N$_4$ 粒子の成長が認められた. また,添加量の増加に伴って合成粉

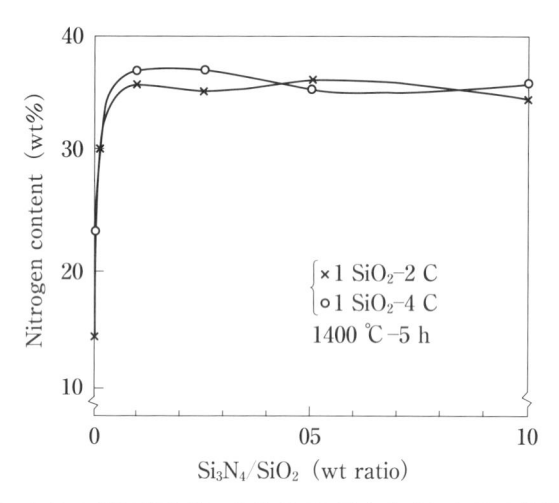

図 4.3.2 シリカ還元窒化法による Si_3N_4 粉末合成における種結晶 Si_3N_4 粉末の添加量と窒化率の関係
組成(重量比)；$1\,SiO_2$-2 C, 焼成条件；1400 ℃, 5 h, N_2 中

が整粒され微細化する傾向が観察された．このように，Si_3N_4 の添加は反応促進と合成粉の形状制御に極めて有効であることが判明した．その理由は次のように考えられる．すなわち最初に SiO_2 と C の固相反応で気相の SiO が生成し，これがさらに還元窒化される段階で Si_3N_4 が生成するが，種結晶の存在によって，Si_3N_4 はその表面に析出したものと考えられる．なお，得られた粉末の α 相含有率は 95% 以上であり，焼結原料として有利であることも示唆された．その後，原料の選定，合成条件などを詳細に検討し，図 4.3.5 のように粒径が制御された Si_3N_4 粉末が合成されることが判明した[6]．さらに，種結晶の粒径の影響についても詳細な検討が行われた．図 4.3.6 は粒径の異なる Si_3N_4 種結晶を用いた場合の合成粉の粒径変化示したものであるが，この結果から，微細な粒径を持つ粉末を種として用いることにより，合成粉を微細化できることが明らかになった[7]．しかし，この方法に関しては，合成粉末中に C と酸素 (O) の残存量が他の方法に比べて多く含まれることが課題として残されている．また，不純物として鉄が存在すると，VLS 機構に由来して柱状の Si_3N_4 粒が得られることも確認されている．

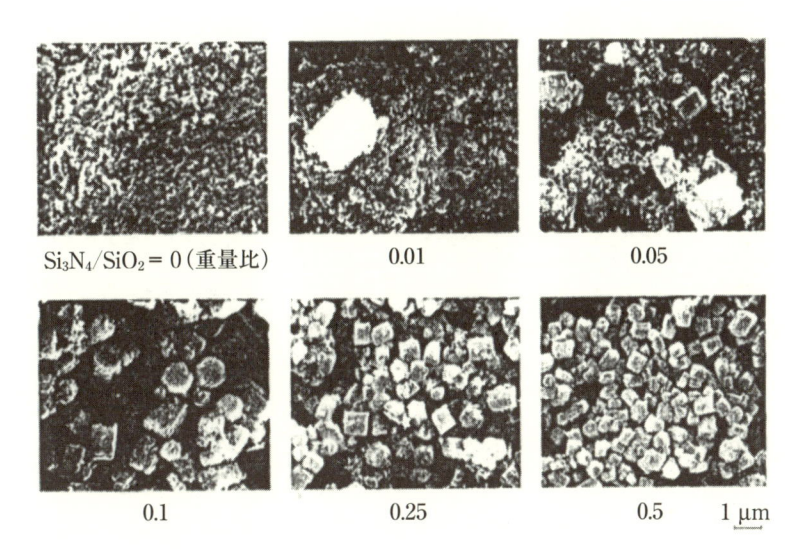

図 4.3.3 シリカ還元窒化法による Si_3N_4 粉末合成における種結晶 Si_3N_4 の添加量と合成粉の形態変化
組成(重量比);1 SiO_2-2 C,焼成条件;1400 ℃, 5 h, N_2 中

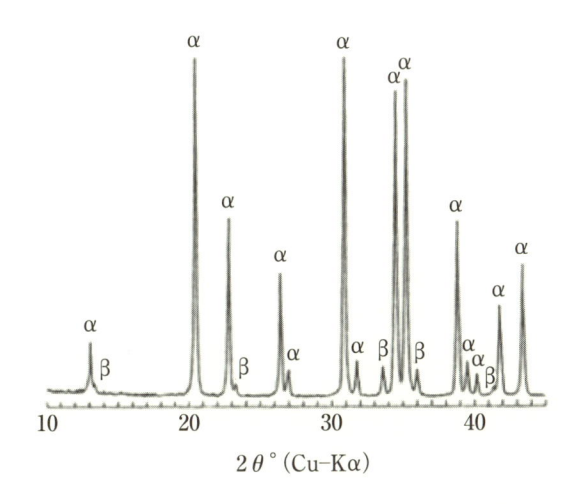

図 4.3.4 シリカ還元窒化法により合成された Si_3N_4 粉末 X 線回折パターン例
組成(重量比);1 SiO_2-2 C-0.1 Si_3N_4,焼成条件;1400 ℃, 5 h, N_2 中

140　4　合　成

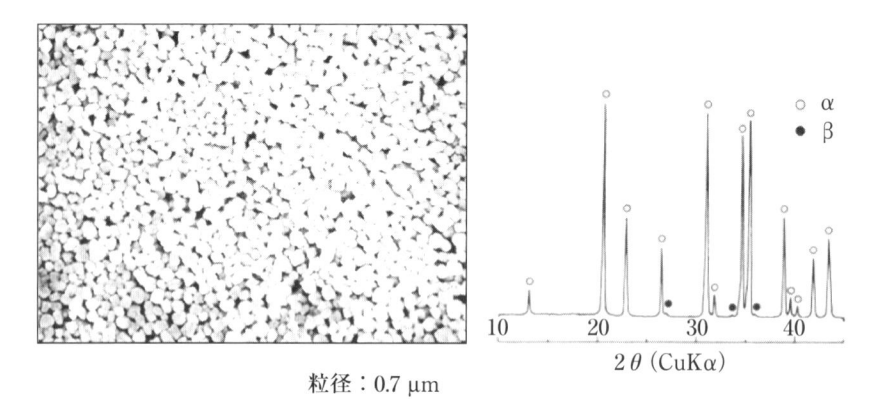

粒径：0.7 μm

図 4.3.5　開発された Si_3N_4 粉末の SEM 写真と X 線回折パターン

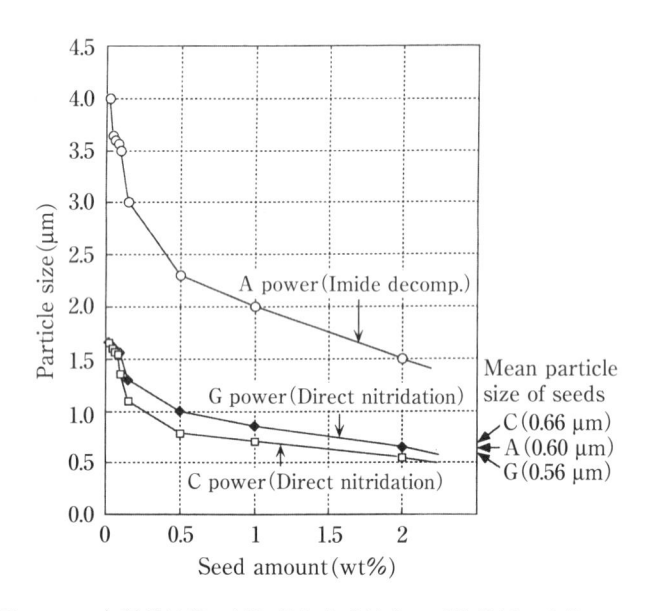

図 4.3.6　各種種結晶の添加量と合成粉末の平均粒径の変化
　　　　種結晶の粒径；A：0.60 μm，G：0.56 μm，C：0.66 μm
　　　　焼成条件；1450 ℃，2 h

4.3.2 還元窒化粉末の焼結評価と実用性

還元窒化法によって合成された Si_3N_4 粉末の焼結性について, Si_3N_4-Y_2O_3-Al_2O_3 系組成を用いて評価し, 合わせてスケールアップについても検討が行われた. その結果, 焼結性についてはいくぶん難があるものの, 図 4.3.7[8)] に示すような優れた焼結体特性が得られたので, 1980 年代に入って小規模ながら工業生産に入り, Si_3N_4 焼結用の原料として市販された. この場合, 焼結性の良否は不純物として存在する C と O に起因するため, 焼結条件の最適化を十分吟味する必要があった. また, 還元窒化法の最大の課題は, 律速段階(式 (4.3.2))で発生する SiO の存在がスケールアップのプロセスにおいて複雑な振る舞いをすることであるため, その理由を明らかにし生成過程を十分に制御することが求められる.

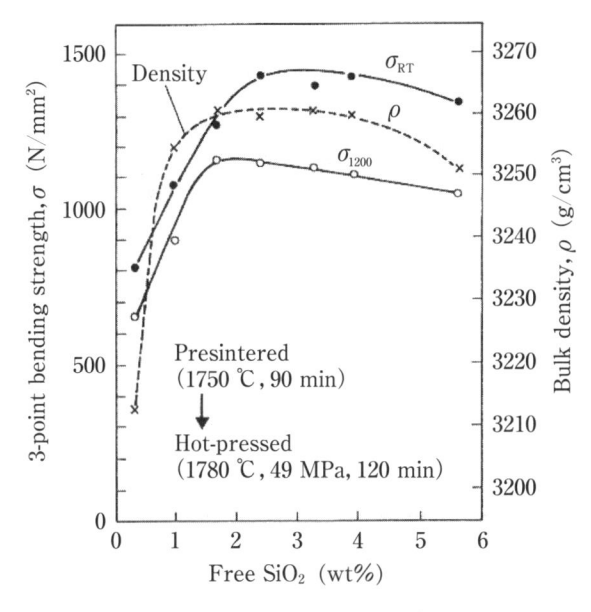

図 4.3.7 シリカ還元窒化法で合成された Si_3N_4 粉末を出発原料とする Si_3N_4-Y_2O_3-Al_2O_3 系焼結体の密度と, 室温および 1200 ℃ の曲げ強度(横軸は Si_3N_4 原料中の SiO_2 成分)

参 考 文 献

1) I. B. Cutler et al., Powd. Mett. Internationals, **6**(1973)143.
2) K. Komeya and H. Inoue, J. Mater. Sci., **10**(1975)1243-1246.
3) 井上, 米屋, 柏植, 東芝レビュー, **39**[6](1984)488-491.
4) JANAF Thermo-chemical Tables.
5) H. Inoue, K. Komya and A. Tsuge, J. Am. Ceram. Soc., **65**[12](1982)C205.
6) 柏植, 井上他, ファインセラミックス:次世代研究の歩み, ファインセラミックス技術研究組合(1988)pp. 17-40.
7) I. H. Kang, K. Komeya, T. Meguro, M. Naito and O. Hayakawa, J. Ceram. Soc. Japan, **104**[6](1998)471-475.
8) A. Tsuge, H. Inoue and K. Komeya, J. Am. Ceram. Soc., **72**[10](1988)2014-2016.

4.4 CVD 法

4.4.1 CVD によるバルク状セラミックスの作製

　CVD (Chemical Vapor Deposition) は，気相中あるいは，気相-基板界面での化学反応を利用して，高密度・高純度で密着性の優れた薄膜を作製することができることから，これまで主に，半導体デバイスの作製や工具材へのコーティングとして広く用いられてきた[1]．また，成膜速度を向上することにより，厚膜あるいはバルク状の生成物を作製することができ，工業用構造材料の製造にも用いられている[2]．

　Si_3N_4 は，これまで構造用セラミックスとして広く研究され[3]，主に，反応焼結 (Reaction Sintering : RS) やホットプレス (Hot Pressing : HP) など，焼結プロセスによって成形されてきた．それらの焼結体は，空隙や添加物 (焼結助剤) を多く含むため，高温での特性の劣化が著しい．一方，CVD で作製されたバルク状の Si_3N_4 (CVD Si_3N_4) は高純度・高密度であることから，優れた高温特性を有している[4, 5]．図 4.4.1 に，CVD 材料と焼結材料の概略を比較して示す[6]．CVD 法は，主に，次のような特徴を有している．

(1) 種々の形状 (粉体，膜，板) の材料を高密度・高純度で作製できる．
(2) 焼結温度よりかなり低い温度で成膜できる．
(3) 結晶配向性や結晶粒径などの微細組織を容易に制御することができる．
(4) 複雑な形状の基板に均一にコーティングできる．
(5) 非平衡あるいは準安定な構造を有し特異な特性を有する材料を作製できる．
(6) 多元系の原料ガスを使用し，共析出反応を利用して種々のコンポジット材料を作製でき，とくにナノメータサイズで第 2 相が分散したコンポジット (ナノコンポジット) を作製することができる．

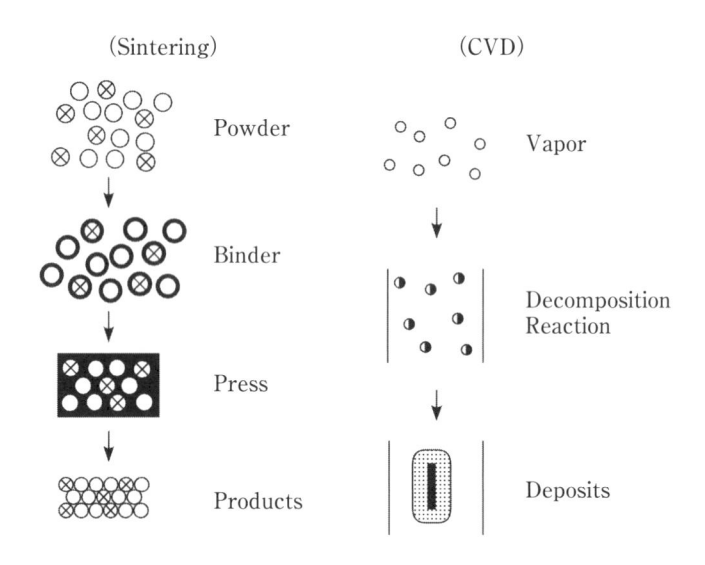

図 4.4.1　CVD 材料と焼結材料の比較[6]

4.4.2　CVD による Si_3N_4 の作製

　CVD は，反応炉の加熱方法によってホットウォール式とコールドウォール式に分類される．ホットウォール式では，基板は加熱された炉壁から間接的に加熱されるのに対し，コールドウォール式では，基板が直接通電や rf (radio frequency) 誘導加熱によって直接加熱され，炉壁は加熱されない．図 4.4.2 には，これまで多くの研究者らによって用いられた CVD Si_3N_4 の CVD 炉の例を示す．

　コールドウォール式では原料ガスは，基板付近に到達する前にはほとんど加熱されないので，反応途中での中間体や粉体の生成が少ないため成膜速度を大きくすることができる．実際に，Si 単結晶の溶融ルツボ用のコーティングなどとして，結晶質 CVD Si_3N_4 厚膜が作製されている[7]．一方，ホットウォール

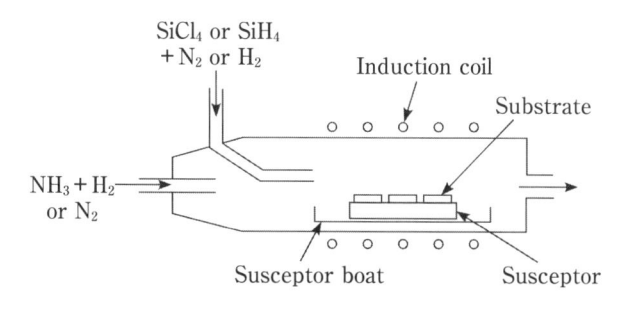

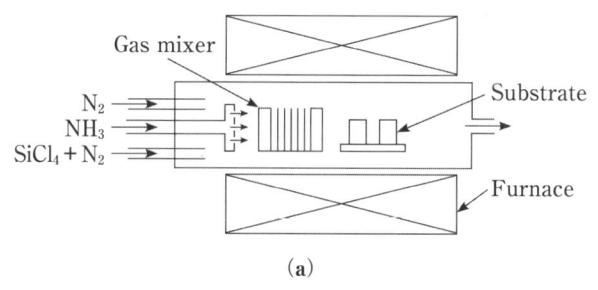

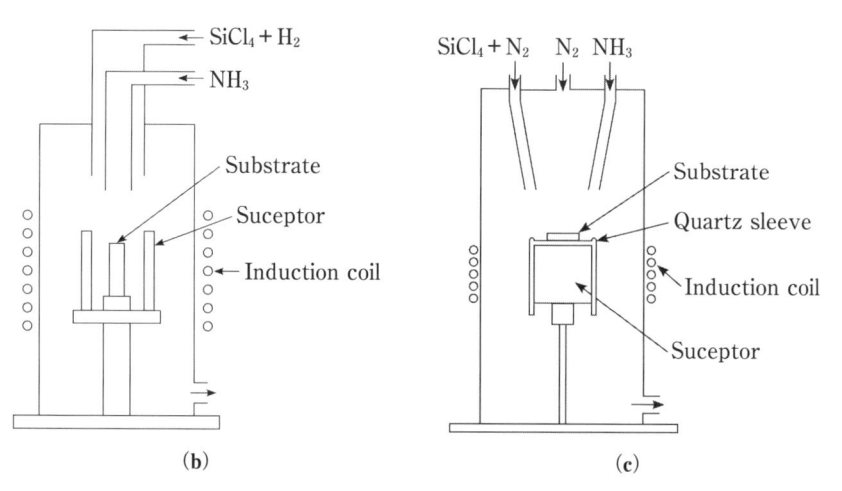

図4.4.2 CVD Si_3N_4 作製用の CVD 炉の概略図
(a) ホットウォール型, (b) コールドウォール型, (c) コールドウォール型

式では，均熱帯を広くすることができることから，大型基板への均質な薄膜コーティングが可能である．そこで，同時に多数の Si ウェハー上に非晶質 CVD Si_3N_4 薄膜が作製され，半導体デバイス用の絶縁膜やパッシベーション膜などとして広く実用化されている[8]．

図 4.4.3 に，著者らが用いた CVD Si_3N_4 を作製するためのコールドウォール式 CVD 炉の概略図を示す[4]．ステンレス製の円筒状の CVD 炉で，基板には黒鉛を用い，水冷銅電極を通して直接通電加熱される．原料ガスとして，$SiCl_4$ 蒸気と NH_3 ガスを別々に二重管を通して CVD 炉内に導入し基板近傍で混合した．

CVD Si_3N_4 は，これまでの多くの研究で，Si 源として SiH_4 ガスや $SiCl_4$ 蒸気が用いられてきた．SiH_4-NH_3 系の反応は式(4.4.1)で表されるが，SiH_4 ガスは 1000°C 以下で容易に遊離 Si に分解するため，式(4.4.2)が起こりやすい．そこで，化学量論組成の Si_3N_4 を得るためには，過剰の H_2 ガスが添加される[9]．

$$3\,SiH_4 + 4\,NH_3 \rightarrow Si_3N_4 + 12\,H_2 \tag{4.4.1}$$

$$SiH_4 \rightarrow Si + 2\,H_2 \tag{4.4.2}$$

$SiCl_4$-NH_3 系では，式(4.4.3)によって Si_3N_4 が生成するが，式(4.4.4)，(4.4.5)などのアミド，イミド化合物および NH_4Cl の生成が起こるため，$SiCl_4$ 蒸気と NH_3 ガスは基板付近で，反応の直前まで混合しないようにしなければならない[10]．

$$3\,SiCl_4 + 4\,NH_3 \rightarrow Si_3N_4 + 12\,HCl \tag{4.4.3}$$

$$SiCl_4 + 8\,NH_3 \rightarrow Si(NH_2)_4 + 4\,NH_4Cl \tag{4.4.4}$$

$$SiCl_4 + 6\,NH_3 \rightarrow Si(NH)_2 + 4\,NH_4Cl \tag{4.4.5}$$

通常，$SiCl_4$ の方が SiH_4 よりも安定であるため，$SiCl_4 + NH_3$ 系の方が $SiH_4 + NH_3$ 系よりも高い成膜温度を必要とする．$SiF_4 + NH_3$，$SiH_4 + N_2H_4$，$SiBr_4 + NH_3$ などの原料も用いられている．

図 4.4.4 に CVD Si_3N_4 の結晶構造に及ぼす CVD 条件の影響を示す．CVD 条件に応じて非晶質および結晶質(α 型)Si_3N_4 が生成する[4]．図 4.4.5 に非晶質および結晶質 CVD Si_3N_4 の典型的な微細組織を示す．非晶質 Si_3N_4 は，CVD

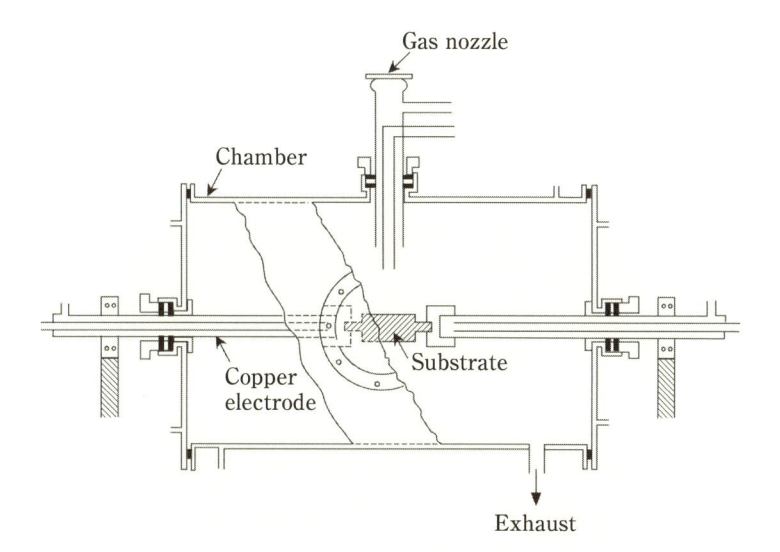

図 4.4.3 コールドウォール式 CVD 炉の概略図 [4)]

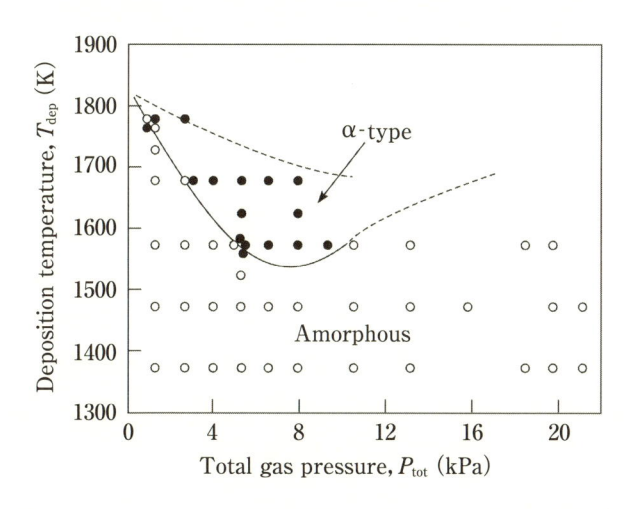

図 4.4.4 CVD Si_3N_4 の結晶構造に及ぼす CVD 条件の影響 [4)]

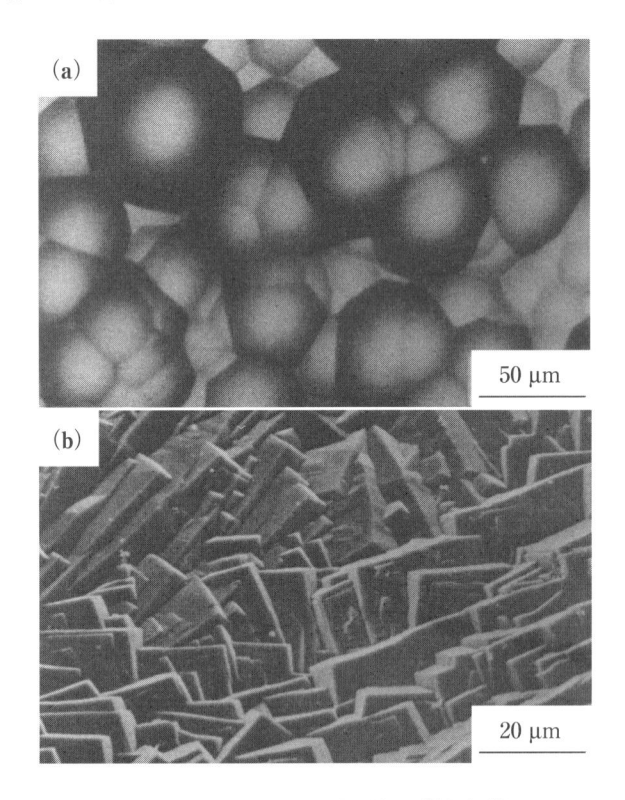

図 4.4.5 CVD Si$_3$N$_4$ の典型的な微細組織
(a)非晶質 Si$_3$N$_4$, (b)結晶質 Si$_3$N$_4$

で特徴的なコーン状組織を示す．結晶質 CVD Si$_3$N$_4$ はよく発達したファセット状組織を示す．図 4.4.6 に CVD Si$_3$N$_4$ の生成速度に及ぼす CVD 条件の影響を示す．著者らは，原料ガスの流量や CVD 炉の形式，二重管ノズルの形状などを最適化し，従来報告されている値の数 100 倍 (1.2 mm/h) で結晶質 CVD Si$_3$N$_4$ を作製した[11]．図 4.4.7 に CVD Si$_3$N$_4$ の密度と合成条件の関係を示す．原料ガス流量 (FR)，炉内全圧力 (P_{tot})，合成温度 (T_{dep}) などの変化に応じて密度は 2.60 から 3.00 g/cm^3 に変化する[12]．非晶質 CVD Si$_3$N$_4$ は，1450 ℃以上の熱処理によって，α- および β-Si$_3$N$_4$ に結晶化する．非晶質 CVD Si$_3$N$_4$ の構造は，β 型の Si$_3$N$_4$ に類似しており，0.8 から 1.0 nm のボイドが約 4 vol% 含まれ

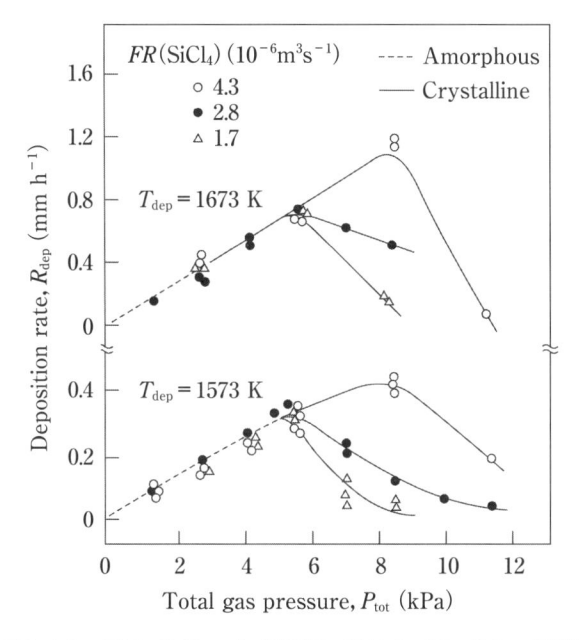

図 4.4.6 CVD Si_3N_4 の生成速度に及ぼす CVD 条件の影響

ていることがコンプトン散乱[13]，中性子小角散乱[14]，陽電子消滅[15]などの実験結果から明らかになっている．結晶質 CVD Si_3N_4（α 型）は，密度が 3.12 g/cm^3 であり，理論密度に一致している．結晶構造は六方晶であり，格子定数は，$a = 0.7752$ nm，$c = 0.5622$ nm である．結晶配向は，炉内全圧と原料ガス流量などに依存し，顕著な (110)，(210) あるいは (222) 配向が認められている[11]．

4.4.3　CVD Si_3N_4 基ナノコンポジットの作製

CVD では，多元系の原料ガスを用い，共析出反応により，種々の微細組織のナノコンポジットを比較的容易に作製することができる．図 4.4.8 に，CVD で作製されるナノコンポジットの微細組織の模式図を示す[6]．著者らは，CVD Si_3N_4 がマトリックスで，C，TiN，BN が分散したコンポジットを作製

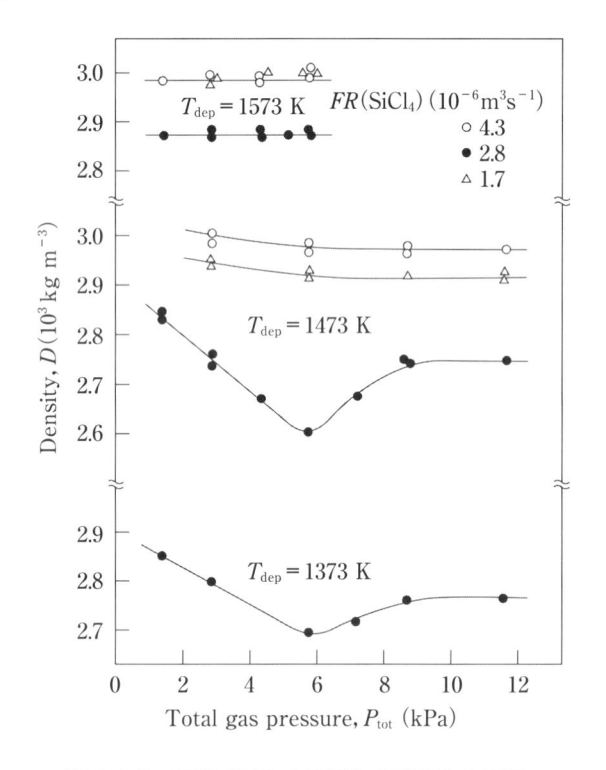

図 4.4.7 CVD Si_3N_4 の密度と合成条件の関係

した．

(1) CVD Si_3N_4-C ナノコンポジット

$SiCl_4$-NH_3-C_3H_8 系の原料ガスを用いることに非晶質 CVD Si_3N_4-C ナノコンポジット (C 含有量：0〜10 mass%) が作製できる[16]．EPMA[16]，ESCA[17]，陽電子消滅[18]，HF 処理[19] などの結果から，非晶質 CVD Si_3N_4 コンポジット中の C は，球状で直径が約 100 nm で非晶質 (乱層構造) であることが明らかにされている．図 4.4.9 に CVD Si_3N_4-C ナノコンポジットを 1650 ℃，真空中で熱処理した後の表面の様子を示す．分散相の非晶質 C がマトリックスの非晶質 Si_3N_4 と反応して，β-SiC 粒が形成される．このコンポジットの電気伝導は，C

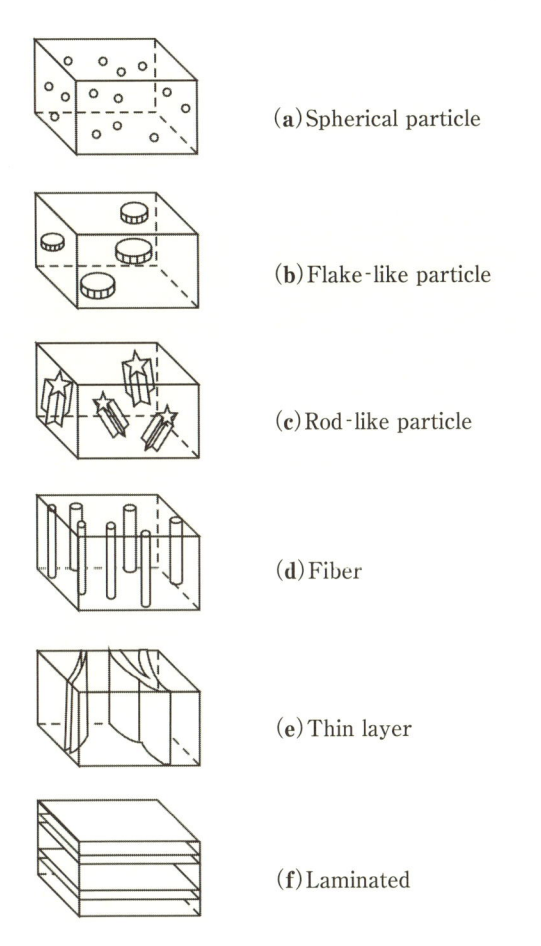

(a) Spherical particle

(b) Flake-like particle

(c) Rod-like particle

(d) Fiber

(e) Thin layer

(f) Laminated

図 4.4.8 CVD で作製されるナノコンポジットの微細組織の模式図 [6]

含有量が 0.1～0.2 mass％ を境に C が三次元的にネットワーク状に連結するため絶縁体から導電体に変化する．電気伝導度の温度依存性から計算されるバンド幅は 0.1 eV であり，非晶質 C の値と一致している[20]．

(2) CVD Si_3N_4-TiN ナノコンポジット

$SiCl_4$-NH_3-$TiCl_4$ 系の原料ガスを用いることにより，β 型 Si_3N_4 が得られ

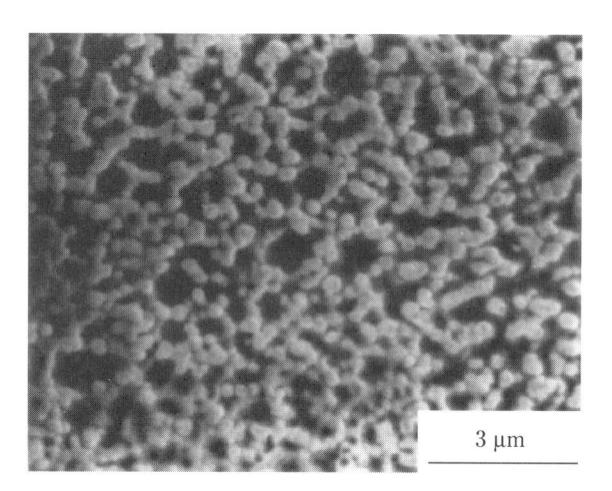

図 4.4.9 CVD Si$_3$N$_4$-C ナノコンポジットを熱処理した後の表面の様子（1650 ℃，真空中）

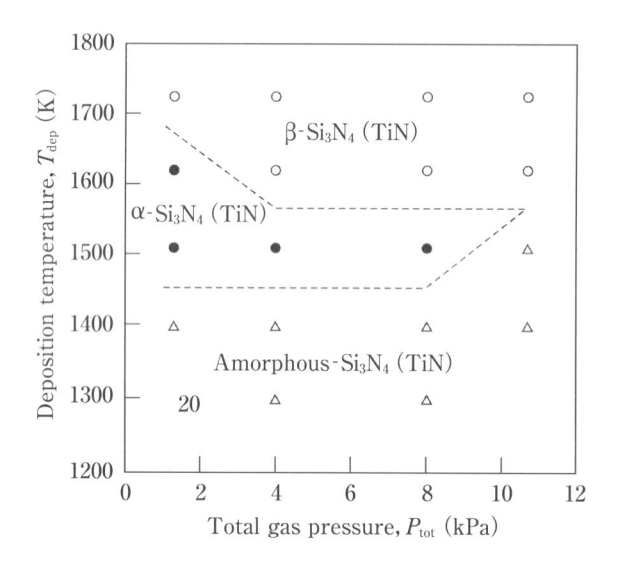

図 4.4.10 Si$_3$N$_4$-TiN の構造と CVD 条件の関係

る[21]．図4.4.10に，Si_3N_4-TiNの構造とCVD条件の関係を示す．一般に，CVD Si_3N_4は非晶質あるいはα型であり，β型の生成物は得られていなかった．TiはSi_3N_4マトリックスの中で立方晶TiNとして存在する．$TiCl_4$蒸気の添加により，結晶質Si_3N_4（β型）が得られる温度は，α型CVD Si_3N_4より約100℃低い．非晶質およびα型Si_3N_4中では，TiNは球状の粒子(3〜10 nm直径)として存在する[22]．図4.4.11には，β型Si_3N_4中のTiNの形状を示す．図4.4.11(a)および(b)から，TiN相(黒色部)は，直径が数 nmの繊維状で，成長方向に沿って基板に垂直に伸びていることが分かる．β型Si_3N_4のc面は基板

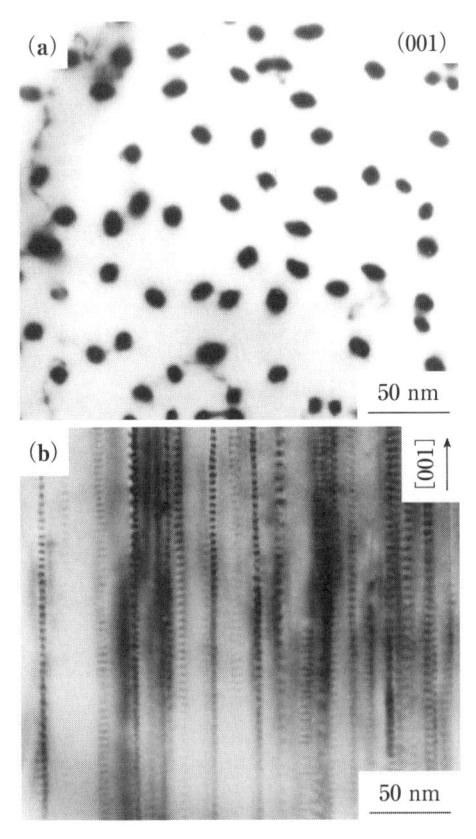

図4.4.11 β型Si_3N_4中のTiNの形状

154 4 合　　成

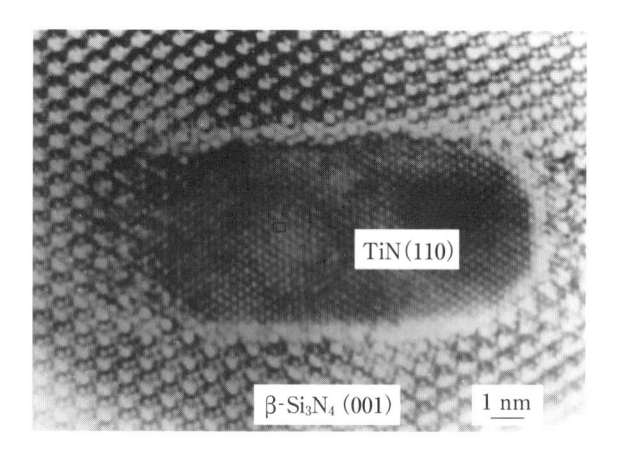

図 4.4.12　CVD Si_3N_4-TiN 中の TiN 相の格子像[23]

図 4.4.13　CVD Si_3N_4-BN の外観写真(約 50 mass% BN)
(a)生成したまま，(b)表面研磨後

に平行に配向している．図 4.4.12 に TiN 相の格子像を示す[23]．TiN の(110)面が β 型 Si_3N_4 の(001)面に平行であることが分かる．

(3) CVD Si_3N_4-BN ナノコンポジット

$SiCl_4$-NH_3-B_2H_6 系の原料ガスを用いることにより,非晶質 CVD Si_3N_4-BN ナノコンポジットが得られる[24].IR 吸収,ESCA,中性子小角散乱などの実験結果から,非晶質 Si_3N_4-BN 中の B は,非晶質(乱層構造)BN として存することが分かっている[25].BN の c 軸方向の面間距離($c_0/2$)は,0.79 mm で,結晶質(六方晶)BN の約 1.2 倍である.BN の含有量は 0~100 mass% の範囲で制御できる.図 4.4.13 に,約 50 mass% BN の試料の外観写真を示す.図 4.4.14 に,この試料の断面研磨面の SEM 像を示す.非晶質 Si_3N_4 と乱層構造 BN が互いに約 100 nm の厚さで積層している様子が分かる[26].

図 4.4.14 CVD Si_3N_4-BN の断面研磨面の SEM 像

参考文献

1) C. F. Powell, J. H. Oxley and J. H. Blocher, Jr., "Vapor Deposition," John Wiley, New York (1966).
2) R. L. Gentilman, B. A. Dibenedetto, R. W. Tustison and J. Pappis, "Chemical Vapor Deposited Coatings," ed. by H. O. Pierson, Amer. Ceram. Soc., Columbus (1981) p. 46.
3) D. J. Godfrey, Metals Mater., **2** (1968) 305.
4) K. Niihara and T. Hirai, J. Mater. Sci., **11** (1976) 593.
5) T. Hirai, K. Niihara and T. Goto, J. Amer. Ceram. Soc., **63** (1980) 419.
6) T. Hirai and T. Goto, "Tailoring Multiphase and Composite Ceramics," ed. by R. E. Tressler, G. L. Messing, C. G. Pantano and R. E. Newnham, Plenum, New York (1986) p. 165.
7) M. T. Duffy, S. Berkmann, G. W. Cullen, R. V. D'Aiello and H. I. Moss, J. Cryst. Growth, **50** (1980) 347.
8) J. V. Dalton and J. Drobek, J. Electrochem. Soc., **115** (1968) 865.
9) H. J. Stein and H. A. R. Wegener, J. Electrochem. Soc., **124** (1977) 908.
10) K. S. Mazdiyasni and C. M. Cooke, J. Amer. Ceram. Soc., **56** (1973) 628.
11) T. Hirai, K. Niihara and T. Goto, J. Mater. Sci., **12** (1977) 631.
12) T. Hirai, K. Niihara and T. Goto, J. Japan Inst. Met., **41** (1977) 359.
13) F. Itoh, T. Honda, K. Niihara, T. Hirai and K. Suzuki, J. Phys. Soc. Japan, **48** (1980) 561.
14) M. Misawa, T. Fukunaga, K. Niihara, T. Hirai and K. Suzuki, J. Non-Cryst. Solids, **34** (1979) 316.
15) F. Itoh, T. Honda, T. Goto, T. Hirai and K. Suzuki, "Proc. 8th Int. Conf. Chemical Vapor Dposition," ed. by J. M. Blocher, Jr., G. E. Vuillard and G. Wahl, Electrochem. Soc., Pennington (1981) p. 227.
16) T. Hirai and T. Goto, J. Mater. Sci., **16** (1981) 17.
17) T. Goto, F. Itoh, K. Suzuki and T. Hirai, J. Mater. Sci. Lett., **2** (1983) 805.
18) T. Goto and T. Hirai, J. Mater. Sci., **18** (1983) 3387.
19) T. Goto and T. Hirai, J. Mater. Sci., **22** (1987) 2842.
20) T. Goto and T. Hirai, J. Mater. Sci., **18** (1983) 383.
21) T. Hrai and S. Hayashi, J. Mater. Sci., **17** (1982) 1320.

22) S. Hayashi, T. Hirai, K. Hiraga, J. Hirabayashi, J. Mater. Sci., **17**(1982)3336.
23) K. Hiraga, M. Hirabayashi, S. Hayashi and T. Hirai, J. Amer. Ceram. Soc., **66**(1983)539.
24) T. Hirai, T. Goto and T. Sakai, "Emergent Process Methods for High-Technology Ceramics," Materials Science Research Series, Vol. 17, ed. by R. F. Davis, H. Palmour III and R. L. Porter, Plenum, New York(1984)p. 347.
25) T. Fukunaga, T. Goto, M. Misawa, T. Hirai and K. Suzuki, J. Non-Cryst. Solids, **95/96**(1987)1119.
26) T. Hirai and T. Goto, Industrial Materials, **2**(1984)85.

4.5 有機-無機変換法

4.5.1 はじめに

シラザンは，かつては $H_3Si(NHSiH_2)_nNHSiH_3$ で表される化合物の総称として主に用いられ，水素を有機基で置換したものを有機シラザン(オルガノシラザン)と呼んでいた．現在では環状構造のものを含め，Si–N 結合を持つケイ素化合物の総称として用いられている．最も分子量の小さいものはジシラザン($H_3SiNHSiH_3$ あるいは $R_3SiNHSiR_3$)として知られ，ポリマーはポリシラザンと呼ばれている(比較的分子量が低いポリマー(オリゴマー)はとくにオリゴシラザンと呼ばれている).

有機-無機変換プロセスによりプレセラミックポリマーから窒化物や炭化物を合成する手法(有機-無機変換法)に関する研究は，粉体プロセスでは対応できないファイバーや薄膜などの形態を持つ材料合成法としてだけでなく，粉体プロセスにおけるバインダやセラミックス基複合材料(CMC)のマトリクス形成などへの応用展開も期待されることから，1980 年代から大きな発展をみせてきた[1~3]．Si–N 結合や Si–C 結合を持つプレセラミックポリマーから窒化ケイ素や炭化ケイ素を合成するアイディアはすでに 1960 年代に提案されており[4]，1970 年代に始まった東北大学矢島教授，大阪府立大岡村教授らのアモルファス炭化ケイ素ファイバー合成が先駆的研究として世界的に知られている[5,6]．プレセラミックポリマーに要求される性質として，Narula は下記の事項を挙げている[1]．

①原料が入手可能で安価であること
②合成ルートが簡潔で高収率であること
③通常の有機溶媒に可溶あるいは溶融可能であること
④室温で安定であり，望ましくは空気中の酸素や水分に対し安定であること
⑤セラミック収率【(熱分解生成物の質量/ポリマーの質量)×100】が高い

4.5 有機-無機変換法

こと
⑥熱分解で発生する物質が無害であること

ポリシラザンは Si-N 骨格を持ち，適切な構造であれば有機溶媒に可溶であることから，プレセラミックポリマーとして適用可能である[7]．また，後述するように，出発物質は代表的にはクロロシランとアンモニアであり，比較的安価で入手が容易である．ポリシラザンを熱分解して窒化ケイ素(Si_3N_4)を得る初めての試みは Verbeek によりドイツで行われ，1970 年代に特許として報告されている[8]．この特許はポリシラザンから溶融紡糸により Si-C-N 系のファイバーを作製したもので，その物性についても記述されている．

1980 年代にはアメリカ マサチューセッツ工科大学の Seyferth 教授により，2 種類のポリシラザンからのセラミックス合成が相次いで報告された．1983 年，H_2SiCl_2 と NH_3 から得られたポリシラザンを Ar 雰囲気下で熱処理し，69%という比較的高いセラミック収率でセラミックスへ変換できることを報告した．Ar 雰囲気下での熱処理生成物は $\alpha\text{-}Si_3N_4$，$\beta\text{-}Si_3N_4$ と Si の混合物であったが，N_2 雰囲気で熱処理することにより $\alpha\text{-}Si_3N_4$ とごく微量の Si を得ている[9]．一方，1984 年には，$[CH_3Si(H)NH]_n$ を重合したポリマーを熱分解し，高セラミック収率(80〜85%)でのセラミックス合成に成功している[10]．

この二つの研究を契機として，その後数多くの研究が展開されてきた[7]．ポリシラザンの溶解性を利用した応用例としては，ファイバー作製が Verbeek らによって報告され[8]，その後も検討が行われているが[11,12]，これ以外の応用例も近年報告されている．ポリシラザンを用いたコーティングとしては，ポリ(ジフェニルシラザン)($[(C_6H_5)_2SiHNH]_n$)の 40%トルエン溶液を前駆体とし，アルミナ基板などにスピンコーティングを行った後，熱処理することにより Si_3N_4/Si_2N_2O を作製できることが報告されている[13]．また，ポリシラザンから生成する Si-C-N セラミックスをマトリクスとして用いた炭素繊維および SiC 繊維強化 CMC も作製されている[14]．さらに，液体ポリシラザンに光開始剤を混合し，フォトパターニングを行った後 HIP 処理することにより MEMS を作製できることも報告されている[15]．

4.5.2　ポリシラザンの合成および取り扱い[7]

　プレセラミックポリマーの構造や組成により，プレセラミックポリマーの分子量や有機溶媒への溶解性だけでなくセラミック収率や得られるセラミックス(Polymer-Derived Ceramics；PDC)の材料特性は大きく変化する．ポリシラザンは，原稿執筆現在(2008年秋)2社から入手可能であるが[16,17]，場合によっては目的に適合するプレセラミックポリマーを合成する．ポリシラザンは空気(とくに水分)によって分解するので，合成反応は不活性雰囲気下で実験を行う必要がある．一般にガラス器具を用いる方法(有機金属化学で用いられるこうした合成技術を Schlenk techniques と呼ぶ)とグローブボックスを用いる方法が知られている(詳細は成書[18,19]を参照)．またポリシラザンの取り扱いにおいても同様の操作が必要となる．

　一般的な合成法ではハロゲン化シラン($R_xH_ySiX_{4-x-y}$，代表的には X = Cl)を出発物質に用いる．ケイ素に結合している有機基(R)，ヒドリド基(H)，ハロゲン(X)のうち，基本的にはハロゲンだけが置換される．したがって，ハロゲン化シランを選択することにより，所望の官能基(R と H)をポリシラザン中に導入することが可能となる．窒素源としてはアンモニアを用いる反応(アンモノリシス反応)がプレセラミックポリマーの合成にはよく用いられている．

　クロロシラン(H_2SiX_2, $RHSiX_2$, R_2SiX_2, $HSiX_3$, $RSiX_3\cdots$)を出発物質としたとすると，アンモニアの反応によりまず Cl 基と $-NH_2$ 基の置換反応が進行する．

$$\equiv \text{Si-Cl} + 2\,\text{NH}_3 \rightarrow \equiv\text{Si-NH}_2 + \text{NH}_4\text{Cl} \qquad (4.5.1)$$

次いで $Si-NH_2$ 基同士の脱 NH_3 反応により，Si-N-Si 結合が生成する．

$$2\equiv 2\,\text{Si-NH}_2 \rightarrow\ \equiv\text{Si-NH-Si}\equiv + \text{NH}_3 \qquad (4.5.2)$$

生成した $\equiv$Si-NH-Si$\equiv$ がさらに $\equiv$Si-NH$_2$ 基と反応すると架橋点が形成される．

$$\equiv\text{Si-NH-Si}\equiv + \equiv\text{Si-NH}_2 \rightarrow\ \equiv\text{Si-N}(-\text{Si}\equiv)_2 + \text{NH}_3 \qquad (4.5.3)$$

　同様に，1級アミン(RNH_2)をアンモニアの代わりに用いることによっても(この反応をアミノリシスと呼ぶ)，ポリシラザンを合成できる．また，遷移金

4.5 有機-無機変換法

属触媒[$Ru_3(CO)_{16}$]を用いたアルキルシラン(R_2SiH_2, $RSiH_3$)とアンモニアの脱水素反応によってもポリシラザンの合成が可能である[20].

$$\equiv Si-H + H-N = \rightarrow \equiv Si-N = + H_2 \quad (4.5.4)$$

ポリシラザンの構造においては，有機溶媒への溶解性と高いセラミックス収率を両立させることが重要となる．一般に有機溶媒への溶解性を確保するためには分子量があまり大きくないこと望ましいが，分子量が小さいオリゴシラザンは熱分解中に揮発し，結果としてセラミックス収率は低くなってしまうことが考えられる．また，三次元的に架橋された構造は溶解性を確保するためには不適であるが，一方高い溶解性を示す直鎖状のポリマーは収率が低いことが知られている．したがって，二つの条件を満足させる構造は限定されている．二つの条件を両立させるプレセラミックポリマーの設計として，熱分解中に架橋反応を進行させる官能基を導入しておくことが有効である．すなわち，プレセラミックポリマーの架橋の程度は低くして溶解性を確保するとともに，比較的低い温度で架橋反応を進行させてオリゴシラザンの揮発を抑制し，高いセラミックス収率を達成するものである[20].

ジクロロシラン(H_2SiCl_2)を出発物質に用いると，式(4.5.1)と式(4.5.2)に従い(H_2SiNH)$_n$が生成すると考えられるが，室温では式(4.5.3)などの架橋反応が進行し，ガラス状固体が生成する[9]．したがって，熱分解中においても架橋反応の進行が想定できる．類似した合成はジクロロシラン(H_2SiCl_2)とピリジンの錯体を用いたアンモノリシス反応によっても可能である．得られた生成物はPHPS(Perhydridopolysizalane)として知られ，現在入手可能である[16].

メチルジクロロシラン[$CH_3Si(H)Cl_2$]のアンモノリシス反応では，式(4.5.1)と式(4.5.2)に従い環状オリゴシラザン[$CH_3Si(H)NH$]$_n$が生成する[10]．そのセラミック収率は20%と低いが，塩基触媒KHを用いて重合すると，溶解性を失うことなく収率が飛躍的に向上する(80~85%)．これは，Si_2N_2構造により(CH_3SiHNH)$_n$環が架橋された次図に示す構造が生成し，オリゴシラザンの揮発が抑制されるためである．

ジクロロシランではなく，トリクロロシラン($HSiCl_3$)や，オルガノトリクロロシラン($RSiCl_3$)を用いても同様の反応が可能であり，シルセスキアザン

([HSi(NH)$_{1.5}$]$_n$, [RSi(NH)$_{1.5}$]$_n$)が生成する(ただし[HSi(NH)$_{1.5}$]$_n$は不溶性).トリクロロシラン類をオルガノジクロロシランに添加し,プレセラミックポリマーを合成する手法は,架橋点を導入するために試みられている.

官能基としては,メチル基(CH$_3$),ヒドリド基(H)以外にもさまざまな官能基が導入されている[20].とくに,ケイ素化学に特徴的な反応であるヒドロシリル化反応(4.5.5)を利用して架橋点を形成させるため,ビニル(CH＝CH$_2$-)基がしばしば導入されている.

$$\equiv Si-H + Si-CH = CH_2 \rightarrow Si-CH(-Si\equiv)-CH_3 + Si-CH_2-CH_2-Si\equiv \quad (4.5.5)$$

アルキル基などの官能基の一部は不活性雰囲気下での熱分解後遊離炭素として残存するため,かさ高い官能基の導入は残留する遊離炭素の量を増加させる.ただし,熱分解をアンモニア雰囲気下で行うと,遊離炭素が残留しないセラミックスを得ることができる.

4.5.3 ポリシラザンから得られるセラミックス

(1) アモルファス Si-C-N

ポリシラザンなどの窒素を含むプレセラミックポリマーを不活性ガス中1000〜1100℃で熱分解すると,アモルファス Si-N や Si-C-N に変換できる.有機基を有するポリマーから得られるアモルファス Si-C-N の組成は,ポリマーの化学組成,およびポリマーの熱分解特性によって種々異なる(表4.5.1)[21〜30].これらの材料を窒素中,さらに高温で加熱すると Si$_3$N$_4$,次いでSiC の結晶化が開始して Si$_3$N$_4$/SiC コンポジットが生成する.そして,図

4.5 有機-無機変換法　163

表 4.5.1 ポリシラザンおよび類縁体から得られるアモルファス Si-C-N セラミックス

記号	組成	ポリマー	文献
a	$SiC_{0.53}N_{1.08}$	$[MeHSi-NH-NH]_n$	21)
b	$SiC_{0.56}N_{0.86}$	$[MeHSi-NH]_m-[Me_2Si-NH]_n$	22)
c	$SiC_{0.57}N_{0.80}$	$[MeHSi-NH]_m-[Me_2Si-NH]_n$	23)
d	$SiC_{0.99}N_{1.13}$	$[(CH=CH_2)Si(NH)_{0.5}-NH]_m-[NH-SiHMe]_n$	24)
e	$SiC_{1.14}N_{0.84}$	$[Me_2Si-NH]_n$	25)
f	$SiC_{1.17}N_{1.33}$	$[(CH=CH_2)HSi-NH]_m-[MeHSi-NH]_n$	26)
g	$SiC_{1.83}N_{0.97}$	$[Me_2Si]_m-[MeHSi-NH-SiHMe]_n$	27)
h	$SiC_{0.90}N_{1.15}$	$[MeNH(H_2SiNMe)]_m-[HSi(NMe)_{1.5}]_n-H$	28)
i	$SiC_{0.62}N_{1.06}$	$[MeHSi-NH]_n$ modified with $(NH_2)_2C=O$	29)
j	$SiC_{0.69}N_{0.34}$	$[MeHSi-NH]_m-[H_2Si-NH]_n$	30)
k	$SiC_{0.56}N_{0.42}$	$[H_2Si-NH]_n + [Me_2Si-CH_2]_n$ (polymer blend)	30)
l	$SiC_{0.57}N_{0.53}$	$[H_2Si-NH]_n + [Me_2Si-CH_2]_n$ (polymer blend)	30)
m	$SiC_{1.78}N_{0.56}$	$[Si(N=C=N)_2]_n$	30)
n	$SiC_{1.52}N_{1.13}$	$[MeSi(N=C=N)_{1.5}]_n$	30)
o	$SiN_{0.84}$	$[H_2Si-NH]_n$	30)

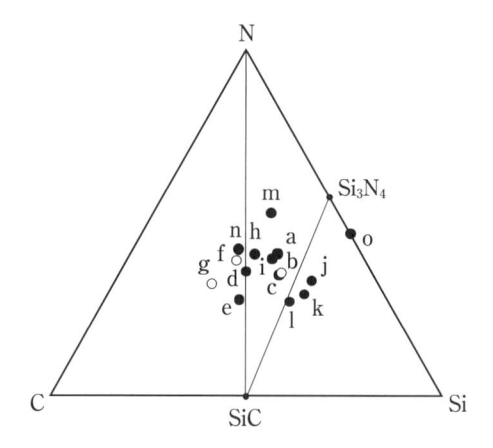

図 4.5.1 ポリシラザンおよび類縁体から得られたアモルファス Si-C-N の組成 (図中の記号は表 4.5.1 に対応. ● : N_2 中, ○ : Ar 中で耐熱性を評価)

4.5.1 中に示す Si_3N_4 と SiC を結ぶ直線上に位置するように過剰量の窒素を放出 (材料 a, b, c, h, l, m), あるいは窒化反応が進行 (材料 j, k, l) して材料

組成は変化する．

これらのポリマー由来のアモルファス Si-C-N は優れた耐熱性を有しており，1400～1500℃までアモルファス状態を保持できる．これは炭素を含まない PHPS から得られるアモルファス Si-N(表 4.5.1 中の o)の結晶化温度と比較して 300℃も高い．また，図中の炭素含有量の高い材料(d-g, n)では 1400℃以上の高温でも Si_3N_4 の結晶化は確認されず，とくにアルゴン中で高温安定性を評価した場合は SiC のみが結晶化することが報告されている[26, 27]．このようなアモルファス Si-C-N の耐熱性は，固体 NMR スペクトル解析結果より，SiC_xN_{4-x} ($x = 1～3$) ユニットが形成されて Si_3N_4 結晶を構成する SiN_4 ユニットの形成が妨げられることが要因の一つと考えられている(図 4.5.2)[30]．

近年ポリシラザンの熱重合反応を利用したアモルファス Si-C-N 部材の作製研究が進められている(図 4.5.3)[31, 32]．この手法による部材は，従来の液相焼結による Si_3N_4 系セラミックスとは異なり粒界ガラス相が存在しないことから，優れた耐酸化性[33]やクリープ特性[34]を有する．

(2) Si_3N_4 系セラミックス

ポリシラザンを種々の有機金属化合物で化学改質して得られるポリマーからアモルファス Si-N，あるいは Si-C-N に異種元素を添加した多元素系アモルファスセラミックスを合成できる．これまでに Seyferth らの Si-B-C-N 系[35]や Schmidt らの Si-Al-C-N 系[36]をはじめ，Si-M-C-N 系(M = P[37], Zr[37], Ti[37〜39], Hf[37])，Si-M-O-N 系(M = B[40], Al[41])，Si-Y-O-(C)-N 系[42〜45]，および Si-Y-Ti-O-(C)-N 系[45, 46]などのアモルファスセラミックスの合成が報告されている．これらの合成研究を通じて，とくにアモルファス Si-B-C-N は耐熱性に優れており，約 1800℃の高温までアモルファス状態を保持できることが見出されている[47, 48]．

一方，これらの多元素系アモルファスセラミックスを不活性ガス中，さらに高温で加熱すると多結晶体の Si_3N_4 系セラミックスが得られる．アモルファス Si-M-C-N からは Si_3N_4/MN コンポジット(M = Al[49], Ti[38, 39])，そしてアモルファス Si-Al-O-N からは Si_3N_4 と Al_2O_3 の固溶体である SiAlON[41]が結晶化

4.5 有機-無機変換法　165

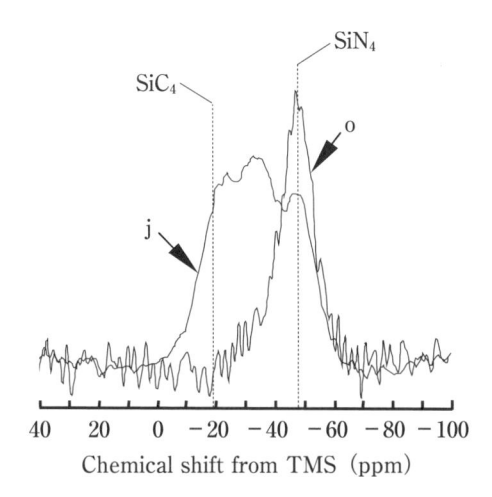

図 4.5.2 ポリシラザンから合成したアモルファス材料の固体 ^{29}Si-NMR スペクトル(図中の記号 j, o は表 4.5.1 に対応)[30]

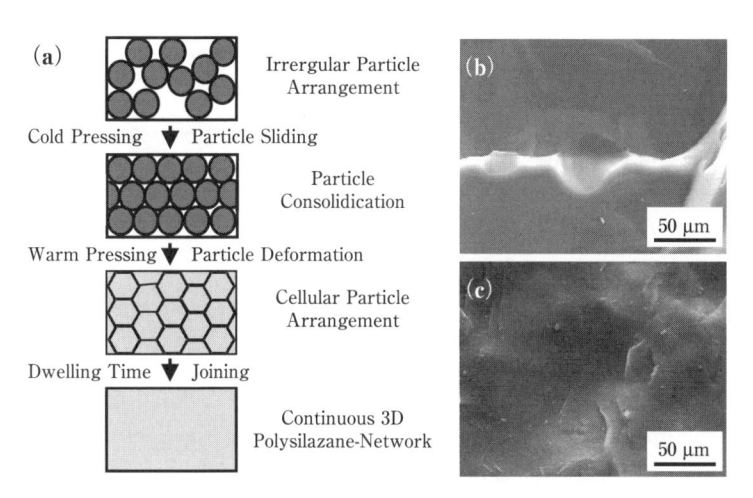

図 4.5.3 ポリシラザン粉末の加熱成形によるアモルファス Si-C-N 部材の作製 (a)工程, (b)340℃で加熱成形した成形体の断面 SEM 像, (c)1100℃で熱処理後の断面 SEM 像(Konetschny[32] より引用)

することが確認されている．一方，Si_3N_4 の液相焼結助剤として機能する Y_2O_3 の構成元素が添加されているアモルファス Si-Y-O-N では，ホットプレスによ

166   4 合　　成

表 4.5.2 ポリシラザンを化学改質して得られた,プレセラミックポリマーから合成したアモルファス Si-Y-O-N, および Si-Ti-Y-O-C-N セラミックスの化学組成

プレセラミックポリマー	組成 (wt%)						モル比				
	Si	Y	Ti	O	C	N	Si_3N_4	Y_2O_3	SiO_2	$Ti(C_x,N_{1-x})[x]$	Free C
Y2PHPS	56.5	4.1	0.0	2.2	0.04	37.2	1.0	0.035	0.054	0.0	0.005
Y2Ti10PHPS	49.2	3.4	10.1	2.8	0.30	34.3	1.0	0.034	0.101	0.374 [0.10]	0.007
Y2Ti20PHPS	41.8	3.1	19.6	3.0	0.61	31.6	1.0	0.036	0.141	0.856 [0.11]	0.005

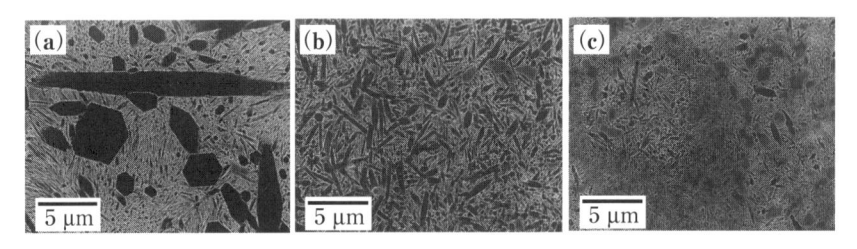

図 4.5.4 1800 ℃のホットプレス焼結で得られた(a)Si_3N_4-Y_2O_3 および(b), (c)Ti(C, N)ナノ/ミクロ粒子分散 Si_3N_4-Y_2O_3 の SEM 像(研磨, プラズマエッチング処理後)
出発原料に用いたプレセラミックポリマー: (a)Y2PHPS, (b)Y2Ti10PHPS, (c)Y2Ti20PHPS

る結晶化と焼結により,理論密度まで緻密化した Si_3N_4-Y_2O_3 セラミックス[42,45)]が得られている.また,同様の焼結方法によりアモルファス Si-Y-O-C-N からは SiC ナノ/ミクロ粒子分散 Si_3N_4-Y_2O_3 セラミックス[43,44)],そしてアモルファス Si-Y-Ti-O-(C)-N からは Ti(C, N)[45)], または TiN[46)] ナノ/ミクロ粒子分散 Si_3N_4-Y_2O_3 セラミックスが得られている.このようなプレセラミックポリマー由来の多元素系アモルファスセラミックスの結晶化と焼結により最終的に Si_3N_4 系セラミックス焼結体を得る手法は,微量な焼結助剤や分散粒子などの第2相の均一添加法として有用である[50)].また,多元素系アモルファスセラミックスの化学組成や加熱処理条件を種々変化させることで,極端なバイモーダル組織や,微細で均一な組織を有する Si_3N_4 系セラミックス焼結体が得られている[45)](表 4.5.2 および図 4.5.4).プレセラミックポリマーを用いる本手法は,新たな Si_3N_4 系セラミックスの微構造制御技術としての発展と応用が

期待される[50].

参 考 文 献

1) C. K. Narula, "Ceramic Precursor Technology and Its Applications", Marcel Dekker, New York (1995).
2) G. Pouskouleli, Ceram. Int., **15** (1989) 213-229.
3) Y. Mori and Y. Sugahara, J. Ceram. Soc. Japan, **114** (2006) 461-472.
4) P. G. Chantrell and E. P. Popper, in "Special Ceramics-4", edited by E. P. Popper, Academic Press, New York (1964) pp. 87-103.
5) S. Yajima, J. Hayashi and M. Omori, Chem. Lett., **1975**, 931-932; S. Yajima, Am. Ceram. Soc. Bull., **62** (1983) 893-898; S. Yajima, T. Shishido and H. Kayano, Nature, **264** (1976) 237-238.
6) K. Okamura, Composites, **18** (1987) 107-120; 岡村清人, セラミックス, **31** (1996) 483-488.
7) E. Kroke, Y.-L. Li, C. Konetschny, E. Lecomte, C. Fasel and R. Riedel, Mater. Sci. Eng., **R26** (2000) 97-199.
8) W. Verbeek, German Patent 221,896, 0 (1973); 223,607, 8 (1974); 224,352, 7 (1975); W. Verbeek, US Pat. 3,853,567 (December 1974).
9) D. Seyferth, G. H. Wiseman and C. Prud'homme, J. Am. Ceram. Soc., **66** (1983) C13-C14.
10) D. Seyferth and G. H. Wiseman, J. Am. Ceram. Soc., **67** (1984) C132-C133.
11) R. Chaim, A. H. Heuer and R. T. Chen, J. Am. Ceram. Soc., **71** (1988) 960-969.
12) M. Jaffe and L. C. Sawyer, in "Ultrastructure Processing of Advanced Ceramics," edited by J. D. Mackenzie and D. R. Ulrich, John-Wiley, Now York (1988) pp. 725-737.
13) M. R. Mucalo, N. B. Milestone, I. C. Vickridge and M. V. Swain, J. Mater. Sci. **29** (1994) 4487-4499.
14) G. Ziegler, I. Richter and D. Suttor, Composites: Part A, **30** (1999) 411-417.
15) L.-A. Liew, Y. Liu, R. Luo, T. Cross, L. An, V. M. Bright, M. L. Dunn, J. W. Daily and R. Raj, Sensors Actuators, **95A** (2002) 120-134.
16) AZ エレクトロニックマテリアルズ (株): http://www.az-em.com/jpn/ (2008.

10 現在).
17) Kion Group: http://www.kiongroup.com/en/mainnavigation/index.html (2008. 10 現在).
18) D. F. Schriver 著, 竹内敬人, 三国 均, 友田修司訳, "不安定化合物操作法 真空系および不活性気体下での取扱い", 廣川書店(1972) ; D. F. Shriver and M. A. Drezdzon, "The Manipulation of Air-Sensitive Compounds, 2nd edition", Wiley-Interscience, New York (1986).
19) 後藤俊夫, 芝 哲夫, 松浦輝男監修, "有機化学実験の手引き 1 – 物質取扱法 と分離精製法 – ", 化学同人 (1989).
20) Y. D. Blum, K. B. Schwartz and R. M. Laine, J. Mater. Sci., **24**(1989) 1707-1718.
21) J. He, M. Scarlete and J. F. Harrod, J. Am. Ceram. Soc., **78**(1995) 3009-3017.
22) R. Riedel, "Advanced Ceramics from Inorganic Polymers," pp. 1-50 in Materials Science and Technology Vol. 17B, edited by R. J. Brook, Wiley-VCH, Weinheim, Germany (1996).
23) E. Lecomte, Ph. D. Thesis, Darmstadt University of Technology, Darmstadt (1999).
24) J. Lucke, J. Hacker, D. Suttor and G. Ziegler, Appl. Organomett. Chem., **11** (1997) 181-194.
25) G. Boden, A. Neumann, T. Breuning, E. Tschernikova and W. Hermel, J. Europ. Ceram. Soc., **18**(1998) 1461-1469.
26) D. Bahloul, M. Pereira and P. Gourdsat, J. Am. Ceram. Soc., **76**(1995) 1163-1168.
27) D. Mocaer, R. Pailler, R. Naslain, C. Richard, J. P. Pillot, J. Donogues, C. Gerardin and F. taulelle, J. Mater. Sci., **28**(1993) 2615-2631.
28) R. Laine, F. Babonneau, K. Y. Blowhowiak, R. A. Kennish, J. A. Rahn, G. J. Exarhos and K. Waldner, J. Am. Ceram. Soc., **78**(1995) 137-145.
29) D. Syferth, C. Strohmann, N. R. Dando and A. J. Perrotta, Chem. Mater., **7**(1995) 2058-2066.
30) Y. Iwamoto, W. Völger, E. Kroke, T. Saitou, K. Matsunaga and R. Riedel, J. Am. Ceram. Soc., **84**(2002) 2170-2178.
31) R. Riedel, G. Passing, H. Schönfelder and R. J. Brook, Nature (London), **355** (1992) 714-716.
32) C. Konetschny, D. Galusek, S. Reshke, C. Fasel and R. Riedel, J. Europ. Ceram. Soc., **19**(1999) 2789-2796.

33) R. Riedel, H.-J. Kleebe, H. Schönfelder and F. Aldinger, Nature (London), **374** (1995) 526-528.
34) L. An, R. Riedel, C. Konetschny, H.-J. Kleebe and R. Raj, J. Am. Ceram. Soc., **81** (1998) 1349-1352.
35) D. Seyferth, G. Brodt and B. Boury, J. Am. Ceram. Soc., **73** (1990) 2131-2133.
36) W. R. Schmit, W. J. Hurley Jr., R. H. Doremus, L. V. Interrante and P. S. Marchetti, "Novel Polymeric Precursors to Si-C-Al-O-N ceramic composites," pp. 19-25 in Ceramic Transactions, Vol. 19, Advanced Composite Materials, edited by M. D. Sacks, The American Ceramic Society, Westerville, OH (1991).
37) J. Bill, M. Friess, F. Aldinger and R. Riedel, "Doped Silicon Carbonitride: Synthesis, Characterization and Properties", pp. 605-615 in Better Ceramics Through Chemistry VI, Mat. Res. Soc. Symp. Proc. Vol. 346, edited by A. K. Cheetham, C. J. Brinker, M. L. Mecartney and C. Sanchez, Materials Research Society, Pittsburgh, PA (1994).
38) Y. Iwamoto, K. Kikuta and S. Hirano, J. Ceram. Soc. Japan, **108** (2000) 350-356.
39) K. Sato, T. Saito, T. Nagano and Y. Iwamoto, J. Ceram. Soc. Japan, **114** (2006) 502-506.
40) O. Funayama, T. Kato, Y. Tashiro and T. Isoda, J. Am. Ceram. Soc., **76** (1993) 717-723.
41) O. Funayama, Y. Tashiro, T. Aoki and T. Isoda, J. Ceram. Soc. Japan, **102** (1994) 908-912.
42) Y. Iwamoto, H. Matsubara and R. J. Brook, "Microstructural Development of Si_3N_4-Y_2O_3 Ceramics derived from Polymer Precursors", pp. 193-197 in Ceramic Transactions, Vol. 51, Ceramic Processing Science and Technology, edited by H. Hausner, G. L. Messing and S. Hirano, The American Ceramic Society, Westerville, OH (1995).
43) Y. Iwamoto, K. Kikuta and S. Hirano, J. Mater. Res., **13** (1998) 353-361.
44) Y. Iwamoto, K. Kikuta and S. Hirano, J. Mater. Res., **14** (1999) 1886-1895.
45) Y. Iwamoto, K. Kikuta and S. Hirano, J. Ceram. Soc. Japan, **108** (2000) 1072-1078.
46) Y. Iwamoto, K. Kikuta and S. Hirano, J. Mater. Res., **14** (1999) 4294-4301.
47) R. Riedel, A. Kienzle, W. Dressler, L. Ruwisch, J. Bill and F. Aldinger, Nature (London), **382** (1996) 796-798.

48) H.-P. Baldus, M. Jansen and D. Sporn, Science, **285**(1999)699-703.
49) R. Toyoda, S. Kitaoka and Y. Sugahara, J. Euro. Ceram. Soc., **28**(2008)271-277.
50) 新エネルギー・産業技術総合開発機構監修,"シナジーセラミックス",「金属有機化合物前駆体を用いた構造用セラミックス」, 技報堂出版(2000)pp. 9-18.

製造プロセス

5.1 製造プロセス概論

　窒化ケイ素は，構造用セラミックスの中でも強度や破壊靱性が高く，また耐熱衝撃性や耐食性，ならびに耐摩耗性などに優れている．こうした特徴を活かし，窒化ケイ素はこれまで，グロープラグやベアリングといった小型で精密な機能性部品から，保護管やストークといった大型の生産部材に至るさまざまな製品として活用されてきた．

　他のセラミックス同様，窒化ケイ素の特性は製造条件や成分などで決まる微構造により大きく変化することが知られている．また窒化ケイ素を用いた製品の形状や構造は多様であり，要求品質も異なるため，必然的に使用される原料のグレード，ならびに製造工程やそれらの条件も異なる．鉄やプラスチックスのように，同じ原料を使用し，同じ工程を経て製造された材料が多くの製品に適用できる「素材」と異なり，窒化ケイ素の場合は，製品ごとに原料，製造工程や条件が限定されることが多い．したがって製品を特定しないと製造を論じる，あるいは特定の製品から製造の全体像を説明することは困難である．

　本節では製造についての現状や課題をまとめるに当たり，製品のサイズや重量に着目して整理することとした．図5.1.1には実用化された製品（一部開発途上にある製品も含めてある）の最大寸法と重量を示す．厳密ではないが，便宜上，製品群を小・中型部品と大型部品に分類している．なお，個々の工程や製品の詳細については後述されるので，あまり触れない．

5.1.1　小・中型部品

　小・中型部品の場合には，自動車関連用途を初めとして，種類は限定的とはいえ，すでに大量の部品が市場に投入されている．それらの開発や生産を通じてメーカー内部で設計，品質保証，生産技術に関するノウハウは相当蓄積されていると考えられる．窒化ケイ素部品でこれまで実用化されたケースについて

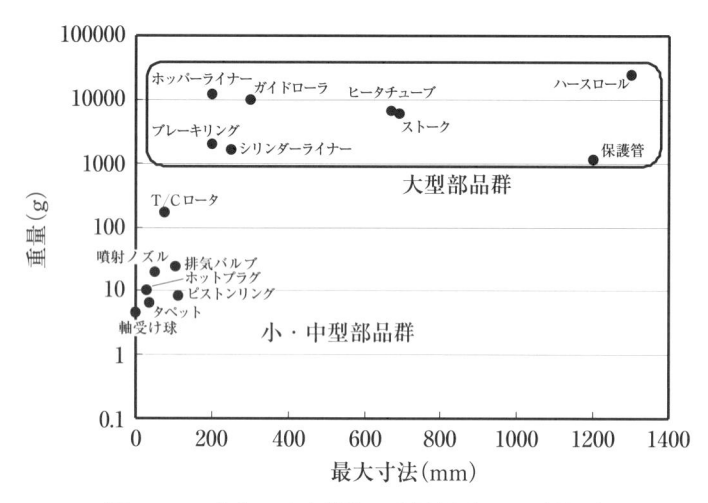

図5.1.1 窒化ケイ素製品の分類（大きさ，重量別）

みると，1980年代以降，窒化ケイ素の特徴である耐熱衝撃性や耐摩耗性を活かせる部品の用途開拓がなされてきた．各企業により，その試作・評価ならびに商品性について検討されたが，結局，製品として市民権を得たのはグロープラグや軸受けなどの小・中型部品に限られることとなった．

小・中型の製品群は過酷な条件下で，高い品質と信頼性が要求されることが多く，原料や工程も高品位，高度なものが選択されることになる．また，窒化ケイ素単体ではなく金属と一体化された製品の場合は製造工程も多くなる．例えば窒化ケイ素を用いた最初の量産品であるグロープラグは，エンジン燃焼室の一部を構成する部品として，高い信頼性と低コストが要求される部品であるが，その構造は複雑である．発熱部となる窒化ケイ素焼結体の内部に異種物質でなる導電体が埋設され，さらに窒化ケイ素は電極や筐体と一体化された複雑な構造を持つ．その製造には，成形，焼結というセラミックスの基本工程以外に，セラミックスと金属の物性の違いが品質に影響を及ぼさないような各種の接合技術や，機械加工などの工程も付加されている．

粉末合成を起点とする窒化ケイ素製品の製造における個々の工程について，これまでに多くの基礎研究や経験の積み重ねがあり，高度化されてきた．しか

5.1 製造プロセス概論

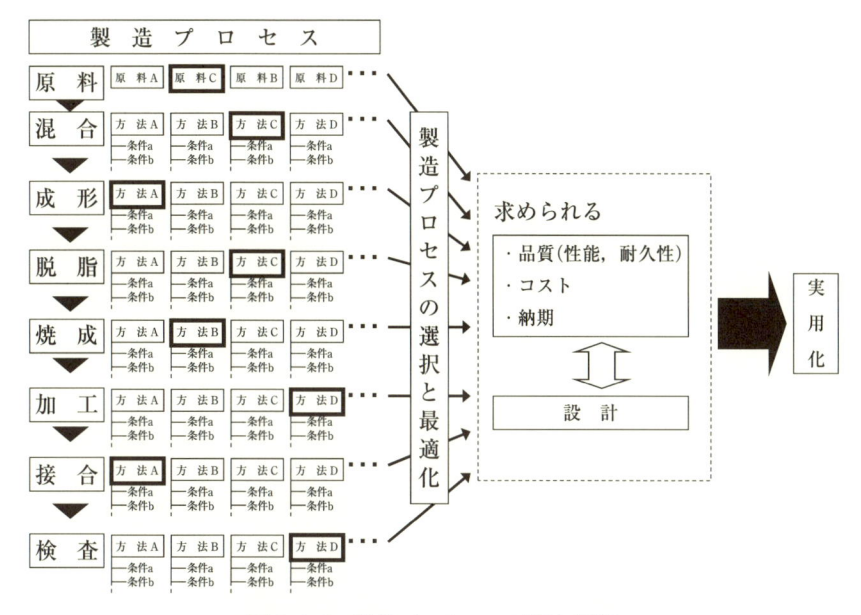

図 5.1.2 製造プロセスの工程と選択

し実際，高度化された工程技術の組み合わせで製品が作られるわけでなく，品質：Q(性能，耐久性)を前提に，コスト：C，納期：D をすべて満足するバランスの良い製造工程が要求される．すなわち，材料や部品の用途，求められる特性で決まる QCD を考えながら原料・組成の選択から加工，検査方法に至るまで，最小・最適コストとなる工程と条件を選択することになる(図 5.1.2)．

この 10 年余りの間，窒化ケイ素に関する研究は，耐熱性や強度，破壊靱性の向上といった内容から，熱的特性や摺動特性の改良，さらにはサイアロン系では蛍光性といった多方面での機能付与に関わる研究も進んでいる．今後，こうした機能面で多様化した高機能性窒化ケイ素の採用と，生産技術の改良により一層付加価値の高い新たな製品が生まれることが期待される．

5.1.2 大型部品

大型部品は保護管やストーク，ロール，バーナーノズル，また高速ステージ

など，鉄鋼や粉体輸送ライン，また非鉄溶解，半導体製造などの基幹産業における生産部材として使用されている．小・中型部品が金属と一体化したアッセンブリー製品価値を出しているのに対して，大型部品では，窒化ケイ素単体として製品である場合が多い．したがって混合・造粒・成形・焼成というセラミックスの基本プロセスで製造され，原料は低コスト品を使用し，中レベルの強度で十分な場合も多く，焼成後に加工しない，いわゆる焼成面のまま使用されるのが多いことも特徴である．

(a) 小型部品(排気バルブ)　　　(b) 大型部品(ストーク)

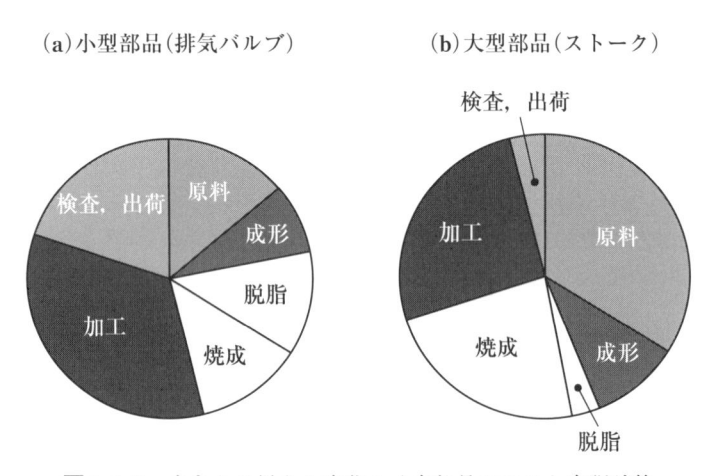

図 5.1.3 大きさの異なる窒化ケイ素部品のコスト内訳試算

図 5.1.3 には大型部品(ストーク)と比較として小型部品(排気バルブ)の製造コストの内訳を試算したグラフを示す．バルブは小型で，全周面に加工が施された精密部品であるのに対して，ストークは 10 kg 超える大型部品であって，CIP 後，生加工という工程を取り，焼成後の加工は施されない．小型部品が焼成前後での加工コストが全体の 33% を占めるのに対して，大型部品ではむしろ原料コストの比率が高いことが分かる．バルブに比べてストークの要求精度や強度は緩い．生産部材は，製造の基盤をなす重要な部品であり，過酷な環境下で長寿命を誇る窒化ケイ素の活用はトータル的に見た省エネと省資源化に有効である．しかし，その市場規模は数十億円と小さい上，材料が良くなれば長

持ちして，市場規模が小さくなるという，部材メーカーにとってはジレンマが存在する．

こうした点も含めて，大型部品に関する現状として，非研究的な内容も含めると，①成形，焼成，加工すべてに不均質性が生じやすい．②品質保証も設備投資が大掛かりとなり，方法あるいは検査部位も限定される．③ユーザーから必要な部品を提示されても大型，肉厚，形状複雑なものが多く，対応できないこともある．④納期が長くユーザーの希望と合わない，というのが現状であろう．

今後，プロセス上の技術革新によりその解決をはかることが望まれる．①形状・寸法における自由度の拡大，②低コスト原料利用技術(成形，焼成，焼成面)，③高効率非破壊検査技術の確立，などである．大型部材の場合，製品の主役というよりは，さまざまな産業のモノづくりを支える基盤として位置づけることが妥当であり，その視点で上記課題に対応できる製造プロセスを考えていくことが必要である．

5.1.3 製造と基盤研究

現実の製造は必ずしも高度化された工程の集合体とは限らないが，個々の工程や条件をより高度化することはプロセス設計の自由度が拡大する．したがって工程の高度化を追及する基礎研究は重要である．選択できる工程や条件が多いことは，設計の自由度を広げ，競争力の高い製品の開発につながる．セラミック共通の基礎研究の課題としては，粉体プロセスにおける分散や成形に関わる問題ではないだろうか．例えば有機バインダーを減らすことのできるプロセスや低温プロセスの基盤となる表面化学(粒子と分散剤，結合剤，解膠剤などの添加剤との表面反応，あるいは窒化促進のための触媒技術)などが重要な研究テーマであり，それらが今後の製造プロセスの基盤となることを期待したい．またこうした研究においても，粒径や形の揃った微細な粉粒体だけでなく，粗い低品位な原料を研究対象とすることなども実用化を考えると必要なことであろう．

5.1.4 環境視点での製造プロセス

　すべての製造について言えることであるが，窒化ケイ素セラミックスの製造においても，今後は炭酸ガス低減を含め，環境とエネルギーという人類が抱える地球規模での問題に対応したものでなくてはならない．また，国際競争力を強化するために優れた機能や付加価値を持つ製品を高い効率で製造することが求められている．

　製造とは，環境に存在していた資源やエネルギーを有用な形態の物質やエネルギーに変換し，一方で無用な物質やエネルギーを環境に排出するシステムの活動である．製造の上流と下流には採掘に始まり，物流，使用，廃棄などの多くの過程が存在し，廃棄後さらに長い時間を経て環境に還っていく．この間，すべてのシステムは環境との間で物質やエネルギーのやり取りを伴い，環境に影響を及ぼすことになる．また，環境も工場を起点として，地域，国，地球と広い階層に渡るが，すべての階層で負荷を小さくしていくことが必要である．こうして長く広い時空間の中で考えてみると，工場の中で稼動している一つの製造システムにおける消費や排出が小さくても，背後にあるシステムでは大きな消費・排出を伴い，総体では却って負荷が大きくなる場合もあれば，その逆もある．窒化ケイ素は，製造過程で多大なエネルギーを投入しており，今後，製造時の負荷と使用時の負荷を低減することが必要であろう．筆者の行った窒化ケイ素についてのエクセルギー（有効エネルギー）計算によれば，投入されたエクセルギーのうち，固定されるのはわずか5.5%で，残りの94.5%が廃棄されているという極めて非効率なプロセスである[1,2]．これまで，こうした投入エネルギー物質が多くても，使用過程で負荷を下げるということであったが，資源問題も顕在化している状況にあって，今後は資源消費や環境負荷を小さくし，競争力を維持するには製造過程も含めたすべてのシステムでの資源消費を小さくすることが必要である．

　セラミックスの持つ際立った安定さは，リサイクルがほとんど不可能であることを意味している．鉄を初めとする金属がやがて環境に還っていくのに対して，セラミックスはほぼ永久に人工物のままであって，莫大なエネルギーを付

加しない限り，使用された希土類元素も含め天然資源に戻ることはない．こうしたセラミックスの特徴を考えてみると，これを有効に活用するための方策として，1)ニーズに応えられるような形状付与自由度の拡張，2)製造に要するエネルギー量の低減，3)リペア構造化による部分修復，4)稀少元素を含めた原料使用量の削減，が挙げられる．また長所を伸ばす内容としては，5)保存性(耐熱・耐食，耐摩耗性)のさらなる向上，6)軽量化をさらに進める，ことが挙げられる．セラミック部材をできる限り長く使うという意識を持つことが生産者と消費者に必要であり，技術開発においても，セラミックスのこうした特徴を考慮し，壊れても部分的に交換，修理が可能な構造の設計やプロセス開発も必要と考える．

参 考 文 献

1) 北　英紀, 日向秀樹, 近藤直樹, シンセシオロジー, **3**(2008)43-52.
2) 北　英紀, 日向秀樹, 近藤直樹, 高橋達, J. Ceram. Soc. Jpn., **115**(2007)987-992.

5.2 混合・分散

　窒化ケイ素セラミックス製造プロセスでは，通常アルミナ，イットリアなどの酸化物系焼結助剤を微粉体の状態で添加する．高強度，高信頼性の窒化ケイ素セラミックスを得るには，添加した焼結助剤が均一に窒化ケイ素と混合・分散し，欠陥などの原因とならないことが必要である[1,2]．ファインセラミックス用原料としての窒化ケイ素はサブミクロン以下の微粉であり，添加する焼結助剤もサブミクロンさらにはそれ以下のナノ粒子である場合が多いため，乾式混合では，粒子の凝集や混合媒体，混合機壁面，攪拌用の部品表面などへの付着が起こり均一な混合分散が困難である．そこで，水，あるいは有機溶媒を用いた湿式混合法が用いられる．水中では窒化ケイ素は表面で反応を起こし，表面酸化とともにアンモニアの生成などが起こるが，有機溶媒を用いるとその処理が課題となること，窒化アルミなどに比べ安定性が高いことから，水中での混合分散も行われている．ここでは水を溶媒として用いた場合を中心に分散，混合挙動の制御事例を紹介する．

5.2.1　窒化ケイ素粒子および焼結助剤の水中での表面状態

　窒化ケイ素粒子の表面は，図 5.2.1 に示すように複雑な構造をしており，水中では水と反応するため，表面には Si-O$^-$H$^+$ 基や NH$_i$ 基が生成し，水中には NH$_4$OH が生成するため，水の pH はアルカリ性となる．表面にこうした官能基が生成することは IR などの解析により確認される．窒化ケイ素の水中での等電点は，表面に複雑な官能基が生成するため SiO$_2$ より若干高い pH = 5〜6 程度である．その結果，アルカリ中での表面電位は，図 5.2.2 に示したように負に帯電する．一方，焼結助剤として代表的な Al$_2$O$_3$，Y$_2$O$_3$ などの酸化物は等電点が 9〜10 程度にあるため，NH$_4$OH の生成に伴い弱アルカリになった水中

```
  \V/              \V/
 —N—Si—         —N—Si—O⁻
 —Si—N—   ⇒    —Si—NH₂         NH₄⁺OH⁻
 —N—Si—   H₂O  —N—Si—
  /|\              /|\
```

図 5.2.1 窒化ケイ素粒子表面の水中での反応（予測）

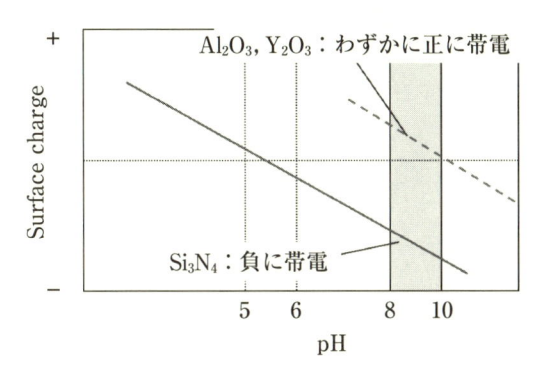

図 5.2.2 窒化ケイ素，焼結助剤の水中での表面電位の pH 依存性

では若干 + あるいはほぼ電気的中性状態になる．その結果，そのまま窒化ケイ素粉体と焼結助剤を水中で混合すると表面電位が + と − であるためヘテロ凝集を起こす．ほどよいヘテロ凝集であれば，窒化ケイ素表面に焼結助剤が均一に被覆することも期待されるが，一般には急激に大きな凝集体を作り，粒子濃度が高いと流動性を維持できずペースト状になることもある．こうした状態では，焼結助剤の均一な分散と窒化ケイ素との良好な混合は得られない．

5.2.2 高分子分散剤を用いた分散状態の制御

窒化ケイ素と焼結助剤である酸化物の水中でのヘテロ凝集状態を制御するには，pH 調整だけでは困難であり，界面活性剤や高分子分散剤などを添加し，表面吸着させる方法が一般に用いられる．こうした分散剤の作用機構は，①ア

ニオン系あるいはカチオン系分散剤の吸着による表面電位の設計，②高分子分散剤のループ-トレイン構造吸着による立体障害効果，粒子表面の直接接触の防止，③両者の組み合わせによる静電的な立体障害効果，などが考えられる．

　焼結助剤の酸化物を用いる場合には，ポリカルボン酸系のアニオン系の分散剤が用いられることが多い．ポリカルボン酸は，pH＞7のアルカリ条件下ではCOOH基のH$^+$イオンがほぼ100％解離し負に帯電する．アルカリ条件では窒化ケイ素表面も負に帯電するが，アニオン系分散剤も吸着でき，分散効果を示すことが報告されている[3]．図5.2.3に一例として，構造の異なるポリカルボン酸系分散剤(共に分子量は10000，図中に示したように親水基と疎水基の比率を，親水基100％と30％の2種類)を用い，分散剤添加量が窒化ケイ素スラリーの見かけ粘度に及ぼす影響を測定した．横軸の添加量は，窒化ケイ素

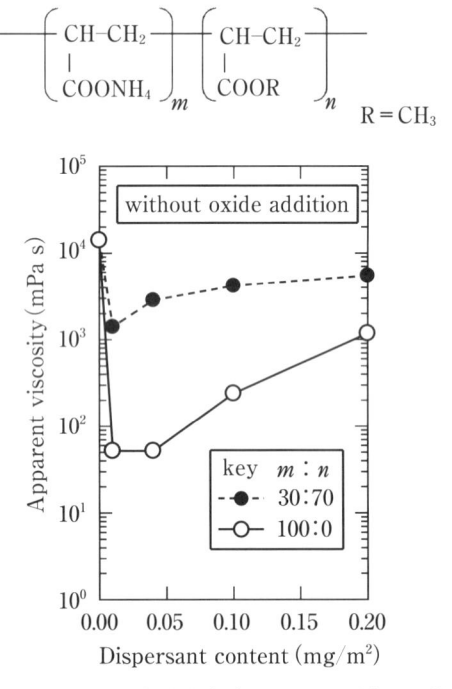

$$\mathrm{-\!\!\left[\begin{array}{c}CH-CH_2\\ |\\ COONH_4\end{array}\right]_{\!m}\!\!\left[\begin{array}{c}CH-CH_2\\ |\\ COOR\end{array}\right]_{\!n}\!\!-} \quad R=CH_3$$

図5.2.3　窒化ケイ素単独水系スラリーの見かけ粘度に及ぼす分散剤構造および添加量の影響

粒子単位表面積当たりの添加量で示している．この図から分散剤未添加に比べ，スラリーの粘度は著しく低下しており，分散剤が吸着することで粘度の低減が確認された．また，分散剤の構造は，親水基100％の方が粘度低減効果が高い．

同様の実験を窒化ケイ素の濃度は一定として，焼結助剤である Al_2O_3, Y_2O_3 を5wt％添加した場合の添加量と粘度の関係を図5.2.4に示した[4]．焼結助剤を添加した場合，分散剤を添加しないと粒子がヘテロ凝集を起こすため，粘度が増加する．しかし，分散剤の添加により粘度は，窒化ケイ素単独の場合よりも低下する．また，粘度が極小になる添加量も焼結助剤添加系の方が1桁程度多くなっている．pHは弱アルカリ条件であるため，酸化物はほぼ等電点に近いか，若干＋に帯電するためアニオン系分散剤の飽和吸着量が窒化ケイ素に

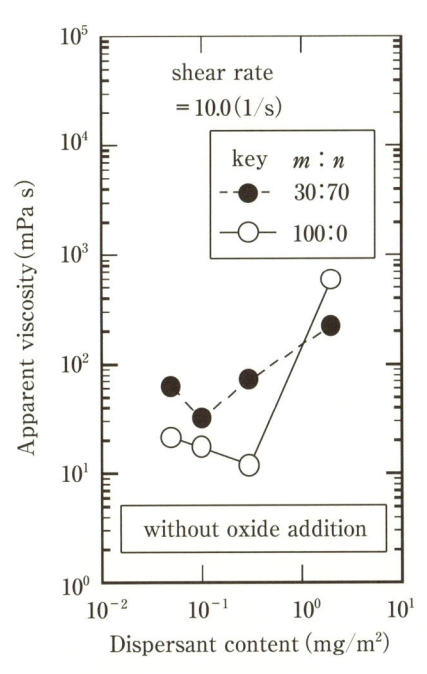

図5.2.4 焼結助剤5wt％添加系でのスラリーの見かけ粘度に及ぼす分散剤構造と添加

比べ高く，分散剤がしっかり吸着した酸化物粒子の静電立体障害効果が90wt%存在する窒化ケイ素の分散を促進していると考えられる．

こうした分散剤の作用機構は，窒化ケイ素を噴霧造粒・加熱処理した粒子を用いたコロイドプローブ原子間力顕微鏡法による粒子表面間相互作用の測定結果から解析も行われている[3]．

ここでは水系サスペンションで，用いた分散剤構造も絞った系での報告を紹介したが，有機溶媒系では有機溶媒の種類，極性などにより分散を促進できる分散剤の分子構造や分子量も異なるので，留意いただきたい．

参考文献

1) H. Kamiya, K. Isomura, G. Jimbo and J. Tsubaki, J. Am. Ceram. Soci., **78**[1](1995)46-57.
2) H. Kamiya, M. Naito, T. Hotta, K. Isomura, J. Tsubaki and K. Uematsu, Am. Ceram. Soc. Bull., **76**[10](1997)79.
3) H. Kamiya and S. Matsui, Ceramics Transaction, **152**(2004)83-92.
4) 神谷秀博, 佐藤公俊, 松井信介, 渋谷麻衣子, 角井寿雄, 耐火物, **114**(2009)掲載予定.

5.3 造　　　粒

5.3.1　製造プロセスにおける造粒の役割

　加圧成形によりセラミックスを製造する場合，出発原料が微細な窒化ケイ素粉体においては，目的とする均一な成形体を作製するために，成形前の前駆体として一次粒子を造粒した顆粒体を作製することが不可欠である．ここで顆粒体には，均質な組成であることはもちろんのこと，成形型に充填しやすい高い流動性，さらには圧縮成形後に均質な微構造を有する成形体を形成可能な破壊特性などが要求される．顆粒体の作製には，通常スプレードライヤーによる噴霧乾燥が用いられるが，作製される顆粒体の特性は，噴霧乾燥前に調製するスラリーの特性に加えて，噴霧乾燥条件に強く依存する．このことは，両者の制御が，目的とする顆粒体を設計する上で極めて重要であることを示している．そこで，本節では，スラリーの特性，並びに噴霧乾燥条件が，顆粒体の構造とその力学的特性に及ぼす影響を説明する中で，目的とする顆粒体を設計するための手法について考えてみる．

5.3.2　スラリー特性が顆粒体特性に及ぼす影響

　ここでは，図5.3.1に示す加圧成形による窒化ケイ素の製造プロセスを用いて，スラリー特性が顆粒体特性に及ぼす影響を説明する[1]．このプロセスでは，窒化ケイ素粉体(SN-E10，宇部興産)にアルミナ(5 mass％)，イットリア(5 mass％)を加えた水系スラリーを調製している．ボールミル処理に伴い，窒化ケイ素粉体表面と水との反応によりアンモニアが生成し，スラリーのpHは塩基性側にシフトする．窒化ケイ素は約pH 3～5に等電点を有し[2]，塩基性のスラリー中では粉体表面は絶対値の大きい負のゼータ電位を示す．そのため粒子同士は静電的に反発し，スラリーの見かけ粘度は低下する．このようにして

5 製造プロセス

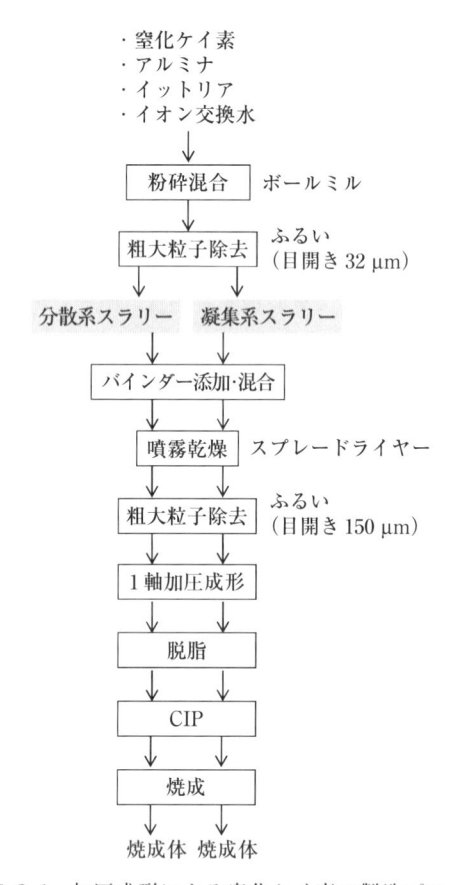

```
・窒化ケイ素
・アルミナ
・イットリア
・イオン交換水
        ↓
    [粉砕混合]  ボールミル
        ↓
   [粗大粒子除去]  ふるい
                （目開き32 μm）
        ↓
  分散系スラリー　凝集系スラリー
        ↓
  [バインダー添加・混合]
        ↓
    [噴霧乾燥]  スプレードライヤー
        ↓
   [粗大粒子除去]  ふるい
                （目開き150 μm）
        ↓
    [1軸加圧成形]
        ↓
      [脱脂]
        ↓
      [CIP]
        ↓
      [焼成]
        ↓
    焼成体　焼成体
```

図5.3.1 加圧成形による窒化ケイ素の製造プロセス

窒化ケイ素の分散系スラリーを調製することができる．また，スラリーに希硝酸を添加するとpHの減少に伴い静電的反発力が低下し，見かけ粘度の高い，凝集系スラリーを調製することができる．

図5.3.2(a)は，分散系スラリーを用いて噴霧乾燥により作製した顆粒体のSEM観察像である[1]．分散系スラリーに対して噴霧乾燥を適用すれば，図のように球状の顆粒体を比較的容易に作製することができる．しかしながら，SEMでは顆粒体の内部構造の観察は極めて困難である．そこで，浸液透光

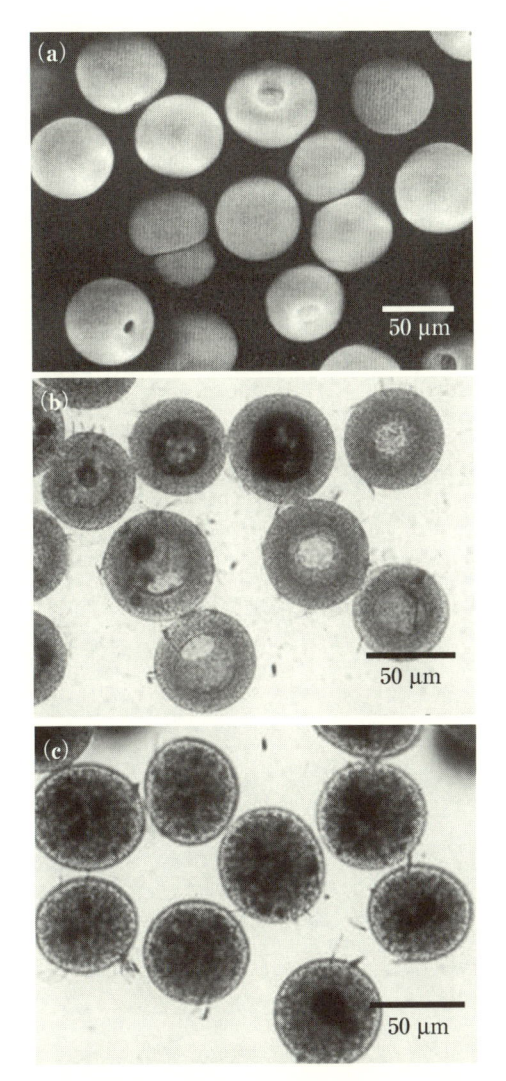

図 5.3.2 (a)分散系スラリーから作製した顆粒の SEM 観察像，
(b)分散系スラリーおよび(c)凝集系スラリーから作製
した顆粒の浸液透光法による内部構造観察像

法[3]により顆粒体の内部構造を可視化すると，分散系スラリーから作製した顆粒体は，図 5.3.2(b)に示すように，実際にはその内部に粗大な空隙を有して

いることが分かる．一般に見かけ粘度の低いスラリーでは，噴霧された液滴の乾燥過程で粒子が表面に移動するため，内部に粗大な気孔を有する顆粒体が形成されやすいことが知られている．一方，凝集系スラリーでは，液滴中の粒子が乾燥過程で移動せず，図5.3.2(c)に見られるように，内部まで粒子が充填された構造を有する顆粒体が作製される．以上より，スラリー特性は作製される顆粒体の構造に大きく影響を及ぼすことが分かる．また，スラリー特性は，このような顆粒体のマクロな構造のみならずバインダーの顆粒体表面への偏析などミクロな構造にも影響するため，その特性制御には十分な注意が必要である．

次に，顆粒体の力学的特性に及ぼすスラリー特性の影響について説明する．顆粒体は，一次粒子の集合体，すなわち一次粒子から構成される多孔体であるため，その力学的特性評価には，空隙率を測定することが必要になる．図5.3.3は，モデル実験として，種々のpHに調整した窒化ケイ素(SN-E10，宇部興産)の水系スラリーから作製した顆粒体の空隙構造を，水銀ポロシメータによって測定した結果を示したものである[4]．顆粒体集合体からなる粉体層(多孔体)の気孔径分布を頻度分布で表した場合，水銀圧入による顆粒体の破壊

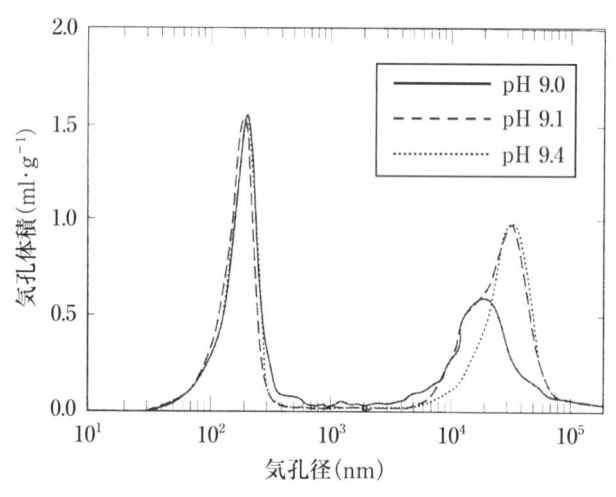

図5.3.3 窒化ケイ素顆粒体集合体の気孔径分布の例

5.3 造　　粒　　189

がなければ，一般に二つのピークを持つことが知られている．ここで大きい気孔径のピークが顆粒体間の空隙であり，小さい気孔径のピークが顆粒体内部の空隙であると近似できるので，この二つの空隙率を用いて，顆粒体内部の空隙率を算出することができる．

　一方，顆粒体の圧縮特性の測定には，二つの方法がある．その一つは，個々の顆粒体に微小圧縮試験装置により直接的に圧縮荷重を負荷して，顆粒体が破壊する際の最大荷重 P を求めるものである．粒子径 d_G の球形顆粒体が脆性的に破壊する場合には，次に示す平松の式[5]により，近似的に顆粒体の圧壊強度 σ が計算できる．

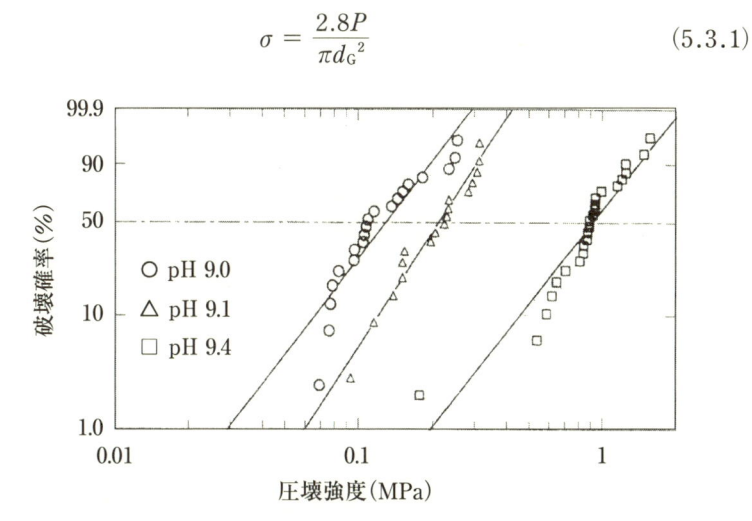

$$\sigma = \frac{2.8P}{\pi d_G^2} \qquad (5.3.1)$$

図 5.3.4　窒化ケイ素顆粒体の圧壊強度のワイブルプロット

　図 5.3.4 は顆粒体の圧壊強度のワイブルプロットである．顆粒体の強度は，スラリーの pH に強く依存することが分かる．なお，個々の顆粒体の圧縮試験を行う場合には，顆粒体は測定時の雰囲気の影響を直接的に受けるので，測定時の温度や湿度の制御には十分な注意が必要である[6]．なお，顆粒体集合体の圧縮特性により顆粒体の力学特性を評価する方法もあるが，これについては，5.3.3 で具体例を挙げて説明する．

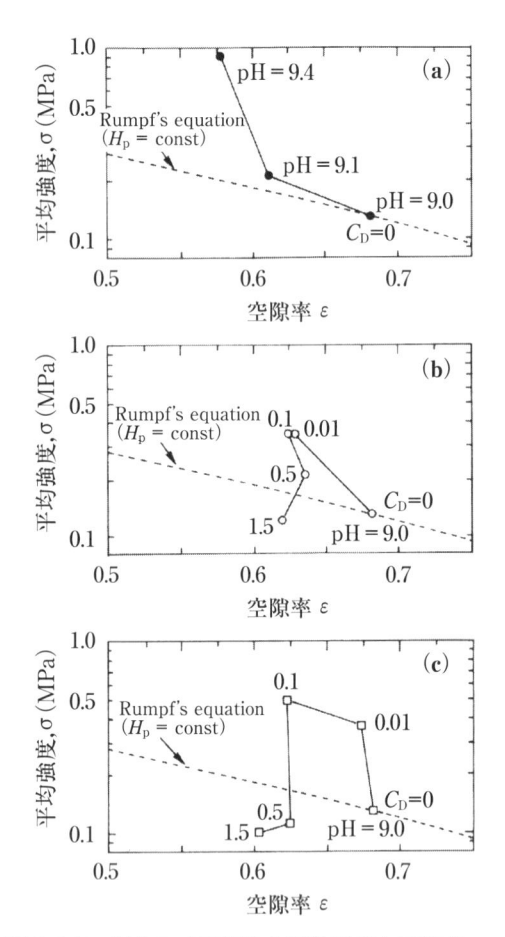

図 5.3.5 窒化ケイ素顆粒体平均強度と空隙率
(a) pH 調整, (b) ポリカルボン酸アンモニウム塩系分散剤を添加した場合, (c) 無水マレイン酸系分散剤を添加した場合

　顆粒体の強度を空隙率に対して片対数にプロットすると図 5.3.5 が得られる. (a)は分散系スラリー調製のために pH を調整し, (b)および(c)は, 分散系スラリー調製のために, それぞれポリカルボン酸アンモニウム塩系(セルナ D735, 中京油脂)および無水マレイン酸系(日本油脂, マリアリム AKM0531)

分散剤を用いた場合の結果である．

　顆粒体は一次粒子の集合体なので，空隙率が減少するほど破断面での粒子接触点数は増加するため，圧壊強度も増加することになる．ここで，図中の点線は，顆粒体中の接触点での付着力 H が一定と仮定した場合に，空隙率の減少に伴う圧壊強度の増加傾向を示したものである．ここでは，粉体力学で最も一般的な Rumpf の式[6]を用いた．

$$\sigma = \frac{1-\varepsilon}{\varepsilon} \cdot \frac{H}{d_p^2} \qquad (5.3.2)$$

ここで，d_p は顆粒体を構成する一次粒子径，ε は粉体層の空隙率である．図 5.3.5(a) より，顆粒体の空隙率の減少とともに強度は増加するが，pH 9.4 では Rumpf の式を用いて予測した値から大きくはずれる．このことは，同じ原料粉体を用いても，スラリー調製条件により乾燥後の一次粒子間の付着力自体が変化することを示している．このような傾向は，高分子系の分散剤を用いた場合にも認められており，(b)および(c)に見られるように，分散剤の添加量の増加に伴い顆粒体の圧壊強度は一時的に増加するものの，分散剤を過剰に添加すると強度は低下する．すなわち，微量の添加は顆粒体を構成する粒子間の付着力を増加させるものの，分散剤を過剰に加えると逆に顆粒体を構成する粒子間の付着力は低下すると考察される．pH 調整や分散剤添加は，スラリーの見かけ粘度を制御するために用いられるが，このように最終的に作製された顆粒体の力学的特性にも大きく影響を及ぼすため，顆粒体の設計にはスラリー調製条件について十分考慮する必要がある．

5.3.3　噴霧乾燥条件と顆粒体特性との関係

　スプレードライヤーを用いてスラリーを噴霧乾燥することにより，目的とする顆粒体を作製することができる．この装置にはさまざまな操作因子があるが，ここではその例として液滴の大きさに関係するアトマイザーのディスク回転数と，顆粒体乾燥過程に関係する入口温度の影響について説明する．なお，ここでは，図 5.3.1 に示した分散系スラリーを用いた．したがって，作製され

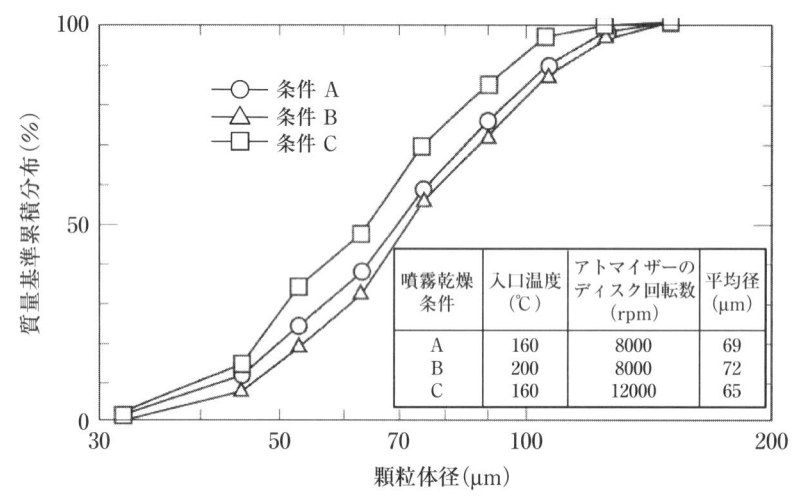

図5.3.6 異なる噴霧乾燥条件により作製された窒化ケイ素顆粒体の粒子径分布

噴霧乾燥条件	入口温度(℃)	アトマイザーのディスク回転数(rpm)	平均径(μm)
A	160	8000	69
B	200	8000	72
C	160	12000	65

た顆粒体の構造は，図5.3.2(b)に示すように，顆粒体内部に粗大な空隙を含むものであった．

図5.3.6に，噴霧乾燥条件を変化させて作製した顆粒体の粒子径分布を示す[8]．なお，作製した顆粒体は，いずれも粗大粒子を目開き150 μmのふるいにより除去した後に，種々の目開きを有するふるいを用いて分級し，粒子径分布を測定した．図より，アトマイザーのディスク回転数の上昇とともに，乾燥後に得られる顆粒体の粒子径が減少することが分かる．これは，ディスク回転数の上昇により生成する液滴のサイズが減少するためである．一方，図5.3.7は，顆粒体を金型に充填し，1軸圧縮することにより，顆粒体粉体層の圧縮応力と見かけ密度との関係を調べたものである[8]．図より，顆粒体粉体層の見かけ密度は低圧縮応力負荷ではほとんど変化しないものの，ある応力から急激に増加することが分かる．ここで図に示すP_cは，すでに述べた個々の顆粒体の圧壊強度とともに，顆粒体強度の指標として用いられており，この値が大きいほど顆粒体の強度は高いと評価される[8]．図より，噴霧乾燥条件によってP_cは明らかに異なっている．このことは，顆粒体の強度が乾燥温度やディスク回転数などの噴霧乾燥条件に強く依存することを示している．以上より，顆粒体

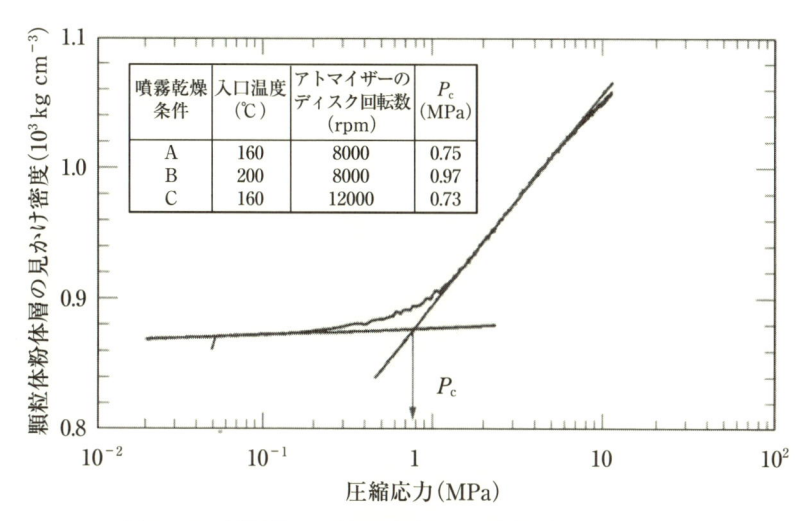

噴霧乾燥条件	入口温度 (℃)	アトマイザーのディスク回転数 (rpm)	P_c (MPa)
A	160	8000	0.75
B	200	8000	0.97
C	160	12000	0.73

図 5.3.7 顆粒体の圧縮試験結果の例(噴霧乾燥条件 A の場合)

の強度や構造を制御するためには,スラリーの調製条件やその特性に加えて,噴霧乾燥条件に対しても十分に考慮する必要がある.

参考文献

1) M. Naito, T. Hotta, H. Abe, N. Shinohara, M. Okumiya and K. Uematsu, British Ceramic Proceedings, Vol. 61, 119, The Institute of Materials (2000).
2) M. A. Buchta and W.-H. Shih, J. Am. Ceram. Soc., **79** (1996) 2940.
3) K. Uematsu: Powder Technology, **88** (1996) 291.
4) 内藤牧男, 福田悦幸, 吉川宣弘, 神谷秀博, 椿 淳一郎, 粉体工学会誌, **32** (1995) 617.
5) Y. Hiramatsu, Y. Oka and H. Kiyama, J. Min. Eng., Japan, **81** (1965) 1024.
6) 中平兼司, 阿部浩也, 内藤牧男, 篠原伸広, 宮川直通, 神谷秀博, 植松敬三, 化学工学論文集, **27** (2001) 416.
7) H. Rumpf, Chem. Ing. Techn., **42** (1970) 538.
8) 中平兼司, 堀田 禎, 内藤牧男, 篠原伸広, 奥宮正太郎, 植松敬三, J. Ceram. Soc. Japan, **108** (2000) 161.

5.4 成　　形

5.4.1 はじめに

　成形は，セラミックスの製造において，粉体あるいはその調合物を所望の形状を持つ集合体とする操作である．得られた成形体は次の焼成工程をへて焼成体とされる．成形は製品の品質や価格に決定的な影響を及ぼす非常に重要な操作である．製品の形状，寸法とその精度，生産量，初期費用，運転コスト，最終製品の特性などは非常にバラエティーにとみ，したがって成形法は多種多様である．先進セラミックスに用いられる成形法の手法や操作については成書が多いため[1～9]，ここではその概要のみに触れる．本節の主題は成形が製造時の諸問題や特性に及ぼす影響とし，とくに原料調合物や成形法と成形体内部構造および特性や焼結時の問題との関係について記す．

5.4.2 成形法と特徴

　表5.4.1に先進セラミックスにおける代表的な成形法と，それらの概要ならびに特徴などを示す[8]．表から明らかなとおり，各成形法には非常に多くの種類があり，それぞれ際だった特徴がある．すでに記したとおり，成形法は製品のコストや品質に決定的な影響を及ぼし，したがって商品の価値を決める最も重要な因子の一つであるため，その選定にあたっては想定し得るすべての要件について慎重に検討を行う必要がある．各成形法の装置や操作の詳細に関しては参考文献を参照されたい[1～9]．

5.4.3 成形体の構造

　成形体中では粉体粒子はある種の充填構造を持って集合している．充填構造

5.4 成形

を正確に調べることは一般に極めて困難である．現在でもその詳細には不明な点が多いが，近年研究が進展している[1, 10~12]．図5.4.1に現在知られている代表的な構造の模式図を示す．これらの充填構造は，成形前の粉体粒子集合体の構造が成形時に固定されたものや，成形時に形成されたものである．また焼結挙動や焼成後の微構造と密接に関係し，したがって製造や特性に大きな影響を及ぼすものである．

構造は表5.4.2に示すとおり，2種類に大別される．一つは成形体全体についての構造である．他は個々の粉体粒子レベルの構造であり，成形体中における個々の粉体粒子を囲む粒子とその配列で作られるものである．前者には充填密度の緩やかな変動である不均質，粒子の配向構造，粒子サイズの偏析，異方的粒子充填がある．後者の構造は粉体粒子の粒径，形状，凝集状態に分布があるため，各粒子の周囲でそれぞれ同一とはならない．しかし成形体が均質と見なせる領域では変動しつつも，粒子の粒径や形状分布の観点で確率的に妥当なある一定の範囲内に収まる．一方，不均質と見なす領域では，粉体充填構造は

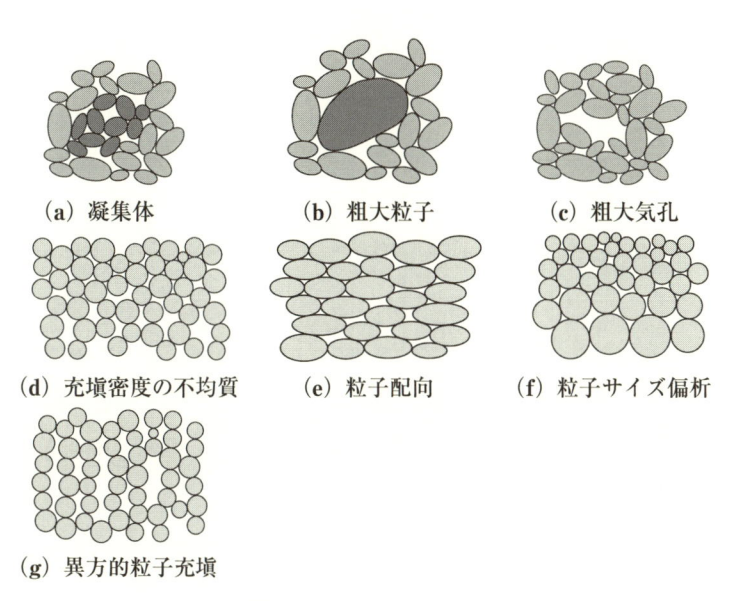

(a) 凝集体　　(b) 粗大粒子　　(c) 粗大気孔

(d) 充填密度の不均質　(e) 粒子配向　(f) 粒子サイズ偏析

(g) 異方的粒子充填

図5.4.1 成形体の構造

表 5.4.1 先進セラミックスの代表的な成形法とその概要および特徴

分類	技術	内容	均質性	外形形状	複雑形状	寸法	設備	生産性	運転費	技術的ポイント
乾式法	金型プレス法	金型内で一次元的に加圧	×	ペレット、短いパイプ	×	△	○	◎	○	成形用顆粒の特質、離型剤、加圧スケジュール、型の設計
乾式法	等方圧法	ゴム型内で周囲から均等に加圧	○	任意	△	○	×	△	△	成形用顆粒の特質、型の設計、加圧、除圧スケジュール
塑性法	ろくろ	粘土状の調合物を回転させつつ、せん断や圧縮の応力により所定の形状に加工	△	回転対称形	×	○	○~◎	×~△	×~△	非粘土系では調合物の調製
塑性法	押出し	粘土状の調合物を所定形状のノズルから押出し、棒状、パイプ状の形状	○	同一断面、長尺	○	○	○	○	○	調合物の特質、ノズルの設計
塑性法	プレス	粘土状の調合物をプレス	○		△	△	○	△	△	高性能の練土、樹脂製型材
塑性法	カレンダー	粘土状調合物を紙などの下地とともに回転ローラーによりシート状に圧延	○	シート	×	△	○	○	○	高い可塑性の調合物
射出法	高圧射出	熱可塑性調合物をプラスチックと同様に所望の形状へと10 MPa程度の高圧で押出成形後、脱バインダーする	○	薄肉	◎	△	×	△	×	調合物の調製、型の設計、射出条件、脱脂
射出法	低圧射出	高圧射出同様の操作を行うが、ワックス系などの低粘度の調合物を用い射出圧力を1 MPa以下としている	○	薄肉	◎	△	△	△	×	調合物の調製、型の設計、射出条件、脱脂
湿式法	排泥鋳込み	スラリーを石膏型に入れ、型の毛管力による吸水により、型表面に粉体粒子の堆積層を形成させた後、スラリーを流し去る	○	薄肉、中空	○	◎	○	△	△	スラリーの特質、型からの汚染防止
湿式法	真空鋳込み	鋳込み成形における吸水作用を、多孔質の型と真空の組み合わせで行う	○	薄肉、中空、中実	○	◎	○	△	○	スラリーの特質

196　5　製造プロセス

5.4 成形

分類	方法	概要	形状						備考
湿式法	高圧鋳込み	多孔質の型に入れたスラリーに圧力を加え、水分を型に押し出し、成形体を得る	薄肉, 中空, 中実	○	○	△	○	△	スラリーの特質
湿式法	電気泳動	スラリーに電界を加え、帯電した粒子を移動させて電極上へ堆積させる	板, 中空	○	×	○	○	△	スラリーの特質, 溶媒
湿式法	ドクターブレード	スラリー上に移動するシートの上に狭いスリットから展開・乾燥してテープ状の成形体を得る	薄板	○	×	○	×	△	スラリーの特質, バインダー
湿式法	遠心成形	遠心力によりスラリーの粒子を壁面に堆積させる方法	円筒	○	×	△	×	×	スラリーの特質
湿式法	固形鋳込み	濃厚なスラリーを用い、成形時にスラリーを足し続けて鋳込み成形を行い、中実の成形体を得る方法	中実	○	△	○	○	○	スラリーの特質
湿式法	振動鋳込み	高固体のチクソトロピーを持つスラリーに振動を加えて流動化し、鋳込み後に静置して固化させる方法で、固形鋳込みの一種	中実	○	△	△	△	△	高固体含有スラリーの調製、高いチクソトロピー
湿式法	ゲルキャスティング	熱硬化性樹脂を含む高固体含有のスラリーを所定の型に流し込み、硬化・成形する方法	任意	◎	△	△	○	○	高固体含有スラリーの調製, 固化剤
湿式法	フロックキャスティング	高固体含有のスラリーを加熱により分散剤の効果を下げ、凝集により硬化体を得る方法	任意	◎	○	△	○	○	分散剤, 高固体含有スラリーの調製
三次元成形	インクジェット法	粉体スラリーをノズルから発射し、三次元構造物を印刷。あるいは、薄い粉体層の形成、接着剤を打ち込みによる粉体固定化の操作を繰り返して三次元構造を形成	三次元任意形状	×	×〜○	△	×	×	高流動粉体, バインダー
三次元成形	押出材法	ノズルから押出した粉体調合物を積み上げて接着させて三次元の成形体とする	三次元任意形状	×	×〜○	△	○	×	速乾性またはチクソトロピー性の調合物

◎最適, ○適, △可, ×不可, 高価など

表 5.4.2　成形体中の構造

短距離構造	長距離構造
凝　集　体 粗大粒子 粗大気孔	充填密度の不均質 粒子配向 粒子サイズ偏析 異方的粒子充填

局所的にこの通常の変動範囲をはるかに超えている．それらの均質構造の模式図を図5.4.1に示した．

以下の説明では成形体全体についてのものを長距離構造，個々の粉体レベルのものを短距離構造と呼ぶこととする．これらの構造の形成原因と，その製造や特性に及ぼす影響は根本的に異なり，それぞれ別個に論じる必要がある．

5.4.4　成形法と構造との関係

成形体の構造，とくに長距離の構造は成形法と密接に関係する．それは成形時に粒子は各成形法で決まるある特有の応力を受けるからである．ここでは近年研究が進展してきた1軸加圧成形法における粉体充填構造を中心に説明する．この成形法では，粉体をあらかじめ処理して顆粒化したものを金型中で圧縮して成形体とする[1,11]．

まず成形体の長距離構造を説明する．加圧成形では粉体粒子と金型壁面との摩擦により成形体内には応力分布が生じ，これにより圧力分布とせん断応力が発生する．前者は図5.4.1(d)に模式図を示したとおり，成形体中における粉体充填密度の粗密を形成する．後者は，粒子形状が等軸状でない場合には，粒子配向を生じる作用を持ち，これにより(e)の粒子配向構造が形成される[11]．この粒子配向構造は，加圧成形法ではせん断応力が低いこと，またファインセラミックスでは粒子形状がほぼ球形であるため，しばしば無視されてきたが，実際には大きな影響を及ぼすものである．なお，他の成形法は加圧成形法と比べて，一般にせん断応力がはるかに高く，この粒子配向構造はより顕著である[10,12]．

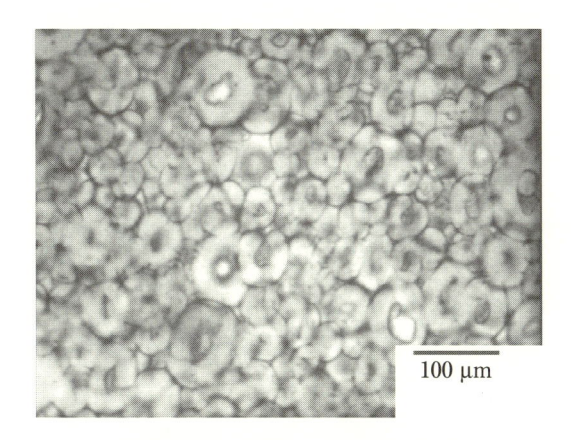

図 5.4.2 窒化ケイ素成形体の構造

　1軸加圧成形体の粒子充填の粗密については，充填密度の単純な粗密以外に図 5.4.1(g) に示す構造が存在することが最近報告されている[13]．これは，粉体充填体を押す際に応力がその加圧方向に沿う粒子の接触で支えられる傾向があるために生じるものである．この構造は過去に「縦方向と横方向の密度差」と表現されていたものに相当する．しかし密度はスカラー量であり，この表現は適切ではない．「加圧方向とその直交方向における充填構造の違い」と言うべきものである．

　次に加圧成形体中の短距離不均質構造を説明する．代表的なものは凝集体(a)，粗大粒子(b)，粗大気孔(c)，添加物の偏析などである．粗大粒子や凝集体は原料粉体中の存在したものが，粉砕操作でも破砕されず残ったもの，またスラリー中の粒子が再凝集して形成されたものである．これらの不均質構造は成形法によらず，成形体中に認められるものである．図 5.4.2 に示す加圧成形体中には，円弧状の構造とその中心の気孔状の構造が認められる．これらは粗大気孔であり，二つの原因で形成される．気孔状の構造は，成形用顆粒が一般に持つ窪みが，残骸として残ったものである．円弧状の構造は一般に添加物の偏析や顆粒間の接着不良と関係して形成されたものである．すなわち，添加物などは一般にスラリー中での添加物の不完全溶解，あるいは溶媒が乾燥面に移動する際に移動して偏析する．加圧成形法ではスラリーはあらかじめスプレー

ドライで乾燥・顆粒化されるため，顆粒表面にはしばしば添加物の偏析が認められる．これが円弧状につながる特有な短距離構造を形成する[14]．顆粒間の接着不良も同様の欠陥を形成する．

5.4.5 成形体構造が焼結や特性に及ぼす影響

(1) 長距離構造の影響

焼結時には成形体の収縮が生じる．これは粒子レベルで考えると，各粒子の中心間距離が減少することに相当する．全体的に均質な成形体は重力や保持具との摩擦による影響がなければ，均一に収縮すると考えられる．すなわちニヤネットシェイプ焼結が実現すると期待される．しかし成形体は一般に長距離の不均質を持ち，これがその実現を阻む．

粒子充填密度の変動を持つ成形体は均一に収縮できない．これは一般に焼結時の収縮は充填密度の低下とともに増すためである．充填密度の変動が著しい領域ではき裂の発生があり得る．充填密度分布が生成変形に及ぼす影響は従来からよく認識されており，焼成変形の説明やその防止のため詳しく研究されてきた[15]．

粒子配向は加圧成形体について図5.4.3に示したとおり，たとえその程度がわずかでも，焼成収縮にかなりの異方性を生じる場合がある．従来，粒子配向が焼結に及ぼす影響はファインセラミックスの分野では適切に考慮されてこなかった．しかし，これは大きな問題である．実際最近の研究では，鋳込みなどでは，顕著な粒子配向が形成される傾向があり，それにより焼成収縮の大きな異方性が生じることが示されている[10~12]．粒子の配向方向が急激に変化する領域では，き裂の発生もあり得る．従来，粒子配向が焼結に及ぼす影響は粘土系では十分に認識されていたが，それは粒子形状が平板状でその影響が非常に大きいためである．ファインセラミックスでは原料粉体がほぼ球形の粒子形状を持つことが，配向の影響を無視する元になってきたが，この認識は改める必要がある．

1軸成形体には上で説明したとおり，加圧方向とその直交方向における充填

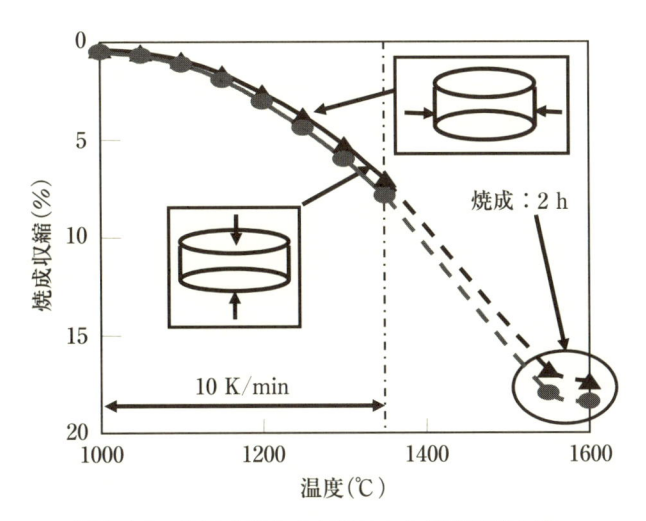

図 5.4.3 加圧成形体の方向による焼成収縮の違い

構造の違いが存在する[13]．これにより，例えば球形アルミナ粒子の成形体の焼成収縮は加圧方向が，それに直角方向より大きくなるなど，焼成収縮の異方性を生じる．これは，粉体粒子の接触点が多い方向での収縮が大きいことを示すものであり，焼結が粒子間での収縮を生じることから妥当である．

(2) 短距離構造の影響

粗大気孔の焼成時の振る舞いについての研究はしばしば行われている．一般に粒径の数倍以上のサイズを持つ粗大気孔は焼結時に消滅せず焼結体中に残る[16]．これは成形体中の気孔体積の大部分を占める微細気孔が焼成時に消滅し，これにより成形体の緻密化が生じるのと対照的である．現実的に，ほぼすべての焼結体中には粗大気孔が認められるが，それらの一部は成形体に存在した極めて少数の粗大気孔が残留したものや，微細な気孔が合体したものである．

粗大気孔ほど明確ではないが，図 5.4.2 に示したとおり，加圧成形体の顆粒界面などではある程度広がった低密度領域が認められる．それらは焼結体中にその形骸を残す．

粗大粒子は焼結時に粒成長の核として振る舞い，焼結体中の粗大粒の原因になるといわれている．しかしながら，微量の粗大粒子が特性に与える影響については今でも明確にはされていない．

凝集体は焼結に大きな影響を及ぼす．それが多量に存在すると，緻密化自体が阻害される[17]．一方，その量がわずかだと緻密化への大きな影響はないが，焼結体中に粗大な欠陥を形成し，特性を下げると考えられるが，現在のところ詳細は不明である．

(3) 不均質の意義

これまでの説明で成形体中には，長距離および短距離の不均質が存在することを述べてきた．それらが材料の製造や特性に及ぼす影響は根本的に異なるため，その点について次に強調する．

長距離の不均質は焼結体全体の特質である焼成収縮と密接に関係する．焼結体の変形やき裂発生の原因追及では長距離の構造を調べる必要がある．長距離の構造は成形法と密接な関係を持つ．

短距離構造の不均質は主に焼結体中の欠陥形成と関係する．したがって，材料の強度など，特性と密接に関係する．成形体中の粗大傷は焼結体中の粗大傷の直接的な原因である．また，焼結体中の粗大傷は特性を直接支配する因子である．短距離構造は成形法と共に原料粉体のわずかな特質の違いにより強く影響される．

短距離の不均質は焼結時の変形やき裂発生などとは直接の関係は持たないと想像される．均一な長距離構造を持つ成形体中に短距離の不均質が「均一」に分布し，かつ重力や台との摩擦などがなければ，局所的な収縮は不均質であっても，材料全体の収縮は等方的に生じる．

(4) ま と め

成形法には目的に応じて種々のものがあり，それらは成形体の構造と密接に関係する．成形体中に形成された長距離的な構造は焼成時の収縮挙動に影響を及ぼし，材料の変形やき裂の形成などと関係する．一方，短距離的な構造は局

所的な収縮と関係し，焼結体中の粗大気孔などの材質欠陥の形成と密接に関係する．これらの点は，生産の規模や経済性と共に成形法の選定における重要なポイントである．

参考文献

1) 日本学術振興会高温セラミックス材料124委員会編，先進セラミックスの作り方と使い方，日刊工業新聞社(2005)183-192.
2) J. S. Reed, "Principles of Ceramics Processing", 2nd Ed., John Wiley, New York(1995)418-449.
3) 素木洋一，セラミックス製造プロセス I, II, III, 技報堂出版(1978).
4) 成形用有機添加剤，ティー・アイ・シィー(1993)68-80.
5) B. C. Mutsuddy and R. G. Ford, "Ceramic Injection Molding", Chapman, London(1995).
6) 斎藤勝義，最新金属・セラミックス粉末射出成形技術とバインダ，アイピーシー(1990).
7) 粉体工学会・製剤と粒子設計部会編，粉体の圧縮成形技術，日刊工業新聞社(1998)217-244.
8) 植松敬三，セラミックス，**40**[9](2005)686-702.
9) Ceramic Processing Before Firing, ed. J. Y. Onoda and L. L. Hench, Wiley-Interscience, New York(1978).
10) S. Tanaka, A. Makiya, S. Watanabe, Z. Kato, N. Uchida and K. Uematsu, J. Ceram. Soc. Japan, **112**[5](2004)276-279.
11) 稅　安澤，張　躍，内田　希，植松敬三，J. Ceram. Soc. Japan, **106**[9](1998)873-876.
12) K Uematsu, S. Ohsaka, N. Shinohara and M. Okumiya, J. Am. Ceram. Soc., **80**[5](1997)1313-1315.
13) S. Tanaka, Y. Kuwano and K. Uematsu, J. Am. Ceram. Soc., **90**[11](2007)3717-3919.
14) S. Tanaka, Chiu Chia Pin and K. Uematsu, J. Am. Ceram. Soc., **89**[6](2006)1903-1907.
15) Kuk, J. G. Arguello, D. H. Zeuch, B. Farber, L. Carinci, J. Kaniuk, J. Keller, C.

Cluotier, B. Gold, R. B. Cass, J. D. French and B. Dinger, Am. Ceram. Soc. Bull., **80**[2] (2001) 41-46.
16) K. Uematsu, M. Miyashita, J.-Y. Kim and N. Uchida, J. Am. Ceram. Soc., **75**[4] (1992) 1016-1018.
17) W. H. Rhodes, "Agglomerate and Particle Size Effects on Sintering Yttria-Stabilized Zirconia." J. Am. Ceram. Soc., **64**[1] (1981) 19-22.

5.5 焼　　　結

5.5.1 はじめに

　Si_3N_4 セラミックスの多くは微細な粉末を成形し，焼結することにより作製される．Si_3N_4 セラミックスの特性に影響を及ぼす微構造は焼結過程で発達することから，焼結現象の理解は重要である．ここでは，Si_3N_4 の焼結メカニズムである，反応焼結法，焼結助剤添加による液相焼結法と，焼結技術である常圧焼結法，ガス圧焼結法，熱間静水圧加圧(HIP)法について解説する．

5.5.2 焼結メカニズム

(1) 反応焼結法

　Si_3N_4 粉末の合成法の一つである直接窒化法では，Si 金属と N_2 ガスを Si の融点付近で反応させることにより，Si_3N_4 粒子を得ることができる．反応焼結法は，これと同様に Si 粉末の成形体を，N_2 雰囲気中にて Si の融点近傍である 1250〜1450℃で加熱することで，Si_3N_4 焼結体を得る手法である．1960 年頃から Si_3N_4 バルク体を得るための手段として研究開発されてきた[1, 2]．Si の窒化に伴って約 22%の体積膨張を生じるが，反応焼結法で得られる Si_3N_4 セラミックスの寸法は Si 成形体とほとんど同じであり，ネットシェイプで焼結体を得ることができる．図 5.5.1 に示すように反応焼結 Si_3N_4 セラミックスは多孔体であり，反応焼結法のみで緻密な焼結体を得ることは難しい．しかし，焼結助剤を含まず高純度であることから，高温での耐食性が必要な坩堝，炉材，焼成治具などの作製に用いられている．

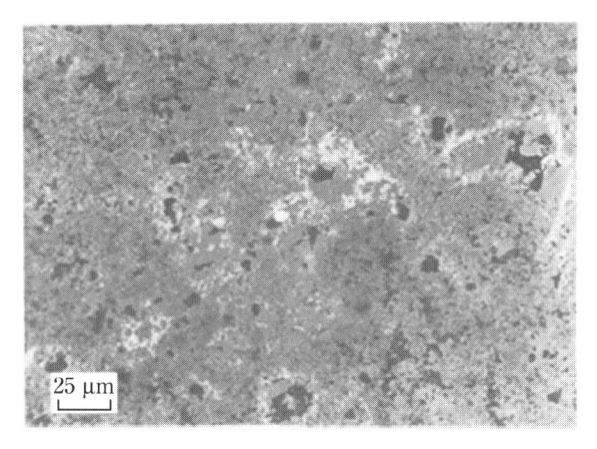

図 5.5.1 反応焼結 Si_3N_4 の微構造(灰色：Si_3N_4, 白色：金属, 黒色：気孔)[2]

(2) 液相焼結法

　一般的に，セラミックスの焼結では，欠陥に起因した拡散による物質移動によりネック成長や緻密化が生じる．Si_3N_4 は，表面エネルギーは大きいが共有結合性が高いため自己拡散係数が低い(図 5.5.2)[3]．したがって，それ自身での固相焼結は起こりづらく，緻密な焼結体を得ることができない．このような難焼結物質は，液相の毛細管力により生じる粒子の再配列と液相を介した物質移動を利用した液相焼結により緻密化される．液相焼結は難焼結性物質だけでなく陶磁器や耐火物などで利用されてきた手法である．液相焼結を行うための必要条件は，①液相が固相を十分ぬらすこと，②固相は液相にある程度溶解すること，③液相の粘度が低く，固相の原子の液相内の拡散が十分早く進むこと，④適量の液相が焼結の進行中に存在することである．焼結の初期には，液相の発生により粒子間に毛細管力が生じ(図 5.5.3)，粒子の再配列が起こる．このときの焼結速度式は，経験的ではあるが，次式に従うことが知られている[4]．

$$\Delta l/l \propto t^{1+y} \quad (5.5.1)$$

ここで，$\Delta l/l$ は収縮率，$1+y$ は 1 よりも若干大きい値で 1.1〜1.3 程度の値と

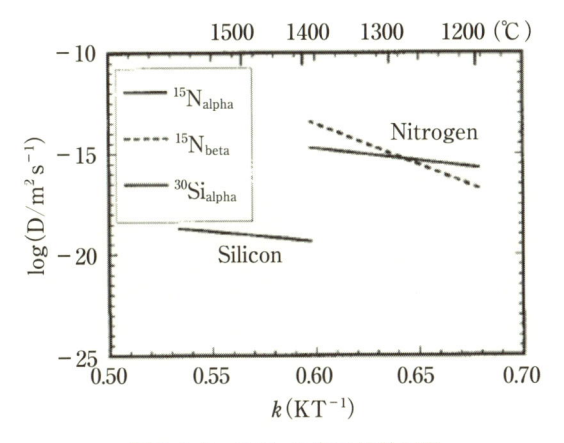

図 5.5.2 Si$_3$N$_4$の自己拡散係数

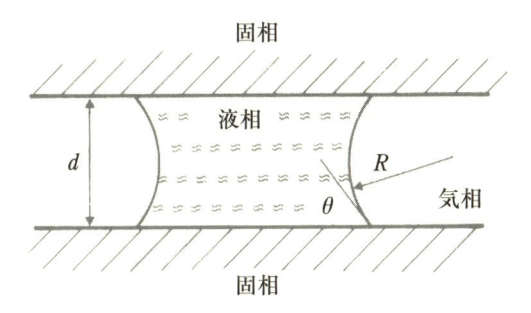

図 5.5.3 二つの粒子間に作用する毛細管力

湾曲した液体表面を横切っての過剰圧力 ΔP は

$$\Delta P = \gamma\left(\frac{1}{R_1}+\frac{1}{R_2}\right)$$

上図のような場合には $d = 2R_1\cos\theta$, $R_2 = \infty$ とおけるので，

$$\Delta P = \frac{2\gamma_{\rm LV}\cos\theta}{d}$$

液相内部の圧力が低いので付着圧力が生じ，固相間に引力が生じる．
小さな接触角と大きな液/気界面エネルギーで緻密化が促進される．

なる．中期焼結では，溶解再析出が支配的な焼結機構となり，接触面の平滑化，微粒子の溶解などにより緻密化が進行する．溶解析出機構には①溶解場所

から析出場所への物質移動速度が律速する拡散律速と②界面での固相の溶解や析出が律速する界面反応律速の二つの律速過程がある．それぞれの焼結速度式は次式で表される[4]．

$$\left(\frac{\Delta L}{L_0}\right)^3 = \frac{12\delta\Omega\gamma DC}{r^4 kT}t \tag{5.5.2}$$

$$\left(\frac{\Delta L}{L_0}\right)^2 = \frac{4K_\mathrm{r}\Omega\gamma C}{r^2 kT}t \tag{5.5.3}$$

ここで，δ は粒子間の液相の厚さ，Ω は原子の体積，γ は気/液界面エネルギー，D は固相の液相中の拡散係数，C は液相中の固相濃度，t は焼結時間，k はボルツマン定数，T は絶対温度，r は粒子の半径，K_r は反応定数である．収縮率に及ぼす時間と粒径の効果は固相焼結と同様の形式であるが，その指数は律速過程により異なる．終期焼結では，粒成長や粒子の形状緩和などの過程が進行し，微構造が粗大化する．このようにして液相焼結により作製されたセラミックスは粒界に第2相を含む微構造を有しており，Si_3N_4 セラミックスにおいて第2相は多くの場合ガラス相である．

液相焼結のための焼結助剤の一例を表5.5.1に示す．第6章などに示すように，微構造や特性は焼結助剤に大きく依存する．所望の微構造と特性を得るために多くの焼結助剤が開発されている．

表5.5.1 Si_3N_4の焼結助剤の例

Y_2O_3	MgO
Y_2O_3-Al_2O_3	Al_2O_3
Y_2O_3-Al_2O_3-AlN	MgO-Al_2O_3
Y_2O_3-Al_2O_3-AlN	Al_2O_3-AlN
Y_2O_3-Al_2O_3-MgO	Yb_2O_3
Y_2O_3-Al_2O_3-MgO-ZrO_2	Lu_2O_3
Y_2O_3-MgO-ZrO_2	CeO_2-MgO-SrO
Y_2O_3-SiO_2	CeO_2-MgO-SrO
Y_2O_3-Cr_2O_3	CeO_2-Al_2O_3-SrO
Y_2O_3-Al_2O_3-AlN	$BeAl_2O_4$
Y_2O_3-AlN-HfO_2	
Y_2O_3-AlN-ZrO_2	
Y_2O_3-CeO_2-MgO	

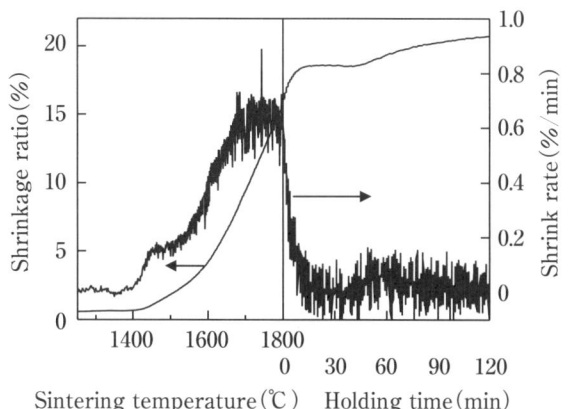

図 5.5.4 Si_3N_4-Y_2O_3-Al_2O_3 系の焼結収縮曲線と焼結速度

図 5.5.4 に，Y_2O_3-Al_2O_3 系を用いた α-Si_3N_4 成形体の焼結収縮挙動のその場測定の結果を示す[5]．1350〜1500 ℃で粒子再配列による緻密化が開始し，その後 $\alpha \rightarrow \beta$ 相転移に起因した収縮が起こり，最終的にオストワルド成長を伴った緻密化が生じている様子が分かる．

5.5.2(1)で述べた反応焼結法において，Y_2O_3 や Al_2O_3 などの焼結助剤をあらかじめ添加して反応焼結を行い，続いて高温で焼成することでも緻密な焼結体を得ることができる．この手法は，1段目の反応焼結での焼結収縮がほとんどなく，安価な Si を原料として用いることができるので，Si_3N_4 セラミックス作製のための低環境負荷プロセスとして期待される[6,7]．

5.5.3 焼結技術

Si_3N_4 の焼結技術は，製品の形状，寸法，コストなどに応じて，多種多様な選択肢がある．ここでは，代表的な焼結技術のいくつかについて述べることとする．

(1) 常圧焼結法

常圧焼結法は，成形体を炉内に設置して1気圧下で焼成する単純なものであ

り，多くのセラミックスの焼結に利用されている．研究の初期においては，常圧焼結法で緻密な焼結体を得ることは難しかった[8]．これは，窒化ケイ素の分解が1650℃以上で顕著となり，1900℃で解離圧が1気圧となることに起因している．後述のホットプレス法やガス圧焼結法で緻密な焼結体が作製されてきたが，焼結助剤や焼結プロセスの最適化により，常圧焼結法による緻密化も可能となってきている[9]．

(2) ホットプレス法

高温で成形体に圧力を作用させると物質移動が促進されて焼結が進行するが，これを利用して緻密な焼結体を作製する手法がホットプレス法である．これは，型に入った粉末をヒーターで加熱し，同時に上下から加圧する手法である(図5.5.5)．型の材質としては不活性雰囲気であれば炭素，酸化雰囲気であればアルミナや炭化ケイ素が選択される．圧力は通常 10〜30 MPa 程度が負荷される．加圧により焼結性は向上し，低温焼結も可能になる．Deeley らは Si_3N_4 に MgO を焼結助剤として添加したホットプレス法により，反応焼結法では得ることのできなかった，緻密で高強度，耐クリープ性と耐熱衝撃性，耐

図 5.5.5 ホットプレス用型(黒鉛製)
(上段)右から，下パンチ，ダイス，スリーブ，上パンチ
(下段)スペーサー

酸化性に優れる β-Si_3N_4 セラミックスを作製した[10]．作製できる形状は型により制限され，一般には板状焼結体などの単純形状のものしか得られないことは短所ではあるものの，難焼結材料である Si_3N_4 の緻密化は十分魅力的であり，特性改善と微構造制御に関する多くの研究がなされている．Si_3N_4 のように異方性粒成長が生じる場合には粒子が圧力により配向し，特性も異方性を生じる可能性があるため注意する必要がある．

(3) ガス圧焼結法

前述のように，Si_3N_4 の緻密化阻害の要因の一つは高温での Si_3N_4 の分解である．

$$Si_3N_4 \rightarrow Si + 2N_2$$

ガス圧焼結法は，高窒素圧下で窒化ケイ素–焼結助剤系を焼成する手法である．常圧焼結法では高温での焼成で Si_3N_4 が分解して密度の低下が生じるのに対して，ガス圧焼結法では窒化ケイ素の分解を抑制して同じ焼結助剤で緻密な焼結体を得ることが可能である（図 5.5.6）[11]．ホットプレス法を用いずに緻密な焼結体を得ることができる手法であり，Si_3N_4 セラミックスの研究・開発を大きく推進したものの一つである．

(4) 熱間静水圧加圧法（HIP 法）

HIP 法はガス圧を用いて等方圧加圧下で焼結させる手法である（図 5.5.7 (a)）．通常 100～200 MPa の高い等方圧を 1200～2000 ℃の高温下で作用させるため，拡散などが促進されて焼結が進行し，セラミックス内部に存在する閉気孔やき裂が排出あるいは消滅する．一般には，常圧焼結法などにより気孔率が 5％程度以下（すなわちほとんどが閉気孔）となるように予備焼結した試料を用いて HIP 処理を行う（カプセルフリー HIP（図 5.5.7(b)））ことでほぼ理論密度の焼結体を得ることが可能である．一方，単なる成形体や多孔体ではほとんどが開気孔であり，ガス圧が気孔を圧縮するように作用しないため，気孔を排除・消滅させることはできない．そこで，これらを直接 HIP 焼結させるために，ガラスなどに成形体あるいは予備焼結体を真空封入して焼成するカプセル

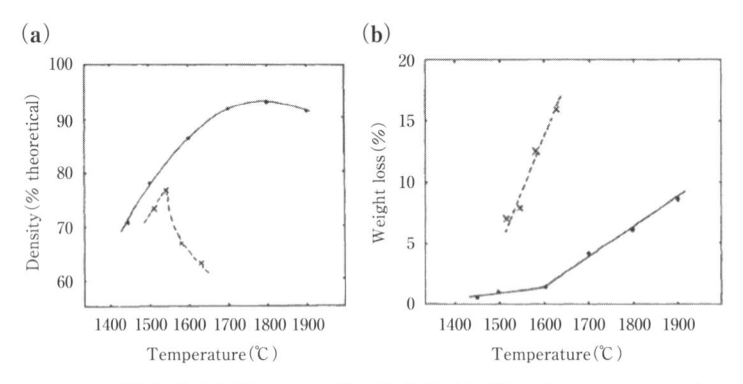

図 5.5.6 ガス圧焼結法(実線)および常圧焼結法(点線)における Si_3N_4 の(a)密度と(b)重量減少

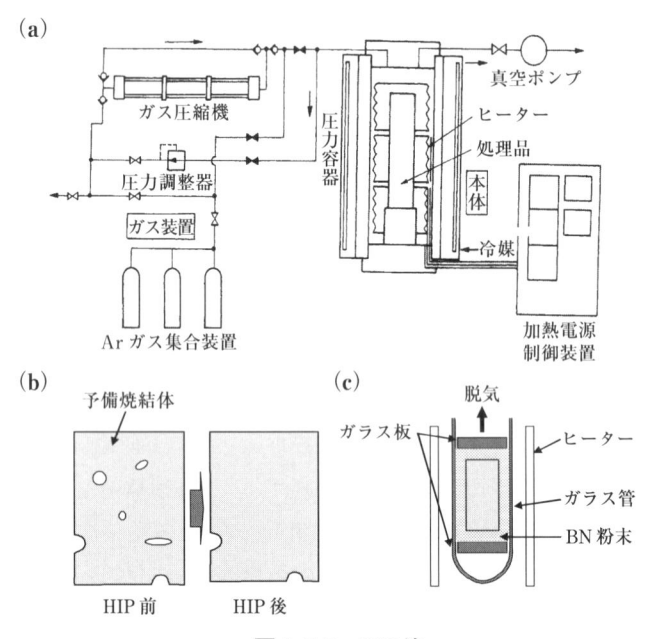

図 5.5.7 HIP 法
(a)装置の概略図,(b)カプセルフリー HIP 法,(c)カプセル HIP 法におけるガラスカプセルへの封入例

HIP 法が行われている(図 5.5.7(c)). この場合には，真空封入しやすく焼結体特性に影響を及ぼさない適当なガラス容器を選択することが重要である．なお，HIP 装置は法令に基づく安全管理が義務づけられている．Si_3N_4 においても，HIP による緻密化と特性の向上が図られている[12, 13]．

(5) その他の手法

放電プラズマ焼結法は，ホットプレス法と同様に原料粉末を 1 軸加圧しながら，型および粉末自身に通電して発熱させる手法である．急速昇温が可能であり，難焼結物質でも低温・短時間で緻密化することができる点が特徴である[14]．図 5.5.8 に Si_3N_4 粉末を放電プラズマ焼結したときの密度の変化を示す．緻密化が低温で生じ，微細な粒径からなる焼結体を得ることが可能であ

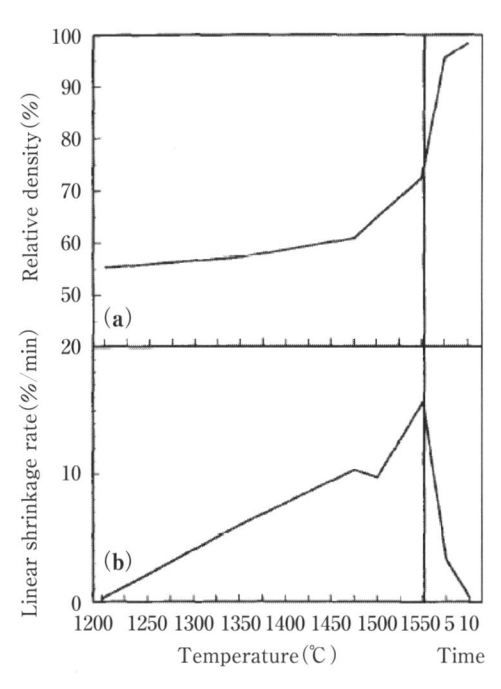

図 5.5.8 放電プラズマ焼結法による Si_3N_4 の緻密化曲線
(a)相対密度, (b)線収縮率

る．また，炭素還元窒化法により合成されたサイアロンナノ粒子の放電プラズマ焼結により，焼結助剤無添加でも緻密な焼結体を得ることができ，得られたナノセラミックスは優れた耐食性や耐熱性を有することも報告されている[15]．

マイクロ波焼結は，マイクロ波あるいはミリ波帯の電磁波を利用してセラミックス自身を発熱させて焼成する手法である．従来法よりも低温短時間で焼結できるが，局部加熱しないように炉内の電界分布を均一にすることが必要である．Si_3N_4においてもマイクロ波焼結が検討され，非常に低い温度での緻密な焼結体を作製することも可能である(図5.5.9)[16]．

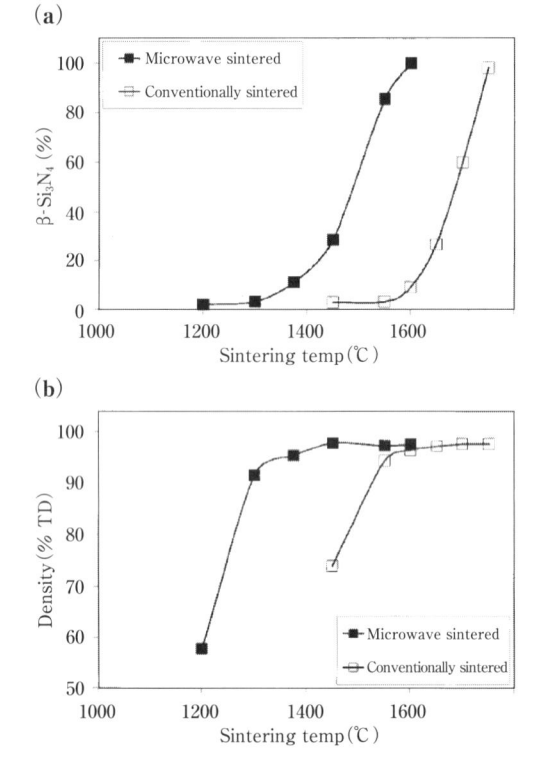

図5.5.9 マイクロ波焼結における(a)β-Si_3N_4含有率と(b)相対密度

5.5.4 おわりに

本節では Si_3N_4 の焼結メカニズムと焼結技術について，いくつかの例を挙げながら述べた．Si_3N_4 の焼結に関する研究は，本節で述べた以外にこれまで非常に多くの研究がなされている．しかし，用途に応じて優れた特性を有する Si_3N_4 セラミックスを実現していくためには，未知の部分も多い．また，低コストで Si_3N_4 セラミックスを作製していくためにも，焼結に関する基礎的知見の蓄積は不可欠である．今後，Si_3N_4 がますます発展していくためにも，焼結科学の発展に期待したい．

参考文献

1) J. F. Collins and R. W. Gerby, "New Refractory Uses for Silicon Nitride Reported". J. Metals, **6**12(1955).
2) A. J. Moulson, "Review Reaction-bonded silicon nitride: its formation and properties". J. Mater. Sci., **14**(1979)1017-1051.
3) K. Kijima and S. Shirasaki, "Nitrogen Self-Diffusion in Silicon Nitride". J. Chem. Phys., **65**[7](1976)2668-2671.
4) W. D. Kingery, "Densification during Sintering in the Presence of a Liquid Phase. I. Theory". J. Appl. Phys., **30**(1959)301-306.
5) R. Nishimizu, J. Tatami, K. Komeya, T. Meguro and M. Ibukiyama, Effects of a phase content on the sintering behavior of Si_3N_4 powder". Ceramic Transactions, **146**(2003)187-192.
6) T. Wakihara, H. Yabuki, J. Tatami, K. Komeya, T. Meguro, H. Hyuga and H. Kita, "In Situ Measurement of Shrinkage During Postreaction Sintering of Reaction-Bonded Silicon Nitride". J. Am. Ceram. Soc., **91**(2008)3413-3415.
7) H. Hyuga, K. Yoshida, N. Kondo, H. Kita, H. Okano, J. Sugai and J. Tsuchida, "Influence of zirconia addition on reaction bonded silicon nitride produced from various silicon particle sizes". J. Ceram. Soc. Japan, **116**(2008)688-693.
8) G. R. Terwilliger and F. F. Lange, "Pressureless Sintering of Si_3N_4". J. Mater. Sci., **10**[7](1975)1169-1174.

9) Z. K. Huang, A. Rosenflanz and I. W. Chen, "Pressureless sintering of Si_3N_4 ceramic using AlN and rare-earth oxides". J. Am. Ceram. Soc., **80**(1997)1256-1262.
10) G. G. Deeley, J. M. Herbert and N. C. Moore, "Dense Silicon Nitride". Powder Metall., **8**(1960)145-156.
11) M. Mitomo, "Pressure Sintering of Si_3N_4". J. Mater. Sci., **11**[6](1976)1103-1107.
12) 本間克彦, 立野常男, 岡田広, 河合伸泰, 西原正夫, 窒化珪素焼結体のHIP処理, 材料, **30**(1981)1005-1011.
13) 濱崎豊弘, 石崎幸三, 田中紘一, HIP焼結した窒化ケイ素の破壊靱性に及ぼす因子. 日本セラミックス協会学術論文誌, **98**(1990)995-1000.
14) T. Nishimura, M. Mitomo, H. Hirotsuru and M. Kawahara, "Fabrication of silicon nitride nano-ceramics by spark plasma sintering". Journal of Materials Science Letters, **14**(2004)1046-1047.
15) J. Tatami, M. Iguchi, M. Hotta, C. Zhang, K. Komeya, T. Meguro, M. Omori, T. Hirai, M. E. Brito and Y. B. Cheng, "Fabrication and evaluation of Ca-alpha SiAlON nano ceramics". Key Engineering Materials, **237**(2003)105-110.
16) M. I. Jones, M. C. Valecillos, K. Hirao and M. Toriyama, "Densification Behavior in Microwave-Sintered Silicon Nitride at 28 GHz". J. Am. Ceram. Soc., **84**(2001)2424-2426.

5.6 接合

5.6.1 はじめに

1970年代から80年代に掛けて世界中で繰り広げられたファインセラミックス開発のフィーバーでは，非酸化物系セラミックスが金属構造材料に取って替わる新たな用途を切り開くものとして注目された．Si_3N_4は，その最も注目されたセラミックスであり，その実用化のための要素技術の一つが接合技術であった．セラミックスの接合には，同種の材料の接合と，異種材料，とくに金属との接合が実用上重要な意味を持ち，かつ研究対象としても興味深いものとなる．本節では，初めにSi_3N_4と金属との接合技術を紹介し，その後でSi_3N_4同士の接合を紹介しよう．

5.6.2 Si_3N_4と金属の接合

一般に，セラミックスと金属の接合では，界面形成技術と熱応力緩和技術を別に考慮することが技術の成功の鍵となり，Si_3N_4はセラミックスの中でも熱膨張係数の小さなものであるので，熱応力の緩和は必須になる．ただし，焼き嵌めや鋳ぐるみなどの機械的な接合法も，単純でありながら意外と応用範囲は広く，実際にコストメリットが大きいので多用されている．本節では詳しくは紹介しないが，1980年代から90年代には，自家用車へのSi_3N_4ターボチャージャーが多用されていたが，この実用化に焼き嵌めが実用化された[1]．焼き嵌めでは，CAEを用いて応力集中を適切に設計することで有機系接着剤が耐えられない温度域まで信頼性は十分に得られる．一方，鋳ぐるみでは，Si_3N_4に熱損傷を与えないようにアルミニウム合金などの低融点合金が用いられた（図5.6.1）．

面の接合方法として最も汎用性が高いのは，活性金属ろう付け法である．Ti

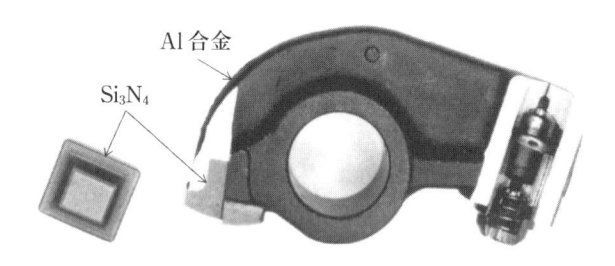

図 5.6.1 鋳ぐるみで製造された Si_3N_4 ロッカーアーム（NGK より）

などの微量の活性な金属をろう材に加えることで，Si_3N_4 の表面に半金属的な TiN などの薄い層をろう付けと同時に形成するものである．さらに Si_3N_4 に対しては，鋳造接合法，共晶接合法，固相接合法などが開発されている．以下には4種類の技術を紹介しよう．

5.6.3 活性金属法

　セラミックスの種類を選ばずに強固な界面形成を可能にするのが，ろう材に活性金属を微量添加する活性金属法である．活性金属法では，一般的な金属用のろう材に Ti, Zr, Hf などが数％添加される．活性金属法のバリエーションとして，金属シートを多層に重ねるか，あらかじめこれらの金属をセラミックス面へ蒸着しておくこともできる．ろう材の代表的なものには，Ag-Cu-Ti 系，Cu-Sn-Ti 系，Co-Ti 系，Ni-Ti 系，Al 合金系などがある．中でも Ag-28 wt% Cu-(1～3) wt% Ti（銀ろうにチタンを添加した合金）は最も多く使われる．接合界面強度は母材の強度やろう材層の厚さに依存し，Si_3N_4 などで強い場合には 1 GPa を越える．

　図 5.6.2 には，Si_3N_4 を活性金属ろう付けした場合の典型的な界面組織を示す．界面には Si_3N_4 側から薄い TiN 層と，Ti_5Si_3 層または M_6N（M：Ti, Si, Ag, Cu）の窒化物が生じ，ろう材層は Ag と Cu の共晶組織になる[2]．TiN は不定比化合物であり，金属液体とのぬれは良好である．大気中におけるこのろう材の使用上限温度は銀ろうと同様であり，耐熱強度と耐酸化性の点からおよそ

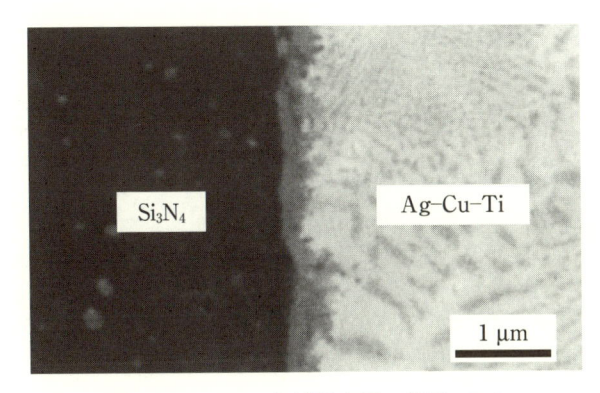

図 5.6.2 Si$_3$N$_4$ と活性金属の界面 SEM

500 ℃になる[3]．

　Al やその合金は，ソフトなメタルとしてばかりでなく，ろう材としても有効である．基本的には，アルミニウム自体が活性であるため，合金元素の添加は必要ない場合が多い．界面では，真空中といえども酸素の影響を受けるので，薄い Al-O アモルファス層が形成され，Si$_3$N$_4$ 内へは Al と O が拡散したナノ結晶粒層が形成される（図 5.6.4 参照）[3]．強度としては，ろう材層の厚さが薄いときに Si$_3$N$_4$ に対して 500 MPa 以上の高強度が得られる．

　活性金属法の実用化例は少ないが，Ag-Cu-Ti 系の活性金属で接合した例がいくつか見られる．自家用車に実用化されたターボチャージャーロータ（Si$_3$N$_4$ の羽根を鋼のシャフトに接合），ロッカーアーム，タペットなどはこの代表的なものである．図 5.6.3 にはそれらの例を示した．最近の例としては，Si$_3$N$_4$ の高強度・高靱性を活かした IGBT 基板としての実用があり，この場合も活性金属ろう付け法が採用されている[4]．

5.6.4 共晶接合法

　Al$_2$O$_3$ や BeO などの酸化物セラミックスと Cu の接合では，Cu-O 系の共晶反応を利用した接合が可能である．この方法では，接合時の酸素の分圧を制御することにより Cu 上に Cu$_2$O 膜を生成させ，この層が接合温度 1063～1083

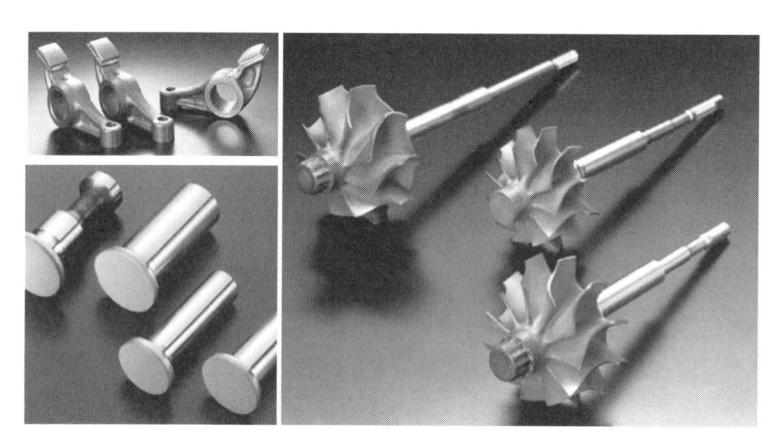

図5.6.3 自動車に活性金属ろう付けで実用化された Si_3N_4 接合製品（NTKより）
左上：ロッカーアーム，左下：タペット，右：ターボチャージャーロータ

℃の間に加熱されると溶融し，界面のぬれを促進する．Cu張り基板の製造に多用されている．非酸化物系の場合も，セラミックスの表面を酸化させることで同じ反応を利用することが可能である．Cuは25 μm以上(50～130 μm)の厚さが必要であり，接合強度は140 MPa，300 ℃の熱疲労に耐える接合が可能である．

SiとFe, Niなどの遷移金属の共晶反応を利用した方法も有効である．それぞれの共晶点は，1203 ℃および964 ℃になり，これ以上の温度で接合すれば，Si-Fe間，Si-Ni間の共晶反応で液体が界面に生じる[5,6]．複数の金属箔を重ねて共晶反応を起こさせて接合する方法もこの分類に入る．Cu/Ti箔を重ねることで，Inconelと900 ℃の接合が可能になる[7]．界面には，Si_3N_4側から$TiN/Ti_2Ni/Cu/TiNi_3$の界面層が形成される．

5.6.5 高圧鋳造接合法（SQ接合法）

Alを高圧鋳造によりセラミックスへ直接接合する方法が開発されている[8]．この方法では，高圧下でのAl溶湯の酸化膜除去効果を利用し，溶湯は高圧下で直ちに凝固するので，界面反応は極力少なくコントロールできる．一連の

図 5.6.4 SQ 法により接合された Si$_3$N$_4$/Al と接合界面の TEM 像

操作はすべて大気中で実施可能である．セラミックスに熱衝撃のかからない予熱温度条件を設定することが必要であるが，IGBT に用いられる AlN の Al 張り基板の製造で実用化されている．Si$_3$N$_4$ に対しても有効であり，図 5.6.4 のように軟金属中間層の形成と同時に界面形成が可能になる[9]．Al 溶湯と Si$_3$N$_4$ は，ろう付けでも反応が穏やかであるので問題はないが，ステンレス鋼と Al 溶湯は反応が激しくろう付けはできない．しかし，SQ 法ではごく短時間に反応が終了するので，良好な界面強度が得られる．Al 層が薄い場合で，Si$_3$N$_4$ 同士の接合であれば，強度は母材強度になる．図 5.6.4 には，界面の組織も示す．

5.6.6 固相接合法

　界面を溶かさずに接合する固相接合法では，ホットプレスなどによる 1 軸の加圧や，熱間静水圧などによる等方加圧を用いた方法が主になるが，摩擦圧接法[10] や，常温接合[11]（表面活性化常温接合）なども試みられている．いずれの接合法でも高強度接合が可能になるが，ホットプレス接合では，側面が自由表面となり外周部分の接合が難しい．後 2 者は，金属の変形能を必要とするので，実用的には Al やその合金に限定される．固相接合法は，はんだやろう材など融点の低い材料を介さないので，耐熱性に優れる特徴を与えるが，反対に形状の制約，コスト高などの欠点を持つ．このため産業界での量産実例は少な

く，単品的な利用に限定される．

5.6.7 熱応力の評価と緩和

　素材間の熱膨張係数の違いによって生じる熱応力の問題は，セラミックと金属の接合において避けられない難問の一つである．たとえ界面の結合強度が高い場合でも，熱応力がある場合にはこれが外力に加算され，見かけの接合強度を著しく低下させる．実際の接合体製品に発生する熱応力の評価することは，ある形状の製品を作製した場合に，その熱応力が有効に軽減されているかを見極めるために必要であり，界面形成と共に接合技術確立のための一つのキーポイントとなる．熱応力の理解には，実測と有限要素法(FEM)などの計算機シミュレーションの2本柱が必要になる．実測法としては，応力集中が界面近傍の自由表面近くに生じることから，焦点を絞れるマイクロフォーカスX線回折が最も望ましい．今日，応力測定は100 μm以下の領域の評価が可能になる．図5.6.5には，その表面近傍の応力評価例を示す[12]．

　最近の例では，シンクロトロンの強力X線源を用いた評価も報告されており，1 cm角程度のSi_3N_4であれば試料の内部応力評価も可能になっている[13]．ただし，通常のX線による評価は軽元素のみに限られるので，Feなどの金属

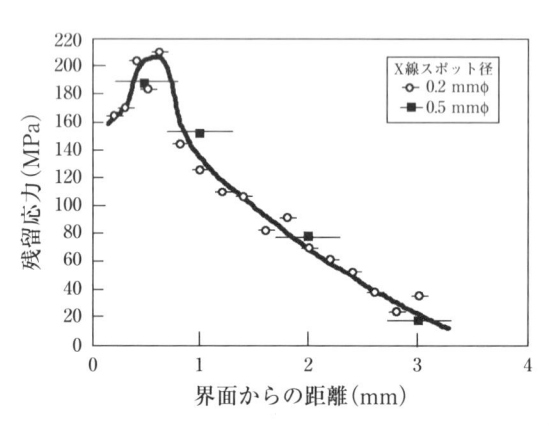

図5.6.5 Si_3N_4/鋼接合体のSi_3N_4側表面の熱応力分布 [12]

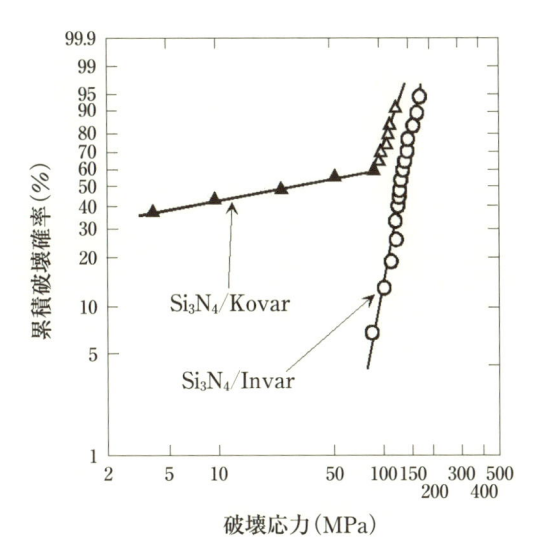

図 5.6.6 Si₃N₄/Invar, Kovar 接合体の曲げ強度のワイブルプロット[13]

側は評価できない．透過能力の高い中性子線を用いれば金属や厚い試料も評価でき，1 mm 程度のサイズの評価は可能であるが，セラミックス/金属接合界面に要求される数十 μm の領域にフォーカスを絞ることは難しい．

　熱応力は接合面サイズへの依存性がある．つまり，サイズの増大と共に熱応力は確実に大きくなる[14]．熱応力が大きい場合に接合強度が低下することは当然と言えるが，試験サンプル数を大きくとると，平均強度は低くなるものの，中には高い強度を持つ試験片が得られる場合がある．これは，熱応力が高い場合，接合後の冷却過程で内部に欠陥が形成される確率が高くなり，得られる強度のばらつきを増加させるためである．また，当然，接合体の使用中の熱疲労により同じ現象が起こることに注意が必要である．

　接合体に対する熱応力の悪影響を軽減するためには，接合体全体の内部応力を軽減できればよいことは言うまでもないが，むしろ界面近傍，とくに，セラミックス側の引張応力成分を低下させることが重要となる[15]．これは，セラミックスが圧縮応力に強い反面，引張りに弱いためである．熱応力を軽減するためには，第一には熱膨張差の小さい素材の組み合わせが最も望ましいが，

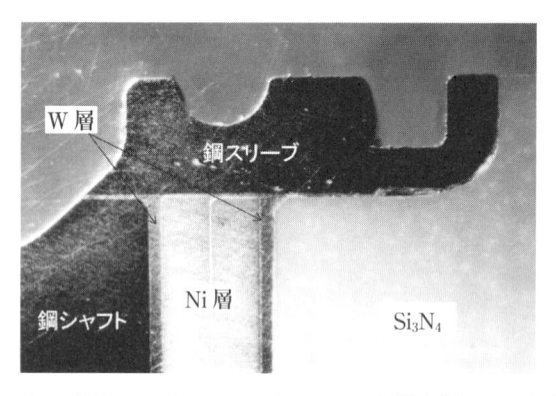

図 5.6.7 ターボチャージャーロータの Si_3N_4 羽根と鋼シャフト接合構造

Si_3N_4 は W よりも熱膨張率が小さく，単純な直接接合は難しい．そこで，接合面形状を工夫する方法や，何らかの中間層を用いる方法が採用される．

熱応力の緩和のためにさまざまな中間層構造が考案されているが，これらの中で，高強度接合に成功した例は，軟金属中間層，軟金属/硬・低膨張金属積層中間層などで得られている[16]．自家用車に搭載されたセラミックスターボチャージャーは Si_3N_4 の羽根を鋼のシャフトに接合するために Ni/W/Ni の 3 層構造の中間層を採用していた(図 5.6.7)．積層構造の中間層は耐熱性を重視する接合においては唯一の高強度を保証する接合構造であるが，接合面の大きさは，10 mm から 20 mm 程度に限られる．

鉄鋼材料の相変態のボリューム変化を利用した応力緩和法も実用化されている[17]．図 5.6.3 のタペットは，この方法を採用している．

5.6.8　Si_3N_4 同士の接合

Si_3N_4 同士の接合法としては，第 3 の物質を用いない直接接合，ガラスなどの酸化物を接合層とする接合と，さらに，金属を接合層とする接合の 3 種類がある．この内，直接接合には，HIP，ホットプレス，マイクロウェーブ加熱，抵抗加熱などを用いた固相接合と電子ビームやレーザーによる溶接もあり得るが，固相接合では形状の制約やプロセス温度の高さがあり汎用性はなく，溶接

図 5.6.8 Si_3N_4 同士を RE_2O_3-SiO_2 を接合層として形成した界面の TEM 像[20]

は酸化物系ではセラミックスを熔解できるものの Si_3N_4 は気化してしまうので適用できない．したがって，耐熱性や耐酸化性を考慮すれば，酸化物による接合と，簡易性を考慮するとろう付けなどが選択肢となる．金属ろう付けはすでに紹介したので，ここでは，酸化物による接合法をまとめよう．

Si_3N_4 を酸化させ表面を SiO_2 ガラスで覆うことで，一般のガラスフリットとよくぬれるので，比較的簡単な操作で接合が可能である．ただし，ガラスの性質に依存してその軟化点（例えば約 600 ℃）以上の温度範囲では接合層の軟化が生じる．金属ろう材を用いる場合と同程度の耐熱性であるので，単なるガラスによる接合はそれほどのメリットはない．そこで，接合層の耐熱性を損なわない手法として検討されているのが，もともと Si_3N_4 の粒界に存在する粒界酸化物相を接合層に設ける方法である．ガラス（SiO_2）スラリーとして用いるが，1500 ℃程度で Si_3N_4 中の Y_2O_3 と反応させることで安定結晶化させると，接合面には Si_2N_2O や Y_2Si_2O などの結晶層が形成され，強度を低下させる SiO_2 のガラス層はほとんど残らない[18]．あるいは，MgO-Al_2O_3-SiO_2，RE_2O_3-SiO_2 や Y_2O_3-Al_2O_3-SiO_2-TiO_2 などを接合層とする方法[19~21]が試みられている．いずれの方法でも，Si_3N_4 の焼結温度以下の 1500 ℃近傍で界面に液相を形成して良好なぬれを確保しており，接合ペーストの状態を最適化できれば接合時に掛け

る圧力も低くてすむか,ほとんど必要なくなる.図5.6.8には,RE_2O_3-SiO_2を接合ペーストとして0.01 MPaの低圧力で接合した界面のTEM像を示す[20].

接合層中には微細な結晶層も認められるが,大部分はガラスとして残っている.この例では,さらに1700℃程度の高温で処理することによりガラス層はほとんど消失し,接合界面がほとんど判別できない組織が得られている.この状態になると,強度は室温で940 MPa(母材の92%),1000℃で660 MPa(母材強度に匹敵)が得られる.

5.6.9 ま と め

本節ではSi_3N_4の接合技術に関し,いくつかの実例とともに紹介した.Si_3N_4に限らずセラミックスの接合技術は,セラミックスそのものの汎用性を高める上では必須の要素技術である.とくに金属の接合技術は重要になるが,どのような金属が相手になる場合でも,Si_3N_4に対しては界面形成法と応力緩和法が技術の鍵となる.

一般に,セラミックスと金属の接合は,製品に近いところで最終段階の物造り技術となる.その製品の信頼性をいかに高め付加価値を与えるかは常に重要な命題となり,界面形成と同時に熱応力の処理方法などに的確な判断を行わなければならない.このためにも,接合の科学的基礎に対し十分な理解が払われることを望みたい.

参 考 文 献

1) K. Katayama, T. Watanabe, M. Matoba and N. Katoh, SAE Technical Paper Series(1986)861128.
2) A. H. Carim, J. Am. Ceram. Soc., **73**(1990)2764.
3) X. S. Ning, K. Suganuma, M. Morita and T. Okamoto, Phil. Mag. Letters(A), **55**(1987)93-97.
4) T. Matsuoka, M. Nakamura and K. Hasegawa, SAE Technical Paper Series, (2006)1504.

5) S. D. Peteves and K. Suganuma, Interface Science, **5**(1997)63-72.
6) T. Ishikawa, M. E. Brito, Y. Inoue, Y. Hirotsu and A. Miyamoto, ISIJ International, **30**[12] (1990)1071-1077.
7) J.-J. Kim, J.-W. Park and T. W. Eagar, Mater. Sci. Engineer., **A344**(2003)240-244.
8) K. Suganuma, J. Mater. Sci., **26**(1991)6144-6150.
9) X. S. Ning and K. Suganuma, Mat. Res. Soc. Symp. Proc., **445**(1997), pp. 101-1006.
10) 鈴村曉男, バウンダリー, 1989年6月号, 60-64.
11) T. Suga, Y. Takahashi, H. Takagi, B. Gibbsch and G. Elssner, Acta Metall. Mater., **40**(1992)S133-S137.
12) B. Eigenmann, B. Sholts and E. Macherauch, Joining Ceramics, Glass and Metal. Ed. by K. Kraft, DGM Informationsgesellschaft mbH., Oberursel, Germany(1989)pp. 249-256.
13) M. Vila, C. Prietow, P. Miranzo, M. I. Osendi, J. M. del Rio and J. L. Perez-Castellanos, J. Am. Ceram. Soc., **88**[9] (2005)2515-2520.
14) K. Suganuma, T. Okamoto, M. Koizumi and M. Shimada, Am. Ceram. Soc. Bull., **65**(1986)1060-1064.
15) K. Suganuma, T. Okamoto, M. Koizumi and M. Shimada, J. Nucl. Mater., **133 & 134**(1985)773-777.
16) K. Suganuma, Y. Miyamoto and M. Koizumi, Ann. Rev. Mater. Sci., **18**(1988)47-73.
17) M. Taniguchi, S. Nozaki, O. Suzuki, M. Ito and S. Matsumoto, SAE Technical Paper, 931934(1993).
18) M. A. Sainz, P. Miranzo and M. I. Osendi, J. Am. Ceram. Soc., **85**[4] (2002)941-946.
19) R. E. Loehman, "Transient Liquid Phase Bonding of Silicon Nitride Ceramics", Surfaces and Interfaces in Ceramic and Ceramic-Metal Systems. Edited by J. Pask and A. G. Evans. Plenum Press, New York(1981)pp. 701-711.
20) M. Gopal, M. Sixta, L. De Jonghe and G. Thomas, J. Am. Ceram. Soc., **84**[4] (2001)708-712.
21) F. Zhoua, J. Panb and K. Chen, Mater. Letters, **58**(2004)1383-1386.

5.7 加　　工

5.7.1 窒化ケイ素に適用される加工技術

　一般にセラミックスが，軽量・高強度，耐摩耗性・耐熱性に優れるなど構造材料として優れた特性を有しているにもかかわらず，その適用範囲が広がらない最も大きな原因の一つが加工コストの高さであるといわれている．セラミックスの加工技術については，1970年代から2003年まで4回にわたって米国標準技術研究所(NIST，旧NBS)の不定期刊行物(Special Publication)[1～4]が発行されていることは，構造用セラミックス普及へのカギをにぎるものとして考えられてきたことを示唆している．

　構造用セラミックスの中で，窒化ケイ素はボールベアリング[5]など，製品化に成功した例を持つ数少ない材質といえる．しかしながら，金属のような塑性変形が期待できないことは，他のセラミックスと変わりなく，焼結後に構造部材・機械部品としての形状付与を行うことが困難な，いわゆる難加工材として位置づけられる．

　窒化ケイ素を，焼結後に形状付与を行う加工という観点から特徴づけるとすると，導電性を有しないため，導電性物質との複合化などによらない限り放電加工の適用ができないことが挙げられる．

　このような窒化ケイ素に対して現実的な加工能率が期待できる加工方法としては，図5.7.1に示すようにダイヤモンドなどの砥粒を用いた機械加工(砥粒加工)，レーザ加工などのエネルギービーム加工および両者を組み合わせた複合加工が挙げられる．

　砥粒加工は，砥石などを用いる固定砥粒加工と，スラリーなどの研磨材を用いる遊離砥粒加工に大別される．前者の代表例は研削加工で，これについては次項以降で述べる．研削加工の他にはホーニング[6,7]，超仕上げ[8]があり，いずれも鏡面などの高品質な表面性状を得るための仕上げ加工として用いられ

```
砥粒加工 ─┬─ 固定砥粒加工 ─┬─ 研削加工
         │               ├─ ホーニング
         │               └─ 超仕上
         └─ 遊離砥粒加工 ─┬─ ラッピング
                         ├─ アブレッシブウォータージェット加工
                         └─ 超音波加工

エネルギー
ビーム加工 ─┬─ レーザ加工
           └─ FIB加工

複合加工 ─┬─ レーザアシスト切削
         ├─ レーザアシストケミカル加工
         └─ ウォータージェットガイドレーザ加工
```

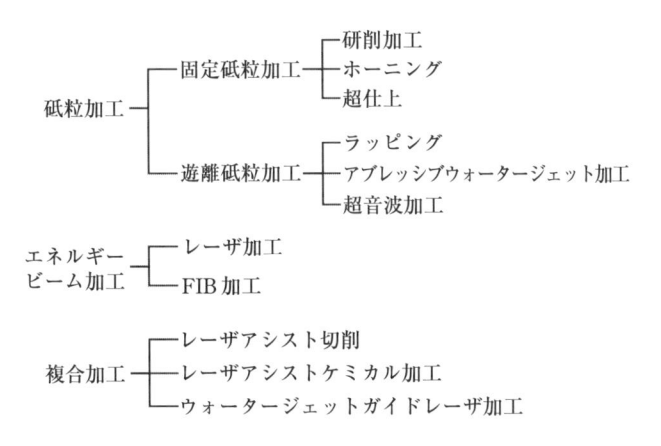

図5.7.1 窒化ケイ素に適用される加工方法

る.後者の代表例としてはラッピング[9]がある.平板などの工具(ラップ)と工作物との間に研磨材を介在させることで精度の高い面を得る.切断あるいは三次元形状の加工に用いられることが多いのは,ノズルから噴射させた高圧水により加工を行うウォータージェット加工で,セラミックスの場合は研磨材を混合した高圧水を用いることが多い(アブレッシブウォータージェット加工)[10].また,主に溝加工や穴加工に用いる加工法としては,超音波加工[11]があるが,近年,工具を回転させつつ超音波振動を重畳させる方法が開発された(超音波ロータリー加工)[12].

エネルギービーム加工の代表例としてはレーザ加工がある.レーザ光を収束させることによって得られる高熱を用いて材料除去を行うため,工作物の硬度に依存しないなどの利点はあるが,反面,き裂や再凝固層などの加工変質層が残留する問題がある[13].また,近年レーザ光による熱的効果を他の加工方法と組み合わせる複合加工法の開発が行われている.切削点近傍をレーザ光で加熱するレーザアシスト切削[14],レーザ光による熱で化学反応(エッチング)を促進させるレーザアシストケミカル加工[15],ウォータージェットの水流を介してレーザ加工を行うウォータージェットガイドレーザ加工[16]などがそれらである.

一方，加工損傷の極めて少ない加工方法としては，収束させたイオンビームを試料に照射することによって除去加工を行う FIB (Focused Ion Beam) 加工[17]がある．加工能率は非常に低いが，ナノサイズの微細加工ができること，SEM と同様にイオンビーム照射によって生じる二次電子によって加工部位を高分解能で観察できることなどの長所がある．

5.7.2 研削加工

研削加工はセラミックスの加工方法として最も多く用いられている．セラミックスの構造部材への適用が検討され始めた 1970 年代後半から，研削加工については数多くの研究が行われてきた．窒化ケイ素はアルミナと並んで最も初期の頃から研究対象とされてきた．金属の場合と同様に，平面研削・円筒研削をはじめとする種々の研削盤・砥石を用いた形状付与が可能であるが，金属と比べて硬度が高いために，ダイヤモンドなどの高硬度の砥粒を用いることが必要になる．また，砥粒を工作物に押し当てるために大きな力（法線研削抵抗）が発生するので，加工精度を維持するためには，砥石を含む加工系全体が高い剛性を有することが必要になる．とくに砥石については，現状ではレジンボンド砥石が使用されることが多いが，砥粒保持力の大きいメタルボンド砥石の目直し技術（ELID：Electrolytic In-process Dressing）[18]が開発され，その適用範囲が広まりつつある．

加工機構の面での特徴としては，金属とは異なり，鏡面加工のような特殊な場合を除いて，微細な脆性破壊の集積によって材料除去がなされ，このとき発生するき裂（加工き裂）などの加工損傷が表面に残留する危険のあることが挙げられる．加工き裂については次項において詳しく述べる．

5.7.3 研削加工損傷

加工損傷は，仕上げ加工の場合には部材の強度・寿命などの信頼性に直接影響し，最終仕上げに至る前段階の加工として用いられる場合にも，後工程の加

5.7 加工

工代などの加工条件を定める重要な因子となる．したがって加工コストの低減には，単に加工能率を最大化するだけではなく，加工損傷を残さない加工条件・加工手順の選択が重要になることから，加工損傷の定量化を目指した研究が数多くなされてきた．

研削加工は，いかなる方式・加工条件においても1個の砥粒による切削（単粒研削）の集積と考えることができる．単粒研削における切削点近傍での破壊・変形挙動は，ビッカース圧子などの鋭い圧子を押し込む際のそれとのアナロジーで考えられることができ[19]，このとき生じる損傷は，砥粒進行方向に平行に発生するメディアン型き裂とこれと垂直な方向のトランスバースき裂の2種類が存在するという単純なモデル[4]で考えられることが多い．この他に通常，工作物表面には残留応力が分布する[19]．残留応力の分布は，表面近傍で圧縮応力となるが工作物内部に向かって急速に減衰する[20]のが一般的で，現実的な加工条件においては，残留応力の分布範囲は表面から非常に浅い領域に限定されると考えられている．

加工き裂の形態については，後述するように，曲げ試験による強度への影響評価が容易であることから，平面研削の場合について検討した事例が多い[21~23]．平面研削加工において発生するき裂には方向性があり，図5.7.2に示すようなメディアン型き裂が最も深いこと，一般に粗い砥石を用いた重研削条件ほど強度劣化は著しくなることなどが明らかにされてきた．破壊力学的解析により，加工条件と加工物の強度との関係を定量的に表す試みも行われ，特定の材料・加工条件の下においては両者の関係の定式化が可能であることが示されている[24]．また，同じ窒化ケイ素でも微構造の違いによって加工物の強度低下量が変化し，微構造制御による強靱化が耐加工損傷性の向上に有効であること[25]が示唆されている．

長時間の応力負荷に対するき裂進展挙動を評価する場合[26]など，より詳細な応力解析を行う場合には，単純なメディアン－トランスバースき裂モデルだけではなく，現実のき裂の形状・寸法，分布状態に関する情報が必要になる．通常，加工き裂は表面から直接観察することはできないが，窒化ケイ素の場合，フレオン14ガスによるプラズマエッチングが可能であることから，これ

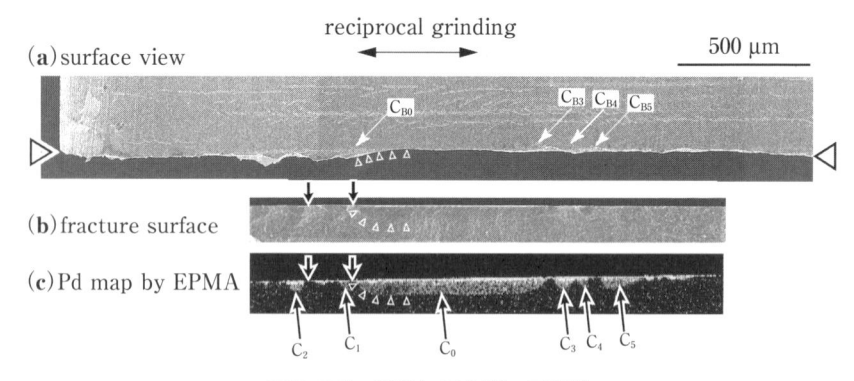

図 5.7.2 研削加工き裂の可視化
(a)プラズマエッチング後の表面，(b)破面，(c)パラジウム分布マップ[27]

を用いて研削加工面の最表面を除去することで，き裂の表面観察が可能になった[27]．

図 5.7.2(a)は，ホットプレス窒化ケイ素曲げ試験片破片の研削加工面表面をエッチング後に SEM 観察した結果で，写真下端の紙面垂直方向に破面が位置する．図中の矢印で示すひげ状の線が加工き裂である．また，これらの観察可能なき裂は開口しているので，染色液を含浸させることによってき裂を可視化する手法(含浸法)[28]が適用できる．図 5.7.2(b)は図 5.7.2(a)に対応する破面の SEM 写真で，白い三角形で囲まれた周囲に比べ明度の低い部分がき裂の一部を示す．このき裂は(a)上では，白い三角形で示す部分に位置する．図 5.7.2(c)は，(b)と同一の破面上での染色液に含まれるパラジウム(Pd)の分布マップを示し，白いピクセルが Pd 元素の存在を表す．SEM 写真では一部しか同定できなかった加工き裂が，Pd マップ上では白いピクセルの集合として全体が明瞭に観察されることが分かる．

同様に，砥粒進行方向に垂直な断面の Pd マップも得られており，これらの手法から得られる情報を統合することで，加工き裂の三次元形状モデルとしてヘリンボーンき裂モデルが提案されている(図 5.7.3)[27]．

加工き裂の断面形状観察については，前述の FIB 加工を用いる試みも行われている[17]．

5.7 加　　工　233

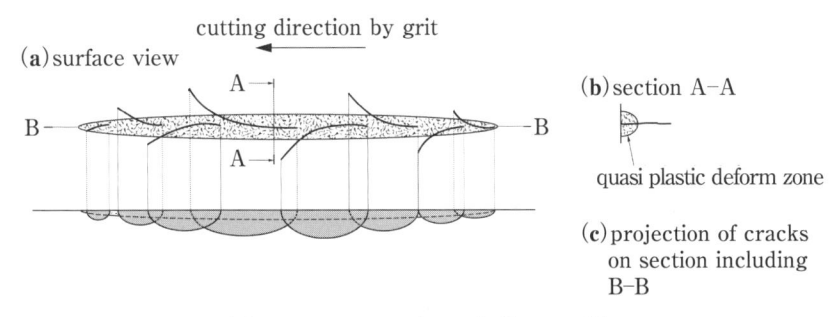

(a) surface view
cutting direction by grit

(b) section A-A
quasi plastic deform zone

(c) projection of cracks on section including B-B

図 5.7.3　ヘリンボーンき裂モデル[27]

5.7.4　加工損傷が強度に及ぼす影響の統計的判定方法

　加工き裂の形状，分布形態は既存のモデルほど単純ではなく，その詳細は今後の研究に待つ部分もあるが，セラミック部材の信頼性向上により用途拡大を図るという現実的観点からは，何らかの方法で加工き裂のないことを保証することが必要となる．材料本来の強度からの劣化の有無について統計的な評価を行い，設定された危険率で加工損傷の有無を判定する手法が開発された．具体的には，図 5.7.4 にフローチャートとして示すように，加工損傷の影響がある

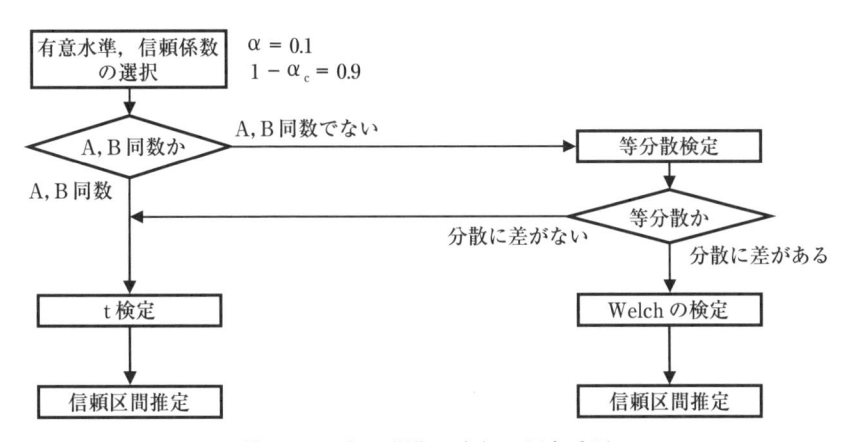

有意水準，信頼係数の選択　　$\alpha = 0.1$　　$1 - \alpha_c = 0.9$

A, B 同数か
- A, B 同数でない → 等分散検定
  - 等分散か
    - 分散に差がない → t 検定 → 信頼区間推定
    - 分散に差がある → Welch の検定 → 信頼区間推定
- A, B 同数 → t 検定 → 信頼区間推定

図 5.7.4　加工損傷の有無の判定手順

と推定される試験片の平均強度と,加工損傷の影響がないと推定される試験片のそれとの間に有意差があるかないかを統計的に判定する.この手法はJIS規格に採用され[29],規格では,定められた書式に従って計算を行うことで判定結果が得られるようになっている.

参 考 文 献

1)~4) NBS Special Publication 348, NBS Special Publication 562, NIST Special Publication 847, NIST Special Publication 996, US Dept. of Commerce.
5) Koyo Engineering Journal, **145**(1994)24.
6) 上田隆司, 花見真司, 山本明, 精密機械, **50**(1984)163.
7) 厨川常元, セラミックス, **39**(2004)982.
8) 上田隆司, 杉田忠彰, 精密工学会誌, **59**(1993)680.
9) 杉田忠彰,"セラミックスの機械加工",養賢堂(1985)pp. 164-172.
10) S. Wada and Y. Kumon, J. Ceram. Soc. Japan, **101**(1993)830.
11) F. Klocke et al.,"Machining of ceramics and composites", Marcel Dekker, New York, USA(1998)p. 551.
12) 岳 義弘, セラミックス, **39**(2004)986.
13) 森田昇, 他2名, 日本機械学会論文集C編, **56**(1993)242.
14) F. Klocke et al.,"Machining of ceramics and composites", Marcel Dekker, New York, USA(1998)p. 483.
15) 後藤英和, 他3名, 精密工学会誌, **59**(1993)1307.
16) O. Sibailly et al., Proc. of SPIE, **5063**(2003)501.
17) Z. H Xie et al., Wear, **255**(2003)651-656.
18) H. Ohmori et al., Annals of CIRP, **39**(1990)329.
19) D. B. Marshall et al., Proc. R. Soc. Lond. A, **385**(1983)461.
20) 鈴木賢治, 田中啓介, 材料, **40**(1990)818.
21) C. A. Andersson and R. J. Bratton, pp. 463-481,"The Science of Ceramic Machining and Surface Finishing II", edited by B. J. Hockey and R. W. Rice, National Bureau of Standards Special Publication 562(1979).
22) M. Hakulinen, J. Mater. Sci., **20**(1985)1049-1060.
23) K. A. Kibble et al., British Ceram. Trans., **94**(1995)209.

24) W. Kanematsu et al., "Fracture Mechanics of Ceramics vol. 11", Plenum Press, New York (1996) p. 389.
25) H. H. K. Xu et al., J. Mater. Res., **11** (1996) 1717.
26) W. Kanematsu et al., J. Am. Ceram. Soc., **87** (2004) 500.
27) W. Kanematsu, J. Am. Ceram. Soc., **89** (2006) 2564.
28) 猿木勝司, 山田 明, 材料, **44** (1995) 927-932.
29) JIS R1674:2007, "ファインセラミックスの加工損傷による強度変化の統計的判定方法".

6

微 構 造

6.1 微構造制御法

　セラミックスの微構造はその特性や機能を左右する重要な因子である．均一なように見える材料でも，それを拡大して見れば，拡大倍率に応じていろいろな構造要素から成り立っていることが分かる．例えば，数百倍〜数千倍レベルではさまざまな形や大きさの結晶粒や気孔，繊維などが，数万倍レベルでは結晶粒と結晶粒の間の粒界第2相や微小な分散粒子などが，原子レベルでは格子欠陥や転位，置換原子などが構造要素として存在する．これらの構造因子の多くは，異なる寸法の階層にまたがって存在し，しかもさまざまな形や分布(形態)，配向性などを有している．

　窒化ケイ素セラミックスの特性は，このような微構造因子を系統的に制御することにより，ここ数十年の間，飛躍的な向上を見せている．とくに，原子・分子レベルからマクロレベルにいたる，複数の階層の構造因子を同時に制御することにより，強度，破壊靱性などの従来，相反すると考えられてきた特性の両立なども可能になってきている．ここでは，窒化ケイ素の微構造制御の方法と，それらによる強度，破壊靱性などの室温での機械的特性の向上を中心に述べる．なお，高温での機械的特性や熱伝導率などの熱的特性も微構造の制御に大きく影響されるが，それらについては，それぞれ「7.2 高温での機械的特性」および「7.4 熱的特性」において扱われるため，ここでは割愛する．

6.1.1 粒子形態制御

　窒化ケイ素セラミックスは，優れた強度と破壊靱性を有し，最も重要な構造用セラミックスの一つであるが，破壊靱性をさらに向上させるためにこれまでに多くの研究がなされてきた．窒化ケイ素の破壊靱性は，き裂先端後方における柱状粒子の架橋，すべり，引き抜きなどによる応力遮蔽効果によって発現するため，粒子の形状や寸法などの微構造の制御や粒界構造の制御などの研究に

多大な努力が払われてきた．また，上記のき裂先端後方の応力遮蔽効果のため，き裂進展に従って破壊靱性が上昇する破壊抵抗曲線（R-curves）が観察されることが多く，このため，破壊靱性の正確な理解と評価についても数多くの研究が行われてきている．

窒化ケイ素の粗大な β 型柱状粒子が靱性向上に大きな効果があることが見いだされたのは 1990 年頃である[1~4]．例えば，Li ら[1]は，微細な粒子からなる窒化ケイ素の破壊靱性が約 3 MPa m$^{1/2}$ であるのに対し，直径 1 μm 以上の粗大な窒化ケイ素柱状粒子を含む窒化ケイ素は，比較的長いき裂を導入した場合，これらの粗大柱状粒子の架橋，引抜き効果により破壊靱性が 10 MPa m$^{1/2}$ に達することを報告している．また，このような窒化ケイ素の破壊靱性は，粗大な柱状粒子の径が大きくなればなるほど増大することも明らかになっている[5,6]．粗大柱状粒子を含むこれらの窒化ケイ素は，自己強化型窒化ケイ素（in-situ toughened silicon nitride，self-reinforced silicon nitride）と呼ばれている．これらの粗大柱状粒子は窒化ケイ素の c 軸方向に非等方的に成長したものであり，このような粒子成長は原料の α 相と β 相の比や，焼結の温度，圧力および保持時間などを調節することにより制御することが可能である[7~10]．

しかしながら，セラミックスにおいては，粒子が粗大化するのに従って強度は減少することが知られており，これらの窒化ケイ素においても同様な傾向が見られる．これは，粗大な柱状粒子の連結などが大きな破壊欠陥の形成につながるとともに，き裂進展に従って破壊抵抗がゆっくりと上昇するために，破壊靱性の向上が強度の向上に寄与しないことによるものである[3,11~13]．

より精緻な窒化ケイ素粒子の形態制御のために，β 型の窒化ケイ素柱状粒子を種結晶として使用することが試みられている[14~18]．窒化ケイ素種結晶は α 型の窒化ケイ素粉末と焼結助剤としての金属酸化物を熱処理することにより得られ，粉末や酸化物の種類を選択することにより，異なる種結晶を得ることができる．例として図 6.1.1 に，比表面積が 11.0 m^2/g の微細で均質な α 型窒化ケイ素粉末から，焼結助剤として 5 mol％イットリアを用い，0.5 MPa の窒素雰囲気で，1850 ℃で 2 時間熱処理を施すことにより作製した種結晶を示す[18]．

Hirao ら[15]は，このような窒化ケイ素種結晶を用いて，微細な α 型窒化ケ

6.1 微構造制御法　241

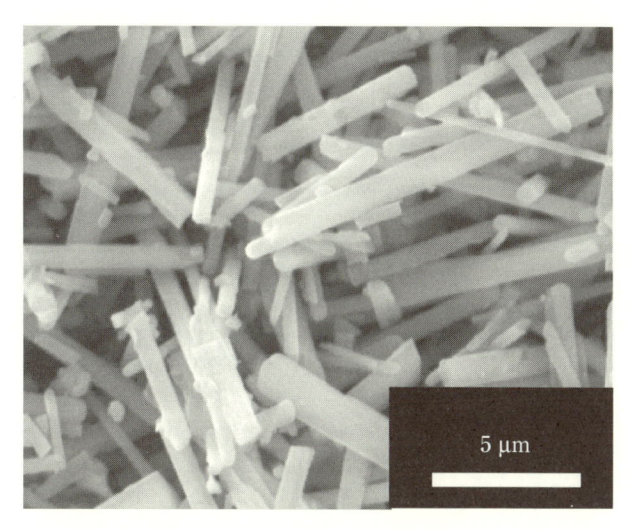

図6.1.1　窒化ケイ素の柱状粒子

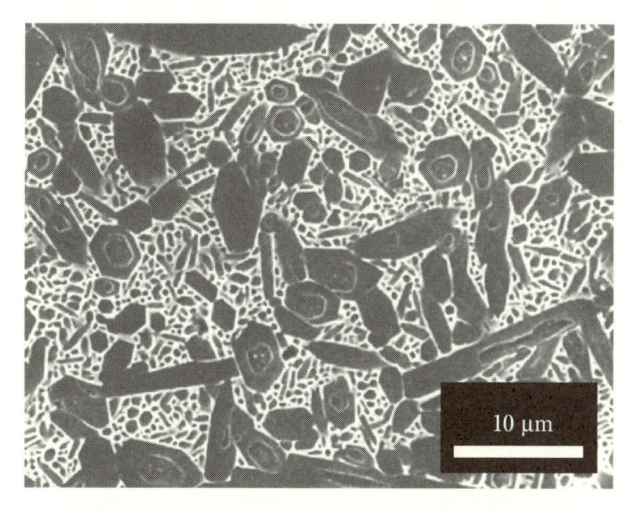

図6.1.2　種結晶を用いた窒化ケイ素の微細構造

イ素粒子のマトリックス中に，粗大なβ型窒化ケイ素粒子を成長させ，強度と破壊靱性を両立させることに成功している．種結晶を5 wt%イットリアおよび2 wt%アルミナの焼結助剤を加えたα型窒化ケイ素粉末のスラリーに0〜5

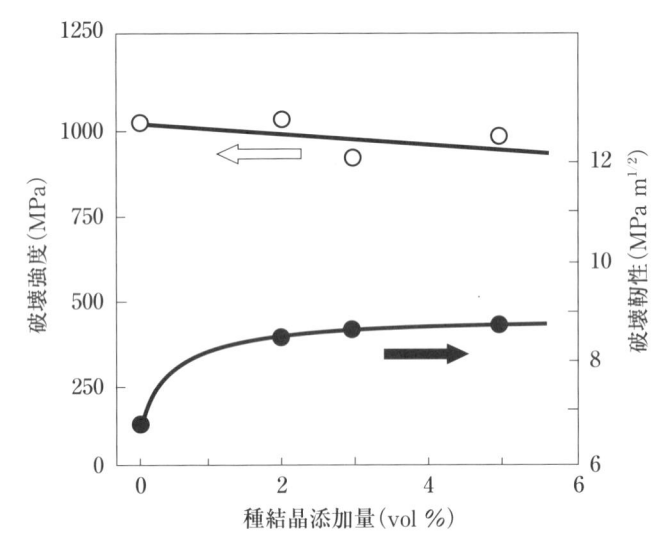

図 6.1.3 種結晶を用いた窒化ケイ素における破壊強度，破壊靱性と種結晶添加量との関係[15]

vol%分散させ，1850℃の窒素雰囲気で焼成すると，図6.1.2に示すような微構造を有する窒化ケイ素が得られる．種結晶の c 軸方向の優先的な結晶成長により，上述したような粗大なβ型窒化ケイ素粒子が分散するバイモーダルの粒子分布を示している．種結晶の添加量が異なる窒化ケイ素について，破壊靱性をJIS R1607で規定されているSEPB法により，また強度をJIS R1601で規定されている4点曲げ試験により測定した結果を図6.1.3に示す．種結晶を加えなかった場合は約 $6\,\mathrm{MPa\,m^{1/2}}$ であるのに対し，5 vol%分散させた場合は $9\,\mathrm{MPa\,m^{1/2}}$ に向上している．さらに，この場合でも強度は約1 GPaの高いレベルを保っている．

6.1.2 粒子配向制御（粗大柱状粒子）

窒化ケイ素種結晶を分散する方法は，窒化ケイ素の柱状粒子の形態，寸法，分布のみではなく，それらの配向性を制御する方法としても有効である[19〜21]．

6.1 微構造制御法 243

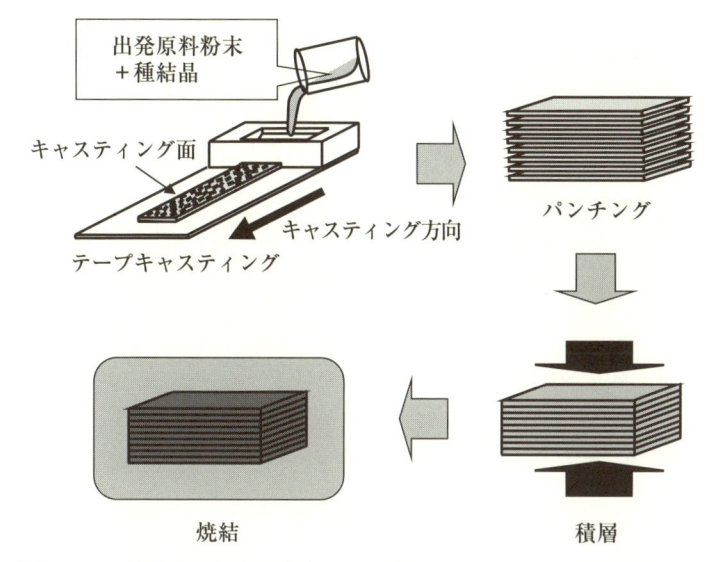

図6.1.4 種結晶を加えた窒化ケイ素粉末スラリーによる柱状粒子が配向した窒化ケイ素作製方法[19]

例えばHiraoら[19,20]は，図6.1.4に示すように，種結晶を加えた窒化ケイ素粉末スラリーを用い，ドクターブレード法により厚み130～150μmのテープ成形シートを作製し，それらを積層し1850℃の窒素雰囲気で焼成することにより，粗大な窒化ケイ素柱状粒子が配向した微構造を有する窒化ケイ素を作製している．種結晶を2vol%加えた窒化ケイ素の例を図6.1.5に示す．テープ成形の過程においてキャスティング方向に配向した種結晶から長さ約20μmの粗大な柱状粒子が成長していることが分かる．しかし，とくにキャスティング面において，これらの柱状粒子は完全に配向方向に配向しているのではなく，多くの粒子が若干傾いている．配向方向に応力を負荷した場合，これら傾斜した柱状粒子は，完全に配向している粒子に比べ，引き抜かれる際のくさび効果により，より優れた破壊靭性の発現につながる．図6.1.6に，この窒化ケイ素の，応力を配向方向に負荷した場合の破壊靭性と4点曲げ強度を，異なる種結晶の添加量について調べた結果を示す．破壊靭性，強度ともに種結晶の添加量の増加に従って向上していることが分かる．さらに，従来の自己強化型窒

244　6　微構造

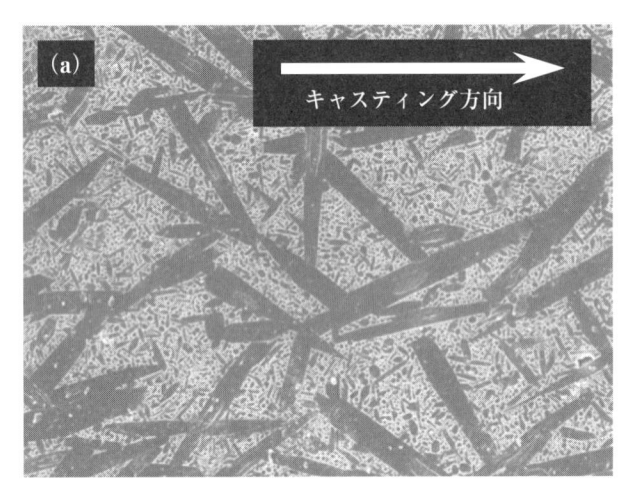

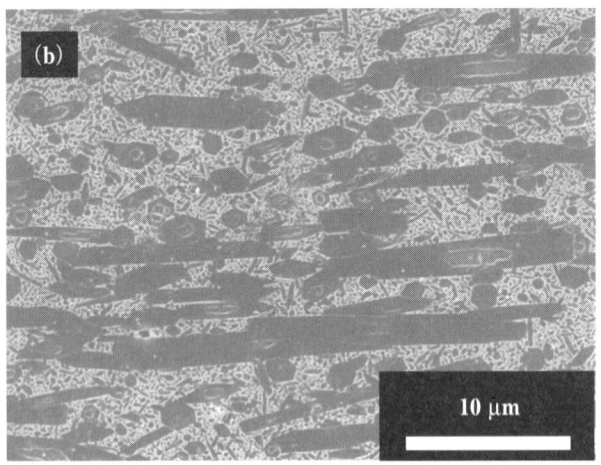

図6.1.5　種結晶をテープ成形で配向させた窒化ケイ素の微細構造
(a)キャスティング面に平行，(b)キャスティング面に垂直

化ケイ素のワイブル係数が26であるのに対し，この窒化ケイ素は46の極めて高い値を示し，強度のばらつきが非常に小さいことも重要な特徴である．

このような柱状粒子が配向した窒化ケイ素では，通常の窒化ケイ素と比較して小さなき裂進展でもより多くの柱状粒子が，架橋や引き抜きなどのき裂遮蔽効果に関与するために，効果的な靭性発現が期待できる．Ohjiら[22]はビッ

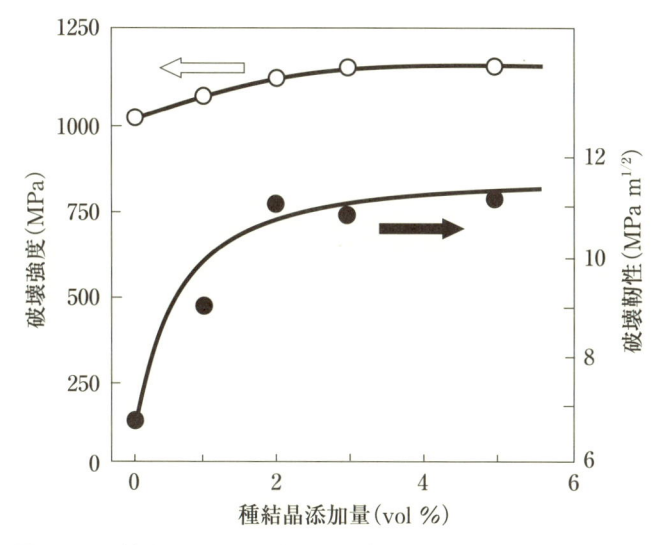

図 6.1.6　種結晶をテープ成形で配向させた窒化ケイ素における破壊強度，破壊靭性と種結晶添加量との関係

カース圧子により形成したき裂を柱状粒子の配向方向に垂直に進展させて，破壊抵抗の変化を調べ，通常の自己強化型窒化ケイ素のそれと比較している．図6.1.7 に示すように，自己強化型窒化ケイ素では破壊抵抗はき裂の進展に従ってゆっくりと上昇し，き裂長さ 500 μm で 11 MPa m$^{1/2}$ の靭性に達しており，同様な窒化ケイ素についての他の測定結果と一致している[1, 6, 23~26]．一方，柱状粒子を配向させた窒化ケイ素では，き裂進展の開始時より 10 MPa m$^{1/2}$ 以上の高い値を示し，その後ほとんど変化しないことが分かる．ゆっくりと上昇する破壊抵抗曲線を示す自己強化型窒化ケイ素では，破壊靭性を十分に発現するために長いき裂を必要とするため，破壊強度を決定する破壊源となる小さなき裂では靭性発現の効果がほとんど見られない．一方，柱状粒子が配向している窒化ケイ素では応力を配向方向に負荷した場合，破壊抵抗が急激に上昇するため，破壊源となる小さなき裂でも十分な効果があると考えられ，このことがこのような窒化ケイ素において高い破壊強度と高い破壊靭性が両立する原因となっていると考えられる．さらに，急激に上昇する破壊抵抗曲線は，強度のば

246   6 微 構 造

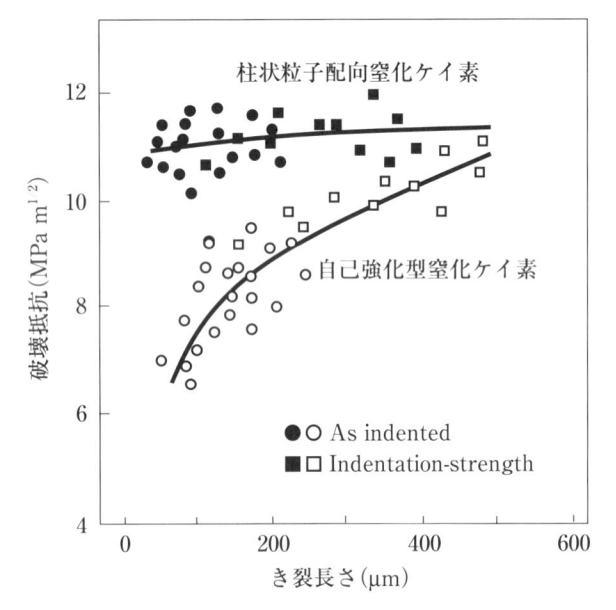

図 6.1.7 ビッカース圧子圧入き裂およびそれらを曲げ強度試験で進展させたき裂による，柱状粒子配向窒化ケイ素および自己強化型窒化ケイ素の破壊抵抗曲線[22]

らつきの少ない，高いワイブル係数につながることが知られている[27〜29]．事実，上述したように柱状粒子が配向した窒化ケイ素は46の極めて高いワイブル係数を示す．

Becher ら[21]は，イットリア 6.25 wt%および Y_2O_3＋アルミナ 1 wt%の焼結助剤を用いて作製した，図 6.1.8 に示すような粒子の寸法および分布緒や柱状粒子の配向性の異なる4種類の窒化ケイ素について，AMDCB(applied moment double cantilever beam)法[30]により，破壊抵抗曲線挙動をより体系的に調べている．

その結果を図 6.1.9 に示す．等軸状の粒子からなる窒化ケイ素(d)は 100 μm 以下の小さなき裂では $2\,\mathrm{MPa\,m^{1/2}}$ 以下に止まり，長いき裂でも $3.5\,\mathrm{MPa\,m^{1/2}}$ 程度の破壊抵抗である．粗大な柱状粒子を含む窒化ケイ素(b)および(c)は，柱状粒子の寸法や割合が増えるに従って，破壊抵抗はより小さなき裂で増大を

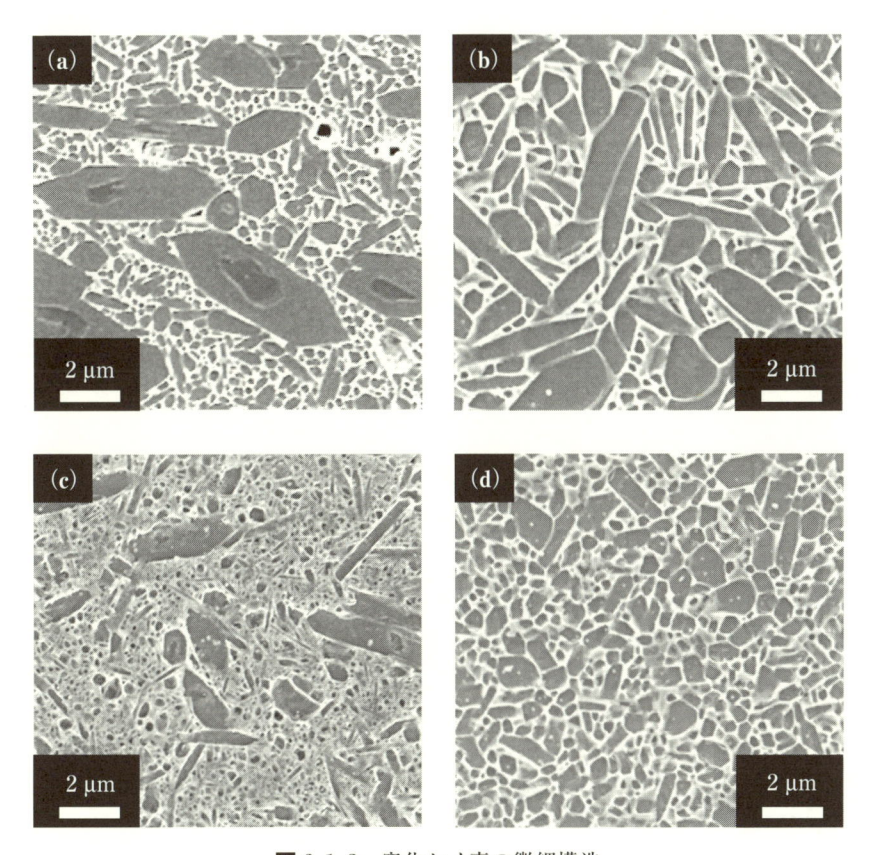

図 6.1.8 窒化ケイ素の微細構造
(a) α-粉末に 2 wt% β-種結晶を添加しテープ成形で配向させた窒化ケイ素. 1850℃, 6 時間ガス圧焼結, (b) α-粉末のみで 1750℃, 2 時間ホットプレス, (c) α-粉末のみで 1750℃, 20 分ホットプレス, (d) β-粉末のみで 1750℃, 2 時間ホットプレス[21]

始め,増大の度合いも大きい.一方,微細粒子のマトリックスに柱状粒子が配向した窒化ケイ素(a)では,応力を配向方向に負荷した場合,上述したビッカース圧子により形成したき裂の破壊抵抗曲線と同様に,き裂進展の開始時から破壊靭性が急激に上昇していることが分かる.微細で等軸状の粒子のマトリックスに粗大な柱状粒子が配向する微構造が,わずかなき裂進展で大きな破壊抵抗を得るのには最も効果的であると考えられる.

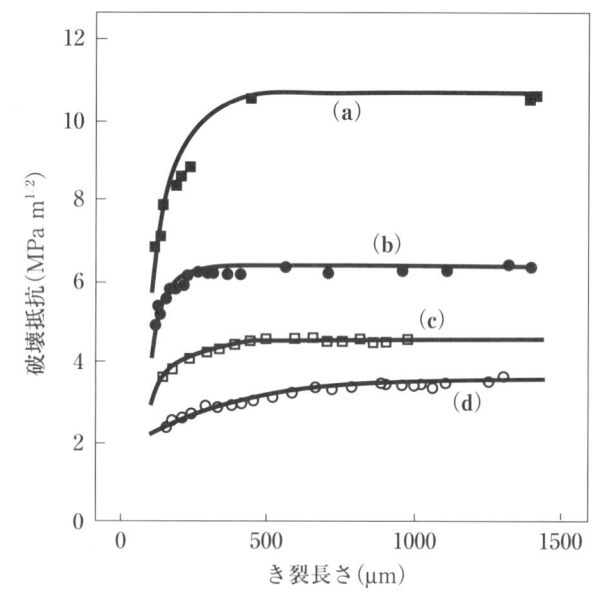

図 6.1.9 図 6.1.8 に示した窒化ケイ素について AMDCB 法により測定した破壊抵抗曲線 [21]

6.1.3 粒子配向制御（微細柱状粒子）

前項のような種結晶を用いる方法以外に，セラミックスの超塑性鍛造あるいは超塑性鍛造焼結を利用することにより窒化ケイ素の柱状粒子を配向させることが可能である．超塑性鍛造はセラミックスの焼結体に変形応力を加えるのに対し，超塑性鍛造焼結はセラミックスの成形体に変形応力を加えるもので，引張りの方向，あるいは圧縮に対し垂直な方向に柱状粒子が配向する[31]．これらの方法では，種結晶を用いる方法に比べ，配向する粒子が微細であるという特徴がある．窒化ケイ素の超塑性変形は粒子寸法が十分に小さいときに粒界すべりによって起こり，引張変形においては，柱状粒子は引張方向に配向する．このような現象を利用して，Kondo ら[32,33]は，微細な柱状粒子からなる窒化ケイ素について，超塑性圧縮変形（超塑性鍛造）を試み，変形後の強度と破壊靱性

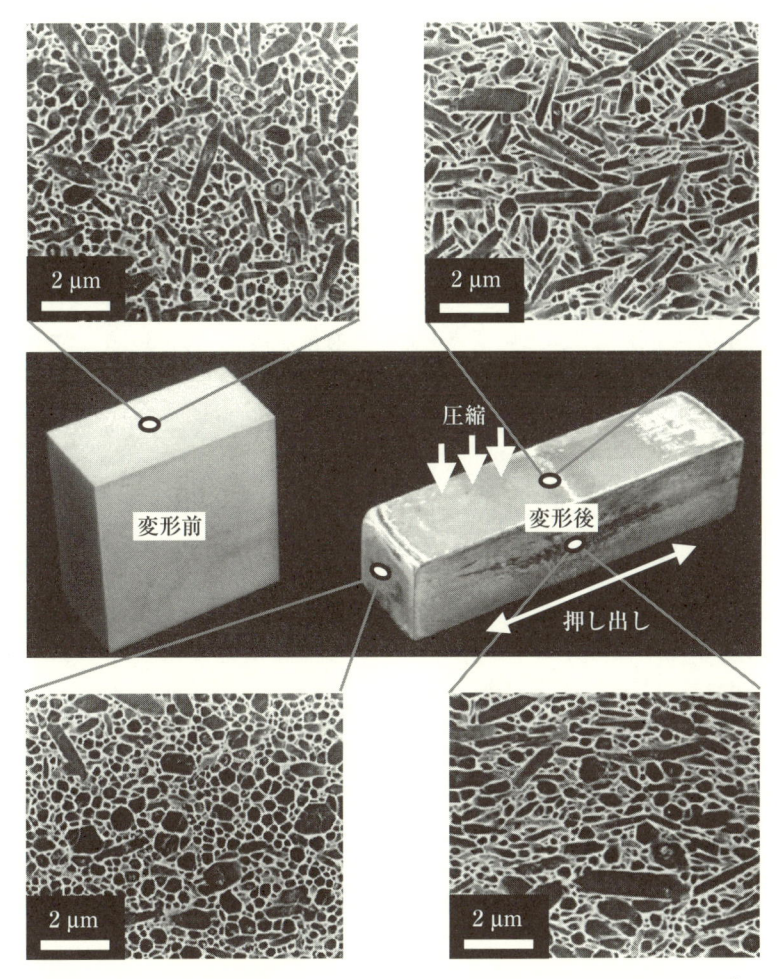

図 6.1.10 超塑性鍛造により圧縮変形させた窒化ケイ素の微細構造[32]

の変化を調べている．超塑性変形はグラファイトダイにより，49 kN の圧縮荷重を 1750℃で 3 時間負荷することにより行っている．変形前後の微構造を図 6.1.10 に示す．変形により柱状粒子が圧縮方向に垂直な方向に配向していることが分かる．変形前後の 3 点曲げ強度を調べたところ，変形前が約 1.1 GPa であったのに対し，配向方向に応力を負荷した場合，変形後は約 1.7 GPa に増

加しており,また SEVNB(single-edge-V-notched-beam)法で測定した破壊靭性は 8.5 MPa m$^{1/2}$ から 12 MPa m$^{1/2}$ に増加している.さらに,超塑性変形後の窒化ケイ素は,高温において 200〜630 J/m^2 の極めて高い破壊エネルギーを示すとともに[34],高温でのクリープ抵抗が著しく向上する.配向方向に引張応力を負荷した 1200 ℃での引張クリープ試験では,変形前と比べるとクリープ速度が約 1 桁減少することが知られている[35].

超塑性鍛造焼結は焼結と鍛造を同時に行うプロセスであり,形状の付与を粉末成形体から直接行うことができるという特徴がある.Kondo ら[36]は α 型窒化ケイ素粉末に 5 wt%のイットリアおよび 3 wt%のアルミナの焼結助剤を加えた 40 mm,20 mm,28 mm の寸法の粉末成形体について,49 kN の荷重により 1750 ℃で 3 時間,超塑性鍛造焼結を行い,80 mm,20 mm,7.5 mm の寸法の焼結体を作製している.微構造の特徴は超塑性鍛造のものと同様であるが,粒子はかなり微細なものであり,応力を配向方向に負荷した場合,8.3 MPa

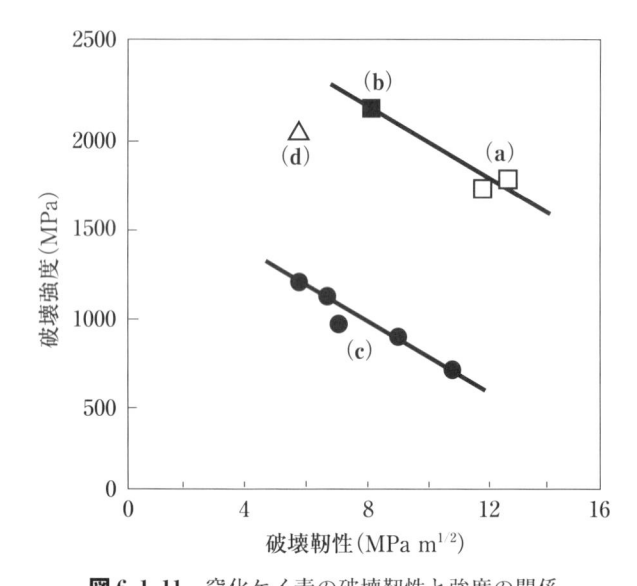

図 6.1.11 窒化ケイ素の破壊靭性と強度の関係
(a)超塑性鍛造窒化ケイ素[32],(b)超塑性鍛造焼結窒化ケイ素[36],
(c)自己強化型窒化ケイ素[3, 22, 38],(d)ナノ粒子窒化ケイ素[37]

$m^{1/2}$ の高い破壊靱性 (SEVNB 法) と 2.1 GPa の極めて優れた強度 (3 点曲げ試験) が得られている.

　超塑性鍛造および超塑性鍛造焼結で得られた窒化ケイ素の破壊靱性と強度を，他の窒化ケイ素と比較して図 6.1.11 に示す．超塑性鍛造焼結による窒化ケイ素は，超塑性鍛造のものと比べ，粒子が微細なため低い破壊靱性と高い強度を示しており，ここでも破壊靱性と強度がトレードオフの関係にあることが分かる．しかし，従来の窒化ケイ素と比べると，破壊靱性，強度ともにはるかに向上している．とくに，超塑性鍛造焼結の強度は，Yoshimura ら[37]によって報告されている 50 nm レベルの極めて微細な粒子による窒化ケイ素の強度よりも高く，柱状粒子の配向による高靱化が効果的に強度の向上に寄与しているものと考えられる．

6.1.4　粒界相制御 (破壊抵抗に及ぼす影響)

　これまで見てきたように，粒子の形態や分布，配向性を調整することにより，窒化ケイ素の機械的特性を向上させることが可能であるが，これに加え粒界相の組成や構造も機械的特性の発現に大きな影響を及ぼす．窒化ケイ素の破壊靱性は，上述したように，き裂先端後方での柱状粒子の架橋，引き抜きなどによる応力遮蔽効果によって主として発現すると考えられるが，粒子の架橋，引き抜きには，粒子とマトリックスとの界面で剥離がまず起こる必要があり，界面の剥離の程度は焼結助剤などによって決まる粒界相によって左右されるからである[39〜42]．一般的には，界面における化学結合が界面の強度を決定し，一方，界面に働く熱膨張係数の差異に起因する残留熱応力が剥離長さを決定すると考えられている．Sun ら[42]は，焼結助剤としてイットリアおよびアルミナを添加し，窒化ケイ素種結晶を配向・成長させた窒化ケイ素について，イットリウムとアルミニウムの比を変化させることにより粒界ガラス相の化学組成を変化させ，上述した AMDCB 法により破壊抵抗挙動に及ぼす影響を調べている．焼結助剤の組成が異なると，通常の窒化ケイ素の作製方法では異なる粒子形態や寸法を持つ微細構造となるが，種結晶を使用する方法では同様な微細

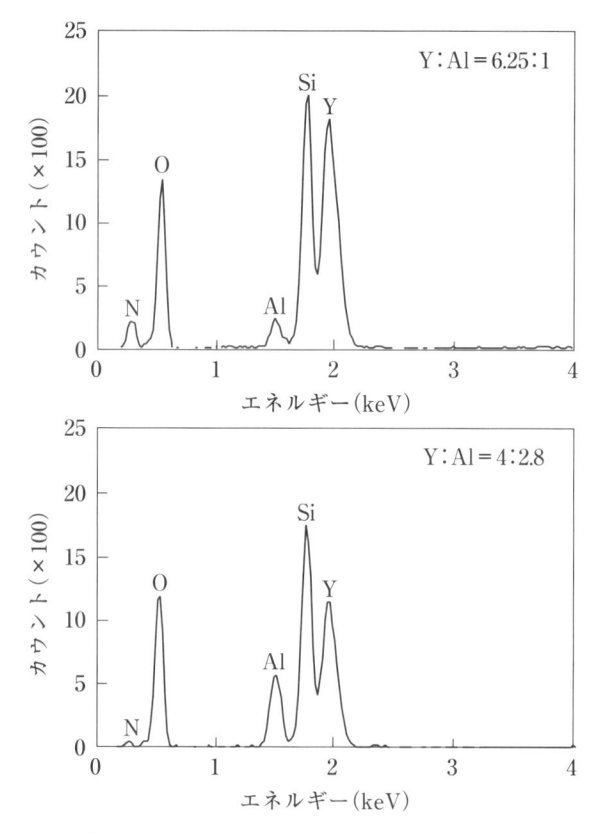

図 6.1.12 イットリア 6.25 wt%, アルミナ 1.0 wt% の焼結助剤およびイットリア 4.0 wt%, アルミナ 2.8 wt% の焼結助剤の窒化ケイ素の粒界 3 重点からの EDS スペクトル[42]

構造を得ることができる長所があり,粒界相の化学組成の影響をより明確に知ることができる.イットリアとアルミナの比を変化させた場合の,粒界ガラス相の X 線回折スペクトルの変化を図 6.1.12 に,破壊抵抗曲線(応力を配向方向に負荷)の変化を図 6.1.13 に示す.すべての場合において,比較的小さなき裂進展で破壊靱性が急激に上昇しているが,イットリアとアルミナの比が増大するに従って,長いき裂での破壊靱性が高いことが分かる.このような破壊靱性の変化は,粒界相の化学組成の差異による柱状粒子の剝離挙動の変化に起因

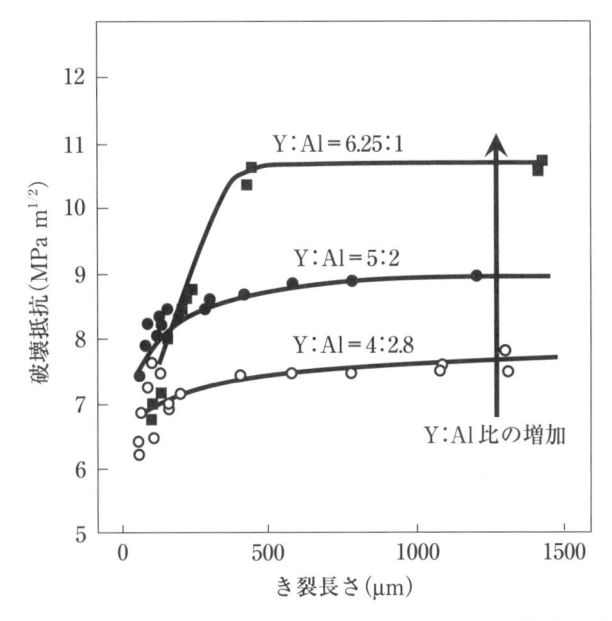

図 6.1.13 イットリア 6.25 wt%, アルミナ 1.0 wt%の焼結助剤およびイットリア 4.0 wt%, アルミナ 2.8 wt%の焼結助剤の窒化ケイ素の破壊抵抗曲線(応力を配向方向に負荷)[42]

すると考えられている[42]. 図 6.1.14 に示すように, 柱状粒子に対するき裂の挙動は, その入射角度がほぼ同じであっても, イットリア 4.0 wt%, アルミナ 2.8 wt%の試料では粒子を横断するのに対し, イットリア 5.0 wt%, アルミナ 2.0 wt%の試料ではき裂の偏向と界面の剥離が起こることが分かる. また, 入射角度が小さくなれば前者の試料でも剥離が観察できるが, 剥離の長さは後者のそれと比べて小さいことが分かっている. さらに, 異なるイットリアとアルミナの組成比について, 剥離の発生する臨界入射角度を調べたところ, 組成比が 4：2.8, 5：2, 6.25：1 と変化するに従って, 臨界入射角度も 60, 70, 75 度と増大することが明らかとなり, 高いイットリアとアルミナの組成比では, 柱状粒子とその周囲とのガラス相との界面は低い界面エネルギーを有していることが示された[42].

Sun ら[43]は, さらに詳細に窒化ケイ素と Si-(Al)-Y(Ln)-O-N (Ln：rare-

254   6 微 構 造

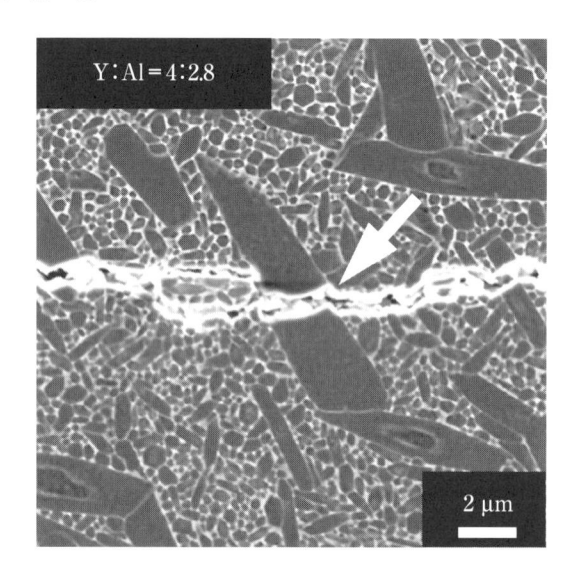

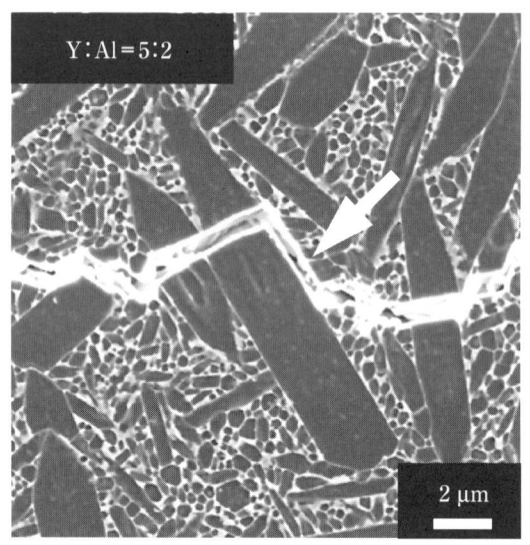

図 6.1.14 イットリア 4.0 wt%,アルミナ 2.8 wt% の焼結助剤および イットリア 5.0 wt%,アルミナ 2.0 wt% の焼結助剤の窒化ケ イ素についてのき裂進展挙動観察[42]

earth)相との剝離の挙動を調べ，アルミニウムおよび酸素の濃度が増大すれば，臨界入射角度は減少し，界面の結合強度は増加する傾向にあることを見いだしている．また，Becherら[44]は，窒化ケイ素粒子間のガラス相にフッ素が関与すると，粒界破壊が促進されることを明らかにし，フッ素の存在により相対的に弱いアモルファスネットワークが形成されることを原子クラスター解析で示している．

6.1.5 多孔体における粒子配向制御

　従来，セラミックスにおける気孔の存在は，その機械的特性，とくに強度特性を損なうものと認識されてきたが，これは気孔が他の気孔や潜在している欠陥と連結し，大きな破壊欠陥となりうるとともに，応力を担う緻密相の部分が減少するために，同じ荷重でも付加応力が増大することなどによるものである．しかし，近年，気孔の寸法，形状，分布あるいは配向性を制御するとともに緻密相の粒子の寸法，形状，配向性を制御することにより，緻密体にはない機械的特性を発現することが可能となってきている．例えば，上述した窒化ケイ素の種結晶のみのスラリーをテープ成形することより，種結晶が配向した多孔体を作製することができる[45,46]．図 6.1.15 に，このようにして得られた気孔率 14% の多孔体の微細組織を示す．窒化ケイ素の粗大柱状粒子がキャスティング方向に配向しており，さらに粒子間に存在する気孔は粒子の配向により，扁平状になるとともに粒子配向の方向に配向している．この多孔体の配向方向の弾性率を超音波パルス法により調べると，気孔が 14% 存在することにより緻密体に比べ 30% 低下し，約 240 GPa となっている．また，強度を 3 点曲げ試験により調べたところ，配向方向に応力を負荷した場合では約 1 GPa の高い強度が，また配向方向に直角に応力を負荷した場合でも，約 600 MPa の強度が得られている．このような高い強度と低い弾性率の両立は材料のすぐれた変形許容性につながる．さらに，シェブロンノッチ試験により破壊エネルギーを調べたところ，約 490 J/m^2 の値が得られ，微細粒子からなる通常の窒化ケイ素緻密体の破壊エネルギー 70 J/m^2 の値と比べ 7 倍大きいことが明らか

256   6 微 構 造

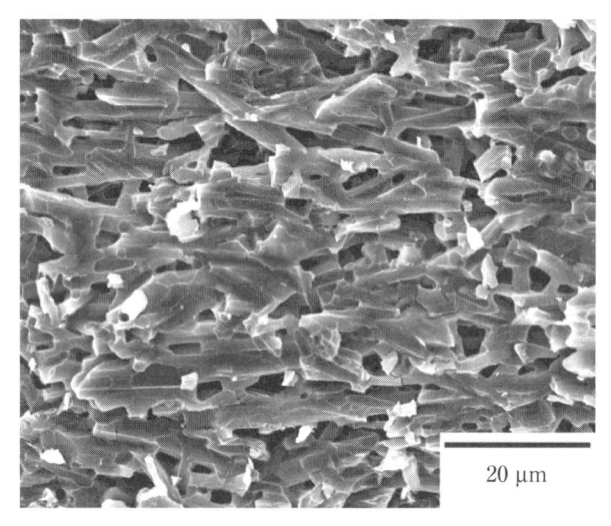

図 6.1.15 柱状粒子配向窒化ケイ素多孔体の微細構造 [45)]

になっている．さらに，同じシェブロンノッチ法で測定された炭化ケイ素ウィスカー強化緻密質窒化ケイ素の破壊エネルギー，96 J/m^2 や [47)]，超塑性変形による微細柱状粒子が配向した緻密質窒化ケイ素の破壊エネルギー，176 J/m^2 [36)] と比較しても，この多孔質窒化ケイ素は大きな破壊エネルギーを有していることが分かる．

このような気孔14%の柱状粒子が配向した多孔質窒化ケイ素の破面を図6.1.16に示す．突出した柱状粒子や気孔が観察され，き裂が進展して開口する際に，き裂を架橋して元々結合していた粒子が，破壊されることなく引き抜けたことを示している．上述したように窒化ケイ素の破壊靱性は，柱状粒子の架橋や引き抜きなどのき裂先端後方の応力遮蔽効果により発現するが，界面が比較的強い緻密質の窒化ケイ素では，界面の剥離が制限され，靱性発現に寄与する粒子の数は限られる．一方，多孔質の窒化ケイ素では，柱状粒子の周囲に存在する扁平状の気孔によってき裂進展が配向している粒子と垂直方向に傾けられるので，き裂の偏向をもたらすとともに，き裂の偏向は結合粒子間の分離を促進するので，多くの柱状粒子が破壊することなく引き抜かれる．すなわ

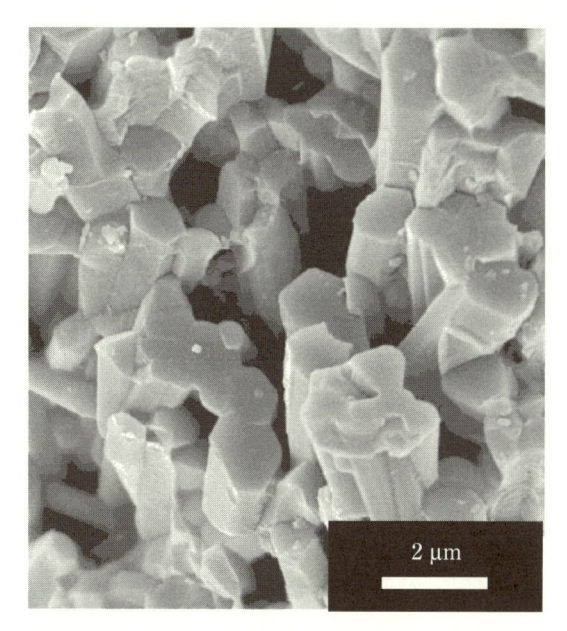

図 6.1.16 柱状粒子配向窒化ケイ素多孔体の破面[45]

ち，この多孔質窒化ケイ素が大きな破壊エネルギーを示すのは，柱状粒子の引き抜けによるすべり抵抗とき裂の偏向が寄与しているためであると考えられる．

図 6.1.17 に，この窒化ケイ素多孔体について，気孔率を変化させた場合の，強度，破壊エネルギー，および破壊エネルギーから変換された破壊靭性の変化を示す[46]．強度および破壊エネルギーは応力を配向方向に負荷した場合について上述した方法により測定している．強度は気孔率の減少に伴い増加し，気孔率が 0% に近くなると 1.5 GPa 以上の極めて高い値を示すが，破壊エネルギーに関しては，気孔率が 15% 前後で極大値を示した後，気孔率の増加とともに単調に減少する．すなわち，気孔率が 15% 前後で約 490 J/m^2 の高い破壊エネルギーと約 1.0 GPa の高い強度が両立している．一方，破壊靭性は，気孔率が 0% の場合に比べて数%の気孔率を導入した場合の方が高いことが分かる．とくに気孔率が 4% 前後では，靭性強化が効果的に発現し，17 MPa m$^{1/2}$

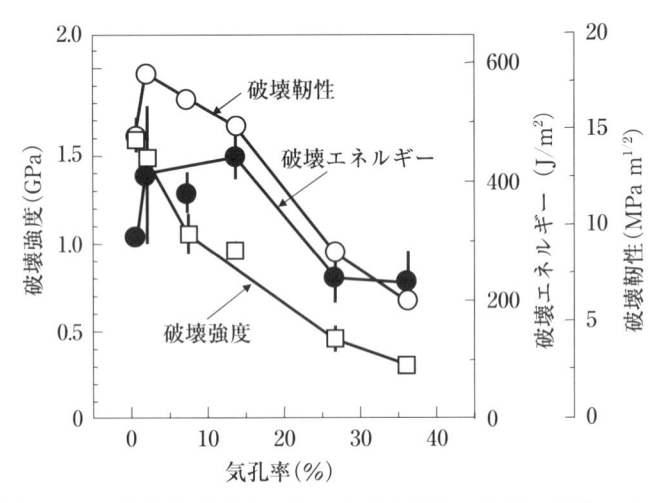

図 6.1.17 柱状粒子配向窒化ケイ素多孔体の強度，破壊エネルギーおよび破壊靱性と気孔率との関係[46]

の極めて高い破壊靱性と約 1.5 GPa の極めて高い強度が両立していることが分かる．

多孔質窒化ケイ素の特徴としては，ここで見てきたような緻密体と同等の強度と，はるかに優れた破壊エネルギー以外に，緻密体と比べ弾性率が低下するため破断ひずみを大きくすることができ，大きな変形許容性を得ることができる．また，気孔率の増加は，その分の軽量化につながり，セラミックスの特徴の一つである軽量性がさらに向上することになる．すなわち，セラミックスにおける気孔の存在は，必ずしもその機械的特性を損なうものではなく，微細構造の的確な制御により，緻密体にはない優れた特性の発現が可能であることを示唆している．

参考文献

1) C. W. Li and J. Yamanis, Ceram. Eng. Sci. Proc., **10**(1989) 632-645.
2) K Matsuhiro and T. Takahashi, Ceram. Eng. Sci. Proc., **10**(1989) 807-816.

3) T. Kawashima, H. Okamoto, H. Yamamoto and A. Kitamura, J. Ceram. Soc. Japan, **99**(1991)320-323.
4) M. Mitomo and S. Uenosono, J. Am. Ceram. Soc., **75**(1992)103-108.
5) P. F. Becher, J. Am. Ceram. Soc., **74**(1991)255-269.
6) R. W. Steinbrech, J. Eur. Ceram. Soc., **12**(1992)131-142.
7) D. D. Lee, S. J. L. Kang, G. Petzow and D. N. Yoon, J. Am. Ceram. Soc., **73**(1990) 767-769.
8) M. Krämer and M. J. Hoffmann, J. Am. Ceram. Soc., **76**(1993)2778-2784.
9) S.-M. Han and S.-J. L. Kang, MRS Bull., **20**(1995)33-37.
10) W. Dressler, H. J. Kleebe, M. J. Hoffmann, M. Rühle and G. Petzow, J. Eur. Ceram. Soc., **16**(1996)3-14.
11) Y. Tajima and K. Urashima, Tailoring of Mechanical Properties of Si_3N_4 Ceramics. Edited by M. J. Hoffmann and G. Petzow, Kluwer Academic Publishers, Dordrecht, Netherlands(1994)101-109.
12) P. F. Becher, H. T. Lin, S. L. Hwang, M. J. Hoffmann and I.-W. Chen, Silicon Nitride Ceramics. Edited by I.-W. Chen, P. F. Becher, M. Mitomo, G. Petzow, and T. S. Yen, Materials Research Society, Pittsburgh, PA(1993)147-158.
13) N. Hirosaki, Y. Akimune and M. Mitomo, J. Am. Ceram. Soc., **76**(1993)1892-1894.
14) D. E. Wittmer, D. Doshi and T. E. Paulson, Ceram. Eng. Sci. Proc., **13**(1992) 907-917.
15) K. Hirao, T. Nagaoka, M. E. Brito and S. Kanzaki, J. Am. Ceram. Soc., **77**(1994) 1857-1862.
16) H. Emoto and M. Mitomo, J. Eur. Ceram. Soc., **17**(1997)797-804.
17) K. Hirao, A. Tsuge, M. E. Brito and S. Kanzaki, J. Ceram. Soc. Japan, **101**(1993) 1071-1073.
18) Y. Inagaki, M. Ando and T. Ohji, J. Ceram. Soc. Japan, **109**(2001)978-980.
19) K. Hirao, M. Ohashi, M. E. Brito and S. Kanzaki, J. Am. Ceram. Soc., **78**(1995) 1687-1690.
20) S. Kanzaki, M. E. Brito, M. C. Valecillos, K. Hirao and M. Toriyama, J. Eur. Ceram. Soc., **17**(1997)1841-1847.
21) P. F. Becher, E. Y. Sun, K. P. Plucknett, K. B. Alexander, C. H. Hsueh, H. T. Lin, S. B. Waters, C. G. Westmoreland, E. S. Kang, K. Hirao and M. E. Brito,

J. Am. Ceram. Soc., **81**(1998)2821-2830.
22) T. Ohji, K. Hirao and S. Kanzaki, J. Am. Ceram. Soc., **78**(1995)3125-3128.
23) N. Ramachandran and D. K. Shetty, J. Am. Ceram. Soc., **74**(1991)2634-2641.
24) C.-W. Li, D.-J. Lee and S.-C. Lui, J. Am. Ceram. Soc., **75**(1992)1777-1785
25) P. F. Becher, S. L. Hwang, H. T. Lin and T. N. Tiegs, Tailoring of Mechanical Properties of Si_3N_4 Ceramics. Edited by M. J. Hoffmann and G. Petzow, Kluwer, Academic Publishers, Dordrecht, Netherlands(1994)87-100.
26) I. Tanaka, G. Pezzotti, T. Okamaoto and Y. Miyamoto, J. Am. Ceram. Soc., **72**(1989)1656-1660.
27) K. Kendall, N. McN. Alford, S. R. Tan and J. D. Birchall, J. Mater. Res., **1**(1986)120-123.
28) R. F. Cook and D. R. Clarke, Acta Metall., **36**(1988)555-562.
29) D. K. Shetty and J.-S. Wang, J. Am. Ceram. Soc., **72**(1989)1158-1162.
30) S. W. Freiman, D. R. Mulville and P. W. Mast, J. Mater. Sci., **8**(1973)1527-1533.
31) N. Kondo, E. Sato and F. Wakai, J. Am. Ceram. Soc., **81**(1998)3221-3227.
32) N. Kondo, T. Ohji and F. Wakai, J. Am. Ceram. Soc., **81**(1998)713-716.
33) N. Kondo, T. Ohji and F. Wakai, J. Mater. Sci. Lett., **17**(1998)45-47.
34) N. Kondo, Y. Inagaki, Y. Suzuki and T. Ohji, J. Am. Ceram. Soc., **84**(2001)1791-1796.
35) N. Kondo, Y. Suzuki, M. E. Brito and T. Ohji, J. Mater. Res., **16**(2001)2182-2185.
36) N. Kondo, Y. Suzuki and T. Ohji, J. Am. Ceram. Soc., **82**(1999)1067-1069.
37) M. Yoshimura, T. Nishioka, A. Yamakawa and M. Miyake, J. Ceram. Soc. Japan, **103**(1995)407-408.
38) T. Kawashima, H. Okamoto, H. Yamamoto and A. Kitamura, Silicon Nitride Ceramics II. Edited by M. Mitomo and S. Somiya, Uchida Rokakuho Publishing, Tokyo, Japan(1990)135-146.
39) Y. Tajima, Mater. Res. Soc. Symp. Proc., 287-12(1993)189-196.
40) K. Urashima, Y. Tajima and M. Watanabe, Fracture Mechanics of Ceramics, Vol. 9. Edited by R. C. Bradt, Plenum Press, New York, USA (1992)235-240.
41) G. Wötting and G. Ziegler, Ceramic International, **10**(1984)18-22.
42) E. Y. Sun, P. F. Becher, K. P. Plucknett, C. H. Hsueh, K. B. Alexander, S. B. Waters, C. G. Westmoreland, K. Hirao and M. E. Brito, J. Am. Ceram. Soc., **81**(1998)2831-2840.

43) E. Y. Sun, P. F. Becher, C. H. Hsueh, G. S. Painter, S. B. Waters, S. L. Hwang and M. J. Hoffmann, Acta Mater., **47**(1999)2777-2785.
44) P. F. Becher, G. S. Painter, E. Y. Sun, C. H. Hsueh and M. J. Lance, Acta Mater., **48**(2000)4493-4499.
45) Y. Inagaki, T. Ohji, S. Kanzaki and Y. Shigegaki, J. Am. Ceram. Soc., **83**(2000) 1807-1809.
46) Y. Inagaki, Y. Shigegaki, M. Ando and T. Ohji, J. Eur. Ceram. Soc., **24**(2004) 197-200.
47) T. Ohji, Y. Goto and A. Tsuge, J. Am. Ceram. Soc., **74**(1991)739-745.

6.2 微構造観察方法

6.2.1 はじめに

Si$_3$N$_4$セラミックスの機械的特性は，材料内部の微細組織・構造と密接に関連している．したがって，材料特性を理解するためには，微細組織・構造に関する情報を実験的に得ることが極めて重要となる．現在，Si$_3$N$_4$セラミックスの内部構造を観察する手法として一般的に用いられているのが，電子線をプローブとして用いる電子顕微鏡法である．図6.2.1に示すように，試料に電子を入射すると試料との相互作用に起因したさまざまな信号を抽出することがで

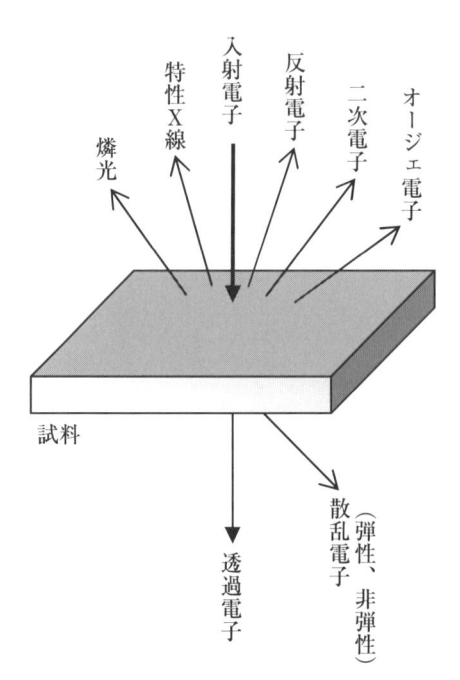

図6.2.1　入射電子と試料との相互作用

きる．これらの信号を目的に応じて取り出すことにより，種々の電子顕微鏡手法が開発されている．本節では，Si_3N_4セラミックスの組織観察に有用な電子顕微鏡法である走査型電子顕微鏡法(SEM)および透過型電子顕微鏡法(TEM)とその試料作製方法を概説するとともに，近年Si_3N_4セラミックスの界面観察に積極的に応用されている走査透過型電子顕微鏡法(STEM)についても解説する．

6.2.2 走査型電子顕微鏡法および試料作製法

走査型電子顕微鏡法(Scanning Electron Microscopy：SEM)は，細く絞った電子線を用いて試料上を走査し，入射した電子線によって励起され，放出されてくる二次電子線(反射電子が用いられる場合もある)の強度を検出器で計測し，その強度を電子線と同期させたモニター上のコントラストと対応させ像を形成する手法である(図6.2.2.)[1]．SEMで使用する入射電子線のエネルギーは通常20〜30 keV程度であり，試料表面のごく浅い領域(〜10 nm)から二次電子が発生するため，SEM像は基本的に試料表面近傍の凹凸を反映した像となる．電子線の入射により反射電子も発生するが，弾性散乱した反射電子は表面の浅い領域(〜10 nm)から，また非弾性散乱した反射電子はそれより少し深い領域(10〜100 nm；電子銃の種類による)から発生する．弾性散乱した反射電子像は，原子番号依存性を有するため，試料中の組成に対応したコントラストを呈し，しばしば組成像と呼ばれる．一方，非弾性散乱した反射電子は，結晶構造の情報を有しているので，後方散乱電子回折(EBSD)として結晶構造や方位の解析に用いられることも多い．また，組成の定量的な分析には，電子線入射に伴い発生する特性X線を分光する装置(エネルギー分散型X線分光装置(EDS)など)が用いられている．ただし，電子線入射に伴い発生するX線は試料内部で拡散するために，この手法による組成分析の分解能は数ミクロンにまで広がることに注意すべきである．

SEM観察用試料作製においては，まず観察したい領域を研磨加工し，平坦な観察表面を作製する．Si_3N_4セラミックスの結晶粒や粒界相の分布を観察す

264   6 微 構 造

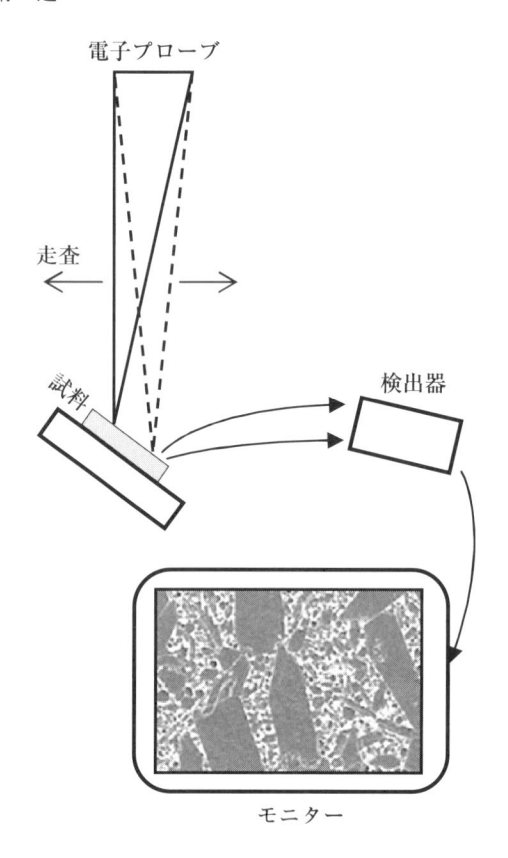

図 6.2.2 SEM の模式図

る場合，この表面をプラズマエッチングなどを用いて選択的研磨を行い，二次電子による SEM 観察に供する方法が一般的である．一方，エッチング処理なしで微細組織を観察したい場合は，研磨傷などのない鏡面試料を作製し，反射電子による組成像を観察する手法が適している．Si_3N_4 セラミックスのような絶縁性の材料においては，観察中のチャージアップによる像質の劣化が問題となる．しかし，これは導電性を有するアモルファスカーボンなどを表面に堆積させることにより回避することができる．

6.2.3 透過型電子顕微鏡法および試料作製法

透過型電子顕微鏡法(Transmission Electron Microscopy：TEM)は，高加速電圧(80～3000 kV)で加速した電子線を試料に入射し，試料と相互作用した透過散乱電子を磁界レンズで結像し，観察する手法である[2, 3]．試料を透過した電子を用いて結像することから，試料の内部構造の観察に適しており，材料内部の界面や欠陥構造などを原子スケールで観察することが可能である．また，対物レンズの後焦点面上に形成される電子回折図形を解析することにより，物質の構造解析を行うことができる．これにより TEM は，ミクロな組織と結晶学的構造との対応付けが容易にできる利点を有している．また，入射電子と試料との相互作用により発生する特性 X 線(EDS 分析)や，エネルギー損失電子(EELS 分析)から，試料中の元素種や化学結合状態を解析することができる．

Si_3N_4 セラミックスの微構造解析には，主に高分解能(HR)TEM 法やナノプローブ TEM-EDS 分析，TEM-EELS 分析などが用いられており，これらの手法は粒界に存在するアモルファス相の構造や添加元素の組成・電子状態の解析に利用されている．この際，HRTEM 像シミュレーションや EELS スペクトル計算などの計算手法を併用することにより，より定量性の高い構造解析が可能となる．

試料を TEM で観察するためには，電子線を透過する厚さにまで試料を加工する必要がある．この際，HRTEM などを高精度に行うためには，試料厚さを 20 nm 以下程度にまで薄く加工しなければならない．図 6.2.3 に，一般的な Si_3N_4 セラミックスの TEM 試料作製手順フローチャートを示す．以下に，その加工手順を説明する．

a. 試料の予備加工

観察したい試料を TEM 用ホルダーの試料ステージの大きさに合わせて 3 mmφ 以内の形状に切断加工する．この際，観察したい領域が試料の中心近傍に位置するよう切断する．超音波加工機を用いてバルクセラミックスから直径 3 mm の円柱を切り抜くことで TEM 試料の予備加工を行うと便利である．

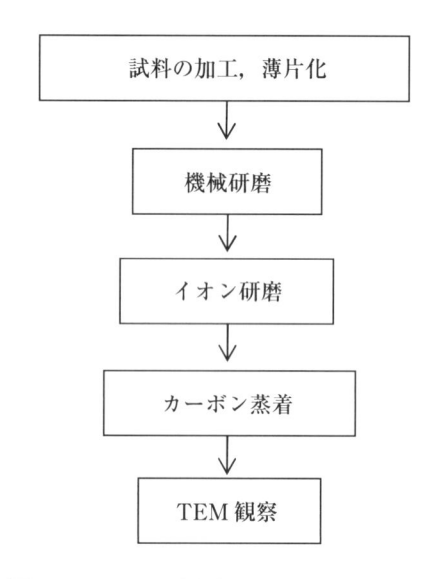

```
┌─────────────────┐
│ 試料の加工, 薄片化 │
└────────┬────────┘
         ↓
┌─────────────────┐
│    機械研磨     │
└────────┬────────┘
         ↓
┌─────────────────┐
│    イオン研磨    │
└────────┬────────┘
         ↓
┌─────────────────┐
│   カーボン蒸着   │
└────────┬────────┘
         ↓
┌─────────────────┐
│    TEM観察      │
└─────────────────┘
```

図 6.2.3 TEM 試料作製のフローチャート

b. 試料の研磨

予備加工した試料を厚さ 100 μm 以下程度まで薄片化し，両面を鏡面研磨する．Si_3N_4 セラミックスの場合，通常ダイヤモンド砥粒を用いて機械研磨を行う．両表面が互いに平行になるよう調整しながら研磨し，表面状態の確認は光学顕微鏡を用いて逐次行う．

c. ディンプリング加工

研磨加工した上記試料を，ディンプリング装置を用いてさらに試料中央部のみを薄くする．この際，最薄部を 10 μm 以下程度にまで加工すると，最終的に良質な TEM 試料を得ることができる．試料の厚みは，ディンプルの直径や光学顕微鏡の透過光強度で見積もることが可能である．ディンプル面に鏡面仕上げを施すことで，残留研磨傷によるイオン選択研磨を防ぐことができる．

d. イオン研磨

ディンプル加工を施した試料に，Ar イオンビームにより穴を開け，その周辺に TEM 観察に最適な薄膜領域を形成する．Ar イオンビームの加速電圧，

ビーム入射角度などは材料によって最適な条件が異なるが，Si₃N₄セラミックスの場合，通常5kV程度の加速電圧，10°程度のビーム入射角度を用いて穴を貫通させたのち，より低加速，低角度での仕上げイオン研磨を施すのが良い．Si₃N₄セラミックスで注意すべき点は，焼結助剤によっては粒界相がイオンビームにより選択的にダメージを受けやすいことである．この場合，低加速電圧，低角度のイオン研磨が有効である場合が多い．

　　e. カーボン蒸着

Si₃N₄セラミックスは絶縁体であるため，チャージアップを防ぐためカーボンを蒸着法などによって試料表面に堆積させる．チャージアップは像質に大きく影響するため，試料作製において重要なファクターとなる．

TEM試料作製の成否は，微細構造を破壊することなくいかに均一に薄片化できるかにある．試料の厚さが観察像の質を大きく左右するので，とくに最終のイオン研磨工程は慎重に行うべきである．Si₃N₄セラミックスは一般的に粒界や粒界三重点にアモルファス相を有することから，これらアモルファス相が結晶相に対して選択的に研磨されないよう，十分注意する必要がある．最近では，低加速電圧・低角度仕様のイオン研磨装置が市販されており，これらの利用は良好なSi₃N₄セラミックスの試料作製に有効であると考えられている．

6.2.4　走査透過型電子顕微鏡法

走査透過型電子顕微鏡法(Scanning Transmission Electron Microscopy：STEM)は，微小に収束した電子プローブを試料上で走査し，試料を透過散乱した電子を試料下部の検出器で検出することによりモニター上に像を形成する手法である[4, 5]．図6.2.4にSTEM法の模式図を示す．TEMが平行電子線を照射し，電子の回折・干渉現象を利用して蛍光板上に像を形成するのに対し，STEMは収束電子プローブが試料上の各ピクセルで発生する透過散乱電子を逐次検出することにより結像する．すなわち，各ピクセルのSTEM信号強度マップとしてモニター上に像を形成する手法である．STEMの分解能は，基本的に電子プローブの径に依存し，微小なプローブを用いるほど高分解能な像

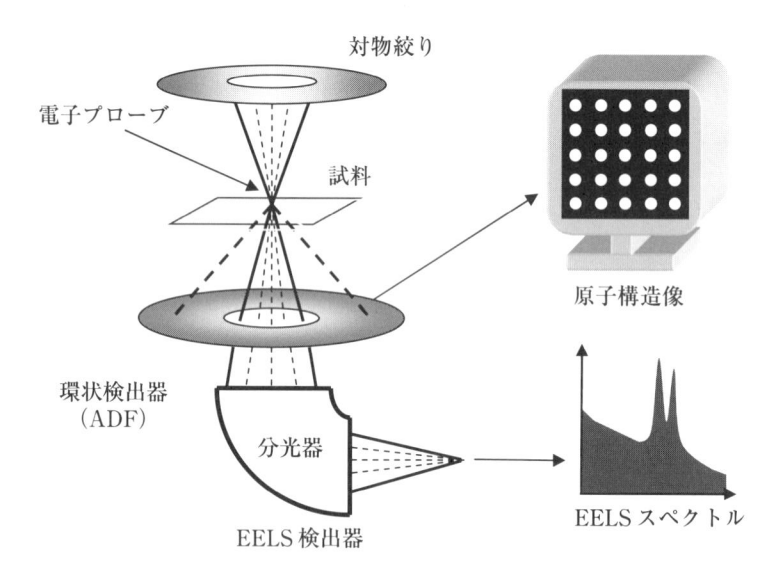

図 6.2.4 STEM 法の模式図

を得ることができる．近年，電子顕微鏡レンズの収差補正技術の進展により[6,7]，プローブ径を 1Å 以下まで絞ることが可能になり[8]，原子分解能を有する STEM 像の取得が容易になった．また，ドーナツ状の高角度環状暗視野検出器(HAADF)を用いて高角に散乱された電子のみを検出することにより，STEM 像が以下に示すようなユニークな特徴を呈する[9]．①近似的に非干渉像条件が成り立つことから，HRTEM で問題となるデフォーカス，試料厚みの変化による像の反転現象がなく，像から原子カラム位置を直接決定することができる．②高角散乱電子強度は，原子番号(Z)依存性を有するため，構成元素の Z の約 2 乗に比例する像コントラストが得られ，像から局所的な組成の情報を取得することができる．このため，HAADF STEM 法はしばしば Z コントラスト法と呼称される．これらの特徴は通常の HRTEM にはない利点であり，界面のような構造的に乱れた領域の原子構造決定に極めて有効であるといえる．図 6.2.5 に Si_3N_4 の結晶粒内を [0001] 方向から観察した HAADF STEM 像を示

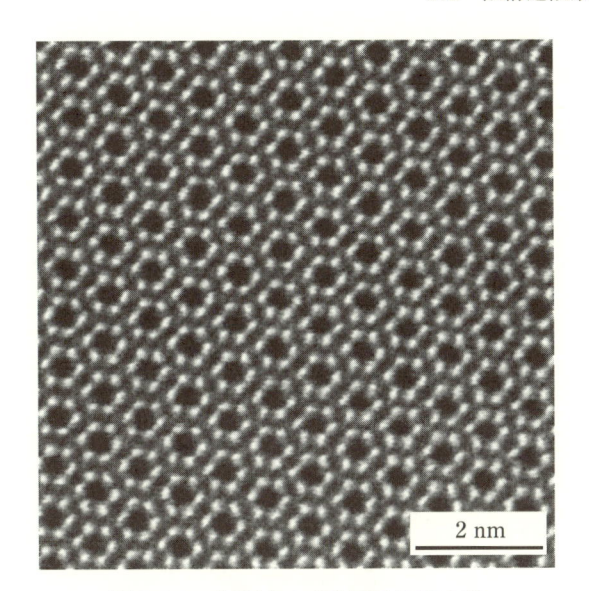

図 6.2.5 β-Si_3N_4 の HAADF STEM 像

す．像中の明るいコントラスト位置が原子番号の大きな Si 原子カラムの位置に直接対応している．この場合，軽元素である N 原子カラムは，HAADF 信号が弱いため結像には寄与していない．しかし，明視野（Bright Field：BF）STEM 像を HAADF と同時計測することにより，STEM においても軽元素構造を解析することが可能となることが最近報告された[10]．また EELS や EDS を併用することにより，組成マッピングや電子状態分析を高分解能・高精度に行うことが可能であり，STEM-EELS により原子分解能の元素マッピングが可能であることが実験的に示されている[11,12]．

現在，HAADF STEM 法は Si_3N_4 セラミックスの界面構造解析に極めて有力な手法であると考えられている[13,14]．HAADF STEM を用いた粒界アモルファス相の直接観察により，アモルファス相内部の希土類元素の存在位置が明瞭に観察できるようになり，Si_3N_4 セラミックスのドーパント添加効果の本質が解明されつつある．HAADF STEM を用いた粒界構造解析の詳細に関しては，次節で詳しく述べる．

6.2.5 まとめ

本節では，Si_3N_4 セラミックスの微細組織・構造解析に一般的に用いられる種々の電子顕微鏡法について概説した．Si_3N_4 セラミックスの機械特性を制御するためには，その微細構造に関する詳細な理解が不可欠である．今後，電子顕微鏡を用いた構造解析は，Si_3N_4 セラミックスの開発にますます重要度を増すものと考えられる．近年，材料の変形や破壊の素過程を理解するために，電子顕微鏡内部で加熱，応力印加，通電などの外部刺激を与え，その反応をダイナミックに観察するその場観察の研究も盛んになりつつある[15, 16]．これら最新の顕微鏡手法を導入することにより，Si_3N_4 セラミックスの特性発現メカニズムの理解がさらに深まることが期待できる．

参考文献

1) L. Reimer, "Scanning Electron Microscopy 2nd edition". Springer-Verlag Berlin Heidelberg, Germany (1998).
2) D. B. Williams and C. B. Carter, "Transmission Electron Microscopy: a text book for materials science." Plenum Press, New York (1996).
3) 日本表面学会編, "透過型電子顕微鏡", 丸善 (1999).
4) R. J. Keyse, A. J. Garratt-Reed, P. J. Goodhew and G. W. Lorimer, "Introduction to Scanning Transmission Electron Microscopy." Springer-Verlag, New York, USA (1998).
5) 田中信夫, 電子顕微鏡, **34** (1999) 211.
6) M. Haider et al., Nature, **392** (1998) 768.
7) P. E. Batson, N. Dellby and O. L. Krivanek, Nature, **418** (2002) 617.
8) P. D. Nellist et al., Science, **305** (2004) 1741.
9) S. J. Pennycook, Advances in Imaging and Electron Physics, **123**, ed. by P. G. Merli, G. Calestani and M. Vittori-Antisari (2002) 173.
10) N. Shibata et al., Science, **316** (2007) 82.
11) K. Kimoto et al., Nature, **450** (2007) 702.
12) D. A. Muller et al., Science, **319** (2008) 1073.

13) N. Shibata et al., Nature, **428**(2004)730.
14) A. Ziegler et al., Science **306**(2004)1768.
15) S. Ii et al., Phil. Mag., **84**(2004)2767.
16) P. F. Becher et al., J. Am. Ceram. Soc., **88**(2005)1222.

6.3 粒界構造解析

6.3.1 はじめに

材料中に存在する界面は，材料の諸特性を決定付ける重要な因子である．すなわち材料を高度に設計するためには，界面の構造について理解し，制御する方法を確立することが重要である[1,2]．高温構造材料として利用される Si_3N_4 セラミックスは主に焼結法によって作製されることから，材料内部には異なる方位関係を有する結晶同士の界面，すなわち結晶粒界が無数に存在する．現在では，これらの粒界は Si_3N_4 セラミックスの力学特性に大きな影響を及ぼすことが知られている．

本節では，透過型電子顕微鏡法 (TEM) による構造解析により明らかとなってきた Si_3N_4 セラミックス粒界の一般的な知見について概説するとともに，走査透過型電子顕微鏡 (STEM) を用いた原子レベルの界面構造解析および TEM 内その場粒界破壊観察など，最新の Si_3N_4 セラミックス粒界構造解析のトピックスについても述べる．

6.3.2 Si_3N_4 セラミックス粒界の特徴

Si_3N_4 セラミックスは一般的に多結晶体として用いられ，材料内部には結晶粒界が無数に存在する．Si_3N_4 セラミックスは難焼結性の材料であるため，酸化物などの焼結助剤を適宜添加することにより，高温・高圧下で液相焼結を行うのが一般的な作製プロセスである．

図 6.3.1 に一般的な Si_3N_4 セラミックスの微細組織の模式図を示す．この組織はマトリックスである Si_3N_4 結晶粒に加えて，粒界三重点および二粒子界面 (粒界) にアモルファス相が存在する．とくに粒界部に存在するアモルファス相 (Intergranular Film：IGF) は，厚みわずか数 nm 以下と非常に薄いのが特徴で

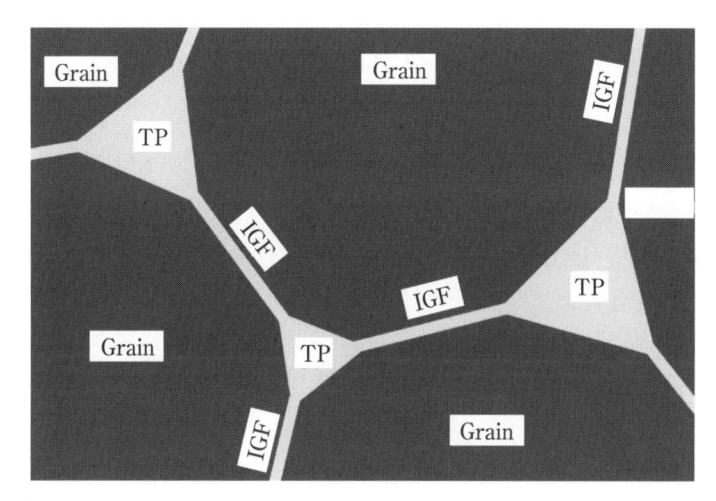

図 6.3.1 Si_3N_4 セラミックスの一般的な微細組織の模式図
Si_3N_4 結晶粒(grain)がアモルファス相を介して連結した構造を有する.アモルファス相は粒界三重点(TP)および二粒子界面(IGF)に形成される

ある.このアモルファス相の組成は主に焼結助剤の成分から構成されており,焼結助剤の種類を変化させることにより粒界の機械特性を制御できるものと考えられている.Clark は,粒界アモルファス相の厚みは,結晶粒間に作用するファンデルワールス力とアモルファス相立体障害力(steric force)とのバランスで一定になるという理論を提唱している[3].この理論によれば,結晶粒間のファンデルワールス力は粒子とアモルファス相の誘電的性質と関連し,また立体障害力はアモルファス相の組成に依存するが,実際にいくつかの実験結果をよく説明している.しかし,ナノメーター以下のアモルファス相では,ファンデルワールス力よりも原子間での凝集力やエネルギーの効果のほうが大きいことからこの理論にはいくつかの問題があることも指摘されている[4].最近では,コンピュータシミュレーションを用いて実際に粒子間に存在するナノオーダーのアモルファス相を再現し,その原子構造や添加物の存在箇所に関する詳細な理論解析が進められている[5,6].

6.3.3 Si_3N_4 セラミックス粒界の TEM 観察

Si_3N_4 セラミックスの粒界構造解析には，TEM 法が広く用いられる[7]．TEM は分解能が高く，局所的な構造を直接観察する上で極めて有利である．これまで粒界に局在するアモルファス相を解析するため，いくつかの TEM 観察法が考案されてきた．以下にこれまで考案されてきた代表的な観察手法を紹介するとともに，TEM により得られた粒界アモルファス相に関する知見を概観する．

(1) Diffuse dark-field imaging 法[8]

Diffuse Dark-Field (DDF) 法は，材料中のアモルファス相から非弾性散乱された電子を用いて暗視野像を形成する手法である．具体的には，電子回折図形上のアモルファス相に起因するハローパターンを小さな対物絞りで選択し，暗視野像を結像することにより，アモルファス相の存在領域を明るいコントラストで観察する手法である．図 6.3.2 にこの方法で撮影した Si_3N_4 セラミックスの DDF 像を示す[7]．この像から明らかなように，DDF 像中では粒界および粒界三重点に存在するアモルファス相は明るいコントラストで明瞭に検出できる．この手法はアモルファス相の存在を確認する簡便な手法として有用であるが，アモルファス相の構造，厚みなどの定量的な解析においては大きな誤差を含むと考えられている．

(2) フレネルフリンジ法[9]

フレネルフリンジ法は，TEM 像において対物レンズのデフォーカス値を大きくずらしたときに界面部分に沿って現れる明暗の縞状コントラストを計測する手法である．フレネルフリンジの形成は，マトリックスである結晶粒と粒界アモルファス相との平均内部ポテンシャルの急激な変化より電子線の位相がシフトすることに起因しており，その位相変化 $\Delta\Phi$ は以下の式で表される[5]．

$$\Delta\Phi = \pi i \xi \Delta V e k_0 / E \qquad (6.1.1)$$

ただし，ΔV は平均ポテンシャル変化，ξ は試料の厚み，e は電子の電荷，k_0 は波数ベクトルの大きさ，E は加速電圧を示している．ここで，フレネルフリ

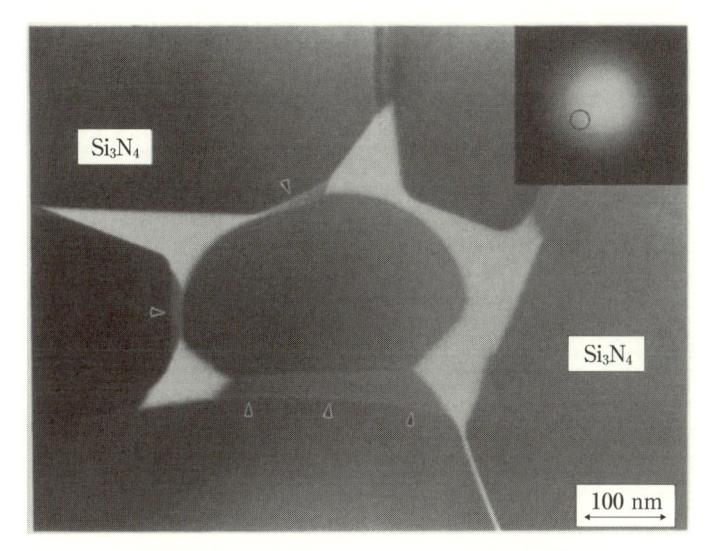

図6.3.2 Si$_3$N$_4$セラミックスのDDF像[7]

ンジと粒界アモルファス相の厚みhとの関係は以下の式で表される．

$$h = W - (3\lambda\Delta f)^{1/2} \tag{6.1.2}$$

ここで，Wはフレネルフリンジ幅，λは電子線の波長，Δfはデフォーカス量を表す．この式に従えば，ガウスフォーカス($\Delta f = 0$)においてフレネルフリンジ幅がアモルファス相厚みと等しくなる．よって，実際のアモルファス相厚みの測定には，デフォーカスの異なる像から系統的にフレネルフリンジ幅を求め，$\Delta f = 0$の値を外挿により求める方法が用いられる．この手法はDDF法に比べて精度よくアモルファス相厚みを見積もることができるが，次に示す高分解能TEMから直接見積もられる値と比較して，約25〜30%の誤差を含むことが報告されている[7,10]．

(3) 高分解能(HR)TEM法 [11,12]

HRTEMは，物質の構造や微小欠陥などを電子線の干渉を利用して原子レベルで直接観察する手法である．この手法を用いてClarkeとThomasは粒界にナノオーダーのアモルファス相が存在することを実験的に直接証明することに

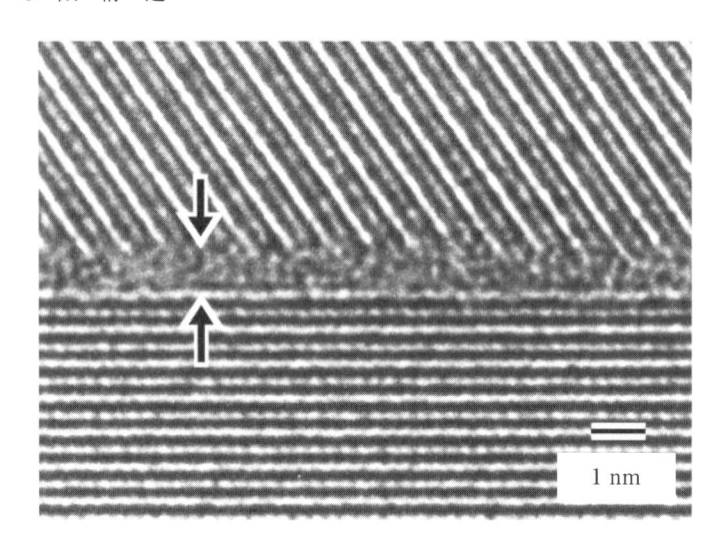

図6.3.3 粒界アモルファス相のHRTEM観察像[1]

成功した[13,14]．それ以降，HRTEMはSi$_3$N$_4$セラミックスの粒界構造解析に欠かせない解析ツールとして広く利用されている．図6.3.3にSi$_3$N$_4$アモルファス粒界のHRTEM観察の一例を示す[1]．粒界にナノオーダーのアモルファス構造が存在していることが像から直接判断できる．この手法は，電子線の透過波と回折波を干渉させることにより像を形成するため，試料厚み，デフォーカス量に応じて像コントラストが大きく変化する[11,12]．よって，界面が原子レベルで平坦であるかなどの定性的な情報はただちに得ることができるが，像中のコントラストのどの位置に原子が存在するかなど定量的な評価にはHRTEM像の計算機シミュレーションとの比較が不可欠である．しかし，粒界アモルファス相の同定およびその厚みの解析に関しては，上述の二つの手法に比べて格段の精度向上が期待できる．現在では高分解能像観察に加えてエネルギー分散型X線分光法(EDS)や電子エネルギー損失分光法(EELS)などを併用することで，高い空間分解能を保持したまま局所領域の組成分析や電子状態解析も盛んに試みられている．しかしながら，アモルファス相自体の構造や内部における添加元素の存在位置に関して正確な情報を得ることは一般的に困難である．

(4) HRTEM による粒界アモルファス相観察

HRTEM により粒界部に極めて薄いアモルファス相が存在することが明らかとなって以来，粒界アモルファス相に関する研究が精力的に行われてきた．例えば Wang らは，種々の添加物を制御した Si_3N_4 多結晶体およびこれら添加物を含むガラス中の Si_3N_4 結晶粒同士の界面を対象として，組成に対する粒界アモルファス相の厚み依存性を HRTEM により系統的に計測した[15]．その結果を図 6.3.4 に示すが，助剤として添加する元素の種類が変化すると，粒界アモルファス相の厚みが変化することが分かる．この結果は，添加元素が粒界アモルファス相内部に入り込むことで，その構造に何らかの影響を及ぼすことを示唆している．このように助剤成分が変化することにより粒界におけるナノレベルの構造変化がもたらされる事実は，助剤のメカニズムを理解する上でも重要である．しかし，Kleebe も指摘するとおり[7]，粒界アモルファス相厚みというパラメーターは必ずしもその特性を決めるものではなく，実際に重要となるの

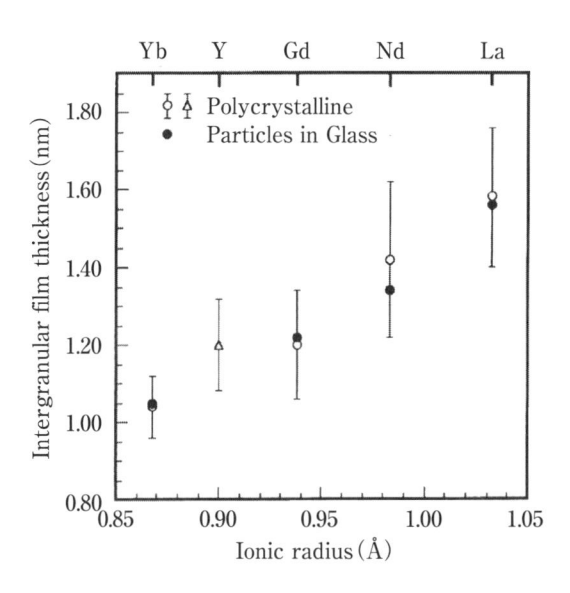

図 6.3.4 粒界アモルファス相厚みの組成依存性[14]

は添加元素が粒界アモルファス相の原子構造に与える影響であると考えられる．

6.3.4 Si$_3$N$_4$ 粒界の STEM 観察と添加元素効果の原子メカニズム

　Si$_3$N$_4$ セラミックスの特性を制御するためには，助剤の種類を変化させることが極めて有効である．しかしながら，助剤の効果の起源を理解するためには，粒界部に偏析した添加元素の存在状態を実験的に解明することが不可欠である．粒界アモルファス相中の添加元素を直接解析することは，原子分解能 HRTEM をもってしても極めて困難な問題であると考えられてきた．しかし近年，電子顕微鏡の分解能を飛躍的に向上するレンズ収差補正技術が開発され[16,17]，サブナノスケールの観察・分析に新たなブレークスルーをもたらした．このレンズ補正技術と，原子をその原子番号に応じたコントラスト(Z コントラスト)で直接観察できる STEM 法(6.2.4 参照)を併用することにより，Si$_3$N$_4$ 粒界アモルファス相内部の添加元素位置を原子レベルで直接同定できるようになった．本節では，STEM 法によって明らかにされた Si$_3$N$_4$ セラミックスの粒成長挙動に及ぼす添加元素効果のメカニズムについて述べる．

(1) Si$_3$N$_4$ 結晶粒成長に及ぼす希土類元素の効果

　高性能・高信頼性の Si$_3$N$_4$ セラミックスを合成するには，結晶粒の形状およびその組織を的確に制御することが極めて有効である．Si$_3$N$_4$ セラミックスは本質的に脆い欠点を有しているが，材料中に細長い針状結晶を分散させると，ファイバー強化材と同様のクラック偏向や引き抜きなどの強靭化機構を発現し，その靭性が大きく向上することが報告されている[18]．図 6.3.5 に β-Si$_3$N$_4$ 針状結晶の模式図を示すが，Si$_3$N$_4$ セラミックスの場合，結晶粒自体が[0001]方向に伸張した六角柱形状を取る．この結晶形状を焼成中およびその後の熱処理により任意に制御することができれば，機械特性を自在に制御できる可能性がある．これまでの研究により，焼結助剤として希土類元素を添加すると粒成長挙動が無添加の場合と比べて劇的に変化し，結晶粒の形状を制御できる可能

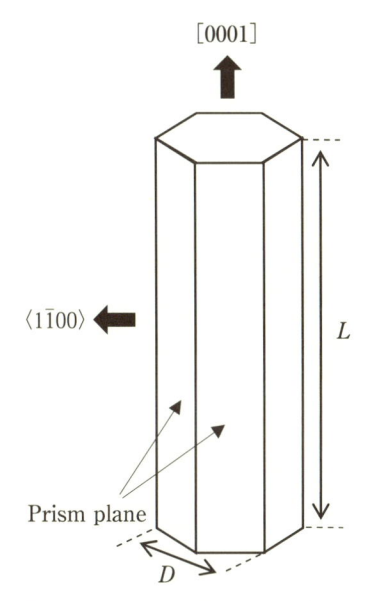

図 6.3.5 $\beta\text{-Si}_3\text{N}_4$ 針状結晶の模式図

性が示されている[19, 20].また,添加する希土類元素の種類を系統的に変化させた場合,その粒成長挙動は希土類元素の種類に大きく依存することも報告されている[20].このように,希土類元素は Si_3N_4 セラミックスの微細組織形成に多大な影響を与え,その結果材料特性を大きく変化させると考えられる.

図 6.3.6 に Satet と Hoffmann により報告されている $\beta\text{-Si}_3\text{N}_4$ 結晶粒のアスペクト比と希土類元素のイオン半径の関係をプロットした図を示す[20].同一の熱処理条件にも関わらず,添加元素の種類が変化すると結晶粒のアスペクト比が大きく変化することが分かる.このような粒成長挙動の変化は,プリズム面($\langle 10\bar{1}0 \rangle$)方向の粒成長速度の変化と密接に関連していることが実験的に示されている.La 元素の添加は [0001] 方向への成長には大きな影響を及ぼさず,$\langle 10\bar{1}0 \rangle$ 方向への結晶成長を抑制することで針状結晶の成長を促進し,Lu 添加は,$\langle 10\bar{1}0 \rangle$ 方向への結晶成長に強い影響を及ぼさず等方的な結晶を形成する.つまり,添加した希土類元素はその種類に応じて,$\langle 10\bar{1}0 \rangle$ 方向への結晶成長挙動に異なる影響を及ぼすと考えられる.しかし,図 6.3.6 に示すように,その

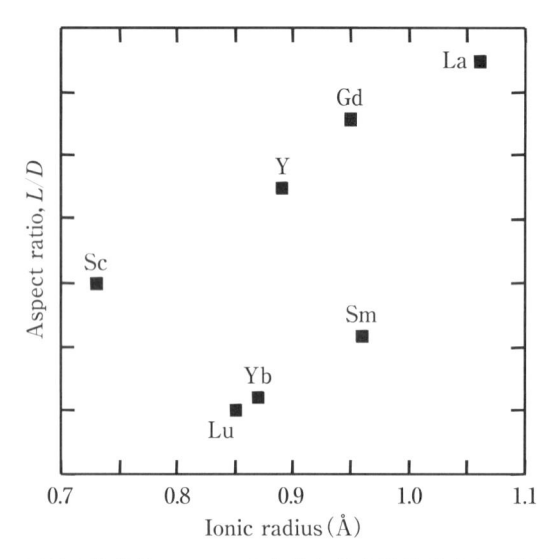

図 6.3.6 β-Si$_3$N$_4$ 結晶粒のアスペクト比と希土類元素イオン半径の関係[20]

効果はイオン半径のような単純なパラメーターでは必ずしも説明できない．

(2) La 添加 Si$_3$N$_4$ セラミックス粒界の Z コントラスト STEM 観察

　希土類元素がその種類に応じて，〈10$\bar{1}$0〉方向への結晶成長挙動を変化させるメカニズムを理解するためには，粒界における希土類元素の原子レベルの挙動を理解することが重要である．しかし，粒成長の反応場である結晶粒界部にはアモルファス相が存在するため，通常の TEM による解析は困難であった．そこで，Shibata らは収差補正 Z コントラスト STEM 法を用いることで，粒界アモルファス相中の希土類原子の可視化を試みた[21]．

　図 6.3.7(a)に，La 添加 Si$_3$N$_4$ セラミックス粒界部の Z コントラスト STEM 像を示す[21]．右側の結晶粒を [0001] 入射方位に合わせ，プリズム面である {10$\bar{1}$0} 面がエッジオンになる条件で観察している．粒内のコントラストの明るい位置は Si の原子カラム位置に対応している．中央部分の明るいバンド状のコントラスト（< 1 nm）が粒界アモルファス相に対応し，内部に見られる輝点は重い元素である La 原子の存在位置に直接対応している．この粒界を横断

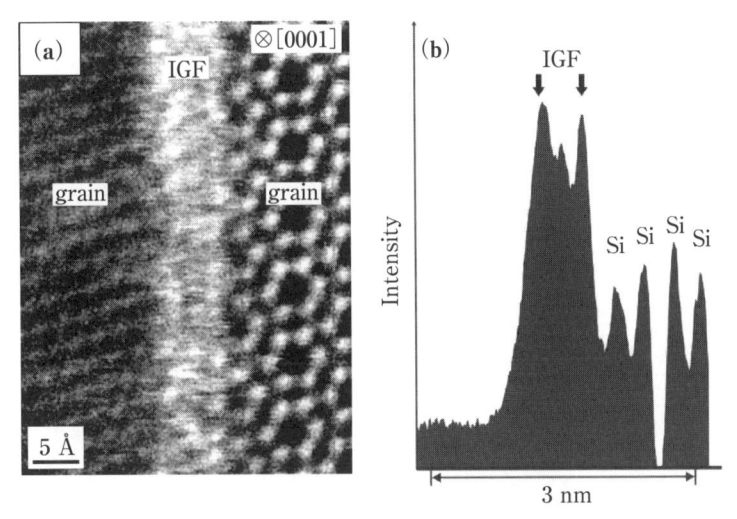

図 6.3.7 (a) La 添加 Si_3N_4 セラミックス粒界部の Z コントラスト STEM 像 [21)]
(b) 粒界に垂直方向の平均像強度プロファイル

する平均像強度プロファイルを (b) に示すが,粒内に比べ粒界アモルファス層内部は像強度が高く,結晶/アモルファス層界面直上で強度が極大値を取ることが分かる.この結果は,La 原子がアモルファス相中に均一に分散しているのではなく,結晶/アモルファス界面に優先的に偏析していることを示している.図 6.3.8 に結晶/アモルファス界面の拡大像を示す.矢印で示すサイトが {10$\bar{1}$0} 結晶表面に吸着した La 原子の位置に対応し,La 原子は N 終端の {10$\bar{1}$0} 面と結合していることが分かる.第一原理クラスター計算により,{10$\bar{1}$0} 面上の La 原子の安定吸着サイトを予測したところ,実験像と非常に良い一致を示した(図中の丸印が理論的に予測された安定吸着サイト).またこれらのサイトに存在する La 原子は結晶表面の N 原子と強く結合していることも明らかとなっている[21)].{10$\bar{1}$0} 面が結晶成長するためには,結晶最表面への Si の供給および原子吸着反応が必須となるが,La 原子は結晶最表面の N 原子と強く結合することにより,Si の吸着をブロックするものと考えられる.つまり,La 添加効果の起源は粒界における La の特異な偏析挙動にあると考えられる.

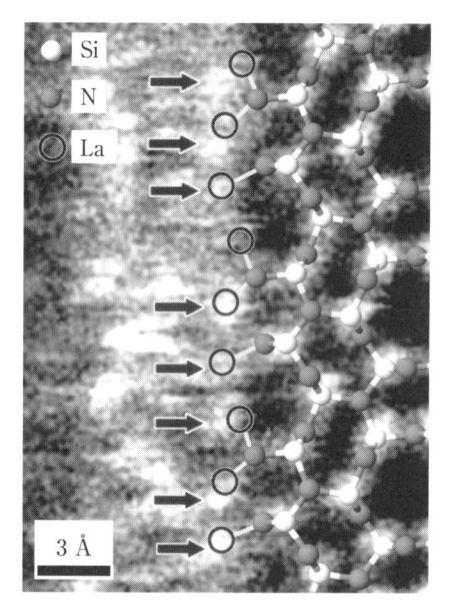

図 6.3.8 結晶/アモルファス界面の Z コントラスト STEM 拡大像[21]

（3） 希土類元素偏析の元素種依存性

Z コントラスト STEM 法の有効性が示されて以降，さまざまな種類の希土類元素を添加した Si_3N_4 セラミックスの粒界観察が試みられている[22〜24]．その一例を図 6.3.9 に示す[25]．これより Lu 添加の場合と Gd 添加の場合と比較すると，$\{10\bar{1}0\}$面上における偏析サイトの位置や密度が大きく異なることが分かる．つまり，同じ希土類元素でも種類が異なれば粒界における原子スケールの挙動は大きく変化する．この結果は希土類元素効果に元素種依存性が存在することとよく整合する．このような知見をもとに，希土類元素の界面安定性（結合エネルギー）を理論的に評価するモデルが考案され[25]，その安定性をパラメーターとすれば粒成長の実験結果をよく説明できることが報告されている．図 6.3.10 に計算によって求められた各希土類元素の差分結合エネルギー（Differential Binding Energy：DBE）（この場合，各希土類元素の結合エネルギーは Si のそれとの差分として表すことで，競合する Si 偏析に対して規格化

6.3 粒界構造解析　283

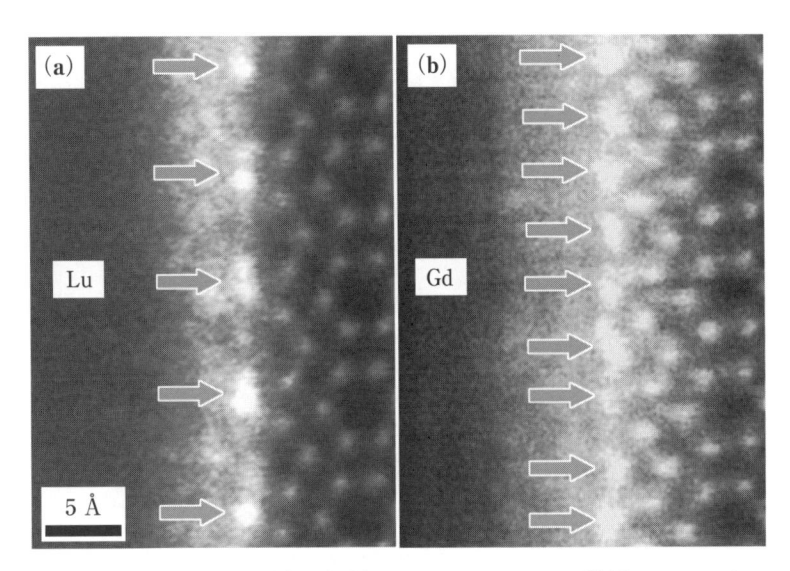

図 6.3.9 (a) Lu 添加および (b) Gd 添加 Si_3N_4 セラミックス粒界の Z コントラスト STEM 像 [24]

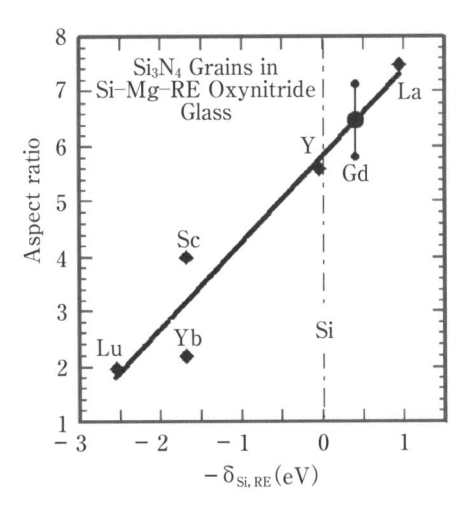

図 6.3.10 第一原理クラスター計算により求められた各希土類元素の差分結合エネルギーと実験により得られた結晶粒アスペクト比との関係 [25]

されている)と実験的に求められた結晶粒のアスペクト比をプロットした図を示す．図から明らかなように，各希土類元素の DBE は，粒成長の異方性と強い相関を示すことが分かる．つまり，Si_3N_4 セラミックスの粒成長挙動に及ぼす希土類元素効果の本質は，希土類元素が成長する結晶面に偏析し，どの程度表面に強く結合するのか，に起因すると考えられる．

6.3.5 Si_3N_4 粒界の TEM 内その場破壊観察

　前節で詳しく述べたように，Si_3N_4 セラミックスにおいては針状結晶粒を組織中に形成することが強靱化に有効な手段である．しかし，破壊に伴うクラックの偏向や引き抜きなどの強靱化機構を効果的に発現させるためには，クラック進展中に針状結晶粒の界面が優先的に破壊する必要がある．つまり，より効果的に強靱化を図るためには，結晶粒形状の制御だけではなく粒界の強度を制御することが肝要となる．これまでの報告により，添加物の種類および濃度を変化させることにより粒界強度が大きく変化することが報告されている[26]．しかし，粒界破壊に及ぼす添加物効果のメカニズムを本質的に理解するためには，原子スケールでの粒界破壊素過程を解明し，添加物の有無による破壊挙動の変化を定量的に抽出する必要がある．

　Ii らは，TEM 内部で Si_3N_4 粒界を破壊し，その破面を高分解能 TEM 観察することによりクラックパスの添加物依存性を詳細に調べた[27, 28]．図 6.3.11 にこの手法の模式図を示すが，TEM 観察しながら圧子を TEM 試料に押し込み，クラックの進展挙動および破壊直後の破面を直接観察することができる[1]．図 6.3.12 にそれぞれ添加物(Y および Al)の組成を変化させた試料の粒界破面の高分解能 TEM 像を示す．この二つの試料は粒形状を含むミクロンスケールの微細組織は同一に制御されているものの，添加物の組成変化に伴い機械的特性が大きく変化することが報告されている[26]．(a)に示す 5 wt% Y_2O_3+2 wt% Al_2O_3 を助剤として添加した場合，アモルファス/結晶界面においてクラックが進展していることが明瞭に観察される．この場合，アモルファス/結晶界面には多数のダングリングボンドが存在し，また Y の偏析によりアモルファス

6.3 粒界構造解析　285

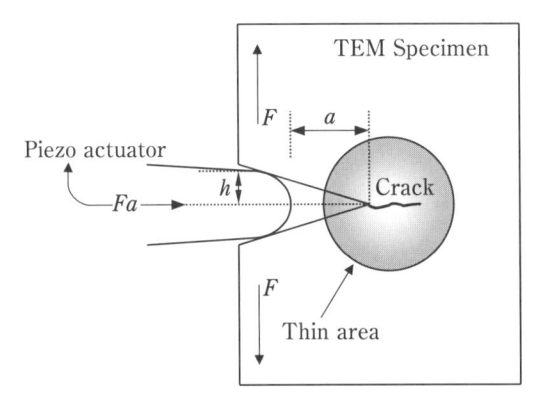

図 6.3.11　TEM その場破壊試験の模式図

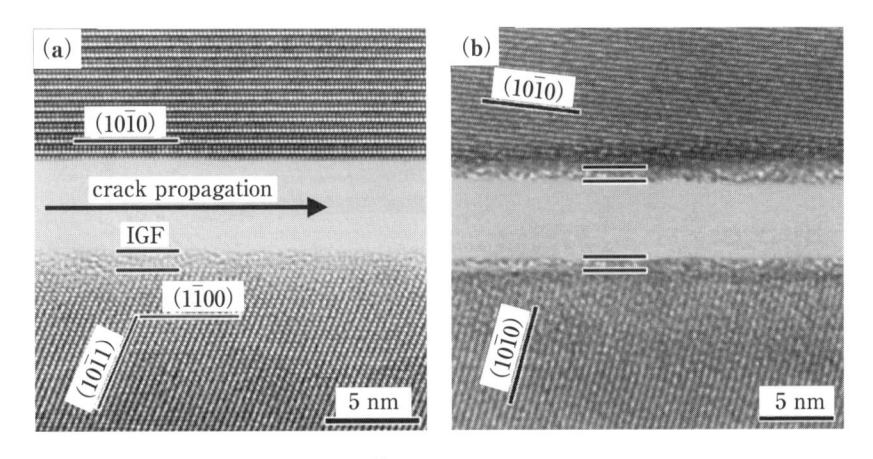

図 6.3.12　粒界破面の HRTEM 像[28]
(a) 5 wt% Y_2O_3 + 2 wt% Al_2O_3 添加試料および (b) 6.25 wt% Y_2O_3 + 1 wt% Al_2O_3 添加試料の粒界破面

ネットワークと結晶表面原子との結合形成が阻害され，クラックがこの界面で優先的に進展したものと考えられる．一方，(b)に示す 6.25 wt% Y_2O_3 + 1 wt% Al_2O_3 を助剤として添加した場合，アモルファス/結晶界面でのクラックパスに加えてアモルファス相内部をクラックが進展する様子が観察された．これは

Y濃度の上昇に伴い，アモルファス/結晶界面だけでなくアモルファス相内部の強度が低下し，優先クラックパスが変化したためであると考えられる．これら一連の研究により，添加元素は粒界アモルファス構造の強度に大きな影響を与え，原子スケールのクラック進展パスを変化させる働きを持つことが明らかとなった．つまり，添加元素は組織形成時の粒成長を支配するだけではなく，粒界アモルファス相を介して組織そのものの機械特性にも重大な影響を及ぼしていると考えられる．

6.3.6 まとめ

本節では，TEM を用いた Si_3N_4 セラミックスの粒界構造解析の歴史を概観するとともに，Z コントラスト STEM や TEM その場観察を用いた最新の研究例を紹介した．これらの研究から明らかなように，Si_3N_4 セラミックスにおけるアモルファス粒界の構造は Si_3N_4 セラミックスの特性を制御する上で重要なファクターであり，その微視的構造の理解に TEM の果たしてきた役割は極めて大きい．今後，さらなる高性能 Si_3N_4 セラミックスの開発あるいは材料開発プロセスの効率化を目指すためには，アモルファス粒界中での添加元素挙動を詳細に解明し，材料物理に立脚した合理的な材料創製理論を構築する必要があると考えられる．近年の電子顕微鏡分野におけるイノベーションは，Si_3N_4 セラミックスの粒界構造解析に画期的な新展開をもたらし，アモルファス相中の希土類元素の直接観察やアモルファス構造そのものへの新たな解釈をも牽引しつつある．さらなる研究の進展により，原子スケールから機械特性，機能特性，信頼性をプログラミングした新しい Si_3N_4 セラミックス設計指針が確立されることを期待したい．

参考文献

1) Y. Ikuhara, J. Ceram. Soc. Jpn., **109**(2001)S110-S120.

2) 幾原雄一編, "セラミック材料の物理—結晶と界面—", 日刊工業新聞社 (1999) pp. 69-117.
3) D. R. Clarke, J. Am. Ceram. Soc., **70** (1987) 15.
4) 香山正憲, 固体物理, **34** (1999) 803.
5) S. H. Garofalini, Mater. Sci. Eng. A, **422** (2006) 115.
6) W. Y. Ching, J. Chen, P. Rulis, L. Ouyang and A. Misra, J. Mater. Sci., **41** (2006) 5061.
7) H.-J. Kleebe, J. Ceram. Soc. Jpn., **105** (1997) 453.
8) M. Rühle, C. Springer, L. J. Gaukler and M. Wilkens, High Voltage Electron Microscopy, ed. by T. Imura and H. Hashimoto, Jpn. Soc. Electr. Micro., Tokyo (1977) 641.
9) J. N. Ness, W. M. Stobbs and T. F. Page, Phil. Mag. A, **54** (1986) 679.
10) D. R. Clarke, Ultramicroscopy, **4** (1979) 33.
11) 日本表面科学会編, 透過型電子顕微鏡, 丸善 (1999) 57.
12) D. B. Williams and C. B. Carter, Transmission electron microscopy: a text book for materials science. Imaging III, Plenum Press, New York (1996).
13) D. R. Clarke and G. Thomas, J. Am. Ceram. Soc., **60** (1977) 491.
14) D. R. Clarke, Ultramicroscopy, **4** (1979) 33.
15) C.-M. Wang, X. Pan, M. J. Hoffmann, R. M. Cannon and M. Rühle, J. Am. Ceram. Soc., **79** (1996) 788.
16) M. Haider et al., Nature, **392** (1998) 768.
17) P. E. Batson, N. Dellby and O. L. Krivanek, Nature, **418** (2002) 617.
18) E. Tani, K. Umebayashi, K. Kishi and K. Kobayashi, Am. Ceram. Soc. Bull., **65** (1986) 1311.
19) M. Kitayama, K. Hirao, M. Toriyama and S. Kanzaki, J. Ceram. Soc. Jpn., **107** (1999) 995.
20) R. L. Satet and M. J. Hoffmann, J. Eur. Ceram. Soc., **24** (2004) 3437.
21) N. Shibata et al., Nature, **428** (2004) 730.
22) A. Ziegler et al., Science, **306** (2004) 1768.
23) G. B. Winkelmann et al., Phil Mag. Lett., **84** (2004) 755.
24) N. Shibata et al., Phys. Rev. B, **72** (2005) 140101(R).
25) G. S. Painter et al., Phys. Rev. B, **70** (2004) 144108.
26) E. Y. Sun et al., J. Am. Ceram. Soc., **81** (1998) 283.

27) S. Ii, C. Iwamoto, K. Matsunaga, T. Yamamoto, M. Yoshiya and Y. Ikuhara, Phil. Mag., **84**(2004)2767.
28) P. F. Becher et al., J. Am. Ceram. Soc., **88**(2005)1222.

7

特　性

7.1 室温での機械的特性

7.1.1 強度と破壊靭性

(1) Griffith 強度と線形破壊力学

　セラミックスの脆性はその共有結合性，イオン結合性に由来している．これらの結合様式が単斜晶あるいは六方晶に代表される空間対称性の悪い結晶構造へと導くため，塑性変形に必要となる独立な転位すべり系を制約してしまう．一方，金属結合では面心立方，体心立方を基本とした対称性が良く最密充填構造を有する結晶を形成するため，多くの独立でしかも低抵抗すべり系が存在し，これにより任意の方向からの負荷あるいは変形に対して，容易に塑性変形が誘起され，金属材料特有の延性挙動へと導く．したがって，セラミックスのき裂縁では，その局所的な応力の集中にもかかわらず，転位による塑性変形の発生は極めて稀となる．この結果，き裂縁の形態は原子オーダーで鋭く，構成原子間での連続的な結合開裂がセラミックス脆性破壊の本質となっている．事実，窒化ケイ素，炭化ケイ素，サファイアなど脆性破壊を呈する材料薄片にビッカース圧子により微視き裂を導入し，そのき裂縁を透過型電子顕微鏡で観察すると，き裂縁は原子オーダーで鋭くその周辺に転位が全く観測されなかったり，すべりを伴わない転位網の存在が観察される．これらの観察結果より，脆性材料のき裂縁に形成される塑性領域は極めて小さく，その寸法は1ミクロン以下と推測されている．以下に示されるが，注目する材料(試験体)の寸法および内在する破壊源となるき裂(欠陥)の寸法に比べて，き裂縁に形成される塑性領域寸法(プロセスゾーン寸法)が十分に小さい場合にのみ線形破壊力学の基本仮定が成立する．この意味において，セラミックスに代表される脆性材料への線形破壊力学の適用は，主流となってきた金属材料への適用よりも，適用の精度が高い．

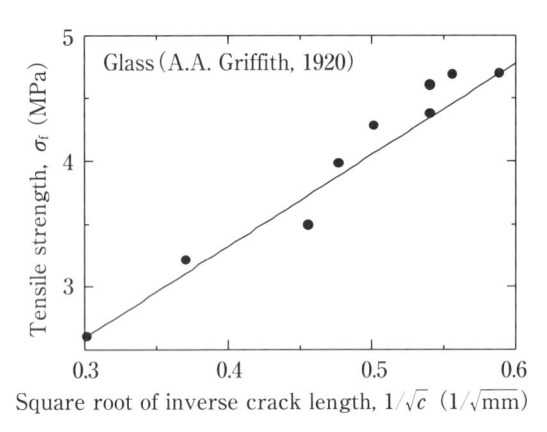

図 7.1.1 ガラス棒の引張強さ (A. A. Griffith, 1920)

　A. A. Griffith (1920) の研究は破壊現象に初めて科学的な基礎を与えたブレークスルーと考えられている[1]．Griffith が行ったガラス棒の引張破壊試験結果を強度 σ_f と破壊起点となったき裂寸法 c との関係として図 7.1.1 に再現する．この図は，現在では良く知られている $\sigma_f \propto 1/\sqrt{c}$ の関係を初めて示した歴史的にも重要な実験結果である．Griffith は C. E. Inglis (1913) のき裂内在板の応力分布に関する理論[2]にエネルギー論的考察を加えることにより，き裂進展の安定性を論じ，図 7.1.1 に示した実験結果 ($\sigma_f \propto 1/\sqrt{c}$) の説明を試みた．導出された理論式は，現在，Griffith の強度式として広く知られているものである．

$$\sigma_f = \sqrt{\frac{2E\gamma}{\pi c}} \tag{7.1.1}$$

ここに，E および γ は，それぞれ，ヤング率および新たに形成されるき裂の表面エネルギーである．その後，G. R. Irwin (1948) や E. Orowan (1955) は，この表面エネルギーには原子間結合の開裂に伴うエネルギーのみならず，破面生成に伴い誘起される局所的な塑性流動エネルギーや結晶相の相転移エネルギーなどを含める必要のあることを指摘し，現在では，表面エネルギーではなく「破壊エネルギー」と呼ばれている[3]．平衡状態において，き裂の進展に伴う系のエネルギー解放量 (臨界エネルギー解放率，G_c) が，この破壊エネルギーに費やされること，すなわち，$G_c = 2\gamma$ となることに注目し，Irwin は，式

7.1 室温での機械的特性

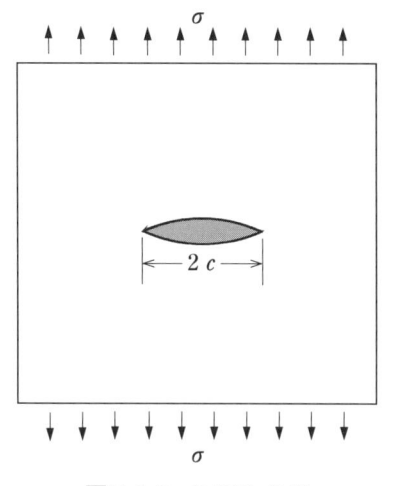

図 7.1.2 Griffith き裂

(7.1.1)で表される Griffith の強度式を次式で書き換えた．

$$\sigma_f = \sqrt{\frac{EG_c}{\pi c}} \quad (7.1.2)$$

さらに，Irwin は，き裂縁の応力分布に関する特異性(き裂縁での応力集中が無限大になる特異性)に関する詳細な研究を通じ応力拡大係数 K の概念を導入した．一例として，図 7.1.2 に示す Griffith き裂(単位厚さの無限平板中央に存在する長さ $2c$ のき裂)の応力拡大係数 K は，き裂長さ c と外部負荷応力 σ により次式で定義される．

$$K = \sigma\sqrt{\pi c} \quad (7.1.3)$$

したがって，外部負荷応力 σ の増大に比例して応力拡大係数 K も増大する．外部応力がその臨界値，すなわち破壊応力(破壊強度) σ_f に到達すると，これに対応して応力拡大係数はその臨界値 K_c に到達，すなわち，式(7.1.3)より，$K_c = \sigma_f\sqrt{\pi c}$ となり，この臨界状態において破壊(き裂進展)が生じる．この臨界応力拡大係数 K_c は破壊靭性値と呼ばれ，脆性材料の強度，破壊現象を論じる際に最も重要となる「材料物性値」である．臨界点での表現式，$K_c = \sigma_f\sqrt{\pi c}$ を式(7.1.2)と比較することにより臨界エネルギー解放率は次式で破壊靭性値

に関係付けられる.

$$G_\mathrm{c} = \frac{K_\mathrm{c}{}^2}{E} \tag{7.1.4}$$

さらに Griffith の強度式は破壊靭性値 K_c を用い,次式で表現することもできる.

$$\sigma_\mathrm{f} = \frac{K_\mathrm{c}}{\sqrt{\pi c}} \tag{7.1.5}$$

(2) き裂縁応力遮蔽と高靭化材料設計

　線形破壊力学は連続体力学に則り,き裂縁の応力-ひずみ場を定量表現することができる.しかし線形破壊力学では,原子配列を考慮に入れた不連続体の破壊に関わる物理過程を表現することはできない.外部負荷応力 σ の増大により応力拡大係数 K が臨界値 K_c(破壊靭性値)に到達すると,き裂縁は臨界状態となり,脆性材料の場合,原子間結合の開裂を伴う破壊が開始すると,「現象論的に仮定」しているに過ぎない.したがって,セラミックスに代表される脆性材料の「高強度・高靭化材料設計」を議論する上で,線形破壊力学は無力である.しかし,線形破壊力学で与えられる,き裂縁局所応力場の表現式に原子間結合応力の概念を適用することにより,破壊に関わる物理過程,さらには,脆性材料の「高強度・高靭化材料設計」を考察することが可能となる[4].

　き裂近傍での局所的な応力分布を図 7.1.3 に示す.き裂を広げる方向(図の y 軸方向)に付加された外部応力を σ とすると,き裂前方 x 軸に沿って y 軸方向に誘起される局所応力分布 σ^local は次式で表現できる.

$$\sigma^\mathrm{local} = \frac{K}{\sqrt{2\pi x}} + \sigma \tag{7.1.6}$$

この局所応力は,き裂から十分遠方($x \to \infty$)においては外部付加応力 σ に等しく,き裂に近づく($x \to 0$)につれて無限大へと発散する.このような極めて高い応力レベルはエネルギー的に見ても極めて不安定な状態にあるため,実際の材料では,き裂進展開始の予兆現象として,この局所領域をより安定な状態へと導く各種の微視的な変形・流動・破壊過程(各種微視的プロセス)が進行する.すなわち,外部負荷応力に誘起される形で,微視的な変形・流動・破壊な

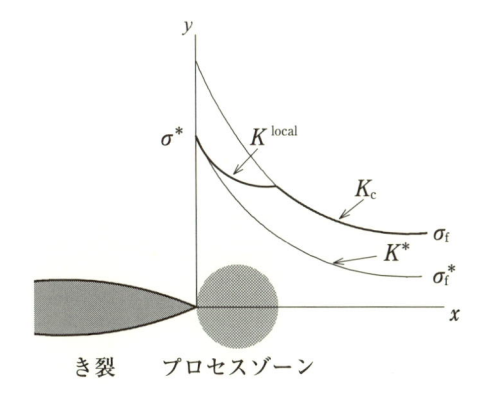

図 7.1.3 き裂縁応力分布とプロセスゾーンによる応力遮蔽

どを含むき裂縁プロセスゾーンが形成され，その結果，き裂縁の応力は大きく減衰する．換言すると，き裂周辺に形成される応力誘起プロセスゾーンは，き裂縁を外部負荷応力場から有効に「遮蔽」する効果を持つ．図 7.1.3 に，き裂縁応力遮蔽効果 (stress shielding effect) を図式的に示す．き裂縁での応力誘起プロセスゾーンの存在と，これによるき裂縁応力遮蔽効果は，脆性材料の「高強度・高靭化材料設計」の核心をなす．

一方，式 (7.1.6) で示される $x \to 0$ における局所応力の発散は，き裂縁が理想的に鋭くその曲率半径 ρ がゼロであるとの仮定に由来している．脆性材料といえども，実在き裂のき裂縁は，線形破壊力学で定義されるような理想的に鋭いものではなく，有限の曲率半径 $\rho (> 0)$ を有する．き裂縁を構成する原子の原子間距離を r_0 とすると，この曲率半径はオーダー的に，$\rho \approx r_0$ と近似できる．き裂長さ c に比べて ρ が十分に小さい場合 ($\rho \ll c$)，き裂縁に生じる応力 σ_0 は，応力拡大係数を用い次式により近似できる．

$$\sigma_0 = \frac{2K}{\sqrt{\pi \rho}} \approx \frac{2K}{\sqrt{\pi r_0}} \qquad (7.1.7)$$

したがって，実在き裂のき裂縁応力は十分に大きいが，有限の値に留まる．

き裂縁に存在する一対の原子が開裂するに必要な応力 (原子間結合力) を σ^* としよう．外部付加応力を増大させることにより，き裂縁応力 σ_0 がこの原子

間結合力 σ^* に到達すると，このき裂は臨界状態となり，破壊が始まる．プロセスゾーンが存在せず，したがって応力遮蔽効果の存在しないき裂縁を想定した場合，図7.1.3 に示すように外部負荷応力が σ_f^* に到達すると，き裂縁応力 σ_0 が原子間強度 σ^* となり，臨界き裂となる．式(7.1.7)をこの臨界き裂に適用し，

$$K^* = \frac{\sqrt{\pi r_0}}{2}\sigma^* \tag{7.1.8}$$

を得る．K^* は固有破壊靭性値と呼ばれ，原子間距離 r_0 と原子間結合力 σ^* で表される材料固有の物性値である[5]．

一方，プロセスゾーンによる応力遮蔽効果が存在する場合には，図7.1.3 に示すようにき裂近傍での応力遮蔽により応力拡大係数はその局所値 K^{local} まで減衰する．その結果，外部付加荷重が σ_f^* よりも大きな σ_f(実際に観測される破壊強度)に到達した時点で，すなわち，応力拡大係数がその臨界値である破壊靭性値 K_c に到達した時点で，初めて，き裂縁応力はその臨界値である原子間開裂強度 σ^* に到達する．応力遮蔽による高靭化は，したがって K_c と K^* との比，K_c/K^*，あるいは差，$\Delta K(=K_c-K^*)$，を用いて定量表現することができる．

き裂縁応力遮蔽による高靭化として，き裂前方プロセスゾーンのみに着目してきたが，これとは別に，進展き裂の後方に生じるウェーク領域(wake zone)あるいは破面領域(crack-face contact zone)での微視過程に起因する応力遮蔽も高靭化材料設計で重要な役割を果たす．相転移強化ジルコニアでは，ウェーク領域での応力誘起圧縮応力が著しい応力遮蔽効果を有している．これらの遮蔽効果はき裂の進展に付随して生じるため，靭性値の増加はき裂進展量 Δc の増加関数，すなわち，き裂の進展と共に靭性値が増大する．き裂進展による靭性値の増大(破壊抵抗の増大)は，き裂進展抵抗あるいはき裂進展抵抗曲線と称され，$K_R(\Delta c)$ で表される．そして，この靭性発現挙動は上昇型き裂進展抵抗挙動(rising crack-growth resistance behavior; rising R-curve behavior)と呼ばれる．図7.1.4 に上昇型 R 曲線挙動を模式的に示す．図には，き裂前方プロセスゾーン(frontal process zone)での高靭化を $\Delta K_F(=K_c-K^*)$，ウェークある

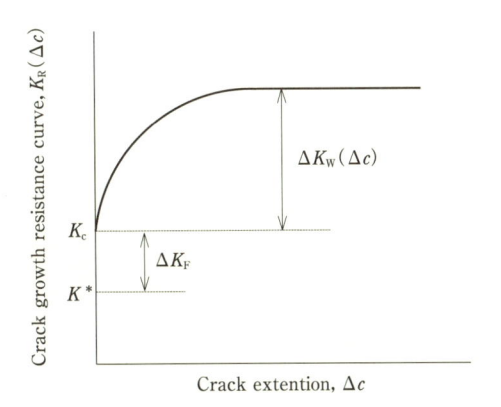

7.1 室温での機械的特性   297

図 7.1.4 上昇型き裂成長抵抗曲線（上昇型 R 曲線）

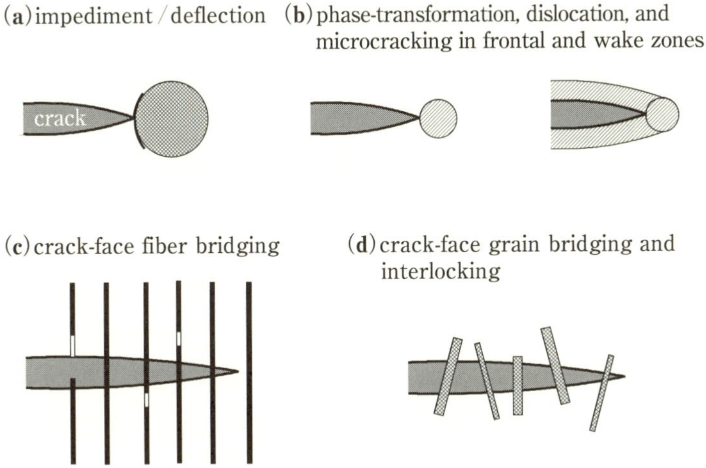

(a) impediment / deflection   (b) phase-transformation, dislocation, and microcracking in frontal and wake zones

(c) crack-face fiber bridging   (d) crack-face grain bridging and interlocking

図 7.1.5 各種の応力遮蔽機構

いは破面間相互作用による高靱化を $\Delta K_\mathrm{W}(\Delta c)$ ($= K_\mathrm{R} - K_\mathrm{c}$) として示してある．各種の高靱化機構を図 7.1.5 にまとめて示す．

上記の各種応力遮蔽機構・過程による高靱化 ΔK は遮蔽領域の特性寸法 $\tilde{L}$ および特性応力 $\tilde{\sigma}$ を用い，次式により統一的に表現することができる．

$$\Delta K = k\tilde{\sigma}\sqrt{\tilde{L}} \tag{7.1.9}$$

表7.1.1 各種高靭化機構における特性応力 $\tilde{\sigma}$ と特性寸法 $\tilde{L}$ ($\Delta K = k\tilde{\sigma}\sqrt{\tilde{L}}$)

Stress shielding processes	Characteristic length, $\tilde{L}$	Characteristic stress, $\tilde{\sigma}$
stress-induced microcracking	zone height, h_m	induced compressive stress, σ_m
stress-induced phase transformation	zone height, h_t	induced compressive stress, p
crack-face bridging	lenght of bridging zone, L_b	bridging stress, σ_b
surface tempering	depth of tempered zone, d	compressive surface stress, σ_r

ここに，k はそれぞれの遮蔽機構に依存する1のオーダーの定数である．ウェークでのマルテンサイト型相転移による高靭化を例に取った場合，特性応力 $\tilde{\sigma}$ は転移により誘起されるウェーク内圧縮応力 p を意味し，特性寸法 $\tilde{L}$ はウェークの高さ h_t を意味している．各種応力遮蔽機構・過程における特性寸法，特性応力を表7.1.1にまとめておく[5]．

高靭性高強度材料設計への上昇型 R 曲線挙動の重要性を理解するために，その破壊強度への影響を図7.1.6に示す．図には R 曲線挙動を有さない材料(Material I)および上昇挙動の異なる R 曲線を有する2種類の材料(Material II, Material III)が示されている．共に初期き裂長さが c_0 であり，同一の破壊靭性値 K_c を有する．破線はこのき裂に種々の応力 σ を付加したときの応力拡大係数 $K = \sigma\sqrt{\pi c}$ を示す．いずれの材料においても，付加応力が臨界応力 $\sigma = \sigma_c$ に到達すると，き裂進展が始まる．平担 R 曲線を有する Material I はき裂進展に伴う進展抵抗の増加がないため，この時点で急速破断に至り，この臨界応力 σ_c が破壊強度となる．一方，Material II は進展抵抗が増大するため，さらなる付加応力の増大と共に Δc_f^{II} まで準静的なき裂進展を続け，$\sigma = \sigma_f^{II}$ (Material II の破壊強度)まで応力が増大し，破線で示す応力拡大係数曲線がその上昇型 R 曲線に接した時点で急速破断に至る．き裂進展初期における R 曲線の上昇の

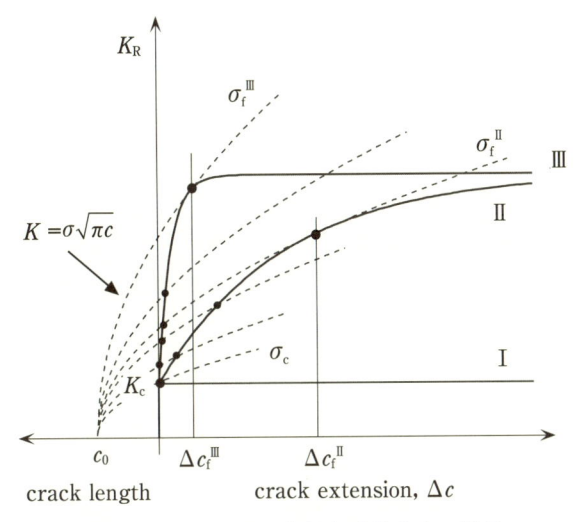

図7.1.6 上昇型 R 曲線と破壊強度の関係

最も著しい Material III においては，破断にはさらなる応力の付加が必要となり，破線で示す応力拡大曲線がその R 曲線と接する応力，$\sigma = \sigma_f^{III}$ が，この材料の破壊強度となる[6]．したがって，き裂進展初期で R 曲線が急激に上昇するように微構造・組織を設計することが，「高強度化」材料開発の要となる．次節ではこの点に着目した窒化ケイ素の強化・高靭化について述べる．

(3) 窒化ケイ素セラミックスの強度，破壊靭性，R 曲線挙動

よく知られているように，柱状 β 相粒子分散窒化ケイ素セラミックスは柱状粒子による破面架橋応力遮蔽効果により高靭化する．その反面，柱状粒子が著しく粒成長してしまうと，その粒界が破壊源となり強度の低下を引き起こす[7,8]．したがって，窒化ケイ素セラミックスの強化・高靭化材料設計においては，この柱状粒子の粒成長，分散，および配向制御の最適化が重要となる[9]．宮島らは柱状粒子の核となる「種結晶」を窒化ケイ素焼結時に添加させる手法に加え，成形時のせん断応力付加による粒子配向手法を採用することにより各種微構造を異にする窒化ケイ素焼結体を作製し，これらの破壊力学的な

検討を行った[10]．種結晶作製においては α 型窒化ケイ素原料にイットリアとシリカを添加し，窒素加圧下で熱処理することにより種結晶の相転移と粒成長を制御した[9]．添加物の配合比率を調整することで柱状種結晶のアスペクト比制御を行った．柱状粒子配向制御のための，せん断応力付加方式としては，このようにして作製した種結晶を含む α 型窒化ケイ素原料に焼結助剤を加えたスラリーをドクターブレードによりシート成形する，あるいはロッド状に押出成形する手法を採用している．図 7.1.7 に 3 種類の試験体微構造写真(研磨面走査電子顕微鏡写真)を示す．図 7.1.7(B) および 7.1.7(C) に，それぞれ，上述のシート成形法および押出成形法により作製された試験体研磨面微構造写真を示す．図 7.1.7(A) は，参照試験体として作製した焼結体である．この焼結体は種結晶添加法を用いることなく通常の焼結法により作製した自己高靭化窒化ケイ素焼結体であり，巨大に成長した β 相柱状粒子が観察される．一方，図 7.1.7(B) および 7.1.7(C) に示すように，種結晶添加法とせん断流動付加により，微細柱状粒子を高度に配向させた焼結体を得ることができる．

　これら 3 種類の窒化ケイ素焼結体について，JIS に準拠した SEPB 試験片をそれぞれ作製し，負荷機構を組み込んだ SEM 中での 3 点曲げ負荷(臨界荷重の約 90% 負荷)を行い，この際に観測された，き裂後方開口変位(Crack Opening Displacement：COD)を図 7.1.8(A)，(B)，および(C)に示す(図中の A，B，C は図 7.1.7 に示した 3 種類の焼結体 A，B，C にそれぞれ対応している)[10]．図の横軸 x は図 7.1.8(A) の装入図で定義されるように，き裂縁から破面後方への距離を表す．図中の破線はそれぞれの焼結体について，破面架橋が存在しない場合に線形破壊力学から計算される COD である．SEM により実測される COD(図中の■プロットと実線)は，柱状粒子による破面架橋(bridging)や粒子噛み合い(interlocking)由来の閉口応力の存在により，いずれの焼結体においても線形破壊力学予測 COD(破線)より常に小さい．したがって，破面架橋閉口応力の有無による COD の差に着目することにより，架橋応力，さらには上昇型 R 曲線を算出することができる．両者における COD の相異から線形近似により算出した破面間架橋応力分布 $\sigma_b(x)$，

$$\sigma_b(x) = \sigma_{b0}(1-x/L_b) \tag{7.1.10}$$

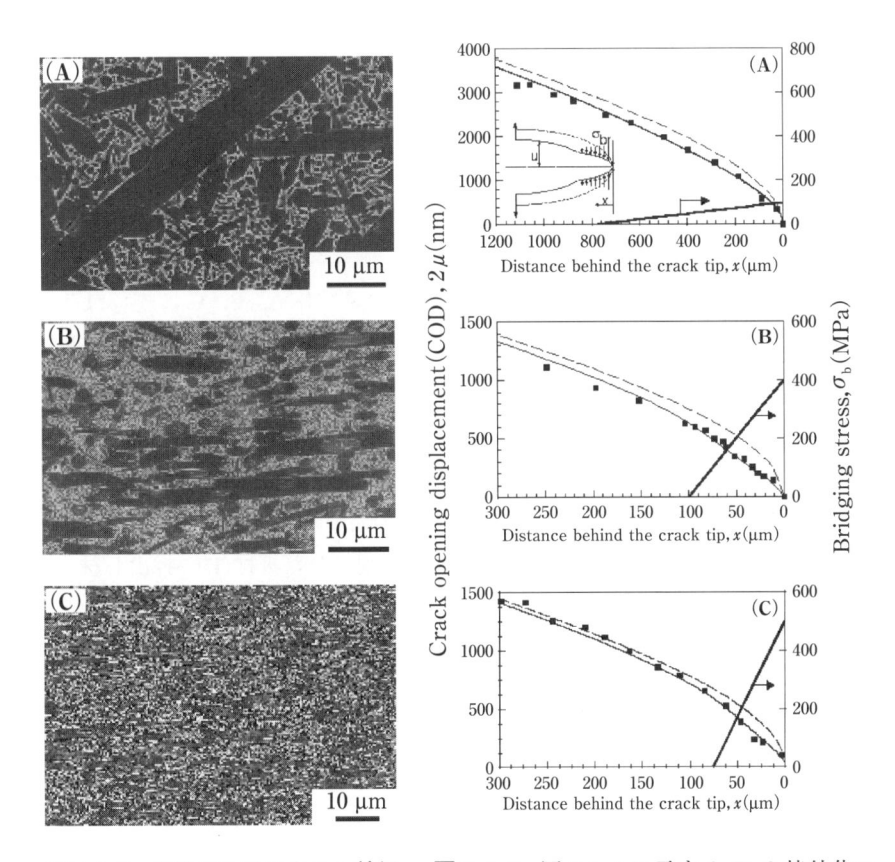

図 7.1.7 微構造を異にする3種類(A, B, C)の窒化ケイ素セラミックス[10]

図 7.1.8 図 7.1.7 に示す A, B, C 焼結体のき裂後方開口変位(COD)(左座標軸). 太実直線は式(7.1.10)で示す架橋応力分布(右座標軸)[10]

を図 7.1.8(太実直線)に併せて示してある. 式(7.1.10)で, σ_{b0} はき裂縁で生じている最大架橋応力を意味し, L_b はき裂後方に生じている架橋領域長さを表している. 最大架橋応力 σ_{b0} は焼結体 A, B, C の順に 100 MPa, 400 MPa, 500 MPa と増大し, これとは逆に, 架橋領域長さ L_b は 800 μm, 100 μm, 75 μm と漸減していることが分かる.

このようにして SEM 観察から求めた破面架橋応力分布を次式に代入するこ

とにより R 曲線を求めることができる[11].

$$K_\mathrm{R}(\Delta c) = K_\mathrm{c} + 2\sqrt{\frac{c}{\pi}}\int_0^l \frac{\sigma_\mathrm{b}(x)}{\sqrt{c^2-(c-x)^2}}dx \qquad (7.1.11)$$

ただし式(7.1.11)において，$c = c_0 + \Delta c$(c_0 は初期き裂長；図7.1.6 参照)であり，架橋応力 $\sigma_\mathrm{b}(x)$ は $\sigma_\mathrm{b}(x) = \sigma_\mathrm{b0}(1-x/l)$(式(7.1.10)参照)で与えられる．また，$l$ は $l = \Delta c (\leq L_\mathrm{b})$ で定義される．

図7.1.7 および図7.1.8 で示した，3種類の焼結体 A, B, C に式(7.1.11)を適用し求めた，上昇型 R 曲線を図7.1.9 に示す．この図における最も重要な特徴は，十分にき裂が進展し，破面架橋の形成が定常に到達した時点での進展抵抗値(R 曲線平担域での定常抵抗 K_R^s)は，共に類似の値，$K_\mathrm{R}^\mathrm{s} = 10\pm1$ MPa$\sqrt{\mathrm{m}}$ に収束しているにも関わらず，き裂進展初期の上昇挙動に大きな差異が見られることである．さらに，柱状種結晶の添加および配向制御を行っていない自己高靱化焼結体(A)，柱状晶添加・配向制御した板材(B)，押出し材(C)の順に R 曲線の初期上昇挙動が強化されていると共に，R 曲線が定常平端域に入るまでのき裂進展量が A, B, C 材の順で減少していることである．この現象は，図7.1.7 で示した，き裂縁架橋応力 σ_b0 および定常破面架橋領域長さ L_b の大小関係にそれぞれ対応している．

式(7.1.9)および表7.1.1 から理解できることであるが，応力遮蔽による靱性増加 $\Delta K(=\Delta K_\mathrm{R})$ は $\Delta K \approx \sigma_\mathrm{b0}\sqrt{L_\mathrm{b}}$ なる関係より，σ_b0 と $\sqrt{L_\mathrm{b}}$ との積により与えられる．焼結体 A, B, C に関するこの積は共に 3.5±0.5 MPa$\sqrt{\mathrm{m}}$ の範囲に入る．この概数見積は，これら3種類の焼結体の定常き裂における靱性増加量 $\Delta K_\mathrm{R}^\mathrm{s}(= K_\mathrm{R}^\mathrm{s} - K_\mathrm{c})$ がオーダー的に同一となることを意味しており，図7.1.9 の結果とも整合している．一方，き裂縁での架橋応力 σ_b0 の増加は曲線の初期に見られる上昇挙動を支配しており，σ_b0 が大きいほど上昇挙動は強化される．この事実を図7.1.6 に示す上昇挙動と破壊強度との関係に関連付けて考察することは，高強度高靱性窒化ケイ素焼結体の微構造設計の観点から，極めて重要である．上記3種類の焼結体の曲げ強度は A, B, C の順に，それぞれ，640 MPa, 1100 MPa, そして 1400 MPa と，R 曲線の初期上昇が著しいほど，強度

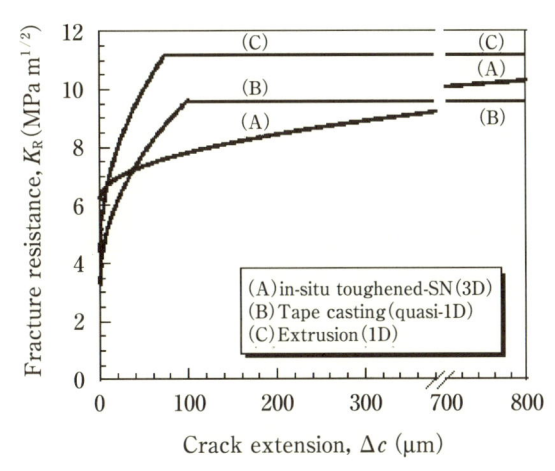

図 7.1.9 式(7.1.11)を用いて求めたA，B，C焼結体のR曲線[10]

の増加が図られている．これは，図7.1.6に示した強化機構を実験的に証明するものである．また，その本質は焼結体Cに見られた「微細柱状粒子を高密度で一方向に配向させることによるき裂縁架橋応力の強化」にある．

Griffithの強度式(式(7.1.5))に見るように，破壊強度は破壊靭性値K_cの増加，および破壊源となるき裂長さcの減少と共に増加する．したがって，自己高靭化窒化ケイ素焼結体Aに見られる巨大な柱状粒子は，粒子架橋によるK_Rのゆるやかな増大の反面，その粒界が破壊源となるため，破壊強度の低下をもたらす要因ともなっている．一方，焼結体Cに見られるように，微細な柱状粒子を高密度かつ一方向に配向させると，K_Rの急峻な増大のみならず，これにより破壊強度も著しく増大させることができる(図7.1.6参照)，すなわち高強度・高靭性焼結体作製を可能とさせる．以上の実験結果および考察に基づく破面架橋を利用した焼結体の強化(strengthening)および高靭化(toughening)の材料設計スキームを図7.1.10に示す．また，S. Kovalevらは破面架橋応力増強のための数値破壊力学を展開し，柱状粒子配向制御に関する有用な知見を報告している[12]．

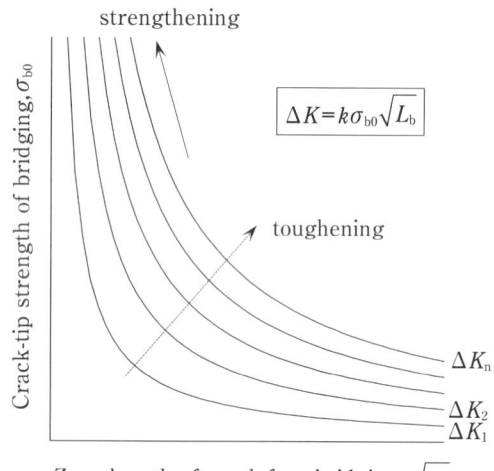

図中:
- 縦軸: Crack-tip strength of bridging, σ_{b0}
- 横軸: Zone length of crack-face bridging, $\sqrt{L_b}$
- strengthening
- toughening
- $\Delta K = k\sigma_{b0}\sqrt{L_b}$
- ΔK_n, ΔK_2, ΔK_1

図 7.1.10 高靱化および高強度化材料設計における，き裂縁架橋応力と架橋領域長さの関係

7.1.2 強度の統計的性質

(1) はじめに

　以下で述べる"強度の統計的性質"は，言うまでもなく，前節で述べた破壊靱性と同様にセラミックス全般に共通して成立する性質であり，窒化ケイ素固有の性質ではない．そのため本節では窒化ケイ素に関するデータの引用は必要最小限に留めた．

　セラミックスではイオン結合と共有結合が混在した状態にあるため，原子結合が強い方向性を示し，金属に比べると結晶構造が複雑である．そのため，低・中温度域ではすべり系が少数に制限され，転位の移動や増殖が困難であり，塑性変形によるき裂先端の応力集中の緩和とエネルギー散逸がほとんど生じない．そのため破壊靱性が金属のそれより1桁以上小さく，最弱の欠陥から破壊が始まると，全体の破壊に至る(最弱リンク説)．

　一般に，物体に働く公称応力の代表値(例えば最大応力)の臨界値を破壊強度

7.1 室温での機械的特性　305

表 7.1.2 セラミックスの強度に及ぼす影響因子

因　　子	
組成因子	化学組成，結晶相，非晶質相
組織因子	気孔，偏析，母相中のき裂，骨材の凝集，骨材界面き裂，骨材中のき裂，未焼結部，界面反応層
幾何学因子 (組織)	大きさ，形状，位置，分布，欠陥の鋭さ
幾何学因子 (部材)	部材形状(段つき部，穿孔部)
物性因子	理論強度，粒子間結合力，弾性率，熱膨張係数，熱伝導率，比熱容量，粒界特性，破壊靭性(破壊抵抗)，残留熱応力，反応，相転移，塑性変形能
外力因子	負荷形式，負荷速度，拘束条件，接触条件
環境因子	温度，温度変化，湿度，熱伝達率，ビオ係数，対流，接触媒体の化学的性質，反応生成物の物理化学的性質

(以下，単に強度と呼ぶ)という．前節で説明したように，線形破壊力学によれば，部材の形状と境界条件，初期条件，き裂の幾何学的形状・配置，破壊靭性(または破壊抵抗)が既知であれば，材料の強度が一義的に定まる(決定論)．しかし，実際の材料中および材料表面にはプロセスやハンドリングに起因する多数のき裂ないしは欠陥(気孔，粒界き裂，異常成長結晶粒，未焼結領域，介在物，ガラス相，研削傷など)が存在しており，それらの大きさ・形状・位置・鋭さなどをすべて正確に知ることは事実上不可能である(表 7.1.2，図 7.1.11)．また，き裂の大きさや粒径などが変化すると破壊靭性そのものが変化するという実験結果もある．したがって，強度はそれらのすべての影響を含んだ準物性値であり，統計的に変動する量となる．

　強度のように変動する量の統計的性質を解析する手段にはパラメトリック法とノンパラメトリック法とがある．ノンパラメトリック法は，分布関数を用いないでデータの特性を解析する方法であり，統計解析によって得られたパラメータ値のみがデータの統計的性質を代表する．一方，パラメトリック法は，物理モデルに基づくか，あるいは当てはめにより分布関数を決定し，実験データを用いて分布関数に含まれる未知パラメータを推定する方法である．物理モ

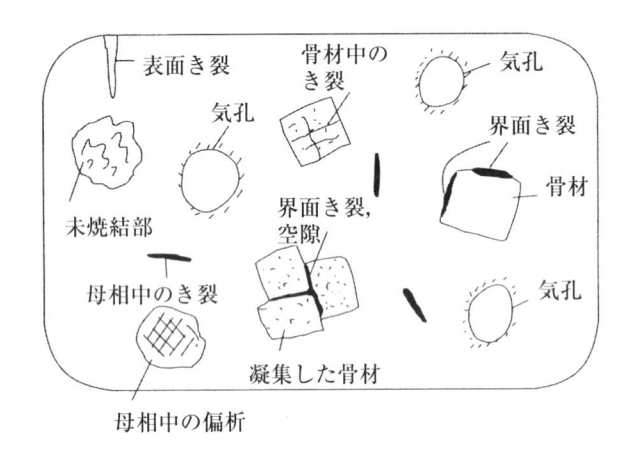

図7.1.11 セラミックスおよび耐火物中に存在する種々の欠陥

デルによる方法では，データの統計的性質は分布関数の種類とパラメータ値の両者に強く反映されるので，より好ましい方法と言える．

以下では物理モデルのみについて述べる．セラミックスの破壊強度(引張応力が支配的な場合)を記述する分布関数が満たすべき条件を列挙する．

①最弱リンク説に従うこと．

最弱な欠陥が臨界条件に達すると部材全体が破壊すると考える説．セラミックス，岩石などの脆性材料の引張破壊に適用される．

②多種破壊原因を有する材料に適用できること．

一般の材料中には破壊原因となる多種類の欠陥が含まれており，その中のどれか一つにより全体が破壊する．分布式はこのことを考慮に入れたものでなければならない．なお，破壊原因が複数ある場合は，肉眼，光学顕微鏡，SEMなどを用いた破面解析(フラクトグラフィー)が必要となる．

③多軸応力状態下での破壊を記述できること．

実用部材は多軸応力状態にさらされる．そのため，「破壊原因となる欠陥は，最大引張応力に対して垂直に位置する(オリジナルなワイブル分布は暗黙のうちにこれを仮定)」という仮定をやめて，「欠陥は，位置ならびに方向に関してランダムに分布している」と仮定する必要がある．そのためには，破壊力学と

結合した理論式が必要となる．

④破壊位置情報を記述できること．

強度だけでなく，破壊位置も強度試験に付随する重要な情報(確率変数)である．理論式は，これを取り入れたものでなければならない．

⑤低速き裂進展則を取り入れることができること．

ある種の腐食環境下において，き裂が時間とともに進展することがある(低速き裂進展)．そのため，遅れ破壊や強度の負荷速度依存性などの現象が生じる．理論式は，この現象を取り入れたものでなければならない．

以下の各項では，①から⑤までの各要件を満たす強度の分布式について説明する．

(2) 強度分布の理論式

(ⅰ) **単一の破壊原因に適用できる1軸分布関数**
　　　　―オリジナルのワイブル分布―

オリジナルなワイブル分布は，以下の暗黙の仮定の上で成り立つと考えられる．

① 1軸引張応力状態(単純引張ないしは曲げ応力状態)にのみ適用できる．
②破壊原因は1種類のみ存在する．
③破壊原因となる欠陥(最弱欠陥)は最大引張応力に対して垂直に位置する．
④最弱欠陥が臨界条件に達すると部材全体が破壊に至る(最弱リンク説)．

数学的には「最小値の第三漸近分布」として知られているオリジナルなワイブル分布 $F(\sigma)$ は次式で表される．

$$F(\sigma) = 1 - \exp\left\{-\left(\frac{\sigma}{\sigma_0}\right)^m\right\}, \quad \sigma > 0 \tag{7.1.12}$$

ここで，σ は破壊応力(確率変数)，m は形状母数，σ_0 は尺度母数である．上式には母数が二つ含まれているので，通常「単一モード2母数ワイブル分布」と呼ばれる．また指数部の絶対値は"破壊の危険率"と呼ばれる量で，後に述べるように重要な役割を担っている．

$$破壊の危険率 = \left(\frac{\sigma}{\sigma_0}\right)^m$$

式(7.1.12)には物体の体積(または表面積)が含まれておらず，脆性破壊に特有の「寸法効果」* を表現できない．そのため，寸法効果や応力が分布する場合に適用できるように式(7.1.12)を修正した次式がよく用いられる．

$$F(\sigma_\mathrm{m}) = 1-\exp\left\{-V_\mathrm{e}\left(\frac{\sigma_\mathrm{m}}{\sigma_0}\right)^m\right\}, \quad V_\mathrm{e} = \int_V \left(\frac{\sigma}{\sigma_\mathrm{m}}\right)^m \frac{\mathrm{d}V}{V_0} \qquad (7.1.13)$$

ここで，σ_m は最大応力(>0)，V_e は無次元有効体積(または無次元有効表面積)**，V_0 は単位体積(または単位表面積)，$\mathrm{d}V$ は体積要素(または面積要素)，σ は任意位置における応力(>0)である．有効体積がそれぞれ V_1，V_2 の二つの部材に対して，同じ破壊確率を与える強度 σ_m をそれぞれ σ_1，σ_2 とすると，次式が成立する．

$$\frac{\sigma_2}{\sigma_1} = \left(\frac{V_1}{V_2}\right)^{1/m} \qquad (7.1.14)$$

この式を用いると，部材の体積が大きくなるにつれて強度が低下する寸法効果を容易に計算できる．また，同式を使用して形状母数 m を簡便に推定することもできる(図7.1.12)．言うまでもないが，この場合体積の異なる二組の試験片について多数の破壊試験が必要である．

(ii) 多種破壊原因に適用できる分布関数—競合リスクモデル—

セラミックス部材は多種類の破壊原因を持つことが多く，これらが互いに"競合"して最も弱い破壊原因から破壊する．その強度分布を表す式は競合リスクモデルに基づく多重モードワイブル分布と呼ばれ，次のように導かれる．ただし，各破壊原因(欠陥)は互いに干渉し合わないと仮定する(これを"リスクの独立性"という)．

いま，n，B_i，F_i をそれぞれ

n：破壊原因の種類の数，

B_i：i 番目の破壊原因による破壊の危険率，

---

*　体積が大きくなると強度(平均強度など)が低下する現象．
**　考えている部材の強度分布が，その有効体積と同じ体積の引張試験片の強度分布と等価であるとき，これを有効体積という．

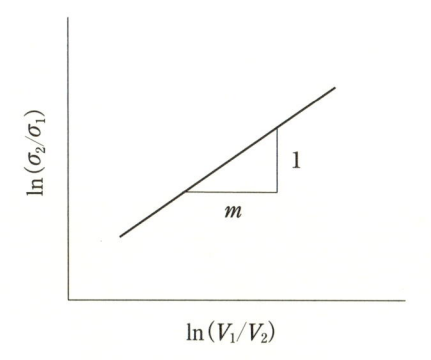

図 7.1.12 寸法効果と m 値

F_i：i 番目の破壊原因のみが存在するとしたときの破壊確率，と定義する．物体全体が破壊しない確率 $1-F(\sigma_\mathrm{m})$ は，それぞれの破壊原因によって破壊しない確率の積となるから，

$$1-F(\sigma_\mathrm{m}) = (1-F_1)(1-F_2)\cdots(1-F_n) = \exp\{-\sum_{i=1}^{n} B_i\}$$

$$\therefore\quad F(\sigma_\mathrm{m}) = 1-\exp\{-\sum_{i=1}^{n} B_i\} \tag{7.1.15}$$

式(7.1.15)は破壊の危険率が"加算的"であることを示している．

応力分布がある場合の破壊の危険率 B_i ($i=1\sim n$) は一般に次式で表される（式(7.1.13)参照）．

$$B_i = \left(\frac{\sigma_\mathrm{m}}{\sigma_{0i}}\right)^{m_i} V_{ei}, \quad V_{ei} = \int_{A_i}\left(\frac{\sigma}{\sigma_\mathrm{m}}\right)^{m_i}\frac{\mathrm{d}A_i}{A_{0i}} \tag{7.1.16}$$

ここで，m_i, σ_{0i} はそれぞれ破壊原因 i に関する形状母数および尺度母数，σ_m は物体内の応力分布の代表値（通常，最大応力に取る），V_{ei} は破壊原因 i に関する無次元有効体積（または表面積，長さ），A_i は破壊に関与する欠陥 i が存在する領域，$\mathrm{d}A_i$ はその領域の微小要素，A_{0i} はその領域の基準体積（または面積，長さで，通常 mm または m 単位を使用）である．

式(7.1.15)中には n 組の未知パラメータの組（m_i, σ_{0i}）が含まれている．これら合計 $2n$ 個の未知パラメータは，後述するように破壊原因データという，強度データとは別の情報を利用して精度よく求めることができる．言い換える

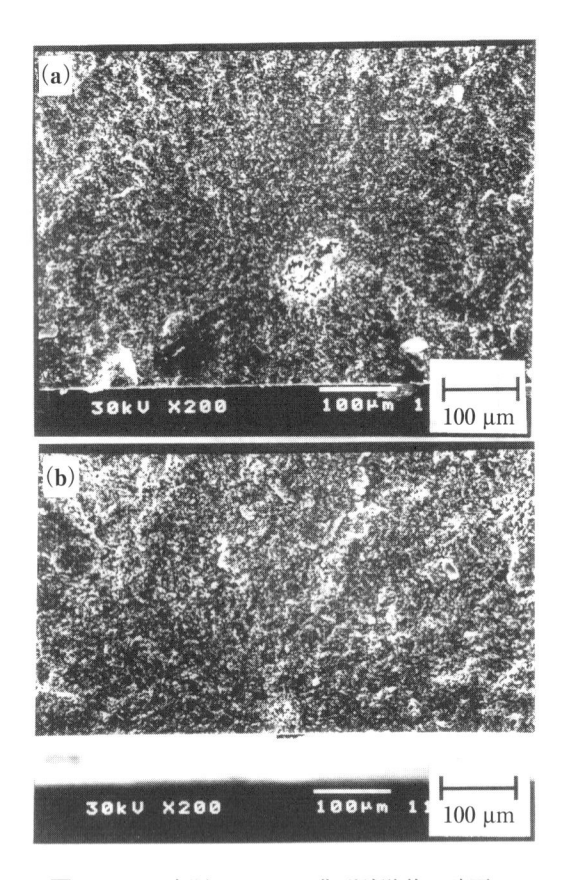

図7.1.13 市販のSi$_3$N$_4$の曲げ試験後の破面
(a)内部破壊,(b)表面破壊

と,破壊原因データを用いずに,未知パラメータの信頼できる推定値を求めることは不可能である.図7.1.13に窒化ケイ素曲げ試験片の破面写真を示す.図7.1.13(a)は内部にある欠陥(空孔)が破壊の起点になっている.一方,図7.1.13(b)では,表面欠陥が破壊の起点になっている.このように,窒化ケイ素に関しては比較的容易に破壊原因を同定することができる.ただし,破壊原因が不明な場合もあり,そのようなデータの取り扱いについては7.1.2(3)項で詳述する.

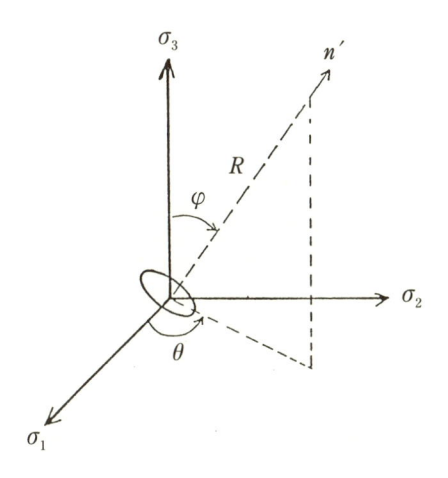

図 7.1.14 解析に用いた座標系

(iii) **多軸応力状態に適用できる分布関数―多軸分布関数―**

通常，セラミックス部材の表面および内部に存在する欠陥は，位置ならびに方向に関してランダムに分布している．また，実荷重下に置かれるセラミックス部材はほとんどすべて多軸応力状態にある．そのため，式(7.1.12)，(7.1.13)は多軸応力状態にさらされるセラミックスの破壊を厳密に記述することはできない．多軸応力状態に適用できる強度分布関数―多軸分布関数―はワイブル分布を破壊力学と結合することにより次式のように求められる[13]．

$$F(\sigma_m) = 1 - \exp\left\{-\sum_{i=1}^{n} B_i\right\},$$
$$B_i = \frac{2}{\pi} \iint_v \int_0^{\pi/2} \int_0^{\pi/2} \left[\frac{Z_i}{\sigma_{0i}}\right]^{m_i} \sin\varphi \, d\varphi \, d\theta \, dA_i / A_{0i} \quad (7.1.17)$$

ここで，B_i は破壊原因 i に関する「破壊の危険率」，$d\varphi$，$d\theta$ はき裂の方位角である(図 7.1.14)．Z_i は混合モード下におけるき裂の不安定脆性伝播条件から導かれる，等価垂直応力と呼ばれる量であって，次式で定義される．

$$Z_i = \frac{K_{Ic}}{Y\sqrt{c}} \quad (7.1.18)$$

ただし，c はき裂の代表寸法，K_{Ic} は破壊靱性，Y は定数である．Z_i はき裂入り部材の破壊基準によって異なる式となるが，エネルギー解放率一定条件である G_c 基準（き裂進展方向がき裂面に平行）を用いると，内部欠陥（円板状き裂）に対しては次のようになる[13]．

$$Z = \sqrt{\sigma_R{}^2 + \frac{4}{(2-\nu)^2}\tau^2} \qquad (7.1.19)$$

上式中の σ_R と τ は，それぞれき裂面に垂直に作用する垂直応力，および平行に作用する合せん断応力で，部材中の任意位置における応力状態から計算する．ν はポアソン比である．

上記の多軸分布関数を用いることにより，脆性破壊曲線の解析[13,14]（図7.1.15），研削加工後の強度劣化の解析[15]，その他任意の多軸応力状態における即時破壊強度の統計解析（破壊確率，信頼度，平均破壊強度など）を行うことができる．

(iv) 破壊位置と破壊応力を確率変数に持つ分布関数
　　―破壊位置と欠陥寸法の分布―

今まで述べた理論は，確率変数として破壊応力のみを扱っている．破壊応力のほかに，破壊位置を確率変数に取り入れた理論は 1970 年に Oh-Finnie[16] によって提唱され，確率過程論に応用されている[17]．一方，Oh-Finnie 理論と競合リスク理論および破壊力学とを結合することにより，破壊原因を複数種類有するセラミックスの強度分布，破壊位置分布および欠陥寸法分布を導くことのできる一般式が次のように導出されている[18]．

n 種類の破壊原因を有する脆性材料が，基準応力範囲（σ_m，$\sigma_m + d\sigma_m$）において，微小領域（ξ，$\xi + d\xi$）にある破壊原因 i（$i = 1 \sim n$）から破壊するときの同時確率密度関数は次式で表される．

$$h_A(\sigma_m, \xi) = \prod_{i=1}^{n} R_i \sum_{j=1}^{n} \lambda_j \qquad (7.1.20)$$

ここで，R_i と λ_j はそれぞれ破壊原因 i の信頼度関数と故障率関数で，次式で与えられる．

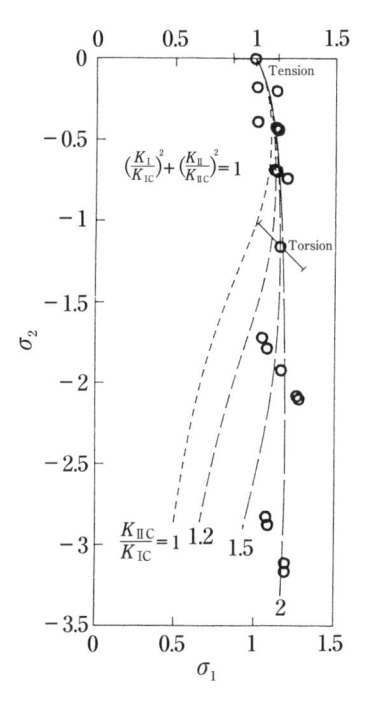

図 7.1.15 Si_3N_4 の 2 軸脆性破壊曲線(○印：実験値)[14]

$$R_i = 1 - \int_0^{\sigma_m} \int_{\xi_t} h_{A_i}(\sigma_m, \xi) \mathrm{d}\xi \mathrm{d}\sigma_m, \quad \lambda_j = h_{A_j}(\sigma_m, \xi)/R_j \qquad (7.1.21)$$

式(7.1.20)，(7.1.21)中の添字 A は各破壊原因が存在する領域の全集合，A_i は破壊原因 i が存在する領域である．また，

$$h_{A_i}(\sigma_m, \xi) = \exp(-B_i) \frac{\partial}{\partial \sigma_m}(G_i),$$

$$B_i = \int_{\xi_t} G_i \mathrm{d}\xi, \quad G_i = \left(\frac{\sigma}{\sigma_{0i}}\right)^{m_i} \frac{\mathrm{d}A_i}{\mathrm{d}\xi \mathrm{d}A_{0i}} \qquad (7.1.22)$$

であり，添字 t は ξ の全領域，B_i は破壊原因 i に関する破壊の危険率，σ は位置 ξ における引張応力で，σ_m と ξ の関数，A_{0i} は破壊原因 i が存在する領域の基準体積(または面積)である．破壊応力と破壊位置の分布は，式(7.1.20)の周

(a) 内部破壊　　　　　　　　(b) 表面破壊

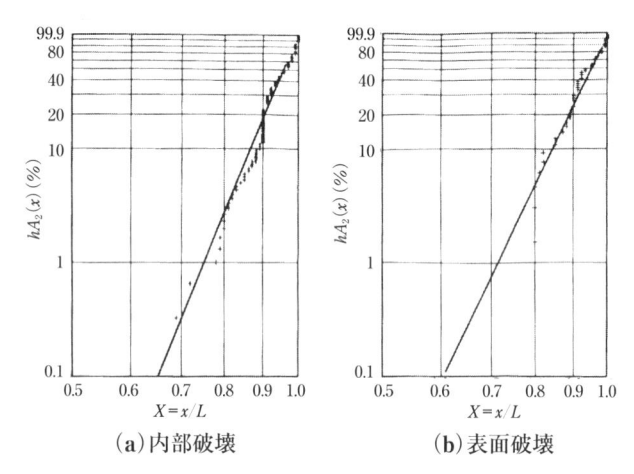

図 7.1.16　試験片長手方向(x方向)の破壊位置の分布
（＋印は HP Si_3N_4 の実験値，実線は理論値）[19]

辺分布として求められる．また，基準応力σ_mを欠陥寸法d_cに変数変換することにより，破壊原因となった欠陥の寸法分布を求めることができる[18]．

図 7.1.16 [19] は，HP Si_3N_4 の 3 点曲げ試験により取得された破壊位置データ[20]（＋記号は実験値，xは下部スパンからの距離，Lは下部スパンの半長．内部破壊と表面破壊に分離してある）と，式(7.1.20)から求めた理論直線(実線)とを示したもので，理論値が実験値とよく一致していることが分かる．また，図 7.1.17 および図 7.1.18 はそれぞれ破壊源深さ(y：表面からの深さ)および破壊源となった内部欠陥寸法のヒストグラムを示したもので，理論値である実線は実験結果とよく一致している[18]．図 7.1.16，図 7.1.17 の実験結果は，セラミックスの破壊が必ずしも最大応力点で生じるわけではないこと(決定論では説明不可能)，破壊位置が統計的にばらつき，しかもその分布が 2 変数破壊統計論により説明できることを示している．

なお，上述の一般式から，非破壊検査における欠陥寸法のしきい値の決定法[21]，欠陥の存在位置および検査範囲[22]，保証試験との対応に関する理論[23]が提案されている．セラミックス部材の非破壊検査を実行するには，これらの

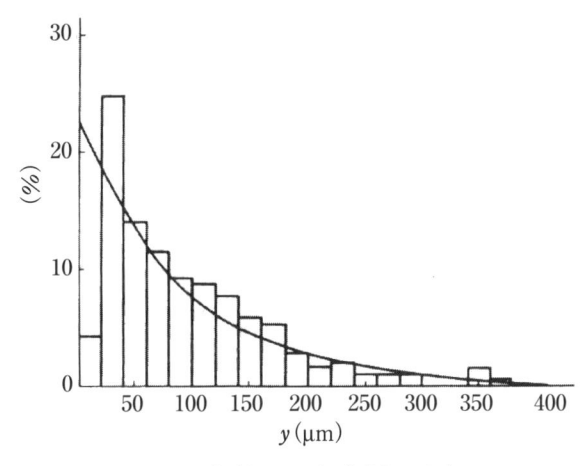

図 7.1.17 破壊源深さ(y 方向)の分布

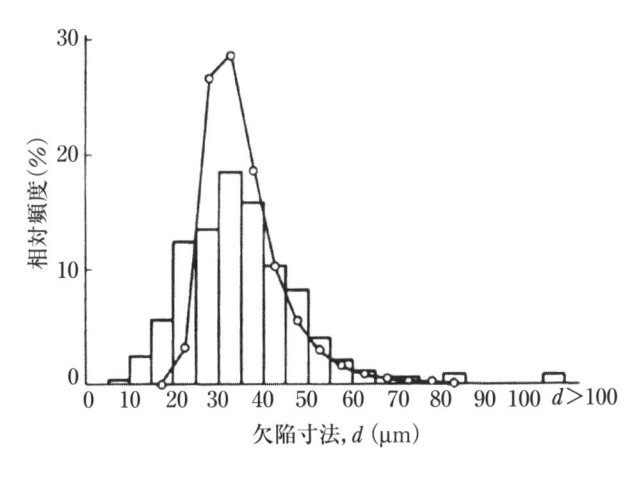

図 7.1.18 破壊源欠陥寸法分布

理論が有効である．

（v） 低速き裂進展

実環境中においてセラミックスに一定荷重 σ_a を負荷すると，応力腐食割れ

などによる低速き裂成長(Slow Crack Growth：SCG)が起こることがある．そのときのき裂進展速度 da/dt は，寿命の大部分において応力拡大係数 K_I の N 乗に比例する(a はき裂寸法，t は時間)．すなわち，

$$da/dt = AK_I^N, \quad K_I = \sigma_a Y a^{1/2} \quad (A, Y：定数) \quad (7.1.23)$$

初期き裂寸法 a_i に対応する不活性強度を σ_i とすると，a_i と σ_i の関係は線形破壊力学により $K_{Ic} = \sigma_i Y\sqrt{a_i}$ で与えられる．通常の脆性材料では N が十分大きい ($N > 20$) ことを考慮すると，式(7.1.23)を積分することにより寿命 t_f として次式を得る．

$$t_f = B\sigma_i^{N-2}\sigma_a^{-N}, \quad B = \frac{2}{(N-2)AY^2 K_{Ic}^{N-2}} \quad (7.1.24)$$

ここで，B は材料および環境に依存する定数である．

保証試験後の最小破損時間 t_{min} は，保証応力を σ_p とすると，次式で与えられる．

$$t_{min} = B\sigma_p^{N-2} \cdot \sigma_a^{-N} \quad (7.1.25)$$

上述の保証試験理論は単純応力状態に対して有効であるが，多軸応力状態に対しては有効でない．多軸応力下における保証試験理論については文献[24]に詳述されている．また，式(7.1.23)から繰り返し疲労寿命分布を算出することができる[25]．図7.1.19はホットプレス窒化ケイ素(Al_2O_3-Y_2O_3系焼結助剤)の繰り返し疲労試験データの一例である[26]．横軸は時間に換算してある．応力比がマイナスになると寿命が低下すること，式(7.1.23)から求めた予測値は実験値と概略一致していることが分かる．

(3) 未知パラメータの推定

ワイブル分布を用いた信頼性解析では，理論式中に現れる未知パラメータ(一括してワイブルパラメータとも呼ばれる)をいかに精度良く推定できるかがポイントとなる．また，試験片の数をできるだけ節約し，かつ十分な推定精度を得るためにはサンプル数がいくつ必要であるか，ということも主要な関心事であろう．ここでは単一モードと多重モード(競合リスクモデル)の場合について未知パラメータの推定法(点推定)とその精度について概略説明する．

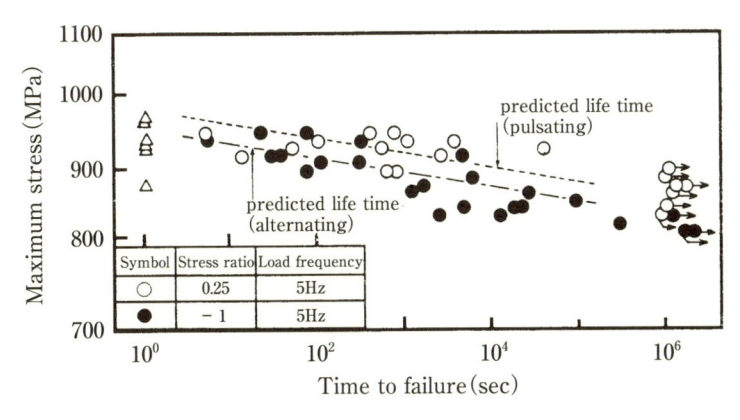

図 7.1.19 HP Si$_3$N$_4$ の繰り返し疲労試験結果[26]

(i) ランク法

単一モードにおいて,実験データをワイブル確率紙*上にプロットするには,個々の強度データ σ_i(通常,破壊時の最大応力を取る)に対応する累積破壊確率 F_i を推定しなければならない. F_i を与える方法をランク法という. n をサンプル数, i を順序数(データを小さい順に並べたときの順位を表す数)とすると,各ランク法における F_i は以下の式で表される.

① 平均ランク法　　　　$F_i = i/(n+1)$
② メジアンランク法　　$F_i = (i-0.3)/(n+0.4)$
③ 対称試料累積分布法　$F_i = (i-0.5)/n$ 　　　　　　　　(7.1.26)

① と ② は F_i の平均値とメジアン値に対する期待値を与える式である. n が小さい場合,三者間に若干の相違が生じるが, n が大きくなると($n > 20$ 程度)それらの間の差は小さくなり,無視できる.

競合リスクモデル,すなわち破壊原因が複数ある場合のランク法(カプランマイヤー法,ジョンソン法など)については,文献[27]を参照されたい.

---

* ワイブル確率紙:縦軸に $\ln\ln(1-F)^{-1}$,横軸に $\ln\sigma$ を目盛った確率紙. 2母数ワイブル分布に従うデータをワイブル確率紙上にプロットすると,直線状に並ぶ.

(ii) **最尤法による推定—単一モードワイブル分布—**

統計理論によれば，$f(X;\theta)$を母集団分布の密度関数，θを未知のパラメータ，$\{X_i\}$を標本変量(n個，本節では強度データに相当)とするとき，尤度関数Lを次式で定義し，Lを最大にするθの推定量$\hat{\theta}$を最尤推定量と呼ぶ.

$$L = \prod_{i=1}^{n} f(X_i;\theta) \tag{7.1.27}$$

上式の右辺に$\prod dX_i$を掛けた量は，標本の値(一組の強度データ)がほぼ$(X_1, X_2, \cdots, X_n)$となる同時確率$P_r(X_1 = x_1, X_2 = x_2, \cdots, X_n = x_n)$に比例する．したがって，関数$L$の値が大きいほど$(x_1, x_2, \cdots, x_n)$というデータが得られやすいことになる．$f$が2母数ワイブル分布，式(7.1.12)の場合，未知パラメータはmとσ_0となるので，未知パラメータの推定量$\hat{m}, \hat{\sigma}_0$が満足すべき方程式，すなわち最尤方程式は，式(7.1.27)をm, σ_0で偏微分してゼロと置くことにより次のように導かれる.

$$\frac{n}{m} + \sum_{i=1}^{n}\ln x_i - n\frac{\sum_{i=1}^{n}x_i^m \ln x_i}{\sum_{i=1}^{n}x_i^m} = 0$$

$$\sigma_0 = \left(\frac{1}{n}\sum_{i=1}^{n}x_i^m\right)^{1/m} \tag{7.1.28}$$

ただし，$\sigma_i = x_i$と置いた．上式の第1式から数値解法(例えばニュートン-ラプソン法)によって$\hat{m}$を求め，これを第2式に代入して$\hat{\sigma}_0$を求める．

サンプル数nが十分大きい場合，パラメータの真値mとその最尤推定量$\hat{m}$の比$\hat{m}/m$は平均1，分散$0.608/n$の正規分布に従う．例えば$n = 25$および50のときの$\hat{m}$の変動係数はそれぞれ次のようになる．

$$n = 25 : \mathrm{cov} = 0.156$$
$$n = 50 : \mathrm{cov} = 0.110$$

もし，設計上必要な$\hat{m}$の変動係数がスペックとして与えられれば，必要なサンプル数をただちに決定することができる．しかしサンプル数が少ない場合は，単一モード，多重モードワイブル分布とも，モンテカルロシミュレーションによってのみ推定量の分布を知ることができる．

(iii) 多段最尤法―多重モードワイブル分布―

多重モードワイブル分布式(7.1.15)は多数のパラメータを含んでおり，その尤度関数をシンプレックス法や最急降下法などの最適化技法によって直接最大化することにより，パラメータを推定できるが，その精度は極めて悪い．しかし破壊原因データを用いれば，パラメータの推定精度を劇的に向上させることができる[28]．高い精度でパラメータを推定することができれば，その情報を用いて精度の高い材料設計・部材設計が可能となる．

ここでは破壊応力はすべて既知であるとし，破壊原因がすべて既知である場合とそうでない場合とに分け，前者の組を"完全データ"，後者の組を"不完全データ"と呼ぶことにし，それぞれの場合について最尤法によるパラメータ推定法を述べる．

完全データの解析[28]

競合リスク理論によれば，多重モードワイブル分布に従うことが分かっていて，強度と破壊原因がすべて既知である完全データに対する尤度関数は次式で与えられる．

$$L = \frac{n!}{\prod_{i=1}^{k} n_i!} \prod_{i=1}^{k} L_i,$$

$$L_i = \left[\prod_{j=1}^{n_i} f_i(x_{ij})\right]\left[\prod_{l=1, l \neq i}^{k} \prod_{j=1}^{n_i} R_l(x_{lj})\right], \quad (7.1.29)$$

$$R_i = \exp(-B_i), \quad f_i = B_i' \exp(-B_i)$$

ここで，k は破壊原因の種類の数，n_i は破壊原因 i によって破壊する試験片の数，$x_{ij}(i=1,\cdots,k; j=1,\cdots,n_i)$ は破壊原因 i によって破壊する試験片のうち j 番目の強度データ，n はデータの総数，R_i は信頼度を表す．上式で L_i は単独の分布 f_i のみを含んでいる．したがって，各々の L_i を最大とするパラメータの組が最尤推定量となる(この方法を多段最尤法という)．

実際には，式(7.1.28)と同型の最尤方程式を解けばよい．

不完全データの解析(修正 EM アルゴリズム)[28]

破壊応力はすべて既知であるが，一部破壊原因が不明であるような不完全データの解析法―修正 EM アルゴリズム―が開発されている．詳細は省くが，

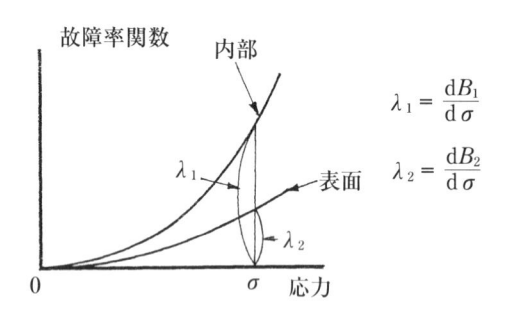

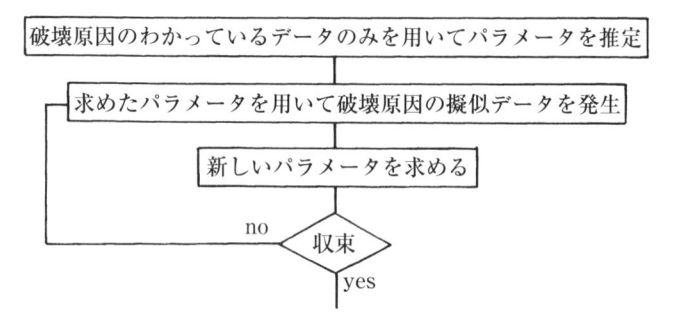

320   7 特　　性

$$\lambda_1 = \frac{dB_1}{d\sigma}$$

$$\lambda_2 = \frac{dB_2}{d\sigma}$$

EM アルゴリズム

図 7.1.20　不完全データの解析（修正 EM アルゴリズム）

ある破壊応力データについて，破壊原因データが不明であるとき，①破壊原因既知データのみを用いて多段最尤法によりパラメータを推定する，②求めたパラメータを用いて故障率を計算し，その結果から破壊原因の擬似データを発生させる(1 個の破壊原因データを複数に分割)．③こうして求めたデータを新たに完全データと見なして新しいパラメータを求める，④収束するまで繰り返す(図 7.1.20)．

図 7.1.21 は，破壊原因不明データの割合が推定精度に及ぼす影響を見るために，$m_1 = 21.3, m_2 = 22.5, \sigma_{01} = 163.3, \sigma_{02} = 186.0$ として，モンテカルロシミュレーションによりサンプルサイズ 50 個の 4 点曲げ試験データ($10 \times 2 \times 40 \text{ mm}^3$)を 500 組発生させ，修正 EM アルゴリズムと多段最尤法によ

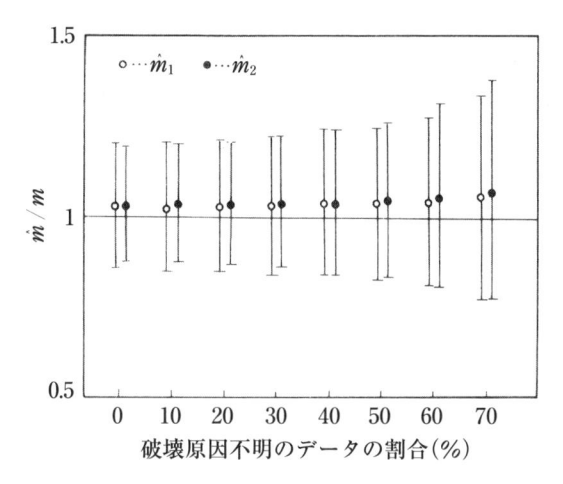

<図 7.1.21> 破壊原因不明データの割合と推定値の平均（○，●）および標準偏差（エラーバー）

りパラメータ $\hat{m}$ を推定した結果である．破壊原因データが 50% 不明でも，完全データの場合と大差ないことが見てとれる．

表 7.1.3 に，ホットプレス窒化ケイ素の 3 点曲げ試験結果[20]を，修正 EM アルゴリズムを用いて解析した結果を示す[27]．試験片総数は 415 本，破壊原因は内部欠陥 (326 本) と表面欠陥 (77 本) の 2 種類で，破壊原因不明データが 12 本ある．強度データをジョンソン法を用いて内部欠陥と表面欠陥に分離し，ワイブルプロットした結果を図 7.1.22 に示す．図中の実線は，表 7.1.3 のパラメータを用いて計算した回帰直線で，実験データとよく一致していることが分かる．このように，破壊原因別にデータを分離し，パラメータを推定すれば，材料設計や部材設計に直接役立てることが可能となる．

(ⅳ) 区間推定

(ⅱ)，(ⅲ) で述べたパラメータ推定法は，点推定と呼ばれる方法である．これに対し，パラメータが存在する区間を推定する方法—区間推定法—がある．

大きさ n のサンプルを $(x_1, x_2, \cdots, x_n)$，θ を未知パラメータとする．θ が，区

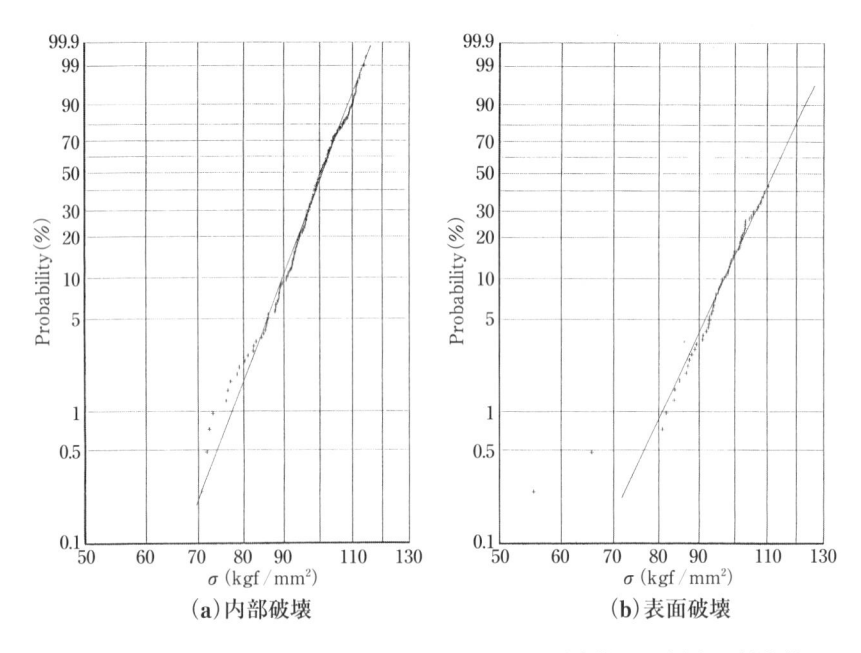

図 7.1.22 ジョンソン法によるワイブルプロット(窒化ケイ素)と回帰直線

表 7.1.3 ワイブルパラメータの推定結果

パラメータ	$\widehat{m}_1$	$\widehat{\xi}_1$	$\widehat{m}_2$	$\widehat{\xi}_2$
完全データ(403 個)	15.79	95.99	12.73	129.5
不完全データ(415 個)	15.80	96.05	12.73	129.5

間 $[\theta_1, \theta_2]$ 内に入る確率を $(1-\alpha)$ とする.すなわち,

$$P_r(\theta_1 \leqq \theta_2 \leqq \theta_3) = 1-\alpha \qquad (7.1.30)$$

が成立するとき,θ_1, θ_2 をサンプル値 $(x_1, x_2, \cdots, x_n)$ の関数として推定することを区間推定という.このとき,確率 $(1-\alpha)$ を信頼度(ないしは信頼係数),区間 $[\theta_1, \theta_2]$ を信頼区間,θ_1, θ_2 をそれぞれ下側信頼限界,上側信頼限界という.通常,α としては,0.01 ないしは 0.05 に設定される.ワイブル分布における形状母数 m の推定値 $\widehat{m}$ の信頼度 $(1-\alpha)$ の信頼区間は次のように求められてい

る[29, 30]．

$$\left[\sqrt{\frac{\chi^2(0.822(n-1);\alpha/2)}{0.822n}}\widehat{m},\ \sqrt{\frac{\chi^2(0.822(n-1);1-\alpha/2)}{0.822n}}\widehat{m}\right] \quad (7.1.31)$$

図 7.1.23 は $\widehat{m}/m$ の信頼区間とサンプルの大きさ n との関係を，信頼度 $(1-\alpha)$ をパラメータに取って示したものである[30]．同図から，n が 30 を下回ると信頼区間が急増することが分かる．設計上のスペックとして信頼度と信頼区間が設定されると，同図より m 値算定に必要な試験片数 n を決定することができる．

（v） パラメータ推定における破壊関連情報の役割

式(7.1.15)の未知パラメータを求める際，破壊関連情報—強度データと破壊原因データ—を用いると，推定精度が飛躍的に向上することをすでに述べた．一方，破壊関連情報にはこの他に破壊位置データや欠陥方向データなどがある．これら破壊関連情報(互いに独立な情報)とパラメータの推定精度の間にはいかなる関係があるのだろうか．

情報理論によると，母数を 2 個以上含む確率密度関数 f の情報行列は次式で表される．

$$\begin{aligned} I &= \{I_{ij}\}, \\ I_{ij} &= -E\left[\frac{\partial^2}{\partial\theta_i\partial\theta_j}\log f(X;\theta_1,\theta_2,\cdots,\theta_{2n})\right] \end{aligned} \quad (7.1.32)$$

I の逆行列を $I^{-1} = \{I^{ij}\}$ とすると，最尤推定量 Θ_i の分散 $V(\Theta_i)$ と I^{ij} の間には次の不等式が成立する．

$$V(\Theta_i) \geqq I^{ii}$$

すなわち，情報行列の逆行列の対角要素が推定値の漸近分散を与える．一般に，漸近分散の逆数の総和数は，独立な確率変数の個数と一致する[31, 32]．例えば m 値の推定値の漸近分散 $AVar$ に関しては，次式が成り立つ．

$$\frac{1}{AVar(\widehat{m}_n)} = \sum_{i=1}^{n}\frac{1}{AVar(\widetilde{m}_i)} \quad (7.1.33)$$

ここで，

324   7 特　　性

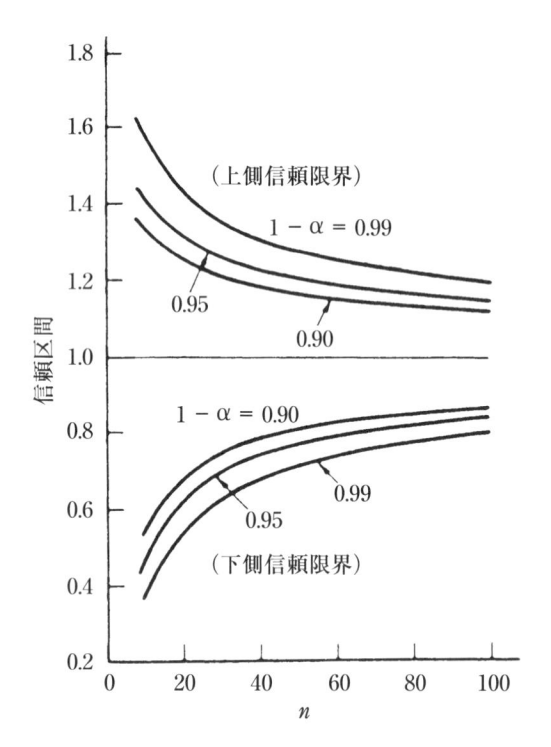

図 7.1.23　ワイブルパラメータ(m 値)推定値の信頼区間と標本数 n [30]

　$\widehat{m}_n$：n 個の確率変数に関わる情報をすべて使用したときの m の推定値
　$\widehat{m}_i$：i 番目の確率変数に関する情報のみを使用したときの m の推定値
式(7.1.33)は，用いる分布関数に含まれる確率変数の数が多いほど，パラメータの推定精度が高くなることを意味している．非時間依存型脆性破壊理論においては，最高で 3 変数(強度，破壊位置，欠陥方向)の理論[22]が提案されており，これら破壊関連データ(強度，破壊位置，欠陥方向)をすべて使用したとき，最大の推定精度が得られることになる．

　図 7.1.24 は，強度データと破壊位置データを用いたときの漸近分散の計算例である[31]．強度データのみを用いた場合よりも，強度データと破壊位置データを同時に用いたほうが漸近分散が顕著に低下していることが分かる．

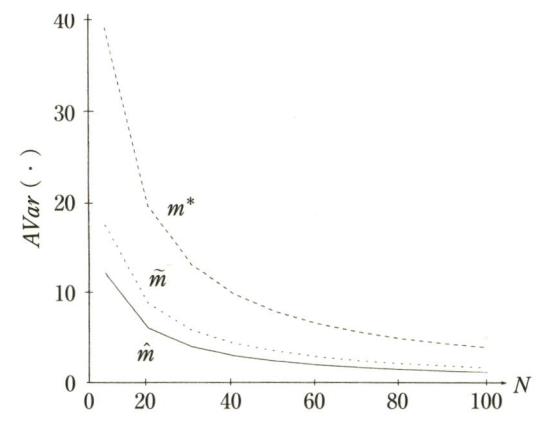

図 7.1.24 形状母数 m の推定値の漸近分散に及ぼす強度データと破壊位置データの役割
(m^*：破壊位置データのみ，$\tilde{m}$：強度データのみ，$\hat{m}$：強度データ + 破壊位置データ，N：データ総数）

(4) おわりに

7.1.2 節では，解析の対象としてモノリシックセラミックス部材を想定し，その破壊が最弱リンク説に従うものと仮定して，強度信頼性設計の基礎理論を概説した．これらの理論式は言うまでもなく窒化ケイ素のみに限定して適用されるものではなく，広くセラミックスや脆性材料に適用される一般式であり，材料設計や部材設計に役立つ理論であることを強調したい．

7.1.3 疲　　労

材料開発が実用段階に入ると，信頼性，安全性確保の観点から寿命が重要な意味を持つ．セラミックスにおいても構造材料としての期待が高まった 1970 年から 90 年頃にかけて寿命を支配する大きな因子である疲労特性が注目を集め，多くの研究が行われた．その結果，塑性変形をほとんど生じない典型的な脆性材料であるセラミックスでは，応力腐食によるき裂成長が疲労の主要な原

因の一つである可能性が高いこと[33,34]，窒化ケイ素セラミックスではき裂進展特性や疲労寿命に繰り返し負荷の影響が現れる場合があること[35~46]などが明らかにされた．しかし，1990年代後半からは残念ながら疲労機構の解明などの基盤的な研究はわずかしか見られなくなっている．本節では，今まで報告されている窒化ケイ素セラミックスの室温における疲労特性の解析結果を紹介する．

(1) き裂進展特性に基づく疲労寿命解析

塑性変形を生じる金属材料では変動負荷により転位が移動，集積して微小き裂となり，それが成長することが疲労の原因と考えられる．繰り返し負荷1回当たりのき裂進展量は応力拡大係数の振幅のn乗に比例するParis則[47]で記述され，疲労寿命も応力振幅や負荷の繰り返し数で整理される．一方，セラミックスやガラスなどは室温においてはほとんど塑性変形しないため，金属のような疲労機構は考えにくい．ガラス材料では，応力腐食によりき裂がゆっくりと成長して強度低下を起こすことがよく知られており[48,49]，応力腐食によるき裂成長を表す式として

$$\frac{da}{dt} = C \cdot (K_\mathrm{I})^n \tag{7.1.34}$$

が用いられる[49]．ここで，aはき裂長さ，tは時間，K_Iはき裂先端におけるモードIの応力拡大係数である．この式はParis則と異なり，き裂が繰り返し数ではなく，時間に依存して成長することを主張している．このため，式(7.1.34)で表現されるき裂成長だけが疲労の原因と仮定すると，寿命も時間依存型となる．例えば，一定負荷応力σ，あるいは最大負荷応力σの周期的な繰り返し負荷を加え続けた場合，破断までの時間tとσの関係は

$$t \cdot \sigma^n = \mathrm{const.} \tag{7.1.35}$$

で表される[33]．この関係は，縦軸に最大負荷応力の対数値を，横軸に破断するまでの時間の対数値を取った場合，傾き$1/n$の直線となる．

長時間負荷による寿命低下が式(7.1.34)で記述される引張応力による潜在欠陥の成長によって生じ，圧縮応力や繰り返しの影響は受けないと仮定すると，

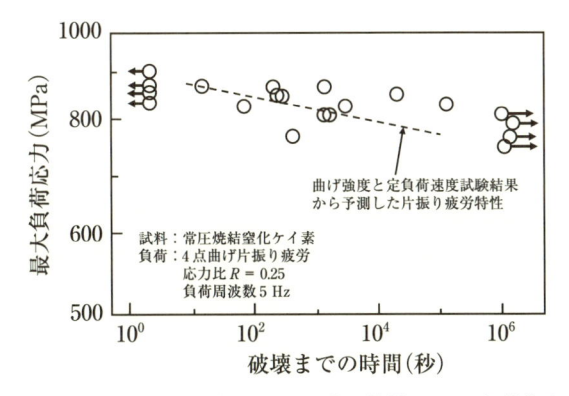

図 7.1.25 準静的応力下で測定したき裂進展特性からの疲労寿命の予測 [54]

セラミック材料の寿命は静的な応力下で測定したき裂進展特性と初期欠陥寸法から推定できる．また，試験片形状や負荷方法の違い，寿命のばらつきなどはワイブル統計を使って整理することができる [50, 51]．Evans らはこのような理論でガラスやセラミックスの実験データが説明できることを示している [33, 34, 52]．このような整理が窒化ケイ素セラミックスにも有効であることを示す例として，定負荷速度試験結果から予測した繰り返し疲労特性と実際の疲労寿命を比較した例を次に示す．

定負荷速度試験は一定負荷速度で強度を測定する試験を種々の負荷速度で行い，強度に対する負荷速度の影響を調べるもので，潜在欠陥が式(7.1.34)で表されるようなき裂進展特性を示す場合には，負荷速度 α と強度 σ_f の間に

$$\frac{\sigma_f^{n+1}}{\alpha} = \text{const.} \tag{7.1.36}$$

が成り立つ [53]．図 7.1.25 は常圧焼結窒化ケイ素の片振り 4 点曲げ疲労試験結果を同じ材料の定負荷速度試験結果から予測した片振り疲労寿命と比較したものであるが [54]，両者は比較的よく一致している．窒化ケイ素セラミックスにおいて式(7.1.34)に基づく寿命解析が有効であるとの報告は静疲労，片振り疲労を中心に他にもいくつかあり [41, 55, 56]，潜在欠陥の引張応力による成長は窒化ケイ素セラミックスの疲労破壊の主要な因子であると推察される．

（2） 疲労特性の体積効果

　窒化ケイ素セラミックスの疲労寿命が潜在欠陥の大きさに左右されているならば，試験片の大きさや負荷方法の違いが疲労特性に及ぼす影響はワイブル統計の有効体積，有効表面積で整理できる．図7.1.26(a)は，常圧焼結窒化ケイ素の3種類の曲げ疲労試験結果，引張-引張疲労試験結果を同一グラフ上にまとめたもの[57]であるが，疲労データは有効体積あるいは有効表面積の小さな試験片ほど高応力側に分布している．図7.1.26(b)は，疲労試験の応力レベルを試験片表面から深さ100 μmまでの有効体積で補正してプロットし直した結果[57]である．具体的には，有効体積をV_e，ワイブル係数をmとすると，図では実際の最大負荷応力$\sigma_{\max}$に$V_e^{1/m}$を乗じた値を試験の最大負荷応力としている．このように，応力レベルを試験片表面近傍の有効体積で補正すると，疲労データは試験片寸法や負荷方法の違いがあるにもかかわらず，ほぼ同一の応力レベルに揃う．試験片全体の有効体積，あるいは有効表面積で補正を行っても図7.1.26(b)に近い結果が得られるが，表面近傍の有効体積で整理する場合が最も揃ったデータが得られる．この理由は，窒化ケイ素セラミックスのき裂進展機構に関係しているものと思われる．

　ガラス材では大気中の水分の影響を受けて応力腐食を生じることが知られて

記号	負荷方法	試験片形状	負荷応力比	負荷周波数	ワイブル係数
□	3点曲げ(外部スパン 30 mm)	3 mm×4 mm×40 mm	0.25	5 Hz	14.6
○	4点曲げ(外部スパン 30 mm, 内部スパン 10 mm)	3 mm×4 mm×40 mm			
●	4点曲げ(外部スパン 50 mm, 内部スパン 30 mm)	2 mm×5 mm×70 mm			
■	引張-引張	φ3 mm×25 mm(ゲージ部)			

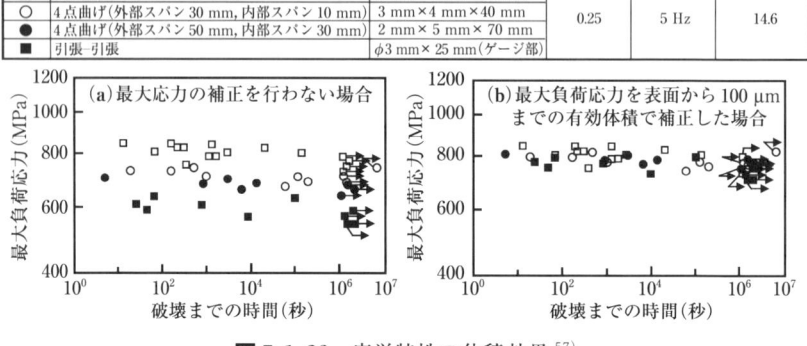

図 7.1.26　疲労特性の体積効果[57]

いるが[48]，セラミックスのき裂進展も水分による応力腐食の影響をかなり強く受けていると考えられる[58]．実際，定負荷速度試験を室温大気中と真空中で行うと，大気中では定負荷速度領域で強度低下が観測される材料でも真空中ではそのような強度低下が観測されない[59]．セラミックスのき裂進展が大気中の水分の影響を受けているとすれば，疲労破壊を起こす欠陥も表面近傍のものに限定される．図7.1.26の疲労試験で破壊した試験片破面を観察すると，破壊の基点となっていた潜在欠陥の寸法は～100 μmであった．したがって，表面から100 μm程度の深さまでに存在する潜在欠陥が大気中の水分の影響を受ける可能性が高く，疲労データの体積効果も表面から100 μmまでの有効体積で整理できたものと考えられる．

(3) 繰り返し負荷の影響

以上のように，セラミックスの疲労は潜在欠陥の引張応力による成長が主因と考えられ，一部の窒化ケイ素セラミックスの疲労データもこの理論で説明できる．しかし，他方ではこの理論で説明できない実験データも報告されている．その代表が比較的靱性の高い窒化ケイ素あるいはウィスカー強化窒化ケイ素であり，繰り返し応力を加えると寿命低下やき裂進展の加速が起こるという報告が多い[39, 41, 43, 46, 56]．図7.1.27は，川久保らによる窒化ケイ素セラミックスの室温曲げ静疲労および繰り返し疲労試験結果[35]であるが，低負荷応力領域で静疲労寿命に比べて繰り返し疲労寿命の低下が認められる．このような繰り返し負荷による寿命低下が起こる原因としては，粒界での弾性的な不整合による微小き裂の発生[56]，破面の不整合や脱落粒子の嚙み込みなどを原因とするき裂閉口の阻止とそれに伴う除荷時，圧縮応力時のき裂進展[42]，架橋粒子やウィスカーの損傷，破壊[41, 43, 60]などが提案されている．現在のところ明確な結論は出されていないが，粒子やウィスカーの架橋効果を利用して高靱化を図った窒化ケイ素セラミックスにおいて繰り返し負荷による寿命低下の報告が多いこと，片振りよりも両振り負荷でその効果が顕著であることから，繰り返しの効果は粒子・架橋粒子やウィスカーがき裂閉口時，あるいは圧縮応力時に損傷を受け，応力遮蔽効果が低下することが主要な原因ではないかと推察され

330　7　特　性

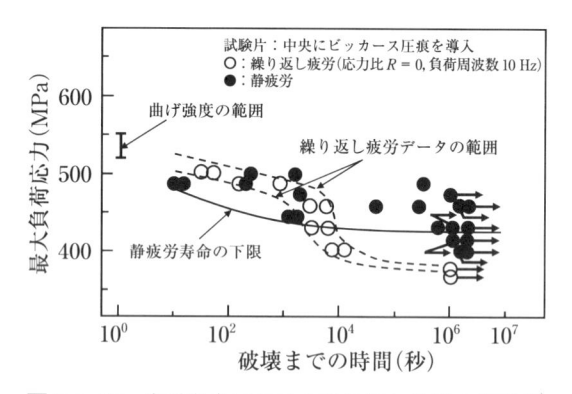

図 7.1.27　疲労寿命における繰り返し負荷の影響[35]

る．

　以上の他に，窒化ケイ素セラミックスの疲労特性はき裂の長さによって異なる[60,61]，時間依存ではなく繰り返し数依存型である[37]，金属と同様にき裂の発生過程から考える必要がある[62]などの報告もある．図 7.1.28 は桝田らが周波数を広範囲に変化させて行った窒化ケイ素セラミックスの両振り疲労試験結果[37]であるが，寿命は時間で整理するよりも繰り返し数で整理した方がよく揃っている．また，同じく桝田らの報告では引張-圧縮疲労試験を行った材料の粒界に微小き裂が観察されており，両振り疲労の場合には微小き裂の発生が潜在欠陥の成長を加速しているのではないかと推察している[37]．このように窒化ケイ素セラミックスの疲労特性は種々の面を見せているが，これらを統一的に説明する理論は未だに構築されていない．

(4)　寿命保証

　窒化ケイ素セラミックスの寿命保証を確実に行うには，疲労破壊機構に基づいた理論構築が不可欠である．しかし，現状では繰り返し負荷による劣化機構が十分に解明されていないことから，理論的な寿命保証を行うには至っていない．ただ，潜在欠陥の成長が疲労破壊の主因であるならば，潜在欠陥寸法を制限することにより寿命を保証することが可能となる．潜在欠陥寸法を制限する方法としては X 線や超音波を利用した非破壊検査などがあるが，除荷時のき

7.1 室温での機械的特性　331

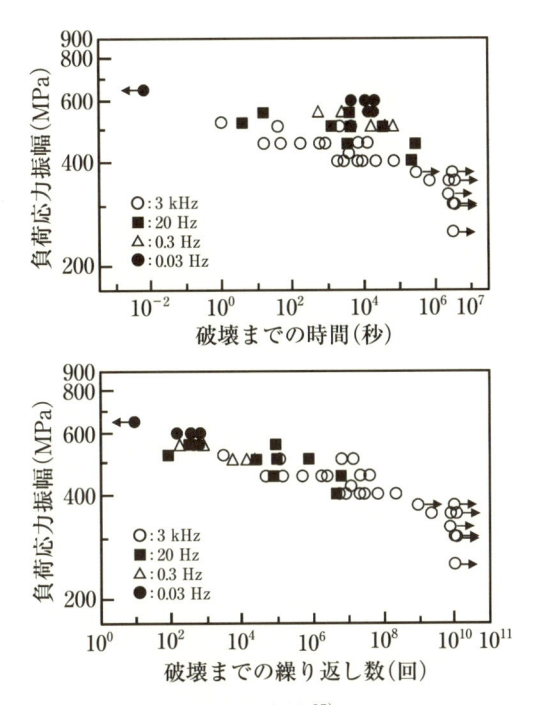

図 7.1.28 疲労特性の負荷周波数依存性 [37]
上：破壊までの時間で整理，下：破壊までの繰り返し数で整理

裂成長に注意すれば予負荷試験が簡便かつ有効な方法である[51]．図 7.1.29 はホットプレス窒化ケイ素を供試材として，予負荷試験による寿命保証効果を検証した結果である[63]．一般に，窒化ケイ素の疲労データは図 7.1.29(a)のようにばらつきが非常に大きい．図 7.1.29(b)と(c)もそれぞれ(a)と同じ試験片を用いた片振り，両振り疲労試験結果であるが，これらの試験片では疲労試験に先立って低強度の試験片が除かれるように疲労試験と同じ 4 点曲げ負荷を加えている．予負荷試験で破壊した試験片は全体の約 40% である．図 7.1.29(b)，(c)では(a)と比較して寿命の下限値が明瞭に現れており，片振り，両振り疲労の両者で予負荷試験の寿命保証に対する効果があると判断できる．また，片振りと両振りで寿命の下限値を比べると両振りの方が低負荷レベルで短寿命となっており，この図からも両振り疲労での特性低下が認められる．両振り疲労

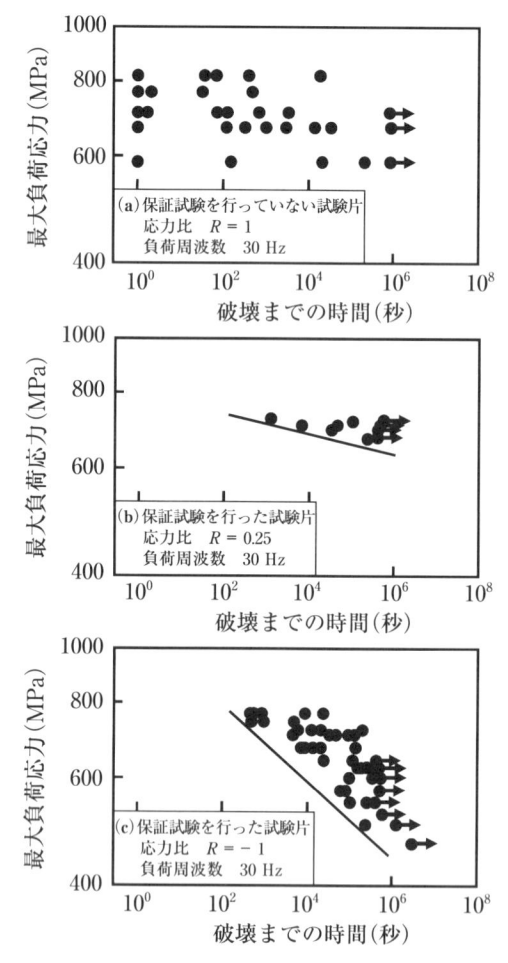

図 7.1.29 予負荷試験の寿命保証効果 [63]

で特性低下があるにもかかわらず，予負荷試験の寿命保証効果があることから，両振り疲労においても潜在欠陥の大きさが疲労寿命に大きく影響していると推察される．

窒化ケイ素セラミックスに疲労限度が存在するのかどうかはまだよく分かっていないが，金属材料でよく用いられる修正 Goodman 線図が有効との報告も

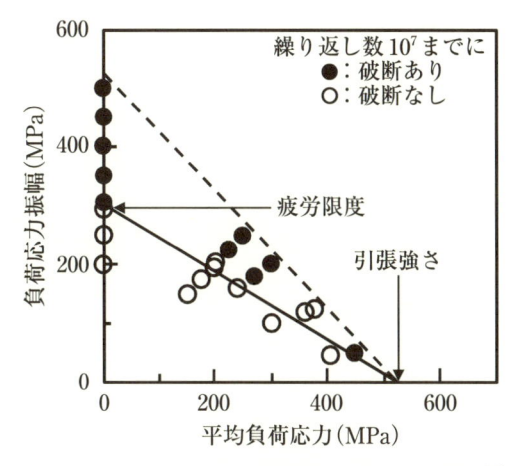

図 7.1.30 修正 Goodman 線図による寿命保証 [56]

ある [56]．図 7.1.30 は桝田らが行った窒化ケイ素セラミックスの片振り引張疲労，引張-圧縮疲労試験結果を縦軸に疲労試験の応力振幅を，横軸に平均応力を取り，10^7 サイクルでの破断の有無で整理したものであるが [56]，横軸上の引張強さと縦軸上の両振り疲労強度を結んだ直線で破断の有無を明瞭に分けることができる．すなわち，この直線よりも下側の条件が繰り返し応力下での安全条件となる．

(5) ま と め

今までに報告されている窒化ケイ素セラミックスの室温疲労データには，大きく分けて二つの面が見られる．すなわち，疲労破壊が潜在欠陥のゆっくりとした成長に支配されており，その特性は線形弾性破壊力学を基礎に，静的，あるいは準静的な負荷下で測定したき裂進展特性から予測可能とするデータと，繰り返し負荷の影響によりき裂進展が加速される，あるいは寿命が短くなることを示すデータの存在である．実際には応力腐食などによるき裂成長と，繰り返し負荷による損傷が独立，あるいは相互に影響し合って起きており，試験条件の違いによってどちらかが強く現れていると推察されるが，それらの機構を分離，あるいは統一的に扱う理論はまだ確立されていない．疲労機構はまだ明

確にされていないが，ワイブル統計に基づく疲労寿命分布や疲労特性の解析，あるいは予負荷試験による寿命保証がある程度成功しており，潜在欠陥の大きさや分布が疲労特性に何らかの影響を与えていると考えられる．疲労機構の解明，あるいは実用上の安全性，信頼性確保にも，今後のさらなる研究の進展とデータの蓄積を期待したい．

7.1.4 トライボロジー

セラミック材料が機械要素として使用される場合に，部材同士の相互接触による摩擦や摩耗，さらにはそれらを軽減するための潤滑が問題となる．そのために必要な表面や接触の解析を含む摩擦・摩耗・潤滑に関する科学がトライボロジー(tribology)である[64, 65]．ここでは，窒化ケイ素セラミックスの摩擦・摩耗を他のセラミックスと比較し，また雰囲気や温度によってどのように変化するかを調べた結果を紹介する．

(1) ピンオンディスク法による測定

回転する円板試料に先端を球面に加工されたピン試料を押し付ける方式のピンオンディスク法により，各種セラミックスの大気中での摩擦および摩耗を測定した．

押付荷重は 9.8 N，すべり速度は約 0.2 m/s であり，定常状態での摩擦係数 (μ = 摩擦力/押付荷重)，および比摩耗量(W_s = 摩耗体積/押付荷重/すべり距離)をそれぞれ求めた．窒化ケイ素(Si_3N_4)，炭化ケイ素(SiC)，アルミナ(Al_2O_3)およびジルコニア(PSZ)相互間の測定結果が図 7.1.31 である[66]．窒化ケイ素の摩擦係数は 0.4～0.6，比摩耗量は 10^{-6}～10^{-5} mm³/N/m のオーダーであり，炭化ケイ素の摩擦係数 0.2，比摩耗量 10^{-7} 以下に比べるとかなり高いようである．ただし，相手ディスク材にもよるが，摺動面は滑らかな鏡面となる場合が多く，酸化や表面疲労によるマイルド摩耗が主であると思われる．荷重やすべり速度がより高くなると，比摩耗量は急増し，部分的な破壊を伴うシビア摩耗に移行することが知られている[67, 68]．

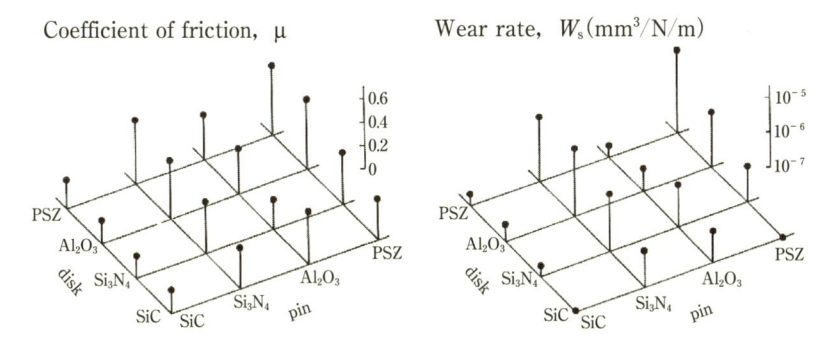

図 7.1.31 各種セラミックスのピンとディスクの組み合わせによる摩擦係数およびピン試料の比摩耗量[66]

(2) 水中などの雰囲気による効果

摩擦や摩耗などのトライボロジー特性は，物体間の接触界面の状態に密接に関係している．したがって，セラミックスの摩擦・摩耗も雰囲気の影響が大きいと思われる．測定の再現性を向上させるために，ピン試料の代わりに直径 9.5 mm の球を用いたボールオンディスク法により窒化ケイ素同士で，大気中，純水中，およびエタノール中で測定した結果を図 7.1.32 に示した[69]．

窒化ケイ素の摩擦係数は大気中では 0.6〜0.7 であるが，純水，エタノール中では 0.1 以下と極めて低くなる．とくに純水中では，すべり距離とともに摩擦係数は低下し，あるところからはほぼ 0 に近くなる．大気中の比摩耗量は 10^{-5} mm^3/N/m 程度であるが，純水中では $2〜3 \times 10^{-6}$ mm^3/N/m まで減少し，エタノール中ではさらに 0.3×10^{-6} mm^3/N/m 以下と非常に少なくなる．純水中では潤滑効果により摩擦係数が大きく低下し，摩耗も減少する．純水よりもエタノールの潤滑効果は低いが，窒化ケイ素の分解が抑えられるためか，摩耗はより少なくなるものと思われる．

このような摩擦係数の低下は，化学反応を伴うゆっくりとした摩耗(tribochemical wear)により，表面粗さが減少し鏡面化することで説明される．炭化ケイ素でも同様な現象が観察されるが，窒化ケイ素の方が，図 7.1.33 に示すとおり，より急速に発現することが知られている[70,71]．水中での 0 に近い窒

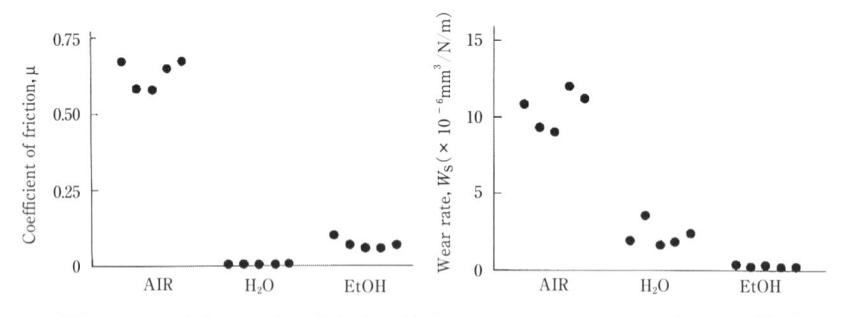

図 7.1.32 窒化ケイ素の大気中，純水中，およびエタノール中での摩擦係数および比摩耗量[69]

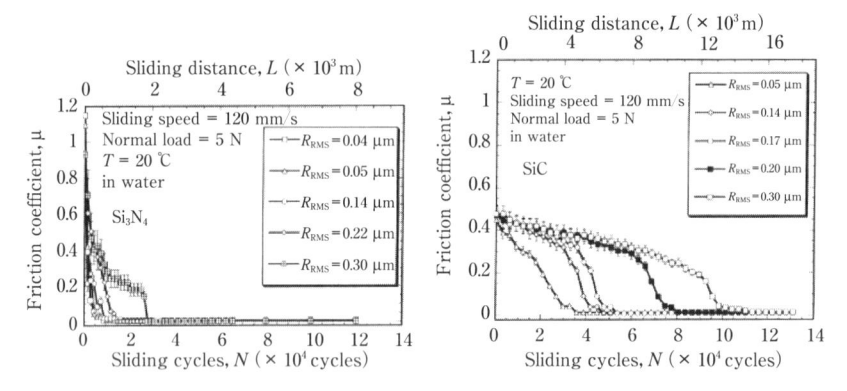

図 7.1.33 窒化ケイ素および炭化ケイ素の水中での摩擦係数低下に対する表面粗さの影響[71]

化ケイ素の摩擦係数は，潤滑油やグリースに代わる水によるプロセス潤滑技術の可能性として注目されている．

(3) アルコールによる潤滑

メタノール，エタノールを含む直鎖アルコールの潤滑効果が，荷重 9.8 N，速度 2.4 mm/s の往復動試験機で測定されている[72]．図 7.1.34 に示すように，直鎖アルコールの炭素数が増えるとともに摩擦係数は 0.14 程度から徐々に低

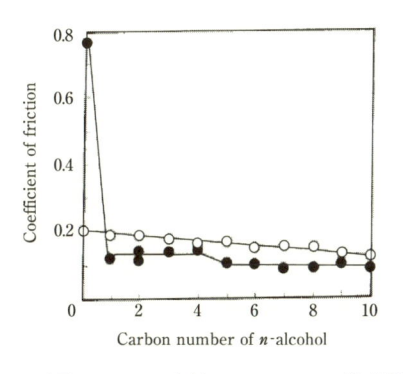

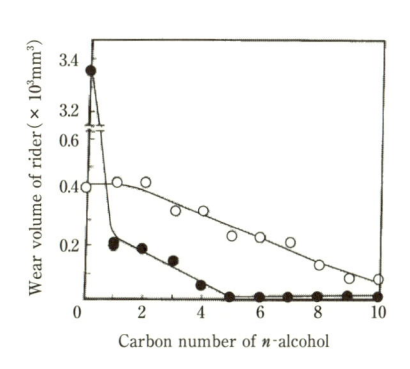

図 7.1.34 直鎖アルコールの炭素数による窒化ケイ素の摩擦係数および摩耗量の変化[72]
●：窒化ケイ素，○：炭化ケイ素（比較のため）

下し，炭素数5以上では0.09程度となる．摩耗量も炭素数とともに減少し，やはり炭素数5以上では非常に少なくなる．ただし，この試験条件では，すべり速度が低いためか，炭素数0に相当する水中での摩擦および摩耗はアルコール中に比べて非常に高い値であった．

(4) 雰囲気温度の影響

大気中では雰囲気温度上昇とともに窒化ケイ素の表面は次第に酸化され，また硬さも低下していくことが知られていて，それに伴って摩擦や摩耗も増加するものと思われる．高温での摩耗試験には，試料治具や加熱に注意する必要があり，高周波誘導加熱による方法なども開発されている[73]．

ボールオンディスク法によりヒータ加熱で1000℃までの温度範囲で測定された結果を図7.1.35に紹介する[74]．摩擦係数は温度によらずほぼ一定であり，荷重の増加とともに減少している．比摩耗量は室温から750℃までは徐々に増加し，1000℃では急速な増加を示している．このマイルド摩耗から高温でのシビア摩耗への移行は，摩擦による表面酸化物の軟化や溶融が関係していると推察されている．

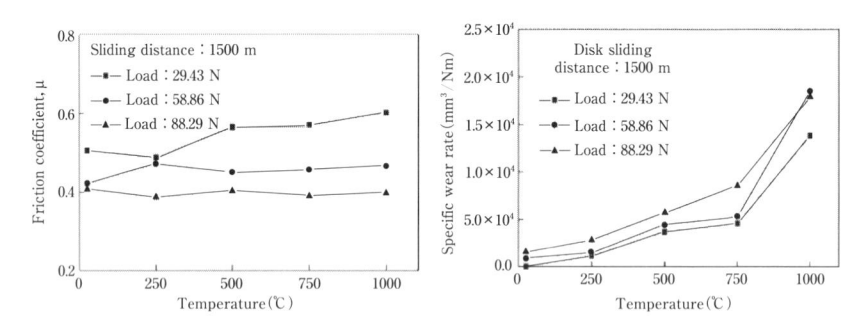

図 7.1.35 雰囲気温度による窒化ケイ素の摩擦係数および比摩耗量の変化 [74]

　窒化ケイ素のトライボロジー特性としては，室温大気中ではかなり高い摩擦係数とそれに伴う摩耗の進行により，無潤滑での摺動部材としての使用は難しい面がある．しかし，窒化ケイ素は鉄系の材料と異なり，水やアルコールによるプロセス潤滑により，低い摩擦や摩耗が実現されるので，化学処理や食品関連の用途が期待される．また，使用条件にもよるが，ある程度の温度までは，室温と同じマイルド摩耗が維持されるので，熱処理関連の用途にも適している．ただし，1000℃以上の高温では破壊を伴うシビア摩耗に移行するので，コーティングなどの何らかの対策が必要である．

参 考 文 献

1) A. A. Griffith, Phil. Trans. Roy. Soc. London, A, **221**(1920) 163-198.
2) C. E. Inglis, Trans. Inst. Naval Archi., **55**(1913) 219-230.
3) G. R. Irwin, Fract. Metals, ASTM publ.（1948）147-166; E. Orowan, Weld. J., **34**(1955) 1575-1605.
4) （社）日本セラミックス協会，"セラミック先端材料"，オーム社（1991）pp. 37-86.
5) M. Sakai and R. C. Bradt, Int. Mater. Rev., **38**(1993) 53-78.
6) D. Broek, "Elementary Engineering Fracture Mechanics", Martinus Nijhoff (1986) pp. 130-136.
7) K. Urashima, Y. Ikai and S. Iwase, 6th Int. Symp Ceram. Mater. Components for

Engineering (1997) 167-172.
8) R. C. Bradt, D. Munz, M. Sakai and K. White, "Fracture Mechanics of Ceramics", Springer (2005) pp. 327-335.
9) K. Hirao, T. Nagaoka, M. E. Brito and S. Kanzaki, J. Am. Ceram. Soc., **77** (1994) 1857-1862; K. Hirao, T. Nagaoka, M. E. Brito and S. Kanzaki, J. Ceram. Soc. Japan, **104** (1996) 55-59.
10) 宮島達也, 平尾喜代司, 手島博之, 山内幸彦, 第43回日本学術会議材料研究連合会講演会講演論文集 (1999) 95-96.
11) M. Sakai, ISIJ Int., **32** (1992) 937-942.
12) S. Kovalev, T. Miyajima, Y. Yamauchi and M. Sakai, J. Am. Ceram. Soc., **83** (2000) 817-824.
13) 松尾陽太郎, 日本機械学会論文集 (A編), **46** [406] (1980) 605.
14) 小田功, 松井實, 相馬隆雄, 桝田昌明, 山田直仁, 日本セラミックス協会学術論文誌, **96** [5] (1988) 539-545.
15) 松尾陽太郎, 小笠原俊夫, 木村脩七, 安田榮一, 材料, **36** [401] (1987) 166.
16) H. L. Oh and I. Finnie, Int. J. Fract. Mech., **6** (1970) 287.
17) S. Aoki, I. Ohta, H. Ohnabe and M. Sakata, Int. J. Fract. Mech., **21** (1983) 285.
18) 松尾陽太郎, 北上浩一, 日本機械学会論文集 (A編), **51** (1985) 1019.
19) 松尾陽太郎, 北上浩一, 窯業協会誌, **93** [12] (1985) 757.
20) 伊藤正治, 酒井清介, 伊藤勝, 材料, **30** [337] (1981) 1019.
21) 北上浩一, 松尾陽太郎, 木村脩七, 日本セラミック協会学術論文誌, **99** [1149] (1991) 361.
22) Y. Matsuo, K. Kitakami and S. Kimura, in Fracture Mech. of Ceramics, Vol. 10 (R. C. Bradt et al. Eds.), Plenum Press (1992) p. 317.
23) Y. Matsuo, N. Uetake and K. Yasuda, JSME Int. J., Ser. A, **46** [3] (2003) 502.
24) 浜中順一, 他4名, 日本機械学会論文集 (A編), **53** [492] (1987) 1638.
25) 松尾陽太郎, 大井田俊彦, 神保勝久, 安田公一, 木村脩七, 日本セラミックス協会学術論文誌, **97** [2] (1989) 136.
26) Y. Yamauchi, T. Ohji, W. Kanematsu, S. Ito and K. Kubo, in Fracture Mech. of Ceramics, Vol. 9, (R. C. Bradt et al. Eds.), Plenum Press (1992) p. 465.
27) 松尾陽太郎, セラミック先端材料, オーム社 (1991) p. 87.
28) 村田博隆, 松尾陽太郎, 宮川雅巳, 北上浩一, 日本機械学会論文集 (A編), **52** [473] (1986) 27.

29) L. T. Bain and M. Engelhardt, Technometrics, **23**[1] (1981) 15.
30) 市川昌弘, 日本機械学会論文集(A編), **51** (1985) 2368.
31) Y. Matsuo, T. Nakamoto, K. Suzuki and W. Yamamoto, Mater. Sci., **39** (2004) 271-280.
32) Y. Matsuo, T. Shiota, K. Yasuda and K. Suzuki, Key Eng. Mater., **352** (2007) 7-20.
33) A. G. Evans and E. R. Fuller, Metall. Trans., **5** (1974) 27-33.
34) A. G. Evans, Int. J. Fract., **16** (1980) 485-498.
35) T. Kawakubo and K. Komeya, J. Am. Ceram. Soc., **70** (1987) 400-405.
36) 岸本秀弘, 上野明, 河本洋, 材料, **36** (1987) 1122-1127.
37) 桝田昌明, 山田直人, 相馬隆雄, 松井實, 小田功, 日本セラミックス協会学術論文誌, **97** (1989) 520-524.
38) 岸本秀弘, 上野明, 河本洋, 日本機械学会論文集, **A-56** (1990) 50-56.
39) 高橋学, 武藤睦治, 岡本寛巳, 老川恒夫, 材料, **40** (1991) 588-594.
40) R. O. Ritchie and R. H. Dauskardt, 日本セラミックス協会学術論文誌, **99** (1991) 1047-1062.
41) 飯尾聡, 丹羽倫規, 多島容, 渡辺正一, 日本セラミックス協会学術論文誌, **100** (1992) 117-121.
42) 上野明, 岸本秀弘, 河本洋, 山中洋一, 材料, **41** (1992) 495-501.
43) 大塚昭夫, 菅原宏人, 兪成根, 材料, **41** (1992) 1279-1284.
44) 稲村孝市, 林誠二郎, 鈴木章彦, 茂垣康弘, ファインセラミックス次世代研究開発の軌跡と成果, ファインセラミックス技術研究組合 (1993) pp. 428-446.
45) A. Yonezu and T. Ogawa, J. Ceram. Soc. Japan, **108** (2000) 842-847.
46) J. Moffatt and L. Edwards, Int. J. Fatigue, **30** (2008) 1289-1297.
47) P. C. Paris and F. Erdogan, J. Bas. Eng., Trans. ASME, **85** (1963) 528-534.
48) S. M. Wiederhorn and L. H. Bolz, J. Am. Ceram. Soc., **53** (1970) 543-548.
49) S. M. Wiederhorn, Fract. Mech. Ceram., **2** (1974) 613-646.
50) C. P. Chen and W. J. Knapp, Fract. Mech. Ceram., **2** (1974) 691-707.
51) 松尾陽太郎, 材料, **33** (1984) 857-861.
52) A. G. Evans and M. Linzer, Int. J. Fract., **12** (1976) 217-222.
53) R. J. Charles, J. Appl. Phys., **29** (1958) 1657-1662.
54) 山内幸彦, 安全工学, **30** (1991) 407-414.
55) 田中道七, 岡部永年, 中山英明, 石丸靖, 今道高志, 材料, **39** (1990) 694-700.
56) 桝田昌明, 相馬隆雄, 松井實, 小田功, 日本セラミックス協会学術論文誌, **96**

57) 山内幸彦, 宮島達也, 伊藤正治, 久保勝司, 日本セラミックス協会学術論文誌, **101**(1993)783-787.
58) 若井史博, 桜本久, 阪口修司, 松野外男, 材料, **35**(1986)898-903.
59) 山内幸彦, 酒井清介, 伊藤勝, 大司達樹, 兼松渉, 伊藤正治, 日本セラミックス協会学術論文誌, **96**(1988)885-889.
60) 上野明, 岸本秀弘, 河本洋, 材料, **41**(1992)253-259.
61) 上野明, 岸本秀弘, 近藤柘也, 細川裕晃, 森田和芳, 材料, **45**(1996)1090-1095.
62) 上野明, 松野邦弥, 材料, **56**(2007)357-363.
63) Y. yamauchi, S. Sakai, M. Ito and S. Ito, Proc. 27th Jap. Cong. Mat. Res., The Society of Material Science, Japan, Kyoto(1984)235-240.
64) B. N. J. Persson, "Sliding Friction Physical Principles and Applications", Springer-Verlag(1998).
65) Said Jahanmir, "Friction and Wear of Ceramics", Marcel Dekker Inc. (1994).
66) M. Iwasa and Y. Toibana, J. Ceram. Soc. Japan, **94**(1986)336-343.
67) M. Iwasa, Y. Toibana, S. Yoshimura and A. Kobayashi, J. Ceram. Soc. Japan, **93**(1985)73-80.
68) K. Kato and K. Adachi, Wear, **253**(2002)1097-1104.
69) 日本ファインセラミックス協会, "石油代替電源用新素材の試験・評価方法の標準化に関する調査研究報告書"(1990)pp. 202-218.
70) S. Jahanmir, Y. Ozmen and L. K. Ives, Tribology Letters, **17**(2004)409-417.
71) M. Chen, K. Kato and K. Adachi, Wear, **250**(2001)246-255.
72) Y. Hibi and Y. Enomoto, Wear, **133**(1989)133-145.
73) Y. Mizutani, Y. Shimura, Y. Yahagi and S. Hotta, R & D Review of Toyota CRDL, **27**[2](1992)11-21.
74) S. S. Kim, Y. H. Chae and D. J. Kim, Tribology Letters, **9**(2000)227-232.

7.2 高温での機械的特性

7.2.1 高温での破壊強度と破壊靭性

(1) 破壊強度

　代表的な構造用セラミックスである窒化ケイ素は，高温での使用が期待されることが多いため，高温破壊の挙動を正しく理解することが不可欠である．室温では脆性で弾性変形しか起こさないセラミックスでも，高温になれば原子空孔の生成消滅運動の活発化，粒界第2相の軟化とそれによるイオンの溶解再析出の活発化などにより，粒界すべりが助長され，塑性変形やクリープ変形を起こしやすくなる．それに伴い，き裂の粒界進展が促進されたり，あるいは粒界などにキャビティが集積されたりすることより，破壊が助長される[1]．窒化ケイ素の場合，通常，焼結助剤として用いられる酸化物により粒界にガラス相が形成されるが，1000℃以上の高温ではこの粒界ガラス相が軟化を始める．そこで，臨界応力拡大係数に近い，比較的高い応力条件下では，既存の大きな欠陥からき裂が粒界を選択的に，ゆっくりと進む安定き裂成長が誘起される．通常の窒化ケイ素の高温強度試験で，強度の低下が見られるのはこのためである．また，そのような安定き裂成長が起きないような低応力下でも，粒界あるいは粒界三重点に多数のキャビティが生成，成長し，これらのキャビティが合体することにより最終的に破壊に至る．これがクリープ破壊である．図7.2.1に模式的に示すように，負荷応力に依存して，既存欠陥からの安定き裂成長が支配する領域と，クリープ損傷が支配する領域によって分けることができる．破壊に至る時間 t_f は，通常，負荷応力 σ により，$t_f = C\sigma^n$ の関係で整理されており，ここで，C は定数，n は疲労指数と呼ばれている．破壊に至る時間の応力依存性を表すパラメータである．一般的に，安定き裂成長が支配する領域では，実験的に得られる n は高い値 ($n > 10$) となり，クリープ損傷が支配する

7.2 高温での機械的特性

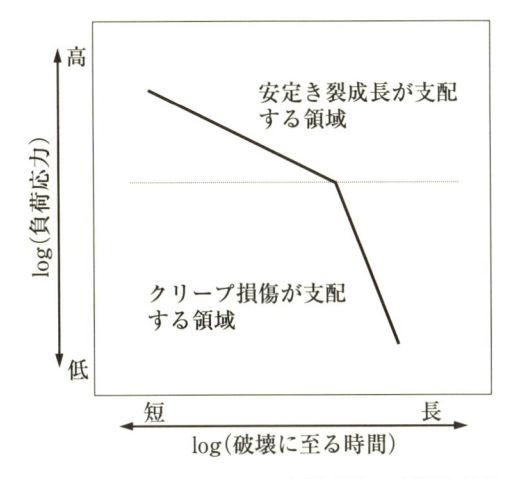

図7.2.1 セラミックスの高温破壊の時間依存性

領域では低い値 ($n < 10$) となる.

粒界ガラス相が軟化し，粘性的な挙動を示すような温度では，強度は応力負荷速度により結果は大きく変化する[2]. すなわち，負荷速度が高いほど，安定き裂成長などが強度低下の要因が抑制され高い強度が得られる. このような強度の応力負荷速度依存性に加え高温になれば酸化などの腐食の影響を強く受けるために，試験雰囲気によっても大きく左右される. さらに，試験片の正確な温度測定，十分な温度平衡や均熱の確保なども重要になる. したがって高温強度を測定し，それらを比較する場合は試験方法を標準化する必要がある. ファインセラミックスの高温強度測定試験方法については，日本工業規格(JIS)において，曲げ試験方法が JIS R1606 に，引張試験方法が JIS R1606 に規格化されている. 引張試験は，曲げ試験に比べ，有効体積が大きく，また加工損傷の影響も受けにくいという特徴があるが，試験片の作製や荷重の軸合わせが困難であるなどの欠点も有している. このため，高温の強度測定には通常，曲げ試験が用いられている. ただし，曲げ試験では，クリープ変形が顕著になると応力やひずみの正確な算出は困難であり，このような場合は引張試験の使用が推奨される.

近年，この粒界ガラス相の組成を制御し，その融点を大幅に上昇させること

により，高温強度の極めて優れた窒化ケイ素が開発されている[3~8]．窒化ケイ素は一般に焼結助剤を用いて液相焼結法で製造されるため，粒界ガラス相の組成はその焼結助剤に強く依存する．焼結助剤としてよく用いられるイットリア-アルミナ系助剤は室温特性が優れるものの，1200℃を超える高温では強度が低下する．比較的，高温特性が優れるとされるイッテルビア系助剤でも，1400℃では強度低下が見られる．現在，優れた高温特性を得るために最も有利とされているのはルテチア系助剤であり，室温強度は他に劣るものの，高温では1400℃近くまで強度低下が起こらないと言われている．

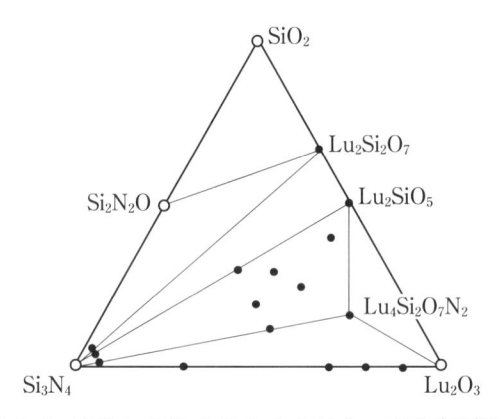

図7.2.2 窒化ケイ素-ルテチア-シリカの三元系状態図[5]

図7.2.2に窒化ケイ素-ルテチア-シリカの三元系状態図を示す[5]．この系で生成する結晶相 $Lu_4Si_2O_7N_2$，Lu_2SiO_5，$Lu_2Si_2O_7$ はいずれも結晶化しやすく，かつ融点が高いことが知られている．また，Si_3N_4-Lu_2SiO_5-$Lu_2Si_2O_7$ の三角形内では1500℃を超える付近で共晶点があると予想されるため，焼結時には液相を生じて焼結を促進でき，かつ最終的に形成される粒界相も融点が高いことが考えられる．このため，これらの組成に合うように助剤の系を選択することが試みられている．

ルテチア系の焼結助剤と，6.1.3で示したような鍛造焼結を組み合わせることにより高温特性がさらに向上することが知られている．Kondoら[6]は α 型窒化ケイ素粉末に8 wt%ルテチアおよび2 wt%のシリカの焼結助剤を加えた粉

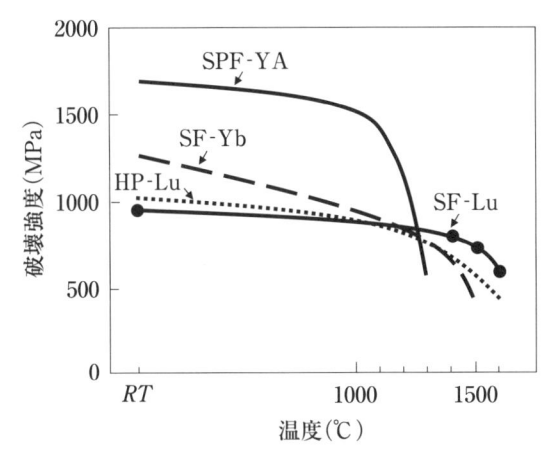

図 7.2.3 ルテチア系鍛造焼結窒化ケイ素(SF-Lu), イッテルビア系鍛造焼結窒化ケイ素(SF-Yb), イットリア-アルミナ系超塑性鍛造窒化ケイ素(SPF-YA), ルテチア系ホットプレス窒化ケイ素(HP-Lu)の高温強度[6]
鍛造焼結, 超塑性鍛造により粒子が配向した試料は, 配向方向に応力を負荷

末成形体について, 30 MPa の応力により 2000 ℃で 3 時間, 鍛造焼結を行い, 微細な柱状粒子が鍛造方向に垂直に配向した焼結体を得ている. この窒化ケイ素の高温強度をイッテルビア系鍛造焼結窒化ケイ素, イットリア-アルミナ系超塑性鍛造窒化ケイ素, ルテチア系ホットプレス窒化ケイ素の高温強度と比較して図 7.2.3 に示す[36]. 上述したようにイットリア-アルミナ系窒化ケイ素は室温において極めて高い強度を示すが, 1000 ℃以上では著しい強度低下を示す. イッテルビア系窒化ケイ素においても 1300 ℃以上では強度劣化が顕著になる. これに対しルテチア系窒化ケイ素は 1300 ℃以上でも強度劣化が少なく, とくに鍛造焼結の試料は 1500 ℃においても比較的高い強度を保っていることが分かる.

(2) 破壊靱性

セラミックスの破壊靱性は, プロセスゾーンでの微視的な塑性変形, き裂進

展後の破面架橋，き裂の偏向などのき裂進展形態等の靭性発現機構により決定されるが，これらの発現機構の多くは，粒界特性などの温度依存性の強い因子が関与しているため，セラミックスの破壊靭性は高温ではさまざまな形で変化する．例えば，窒化ケイ素の破壊靭性は，主に棒状のβ型窒化ケイ素粒子の架橋や引き抜きなどにより発現されるが，1000℃以上の高温では粒界のガラス相が軟化を始め，粒子架橋や引き抜きは促進される．したがって，多くの粒子がほぼ完全に引き抜かれるまで靭性発現に寄与することになり，高い破壊靭性を示すことがある．しかし，粒子架橋や引き抜き効果が本来小さい，微細粒子の材料ではこれらの効果は少ない．また，粒界自体は軟化しており，個々の粒子の遮蔽応力効果は小さく，靭性の発現には長いき裂進展を必要とするために，このような高靭化は強度の向上には寄与しない．

　ガラス相の軟化による粒子架橋や引き抜きの活性化で靭性が発現する場合は粒界の粘性的挙動が影響するため，強度とともに破壊靭性も応力負荷速度により大きく変化する．破壊靭性の測定では，高い破壊靭性をもたらすような負荷速度領域が存在し，負荷速度がそれ以上に高いと粒子架橋や引き抜きが十分に発現できず破壊靭性は低くなり，また，それより低いと粒界の粘性抵抗が小さ

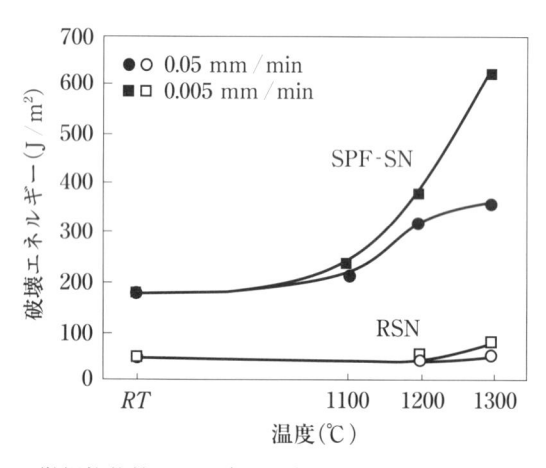

図7.2.4　微細柱状粒子が配向した超塑性鍛造窒化ケイ素(SPF-SN)と配向していない窒化ケイ素(RSN)の高温における破壊エネルギー[11]

くなるため，遮蔽効果が小さくなり破壊靭性は同様に低くなる[9]．また，このような応力負荷速度依存性は当然のことながら温度によって大きく左右される[10]．図7.2.4に，微細柱状粒子が配向した超塑性鍛造窒化ケイ素と無配向の窒化ケイ素について，シェブロンノッチ試験による高温での破壊エネルギーを示す[11]．破壊エネルギーが変位速度（応力負荷速度）および温度に大きく依存することが分かる．高温での破壊靭性測定には，これらのことに加え，強度測定と同様に試験雰囲気，試験片の正確な温度測定と均熱の確保なども重要になる．ファインセラミックスの高温破壊靭性試験方法ついては，JIS R1617に規格化されている．

窒化ケイ素の高温での強度とともに破壊靭性を向上させた例として，9 wt%ルテチアおよび1 wt%のシリカの焼結助剤を用い，高融点の希土類酸化物結晶

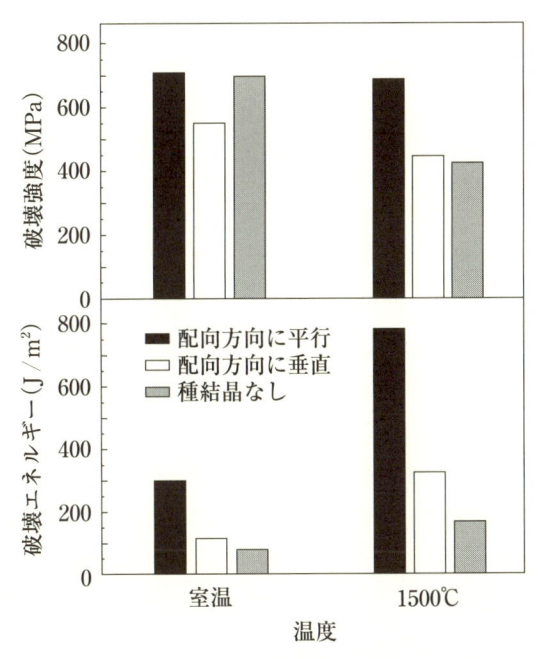

図7.2.5 種結晶をテープ成形で配向させ，粒界を強化した窒化ケイ素の室温および1500℃での破壊強度と破壊エネルギー

相を粒界に生成させるとともに，種結晶をテープ成形により配向させた成形体を 1950 ℃の温度で焼結させ，長さが数 10 μm，直径が約 5 μm にも及ぶ粗大な柱状粒子が配向した窒化ケイ素があげられる[12]．図 7.2.5 に，室温および 1500 ℃での 3 点曲げ強度およびシェブロンノッチ試験による破壊エネルギーを，焼結助剤は同じで種結晶を添加していない窒化ケイ素と比較して示す．種結晶を添加した窒化ケイ素の強度は，室温では配向方向に平行な方向でも，種結晶を添加していない窒化ケイ素と大差はないが，高温における強度劣化がなく，1500 ℃でははるかに優れた値を示している．また，種結晶を添加していない窒化ケイ素の破壊エネルギーは，室温および 1500 ℃で，それぞれ約 100 および 200 J/m^2 であるのに対し，種結晶を添加した窒化ケイ素では，配向方向に応力を負荷した場合，それぞれ 300 および 800 J/m^2 と向上し，配向方向に垂直に応力を負荷した場合でも，高温において優れた破壊エネルギーを示している．

7.2.2 クリープ

窒化ケイ素セラミックスの耐クリープ性は，高温・構造材料としての実用化の観点から，多くの検討がなされてきた．高温での曲げ強度は，材料の高温特性の一つの指標であるが，長時間，材料が安定して強度を維持するかどうかはクリープの測定を行わないと信頼性のある指標は得られない．

窒化ケイ素セラミックスの耐クリープ性向上に関する研究は，継続的に行われている．焼結助剤の組成，添加量の影響については，従来，希土類酸化物を焼結助剤として添加し，融点の高い粒径相を形成したり，結晶質の粒界相(希土類ケイ酸化物，希土類ケイ素酸窒化物など)を形成する手法が用いられてきた．RE$_4$Si$_2$O$_7$N$_2$(RE：希土類元素)型の化合物(J 相)が，窒化ケイ素と平衡状態で共存できる希土類の場合，J 相組成の焼結助剤を添加し，焼結を行うと，焼結中に J 相が結晶化することが，Yb について報告されている[13]．また，希土類ケイ酸化物を粒界相とする場合，加える希土類のイオン半径が小さい方が耐熱性が高いことが報告されている[14]．Lu は Sc に次いでイオン半径が小さ

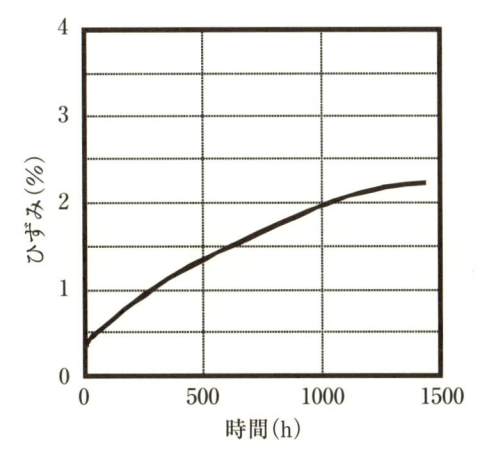

図 7.2.6 SN12のクリープ曲線

く[15]）．$Lu_4Si_2O_7N_2$ が存在し，これが窒化ケイ素と平衡状態で共存できることから，Lu_2O_3 を $Lu_4Si_2O_7N_2$ の組成になるように焼結助剤として添加し（1.2 mol% Lu_2O_3 添加の材料をSN12，4.8 mol%添加の材料をSN48と記述する），窒化ケイ素セラミックスを作製し，その耐クリープ性を評価した．図 7.2.6 に SN12 のクリープ曲線の一例を示す．1500 ℃，137 MPa の引張応力下のクリープ変形である．最終的には 1678.5 時間で打ち切りデータとなり，高い耐クリープ性を持つことが分かる[16]．

セラミックスガスタービンプロジェクトの中で開発されてきた SN281 も Lu が添加された材料であり，クリープ特性が報告されている[17]．図 7.2.7 に SN281 と SN48 の負荷応力とひずみ速度の関係における，測定温度の影響を示す．SN48 よりは SN12 の方が，耐クリープ性は高いが，SN12 の 1400 ℃での測定では変形量が小さく，ひずみ速度が算出できないため，SN48 と比較している[18]．SN281 の 1550 ℃のプロットは SN48 の 1400 ℃のプロットとほぼ同じ位置にあり，SN281 も高い耐クリープ性を持つことが分かる．

クリープ変形には，粒径の影響があることは知られているが，窒化ケイ素セラミックス特有の自己複合組織の異方性，すなわち針状粒子の配向がクリープ特性に及ぼす影響についても検討されている．

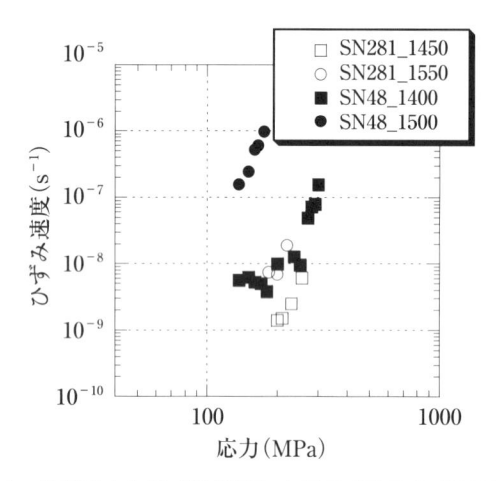

図7.2.7 負荷応力とひずみ速度におけるSN48とSN281の比較

　針状粒子が一方向に並ぶように，超塑性鍛造した材料と，鍛造しない等方的な針状粒子の分布を持つ材料と比較した．鍛造後の材料では，針状粒子の配向方向とクリープ測定の際の引張方向が同じときのひずみ速度は，等方的な組織を持つ材料のひずみ速度よりも，1桁低いことが報告されている(図7.2.8)[19]．また，針状の種結晶を添加した原料粉末を，押出成形により種結晶を配向させ，これを焼結すると針状結晶が配向した材料が得られる．この材料の曲げクリープ速度は，種結晶の添加量が多いほど遅くなり，2%添加で約1桁，10%添加では約2桁低くなることが報告されている(図7.2.9)[20]．針状粒子の配向は，靱性・強度の向上に有効であるだけでなく，とくに粒界すべりの抑制の点から，耐クリープ性の向上に有効である．

　窒化ケイ素セラミックスのクリープのメカニズムについては，これまで多くの研究がなされてきた．セラミックスのクリープに関しては文献[21]に分かりやすくまとめられており，窒化ケイ素のクリープに関しては，文献[22]に詳細に述べられている．

　従来，窒化ケイ素セラミックスが，とくに引張応力下でクリープ変形する際には，溶解-析出と粒界すべりが主要なクリープのメカニズムであり，この二つのメカニズムが協調的に起こらないと，粒界相にキャビティが形成されるこ

7.2 高温での機械的特性　351

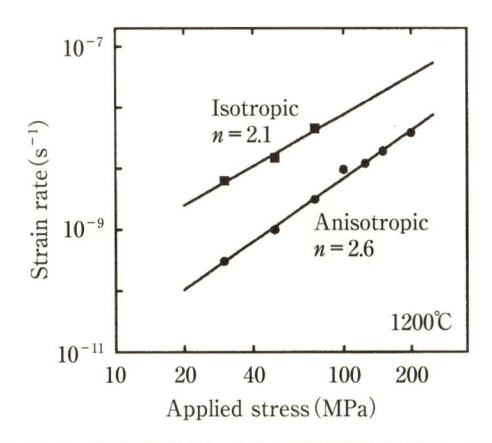

図7.2.8 超塑性鍛造により針状粒子が配向した窒化ケイ素セラミックスのクリープ変形

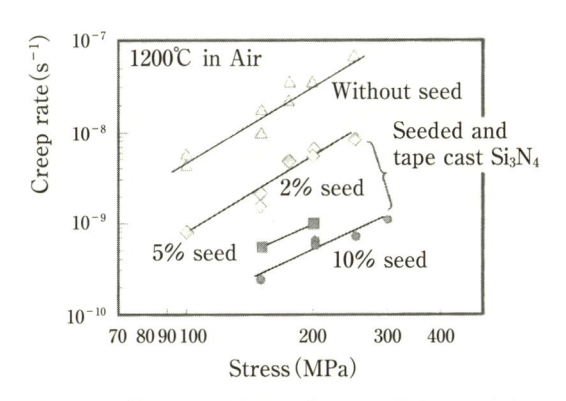

図7.2.9 種結晶を添加・配向させて作製した窒化ケイ素セラミックスのクリープ変形

とが報告されている．多くの場合，引張クリープによる変形後の材料にキャビテーションが観察されており，SN48についても，クリープ変形後に，このキャビティが観察されている（図7.2.10）．これに対し，Lofajらは，Lu添加窒化ケイ素セラミックスに対し，キャビティを形成しないクリープメカニズムを提案している[17]．SN281の場合，クリープ変形後の密度測定の結果では，キャビティの体積はゼロと計算された．キャビティは，粒界すべりに伴う局所

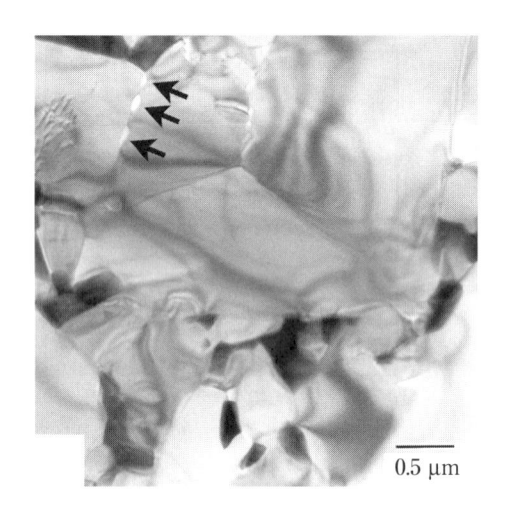

図 7.2.10 引張クリープ測定後に見られる典型的なキャビテーション(矢印先端の白い部分)

的な引張応力の集中の結果生じるものであり，SN281 では溶解-析出が，粒界すべりに対して相対的に速く起こったため，キャビティ形成に必要な応力が発生せず，キャビティが形成せずにクリープ変形したと考察している．

Pezzotti らは，SN281 の高温での内部摩擦をねじり強制振動法により 2100 K 以上の温度で測定し，ねじりによるクリープ測定を 2100 K までの温度で行った．これらの結果の比較から，SN281 の高温での変形挙動を解析した．1725 K で二粒子の粒界が軟化するが，粒界三重点のケイ酸ルテチウム($Lu_2Si_2O_7$)が弾性的である限りは，粒界すべりによる変形が起こらないが，1894 K になると，粒界三重点のケイ酸ルテチウムが大きく塑性変形するので，粒界すべりによる変形と拡散が同時に起こる．2100 K で粒界三重点のケイ酸ルテチウムが融解し始めると，液相が生成し，この液相を介した物質移動により，急激な窒化ケイ素の粒成長が起こるとしている[23]．

本測定は，窒素雰囲気中の測定であり，大気中の引張クリープ測定の結果と直接比較することはできないが，粒界三重点の結晶相が粒界すべりを抑制しているとの結果は，従来の粒径結晶化の手法の妥当性を支持している．粒界を結

晶化する場合，二粒子粒界の化学組成も軟化点が高い組成が維持されるか，また，結晶化した粒界相と窒化ケイ素粒子の間にガラス相が存在するかも重要で，粒界にYbのJ相を結晶化させた材料のように，窒化ケイ素粒子とJ相が直接結合していると，粒界すべりの抑制が有効に作用するものと考えられる[13]．前述のSN12の場合は，窒化ケイ素粒子表面の酸化物の影響から，助剤組成としてJ相組成を保つことができないこと，また，液相量（あるいは粒界相量）が少ないことから，結晶質の粒界相は得られなかったが，粒界相の量が少ないことから拡散経路が絶対的に少ないこと，粒界相の組成が高軟化点の組成になったことから高い耐クリープ性を発現したものと考えられる．

近年，電子顕微鏡の性能の向上により，添加した希土類元素の分布が観察できるようになってきた．この希土類元素の分布は，第一原理計算の結果とよく一致するとの報告がなされている．これらの結果を基に，従来，実験的に得られてきた窒化ケイ素セラミックスの粒成長，それに伴う微構造形成と破壊靱性の関係を新しい視点から理解する試みが活発になされている．これらの研究がさらに進むことで，高温でのクリープ変形について，新たな理解が可能になるものと期待される．

7.2.3 超 塑 性

超塑性とは多結晶固体材料を高温で引っ張ると巨大な伸びを示す現象である．この性質は金属では古くから知られており，超塑性を利用した一体成形による軽量合金の複雑形状部品製造が航空宇宙産業などで実用化されている[24]．硬くて脆く，室温では容易に塑性変形しないセラミックスでも，ジルコニア[25]など酸化物系材料の超塑性が1980年代半ばに見いだされ，1990年代には窒化ケイ素[26,27]や炭化ケイ素[28]など非酸化物系材料の超塑性化も実現した．図7.2.11に超塑性伸びの例[29]を示す．超塑性を利用すれば硬いセラミックスを金属やプラスチックのように自由自在に折ったり曲げたり，あるいは，プレス加工して，成形することが可能になる．窒化ケイ素は高温での応用を目指して耐熱性の向上が図られるが，逆にクリープを促進させる組織制御を行えば，超

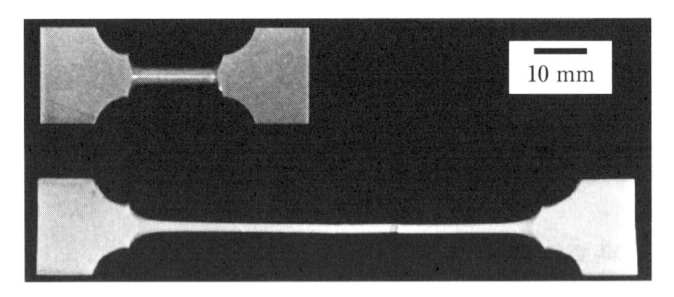

図 7.2.11 等軸粒 β-SiAlON の超塑性伸び(470％)[29]

塑性加工により高温で複雑形状部品を製造し，室温や中温度域で硬さ，耐摩耗性を必要とする用途に使うことができる．

(1) 超塑性化の微構造設計

超塑性を実現するために必要な微構造の第一の条件は結晶粒径が微細なことである．金属では 10 ミクロン以下，セラミックスでは 1〜0.3 ミクロン以下で超塑性が発現する．微細結晶粒超塑性においては，巨大変形後も組織は等軸形状を維持しており，粒界すべりによる結晶粒の再配列が超塑性変形機構である．超塑性で大変形を得るための第二の必要条件は高温での粒子粗大化が抑制され，微細等軸粒形状を安定に保って粒界すべりが起こり続けることである．

結晶粒径が微細になると高温変形は粒界構造とその化学組成に著しく影響される．金属や酸化物系セラミックスは粒界で結晶粒が直接結合しており，超塑性は結晶の融点の 0.5〜0.7 程度の高温で起こる．一方，酸化物を助剤として液相焼結で製造される窒化ケイ素には残留ガラス相が粒界多重点のガラスポケットや二粒子界面のアモルファス膜として存在する．高温ではガラス相の軟化により粒界すべりが促進され[30]，また，液相が形成される温度域では溶解−析出と，液相を経由した拡散による高温変形も起こる[31]．このため，窒化ケイ素の超塑性は粒界ガラス相の化学組成，量，ガラス転移温度，粘性，融点に影響される．

超塑性のひずみ速度 $\dot{\varepsilon}$ は応力 σ，温度 T，粒径 d の関数として以下のように表される．

7.2 高温での機械的特性　355

$$\dot{\varepsilon} = A\frac{\sigma^n}{d^p}\exp\left(-\frac{Q}{RT}\right) \qquad (7.2.1)$$

ここで，A は係数，n は応力指数，p は粒径依存性指数，Q は活性化エネルギー，R は気体定数である．窒化ケイ素では $n=0.5\sim3$，$p=1\sim3$ の範囲にある．活性化エネルギーは粒界ガラス相（液相）の粘性係数の活性化エネルギーと窒化ケイ素の液相への溶解の潜熱の和に関係する．式(7.2.1)より，粒径の微細化が超塑性速度の向上に有効であることが分かる．また，一定ひずみ速度で変形中に粒成長が起こると，加工とともに応力が増加することが分かる．これは加工硬化と呼ばれる．

(2) 超塑性窒化ケイ素の種類

これまでに開発されたサブミクロンレベルの粒径を持つ窒化ケイ素系セラミックスは微構造と組成をもとに以下のように分類できる．

a)　Si_3N_4/SiC ナノコンポジット[26]
b)　β-Si_3N_4 [32~34]
c)　β-SiAlON [29,35]
d)　等軸粒 α/β-Si_3N_4 [36]
e)　等軸粒 α/β-SiAlON [37,38]
f)　等軸粒 β-Si_3N_4 [39~41]

これら材料の製造プロセス設計は次のとおりである．最初に超塑性の見いだされた窒化ケイ素系セラミックスはa)の材料であり，Si-C-N 系アモルファス粒子の液相焼結により微細粒径が実現された．微細な α 相粒子を原料として酸化物を加えて，加圧下で液相焼結すると，高温で α 相から β 相への相転移が起こり，b)，c)の微細粒材料が得られる．初期組織が等軸粒[29,32,35]であることもあるが，溶解-析出による物質移動は粒成長を促進し，b)，c)とも変形中に β 相粒子が棒状に伸びることが多い．初期組織に棒状粒子を含む特異な組織[33,34]であっても巨大伸びが可能であることが窒化ケイ素の超塑性の特徴である．c)の SiAlON [35]では高温変形中に過渡的に形成される液相を利用して超塑性が促進される．超塑性の促進には等軸粒であることが望ましいので，α/β

相転移による棒状粒子の発達を避け，完全にβ相に転移する前に緻密化することにより等軸形状を維持しようとしたものが d), e) である．ただし，d) では高温変形中に α/β 相転移と粒成長が起こってしまい，組織は不安定である．高温で安定な等軸組織にするには相転移を起こさないように最初から β 相原料を用いればよい．f) の材料は(1)微細で均一な粒径分布を持つ β 相原料[39]，あるいは，(2)高エネルギーボールミルで粉砕した β 相原料[40]，をホットプレスや放電プラズマ焼結(SPS)を用いて低温焼結して製造される[41]．

e), f) の材料の超塑性変形において結晶粒は等軸形状を維持する．b)〜d) の材料では高温変形中に細長い棒状 β 粒が発達し，引張試験では引張方向に平行に[29,35]，また，圧縮試験では圧縮方向に垂直な面内に配向する[34]．

(3) 超塑性加工による高強度化，高靭化

窒化ケイ素では破壊靱性を高めるために，細長い棒状粒を成長させ，互いにからみあった組織とする．高靱化と超塑性化とでは組織制御の方向が相反する．このため，微細粒組織のまま超塑性加工を行い，その後の熱処理により粒成長させて，靱性と高温強度を上げることが行われる．また，超塑性加工中の配向組織形成を利用し，特定の方向に対して部材の室温強度と靱性を高めることもできる[34]．

(4) 粒界ガラス相を含む窒化ケイ素の超塑性機構

超塑性では粒界すべりにより，隣接粒の再配列や粒子回転が起こる．このとき，キャビティ形成と破壊が起こらないためには，粒界すべりの調節機構，すなわち，粒界ガラス相の粘性流動や結晶粒自体の溶解-析出による変形が必要である[42]．調節機構が液相を経由した溶解-析出クリープでは液相中の溶質の拡散速度か，界面での溶解-析出か，どちらか遅い方のプロセスがクリープを律速する[31]．拡散律速の場合，式(7.2.1)において，$n = 1$, $p = 3$ となり，ひずみ速度は溶質濃度と拡散係数に比例する．Stokes-Einstein の関係式より拡散係数はガラス相の粘性係数に反比例する．溶解-析出が結晶表面のステップで起こるとすれば[43]，界面律速におけるひずみ速度はステップ密度とス

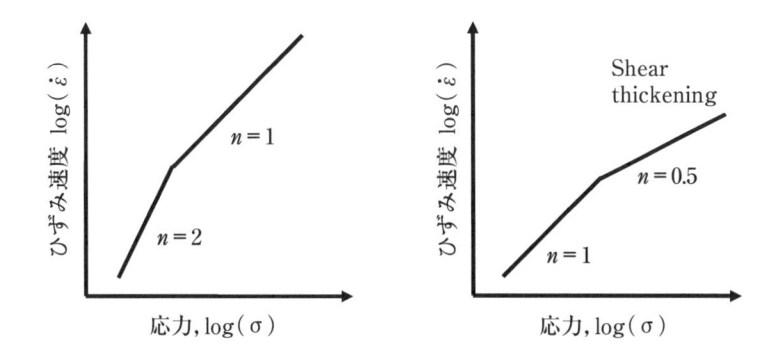

図 7.2.12 ひずみ速度と応力の関係
(左)溶解-析出に調節された粒界すべり，(右)Shear thickening

テップ速度に比例する．ステップ密度が応力の関数である場合，$n \geqq 2$，$p = 1$ となる．

微細な等軸粒組織の安定な f) の材料では図 7.2.12(左)に示すように低応力側では $n = 2$，高応力側では $n = 1$ となることが報告されている．これは，低応力側では超塑性が界面での溶解-析出により律速され，高応力側では拡散律速に変化すると解釈されている．棒状粒子から構成される b),c) の材料では変形に伴って粒子が配向し，それとともに著しいひずみ硬化が起こる．一方，c),e) の SiAlON の圧縮試験においては図 7.2.12(右)に示すように，ある臨界応力以下では $n = 1$ であるが，臨界応力以上で $n < 1$ となる Shear thickening が観察される．この理由は，粒界ガラス膜が支持できる応力には限界があり，この臨界応力を越えると結晶粒同士が直接接触して，粒界すべりが阻害された領域ができるためとされている．

超塑性の実用化のためには超塑性速度の向上が必要であり，結晶組織，粒界ガラス相の制御を通じた材料開発がなされる．さらに，最近では，パルス電場をかけることにより，焼結の促進と窒化ケイ素の高速超塑性の可能性も示唆されている[44]．

参考文献

1) A. G. Evans and A. Rana, Acta Metall., **28**(1980)129-141.
2) T. Ohji, Y. Yamauchi, W. Kanematsu and S. Ito, J. Mater. Sci., **25**(1990)2990-2996.
3) M. K. Cinibulk, G. Thomas and S. M. Johnson, J. Am. Ceram. Soc., **75**(1992)2050-2055.
4) S.-Q. Guo, N. Hirosaki, Y. Yamamoto, T. Nishimura and M. Mitomo, Scr. Mater., **45**(2001)867-874.
5) N. Hirosaki, Y. Yamamoto, T. Nishimura, M. Mitomo, J. Takahashi, H. Yamane and M. Shimada, J. Am. Ceram. Soc., **85**(2002)2861-2863.
6) N. Kondo, M. Asayama, Y. Suzuki and T. Ohji, J. Am. Ceram. Soc., **86**(2003)1430-1432.
7) T. Nishimura, S.-Q. Guo, N. Hirosaki and M. Mitomo, J. Ceram. Soc. Japan, **114**(2006)880-887.
8) N. Kondo, H. Hyuga, K. Yoshida, H. Kita and T. Ohji, J. Ceram. Soc. Japan, **114**(2006)1097-1099.
9) T. Ohji, S. Sakai, M. Ito and S. Ito, "Fracture Energy and Tensile-Strength of Silicon-Nitride at High-Temperatures," J. Ceram. Soc. Japan, **98**[3](1990)235-242.
10) T. Ohji, T. Goto and A. Tsuge, "High-Temperature Toughness and Tensile-Strength of Whisker-Reinforced Silicon-Nitride". J. Am. Ceram. Soc., **74**[4](1991)739-745.
11) N. Kondo, Y. Inagaki, Y. Suzuki and T. Ohji, J. Am. Ceram. Soc., **84**(2001)1791-1796.
12) Y. P. Zeng, J. F. Yang, N. Kondo, T. Ohji, H. Kita and S. Kanzaki, J. Am. Ceram. Soc., **88**(2005)1622-1624.
13) T. Nishimura, M. Mitomo and H. Suematsu, J. Mater. Res., **12**(1997)203-209
14) C. A. Andersson and R. Barton, Final Technical Report, U. S. Energy Res. Dev. Adm. Contact No. EY-76-C-05-5210(1977).
15) R. D. Shannon, Acta Cryst., **A32**(1976)751-767.
16) Y. Yamamoto, N. Hirosaki, T. Nishimura, M. Mitomo, S. Guo and J.-W. Cao, Key Engineering Materials, **317-318**(2006)425-428.

7.2 高温での機械的特性 359

17) F. Lofaj, S. M. Wiederhorn, G. G. Long, B. J. Hockey, P. R. Jemian, L. Browder, J. Andreason and U. Täffner, J. Euro. Ceram. Soc., **22**(2002)2479-2487.
18) T. Nishimura, N. Hirosaki, Y. Yamamoto, Y. Takigawa and Jian-Wu Cao, J. Mater. Res., **20**(2005)2213-2217.
19) N. Kondo, Y. Suzuki, M. E. Brito and T. Ohji, J. Mater. Res., **16**(2001)2182-2185.
20) K. Hirao, J. Ceram. Soc. Japan, **114**(2006)665-671.
21) 西田俊彦, 安田榮一, "セラミックスの力学的特性評価", 日刊工業新聞社(1986)pp. 125-151.
22) J. J. Meléndez-Martínez and A. Domínguez-Rodríguez, Progress in Materials Science, **49**(2004)19-107.
23) G. Pezzotti, K. Ota, Y. Yamamoto and H.-T. Lin, J. Am. Ceram. Soc., **86**(2003)471-474.
24) T. G. Nieh, J. Wadsworth and O. D. Sherby, "Superplasticity in Metals and Ceramics", Cambridge University Press, Cambridge, UK(1997).
25) F. Wakai, S. Sakaguchi and Y. Matsuno, Adv. Ceram. Mater., **1**(1986)259-263.
26) F. Wakai, Y. Kodama, S. Sakaguchi, N. Murayama, K. Izaki and K. Niihara, Nature, **344**(1990)421-423.
27) I. W. Chen and L. A. Xue, J. Am. Ceram. Soc., **73**(1990)2585-2609.
28) Y. Shinoda, T. Nagano, H. Gu and F. Wakai, J. Am. Ceram. Soc., **82**(1999)2916-2918.
29) N. Kondo, T. Ohji and F. Wakai, J. Ceram. Soc. Japan, **106**(1998)1040-1042.
30) D. S. Wilkinson, J. Am. Ceram. Soc., **81**(1998)275-299.
31) C. K. Chyung and R. Raj, Acta Metall., **29**(1981)159-166.
32) P. Burger, R. Duclos and J. Crampon, J. Am. Ceram. Soc., **80**(1997)879-885.
33) N. Kondo, F. Wakai, T. Nishioka and A. Yamakawa, J. Mater. Sci. Lett., **14**(1995)1369-1371.
34) N. Kondo, T. Ohji and F. Wakai, J. Am. Ceram. Soc., **81**(1998)713-716.
35) X. Wu and I. W. Chen, J. Am. Ceram. Soc., **75**(1992)2733-2741.
36) T. Rouxel, F. Wakai and K. Izaki, J. Am. Ceram. Soc., **75**(1992)2363-2372.
37) I. W. Chen and S. L. Hwang, J. Am. Ceram. Soc., **75**(1992)1073-1079.
38) A. Rosenflanz and I. W. Chen, J. Am. Ceram. Soc., **80**(1997)1341-1352.
39) R. J. Xie, M. Mitomo and G. D. Zhan, Acta Mater., **48**(2000)2049-2058.
40) X. Xu, T. Nishimura, N. Hirosaki, R. J. Xie, Y. Yamamoto and H. Tanaka, Acta

Mater., **54**(2006)255-262.
41) T. Nishimura, X. Xu, K. Kimoto, N. Hirosaki and H. Tanaka, Sci. Tech. Adv. Mater., **8**(2007)635-643.
42) J. J. Meléndez-Martínez and A. Domínguez-Rodríguez, Prog. Mater. Sci., **49**(2004)19-107.
43) F. Wakai, Acta Metall. Mater., **42**(1994)1163-1172.
44) Z. Shen, H. Peng and M. Nygren, Adv. Mater., **15**(2003)1006-1009.

7.3 耐酸化性

7.3.1 Si_3N_4の酸化挙動

　Si_3N_4は，高温で優れた機械強度や耐熱衝撃抵抗を有することから，高温構造用材料として広汎に研究されてきた．とくに，酸化はSi_3N_4の高温での機械的性質に大きく影響を及ぼすことから，これまで，Si_3N_4焼結体の高温強度と酸化の関係については多くの研究がある[1,2]．またSi_3N_4は，電気絶縁性が高く，不純物元素の拡散係数が小さいことから，CVDやスパッタ法により非晶質Si_3N_4薄膜が作製され，半導体デバイスのゲート絶縁体や拡散マスクとして実用化されている．熱酸化とエッチングは，薄膜デバイスの集積化にとって不可欠であることから，非晶質Si_3N_4薄膜の酸化についても数多く研究されている[3]．Si_3N_4の酸化挙動は，主に1000 K以上の高温下，O_2，空気，水蒸気中などで調べられており，通常の高温・高酸素分圧の雰囲気中では，式(7.3.1)に従って酸化が進行する．

$$Si_3N_4 + 3 O_2 \rightarrow 3 SiO_2 + 2 N_2 \qquad (7.3.1)$$

　酸化に伴う体積変化(酸化物の体積/基板の体積)をPhilling-Bedworth比(PB比)といい[4]，Si_3N_4の値は1.02で多くの材料の中で，最もPB比が1に近い材料の一つである．Si_3N_4が酸化してSiO_2が生成しても，体積変化はほとんどないことから，ひずみやき裂のない完全性の高いSiO_2膜が形成される．さらに，SiO_2中のOの自己拡散係数の活性化エネルギー($\sim$1 eV)は，多くの酸化物の中で最も小さいことから[5]，高温になってもSi_3N_4の自己拡散による酸化の進行は遅い．Si_3N_4そのものは，本来，酸化されやすいが，その優れた耐酸化性はSiO_2膜の優れた不動態皮膜としての特性に起因している．このような酸化挙動を保護性酸化(パッシブ酸化)という．

　一方，高温では，低P_{O_2}になるほど$SiO_2(s)$が不安定になり，$SiO(g)$として分解・蒸発しやすくなり，Si_3N_4表面には保護性の$SiO_2(s)$皮膜が形成されず，

式(7.3.2)に従って酸化が進行する．

$$Si_3N_4(s) + \frac{3}{2}O_2(g) \rightarrow 3\,SiO(g) + 2\,N_2(g) \qquad (7.3.2)$$

このように，基材表面が直接 O_2 によって酸化され，$SiO(g)$ のような気相種が生成する挙動を活性酸化(アクティブ酸化)という[6]．

7.3.2　Si_3N_4 のパッシブ酸化

　一般に酸化の反応初期は酸化皮膜が連続的には形成されず保護性を有しないため，酸化は時間に対して直線(リニア)則に従って進行する．その後しばらくして，酸化皮膜が材料表面全体を覆い保護性の高い皮膜が形成されると，酸化速度は放物線則(パラボリック)に従う．このような酸化の速度式(リニア・パラボリック則)は，式(7.3.3)で示される[7]．

$$x^2 + Ax = B(t+\tau) \qquad (7.3.3)$$

ここで，x は酸化膜の厚さ，t は酸化時間，A，B は定数である．τ は酸化開始期($t=0$)にすでに存在する酸化皮膜の厚さに関連する定数である．式(7.3.3)は，Si，SiC，Si_3N_4 などで広く適用できることが知られている．

　酸化時間が十分長く，保護性の皮膜が形成された後は，近似的に式(7.3.4)が成立する．

$$x^2 = B(t+\tau) \qquad (7.3.4)$$

　式(7.3.4)中の定数 B は，一般に放物線速度定数 k_p ともいわれ，ホットプレス Si_3N_4(HP Si_3N_4)や高純度 CVD Si_3N_4 の k_p が数多く報告されている[8]．図7.3.1に，各種 Si_3N_4 の k_p の温度変化を示す[2]．HP Si_3N_4 の k_p は CVD Si_3N_4 に比べて数桁大きい．HP Si_3N_4 には通常，数 mass% の MgO や Y_2O_3 などの焼結助剤が添加されており，粒界相を形成している．図中の括弧内の数字は，焼結助剤の mass% である．これらの焼結助剤は，酸化によって SiO_2-MgO 系や SiO_2-Y_2O_3 系のシリケイト相になる．高温ではこれらシリケイト相中での O^{2-}，Mg^{2+}，Y^{3+} などのイオン種の拡散が速いことから，HP Si_3N_4 の k_p は，高純度の Si_3N_4 の k_p より数桁大きく，不純物の種類や量によって k_p は大きく

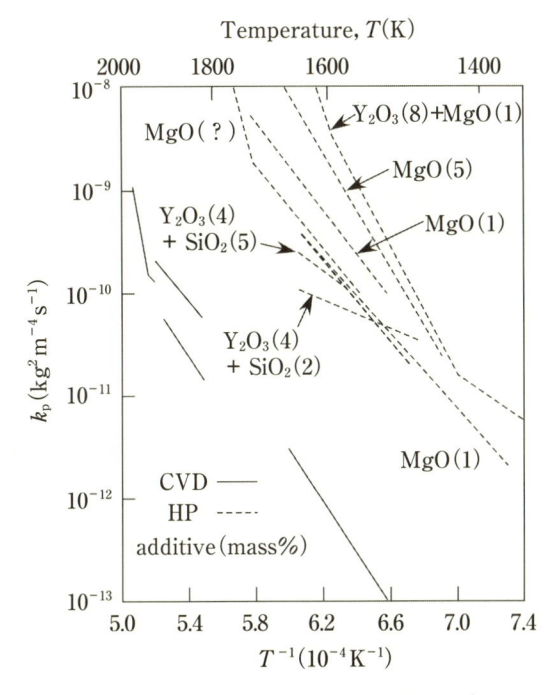

図 7.3.1 各種 Si_3N_4 の k_p の温度変化 [2]

変化する．Si_3N_4 本来の酸化挙動を知るためには CVD Si_3N_4 のような焼結助剤などを含まない高純度な Si_3N_4 の酸化挙動を調べる必要がある．図 7.3.2 に高純度の Si，SiC および Si_3N_4 の k_p の温度変化を比較して示す [9]．これらの材料では，酸化によって表面に SiO_2 皮膜が形成される．酸化膜中での律速段階が，いずれも SiO_2 中の O^{2-} あるいは O_2 分子などの拡散であれば，酸化の活性化エネルギー（E_a）はほとんど同じはずである．SiC の酸化の E_a は，Si とほぼ同様の活性化エネルギー（～120 kJ/mol）であり，SiO_2 ガラス中の O_2 分子のトレーサー実験から求めた拡散係数を用い，計算で求めた k_p（図中の計算値）とよく一致することから，酸化の律速段階は SiO_2 中の分子状 O_2 の拡散であると考えられている．SiC 単結晶の（0001）C 面の酸化の E_a は 1600 K 以下では約 140 kJ/mol であるのに対し，(0001) Si 面の E_a は約 300 kJ/mol で，低温になるほ

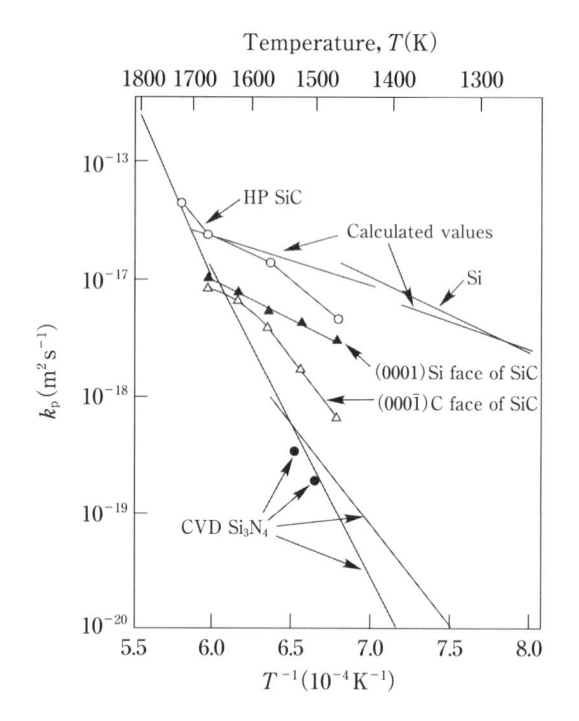

図 7.3.2 高純度の Si, SiC および Si_3N_4 の k_p の温度変化 [9]

ど酸化速度の差が大きくなる．SiC 単結晶の酸化速度の異方性については，他で多く議論されている[4]．Si_3N_4 の k_p の活性化エネルギーは 330〜490 kJ/mol と報告されており，一般に Si や SiC の値よりかなり大きい．Si_3N_4 表面に形成される SiO_2 は，Si や SiC と同様，約 1200 ℃ 以下では非晶質 SiO_2，それ以上では β-クリストバライトである．この酸化機構の違いの原因としては，Si_3N_4/SiO_2 界面に Si_2N_2O などが形成され，Si_2N_2O 中での酸素の拡散が遅いこと，SiO_2 中での拡散種が分子状 O_2 ではなく，イオン化した O^{2-} 空孔であること，Si_3N_4/SiO_2 界面での化学反応と SiO_2 中で拡散の両方が関与する混合律速によることなど，いくつかの考えが示されているが，明確にはなっていない[9]．

7.3.3 Si_3N_4 のアクティブ酸化

$SiO_2(s)$ は高 P_{O_2} 下では安定であるが，P_{O_2} の低下とともに式(7.3.5)による分解反応が起こりやすくなる．

$$SiO_2(s) \rightarrow SiO(g) + \frac{1}{2}O_2(g) \qquad (7.3.5)$$

そこで，Si_3N_4 を高温に保持すると，高 P_{O_2} ではパッシブ酸化，低 P_{O_2} ではアクティブ酸化が起こる．

図 7.3.3 に，1923 K で，Ar と O_2 ガスの混合比を徐々に増加させながら CVD Si_3N_4 の質量変化を連続的に調べた結果を示す[10]．$P_{O_2} < 91$ Pa では式(7.3.2)で示したアクティブ酸化により質量減少が起こり，$P_{O_2} = 111$ Pa で急に質量減少が止まり，わずかな質量増加(パッシブ酸化)に転じる．このような挙動をアクティブ-パッシブ転移という．この転移現象は Si_3N_4 などの Si 基セラミックスだけでなく，Fe, Mn, Co などの金属材料でも多く認められ，Fe などの金属材料に対しては，Turkdogan[11] らにより，Si に対しては，Wagner によって転移モデルが提案されている[12]．Turkdogan らのモデルによれば，Fe の場合には，Fe 表面から Fe(g) が蒸発して，Fe 表面の近傍で FeO(s) の smoke が形成される．外界の P_{O_2} の上昇とともに，Fe(g) のガス境界層の厚さが減少して FeO(s) smoke の形成域が Fe 表面に近づく．Fe(g) の蒸発の流束はガス境界層の厚さに逆比例して上昇するが，その限界値(ラングミュア自由蒸発の値)に達したときに転移が起こる．このモデルによって多くの金属のアクティブ-パッシブ転移はよく説明されている．しかし，このモデルを Si 基セラミックスに適用すると，転移酸素分圧($P_{O_2}^t$)が実験値と大きく異なることや，アクティブ酸化後の Si 基セラミックスの表面には多くの O が検出されることから，O_2 は表面に達しており，Si 基セラミックスでは Turkdogan モデルは適用できないと考えられている．一方，Wagner モデルでは，Si 表面近傍で境界層内で SiO(g) が外方に，同時に O_2(g) が内方に拡散して定常状態が形成され，Si 表面で式(7.3.5)の平衡が成立するときに，転移が起こる．

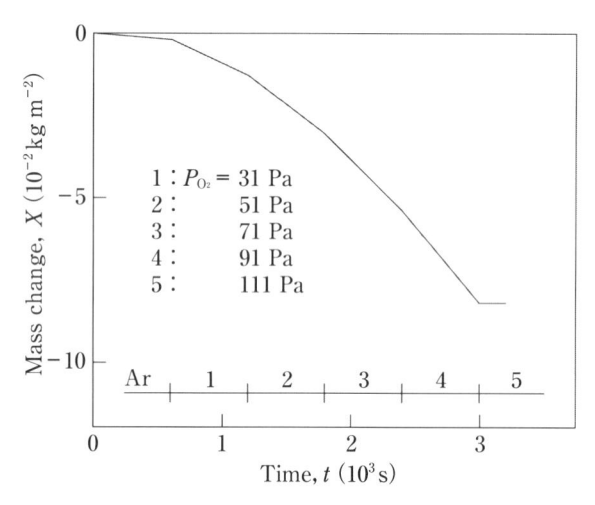

図 7.3.3 CVD Si_3N_4 のアクティブ-パッシブ転移挙動
（1923 K で Ar と O_2 ガスの混合比を徐々に増加したときの質量変化）

$$O_2(s) + Si(s) = 2\,SiO(g) \tag{7.3.6}$$

ガス境界層の厚さ δ に対して，式(7.3.7)を仮定し，

$$\frac{\delta_{SiO}}{\delta_{O_2}} = \left(\frac{D_{SiO}}{D_{O_2}}\right)^{\frac{1}{2}} \tag{7.3.7}$$

$P_{O_2}^t$ は式(7.3.8)で与えられる．δ_i はそれぞれのガス種の境界層の厚さである．

$$P_{O_2}^t = 0.5\left(\frac{D_{SiO}}{D_{O_2}}\right)^{\frac{1}{2}} P_{SiO}^{eq} \tag{7.3.8}$$

ここで D_i はガス種 i のガス境界層内での拡散係数である．P_{SiO}^{eq} は Si_3N_4 では，式(7.3.9)で与えられる．

$$Si_3N_4(s) + \frac{3}{2}O_2(g) = 3\,SiO(g) + 2\,N_2(g) \tag{7.3.9}$$

P_{SiO}^{eq} は P_{N_2} に依存することから，$P_{N_2} = 10^2$ Pa および 10^5 Pa のときの Wagner モデルによる Si_3N_4 の $P_{O_2}^t$ の計算値と種々の製法による Si_3N_4 の報告値を図 7.3.4 に比較して示す．図中括弧は焼結助剤の mass% である．CVD Si_3N_4 の報告値は計算値に比べて約 1〜2 桁小さく，HP 材は計算値とほぼ一致する報

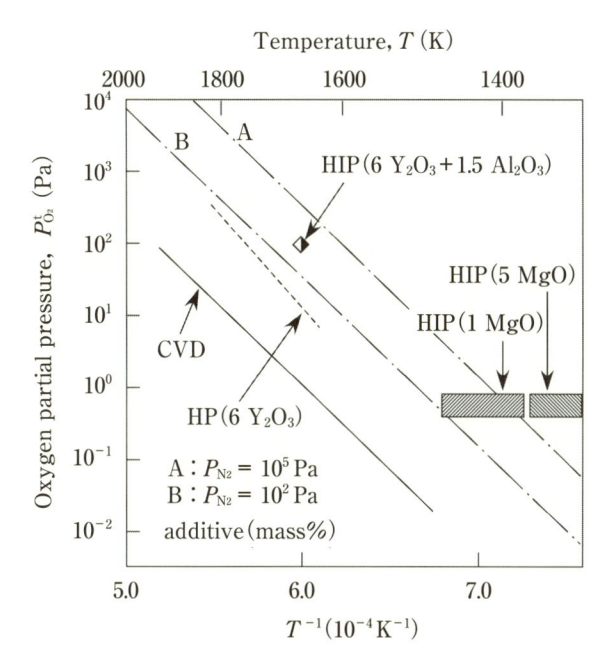

図 7.3.4 Si_3N_4 の $P_{O_2}^t$ の計算値と種々の製法による Si_3N_4 の報告値

告値もあるが，いずれの $P_{O_2}^t$ とも，温度依存性は計算値とよく一致することから，転移現象は基本的には Wagner モデルによって説明できると考えられている．

Si_3N_4 は，内燃機関の構造材料として広く用いられている．通常は，燃料が燃焼するのに十分な空気が供給されることから，パッシブ酸化が進行する．しかし，燃料リッチになる場合もあり，アクティブ酸化による Si_3N_4 の損傷が起こりうる．燃焼ガス中には CO，CO_2，H_2，H_2O など多くのガス種が含まれることから，これらの雰囲気ガス中での Si_3N_4 のアクティブ酸化も重要である．H_2-H_2O や CO-CO_2 平衡を用いることにより P_{O_2}（酸素ポテンシャル）を制御することができ，これらの雰囲気中での Si_3N_4 のアクティブ酸化挙動が調べられている．図 7.3.5 に CVD Si_3N_4 の CO-CO_2 雰囲気中におけるアクティブ酸化速度（k_N：単位時間，単位面積当たりの損耗質量）と，P_{CO_2}/P_{CO} 比の関係を示

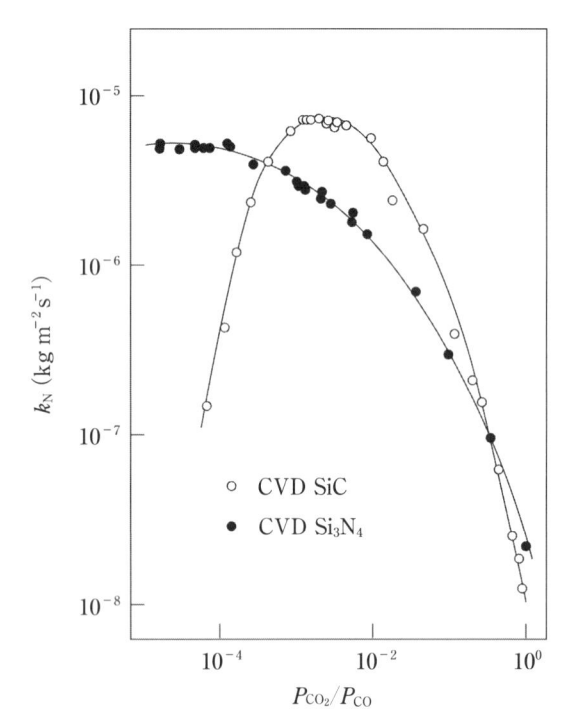

図 7.3.5 CVD Si_3N_4 の CO-CO_2 雰囲気中におけるアクティブ酸化速度

す[13]．比較のため CVD SiC の結果も図中に示した．P_{CO_2}/P_{CO} が約 10^{-3} 以下の低酸素ポテンシャル域では，CVD SiC の k_N は P_{CO_2} に依存し，CO_2 ガスが酸化種であるのに対し，CVD Si_3N_4 では P_{CO_2} に依存せず，CO ガスが酸化種になる[13]．図 7.3.6 に 1873 K，$P_{CO_2}/P_{CO} = 10^{-4.89}$ の条件での CVD Si_3N_4 のアクティブ酸化後の試料表面の様子を示す．表面に C の粒子が成形されながらアクティブ酸化(質量減少)が進行する．表面の粒子は黒灰色で炭素であることが同定されており，CVD Si_3N_4 のアクティブ酸化は式(7.3.7)に従って進行する．

$$Si_3N_4(s) + 3\,CO(g) = 3\,SiO(g) + 3\,C(s) + 2\,N_2(g) \qquad (7.3.10)$$

高温における Si_3N_4 や SiC のアクティブ酸化は，固相-気相間の熱力学的な平

7.3 耐酸化性 369

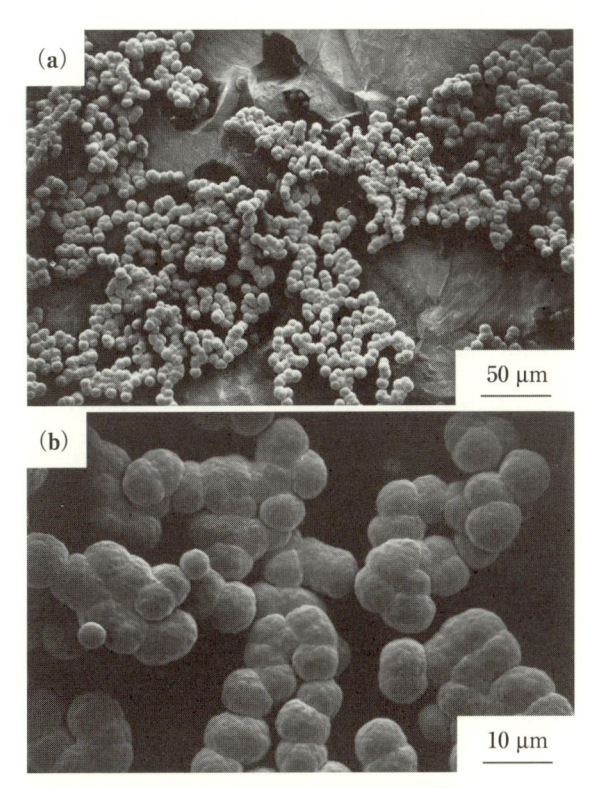

図 7.3.6 CVD Si_3N_4 のアクティブ酸化後の表面の様子（1873 K, $P_{CO_2}/P_{CO} = 10^{-4.89}$）．(b)は(a)の拡大図

衡に近い条件で進行することから，Volatility 図[14)]や SAGE プログラム[13)]による熱力学計算による解析が試みられている．一例として，図7.3.7に，1873 K における SAGE プログラムによる Si_3N_4 の CO-CO_2 雰囲気における安定固相種と存在しうるガス種の平衡分圧の P_{CO_2}/P_{CO} 依存性を示す．$P_{CO_2}/P_{CO} < 10^{-2}$ 以下では安定な固相種は C であり，実験結果とほぼ対応している．1873 K では式 (7.3.11)により Si_3N_4 と C が反応して，SiC が生成することが想像される．

$$Si_3N_4(s) + 3\,C(s) = 3\,SiC(s) + 2\,N_2(g) \qquad (7.3.11)$$

しかし，このような低 P_{CO_2}/P_{CO} の雰囲気では，式(7.3.12)により，SiC のア

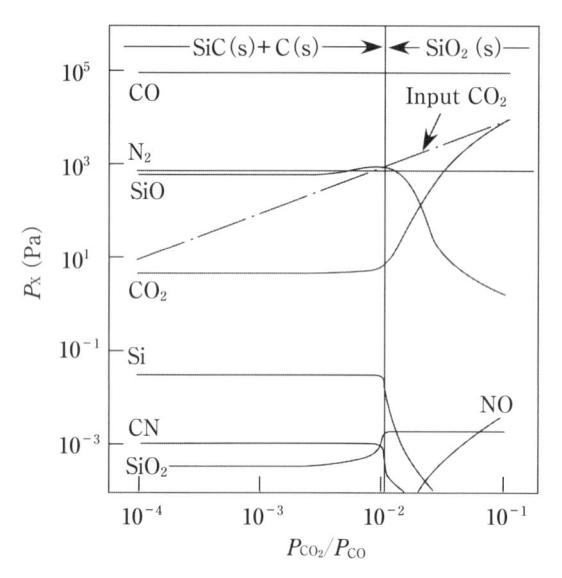

図 7.3.7 SAGE プログラムによる Si_3N_4 の CO-CO_2 雰囲気における安定固相種とガス種の平衡分圧の P_{CO}/P_{CO_2} 依存性 (1873 K)

クティブ酸化が進行するため，SiC が生成したとしても最終的には C になる．

$$SiC(s) + CO_2(g) = 2 SiO(g) + 3 C(s) \quad (7.3.12)$$

$P_{CO_2}/P_{CO} > 10^{-2}$ 以上では，P_{CO_2}/P_{CO} の増加とともにアクティブ酸化速度は減少する．この条件では，図 7.3.7 にも示したように，安定な固相種は $SiO_2(s)$ であり，式(7.3.13)によって，$SiO_2(s)$ が生成する反応が進行する．

$$Si_3N_4(s) + 6 CO_2(g) = 3 SiO_2(s) + 6 CO(g) + 2 N_2(g) \quad (7.3.13)$$

しかし，$SiO_2(g)$ は Si_3N_4 表面を全面にわたって均一に被覆することはなく，粒状に生成することから，生成した $SiO_2(s)$ の分解反応も同時に進行する．

$$SiO_2(s) + CO(g) = SiO(g) + CO_2(g) \quad (7.3.14)$$

式(7.3.14)の平衡 $SiO(g)$ 分圧は，図 7.3.7 にも示したように P_{CO_2}/P_{CO} の上昇とともに減少することから，式(7.3.14)の反応は起こりにくくなり，徐々に式(7.3.13)の $SiO_2(s)$ の生成反応が支配的になり，最終的に酸化による質量増加（パッシブ酸化）になる[13]．

参考文献

1) N. S. Jacobson, J. Am. Ceram. Soc., **76**(1993)3.
2) T. Narushima, T. Goto, T. Hirai and Y. Iguchi, Mater. Trans. JIM, **38**(1997)821.
3) 須佐匡裕, 後藤和弘, 日本金属学会報, **27**(1988)266.
4) 後藤孝, "SiC 系セラミック新材料, 最近の展開", 日本学術振興会高温セラミック材料第 124 委員会編, 内田老鶴圃(2001)p.104.
5) Y.-M. Chiang, D. Birnie III and W. D. Kingery, "Physical Ceramics, Principles for Ceramics Science and Engineering", Wiley(1997)p.187.
6) T. Goto, "Developments in high-temperature corrosion and protection of materials", ed. by W. Gao and Z. Li, CRC Press, Woodhead(2008)p.433.
7) B. E. Deal and A. S. Grove, J. Appl. Phys., **36**(1965)3770.
8) T. Hirai, K. Niihara and T. Goto, J. Am. Cram. Soc., **63**(1980)419.
9) K. L. Luthra, J. Am. Ceram. Soc., **74**(1991)1095.
10) T. Narushima, T. Goto, Y. Yokoyama, J. Hagiwara, Y. Iguchi and T. Hirai, J. Am. Ceram. Soc., **77**(1994)2369.
11) E. Turkdogan, P. Grieveson and L. S. Darken, J. Am. Chem. Soc., **67**(1963)1647.
12) C. Wagner, J. Appl. Phys., **29**(1958)1295.
13) T. Narushima, T. Goto, J. Hagiwara, Y. Iguchi and T. Hirai, J. Am. Ceram. Soc., **77**(1994)2921.
14) H. Heuer and V. L. Lou, J. Am. Ceram. Soc., **73**(1990)2785.

7.4 熱的特性

7.4.1 はじめに

ダイヤモンド，cBN，SiC，BeO，BP，AlN，Si，GaN の単結晶は室温で 100 W/m℃ 以上の高い熱伝導率を示すことが理論的および実験的にも明らかにされ，これらの物質は高熱伝導率材料として位置づけられている[1]．一方，Si_3N_4 セラミックスについて，この数十年の間に原料粉末の改良，高熱伝導化に有効な焼結助剤の開発，種結晶粒子の添加，β 粒子の配向に関する研究が精力的に行われ，その結果 150 W/m℃ 以上の高熱伝導率が達成されている．高熱伝導 Si_3N_4 セラミックスの研究開発は，単結晶の熱伝導率測定などの基礎的な研究を経て行われてきた従来の高熱伝導材料の開発過程とは異なり，プロセッシングの開発を中心に進められてきた．優れた機械的特性を有する β-Si_3N_4 セラミックスは高熱伝導性の付与により，従来から対象であった機械的構造部材の適用範囲の拡大とともに熱機能性分野などへの応用が今後進むことが期待される．本節では，Si_3N_4 セラミックスの熱伝導率に関する一連の研究開発について紹介する．

7.4.2 Si_3N_4 の熱伝導率

電気絶縁性材料である Si_3N_4 の熱伝導率はフォノンの寄与が極めて大きい．フォノンの熱伝導率 k は以下の式で表される．

$$k = \frac{1}{3}\int_0^{\omega_m} c(\omega)\, v(\omega)\, l(\omega)\, \mathrm{d}\omega \qquad (7.4.1)$$

ここで，ω_m は Debye モデルにおける Debye 振動数 ($k\theta_D/h$)，$c(\omega)$ は角振動数 ω を持つフォノンの熱容量への寄与，$v(\omega)$ はフォノンの群速度，$l(\omega)$ はフォノンの平均自由行程である．フォノンは，格子欠陥，転位，ひずみ，固溶体な

7.4 熱的特性 373

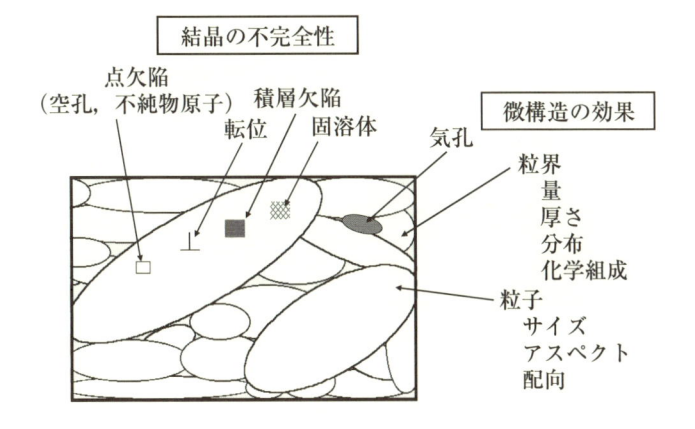

図7.4.1 セラミックスの熱伝導率に及ぼす因子

どの結晶粒子内部の構造欠陥, 粒界や気孔などの存在により散乱される. 図7.4.1にセラミックスの熱伝導率に関係する因子についてまとめた[2].

7.4.3 理論熱伝導率と単結晶粒子の熱伝導率

Si_3N_4 の理論熱伝導率について, Haggertyらは純粋な $\beta\text{-}Si_3N_4$ 結晶が室温において 200〜320 W/m℃ の高い値を持つことを指摘し[3], 渡利らは最大 400 W/m℃ 程度と見積もった[4]. その後, 広崎らは分子動力学計算により, Si_3N_4 は結晶軸に対し大きな熱伝導異方性を持つこと, α 相よりも β 相の熱伝導率が高いこと, $\beta\text{-}Si_3N_4$ については a 軸方向に 170 W/m℃, c 軸方向に 450 W/m℃ の熱伝導率を持つことを報告した[5].

理論的に予測された熱伝導率の妥当性を検証するために, 一般には単結晶を用いた検討が行われてきた. しかし Si_3N_4 の場合, 蒸気圧の制御や結晶成長速度の観点から単結晶の育成は困難であった. そこで Si_3N_4 セラミックス内の粗大な単結晶粒子に着目し, 光熱反射率顕微光法により粒子の熱伝導率測定が行われた. 本方法では, 試料表面の微小領域を強度変調したレーザで加熱し, 別のプローブレーザを用いて反射率信号の位相変化を検出し, その周囲の温度

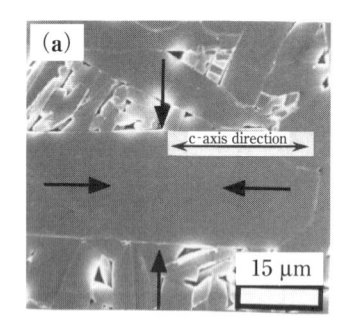

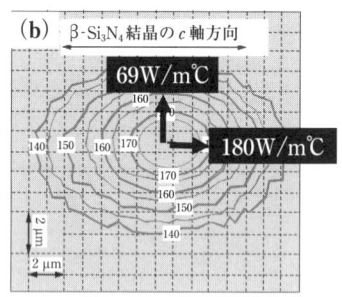

図 7.4.2 β-Si_3N_4 セラミックス内の粒子(a),熱反射率信号の位相等高線と熱伝導率(b)

セラミックスは 2500 ℃で焼成し,その後化学エッチングした.矢印で示した β-Si_3N_4 粒子に加熱ビームを照射して熱伝導率を測定した.熱伝導率は,得られた熱反射率信号の位相変化から光反射率顕微分光法で求めた

変化を求め,熱伝導率を測定する[6].図 7.4.2 に測定した Si_3N_4 粒子の概観,熱反射率信号の位相等高線と熱伝導率を示す.測定の対象とした柱状 β-Si_3N_4 粒子は短軸径 17 μm,長軸径 100 μm である.熱反射率信号の等高線では結晶方向に対して著しい熱異方性が見られた.また,粒子の熱伝導率の測定により,a 軸方向が 69 W/m℃,c 軸方向は 180 W/m℃ の値が得られ[7],β-Si_3N_4 の著しい熱伝導率異方性が実験的に初めて明らかにされた.

7.4.4　β-Si_3N_4 セラミックスの高熱伝導率化

Si_3N_4 が高熱伝導材料として注目される以前においては,室温での熱伝導率の報告値は 20～80 W/m℃ 程度であった[8~14].例えば,MgO を添加し,ホットプレスした焼結体では 54 W/m℃[10],CVD 法で得られた結晶性 Si_3N_4 は 58 W/m℃,非晶質では数 W/m℃[11],MgO 添加および無添加の超高圧ホットプレスした焼結体は約 30 W/m℃ であった[12].Y_2O_3-Al_2O_3 を添加した系において,Y_2O_3 添加のみの場合 70～80 W/m℃ の値が,Al_2O_3 添加量の増加とともに 20～40 W/m℃ まで低下する[16].これは,Al_2O_3 添加により,β-Si_3N_4 粒子内に

固溶体が形成されるためである.また,Si_3N_4 は α 相から β 相への相転移に伴い,熱伝導率は高くなる[8].この熱伝導率の向上は,溶解析出過程での相転移により,Si_3N_4 粒子内の不純物量が低減するためと考えられた.

100 W/m℃ 以上の高熱伝導率は高温下でのガス圧焼結により達成された.広崎らは,Y_2O_3-Nd_2O_3 助剤を添加し,2000℃,1000気圧の窒素中で焼結した試料の熱伝導率が 122 W/m℃ を示すことを報告している[15, 16].焼結温度の上昇に伴い,粗大な柱状粒子が発達したことから,粒成長に伴う二粒子粒界の減少が高熱伝導化に大きく寄与しているものと考察している.

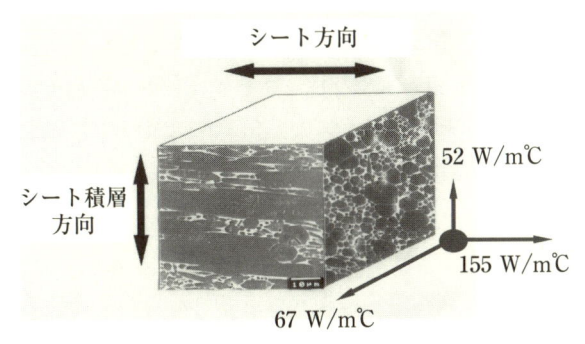

図 7.4.3 粒子配向した Si_3N_4 セラミックスの微構造と熱伝導率

一方,柱状粒子を配向させることにより[17~19],配向方向で熱伝導率が著しく向上する.図 7.4.3 に粒子配向した焼結体の SEM 写真と熱伝導率の結果を示す.c 軸方向に著しく発達した柱状粒子が一方向に配向している.本材料は,β-Si_3N_4 単結晶粒子を種結晶として原料粉末に添加してシートを作製し,シートを積層後,ホットプレスにより緻密化し,さらに 2500℃ での熱処理により得られた.その結果,粒子の配向方向で 155 W/m℃,その垂直方向で 52 W/m℃ の熱伝導率が得られた[19].すでに述べたように β-Si_3N_4 は c 方向,すなわち柱状粒子の長手方向で高い熱伝導率を持つ.そのため,β-Si_3N_4 粒子の長手方向が揃った方向は熱伝導率が高くなる.市販の Si_3N_4 ウィスカーを種結晶として添加し,押出成形したセラミックスの場合も粒子の配向方向で高熱伝導率が得られている[20].

長時間の熱処理により粒子が配向していない焼結体においても，熱伝導率は140〜150 W/m℃まで向上する[21]．これは高温での粒成長により，二粒子粒界が減少したこと，c 軸方向への結晶粒子の発達による高熱伝導パスの形成，さらには次節で述べる溶解・再析出過程に伴う不純物や欠陥の減少が原因と考えられた．また，焼結温度よりも低い温度での長時間の熱処理も高熱伝導化に有効であることが最近の研究で明らかになった[22]．

7.4.5 β-Si$_3$N$_4$ セラミックスの熱伝導メカニズム

Si$_3$N$_4$ セラミックスの熱伝導率は，図 7.4.1 にまとめたように，焼結体に存在する気孔，粒界ガラス相の量や特性，さらには粒内の構造欠陥により影響される．ここでは，Si$_3$N$_4$ セラミックスの熱伝導率に及ぼす粒界相および粒内の構造欠陥について述べる．

(1) 粒界相の影響

Si$_3$N$_4$ セラミックスは液相焼結により製造されるため，焼結中に生成した融液は冷却後，粒界相(主としてガラス相)として焼結体中に残留する．このガラス相の量は数%〜十数%に及ぶため粒界ガラス相の熱伝導率への影響は大きなものとなる．粒界相が熱伝導率に及ぼす影響は複合則によって評価できる．Si$_3$N$_4$ セラミックスの粒界には 1 nm 程度の厚さのガラス膜が全体に連続相として広がっている．この粒界ガラス相はアモルファス構造のため熱伝導率は極めて低い．このガラス相の中に熱伝導率の大きい Si$_3$N$_4$ 相が分散した構造のモデルとして Maxwell-Eucken モデルを適用すると，合成熱伝導率(k_m)は以下のように表される[23, 24]．ここで，f は分散相の体積分率，k_c と k_d は連続相と分散相の熱伝導率，$Q = k_c/k_d$ である．

$$k_m = k_c \frac{1 + 2f \frac{1-Q}{1+2Q}}{1 - f \frac{1-Q}{1+2Q}} \qquad (7.4.2)$$

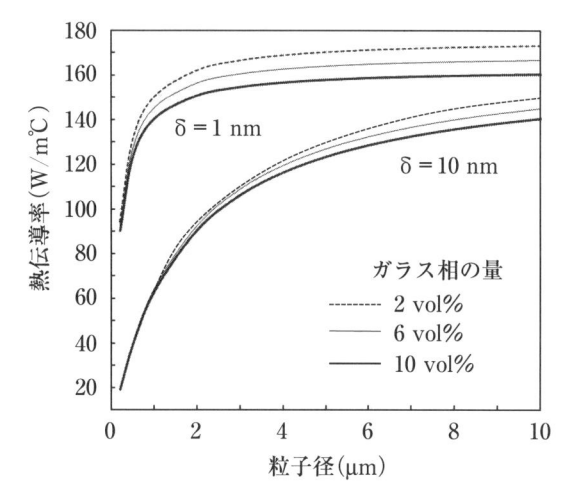

図 7.4.4 Si$_3$N$_4$ セラミックスの熱伝導率の粒径依存性
Si$_3$N$_4$ 粒子の熱伝導率を 180 W/m℃, ガラス相を 1 W/m℃ としてガラス相の量と二粒子粒界の厚さをパラメータとして計算した

Si$_3$N$_4$ 粒子の周囲には常にガラス相が存在し, その二粒子界面の厚みを δ, Si$_3$N$_4$ が辺の長さ d の立方体とすれば, 多粒子境界のガラス相を除外したときの Si$_3$N$_4$ の体積分率は $f=\{d/(d+\delta)\}^3$ と表される. また, ガラス相の存在する多粒子境界を考慮すれば, その体積分率を g としてガラス相の総和は $h=1-f+g$ となる. これらをもとに, 式(7.4.2)により計算した結果の例を図 7.4.4 に示す[24]. 粒径が小さい場合二粒子界面のガラス相による熱伝導への影響が大きい. 一方, 粒径の大きい場合熱伝導率への影響は小さい[24].

(2) 粒内の構造欠陥と熱伝導率

7.4.5(1)で述べた粒界相の影響に加えて Si$_3$N$_4$ セラミックスの熱伝導率は粒内の構造欠陥に大きく影響される. ここでは結晶格子中への固溶酸素の影響について述べる.

Si$_3$N$_4$ の場合, 窒素位置への酸素の固溶により式(7.4.3)で示すように結晶格子(Si 位置)に空孔が生じ, 結晶の熱伝導率を大きく低下させると考えられ

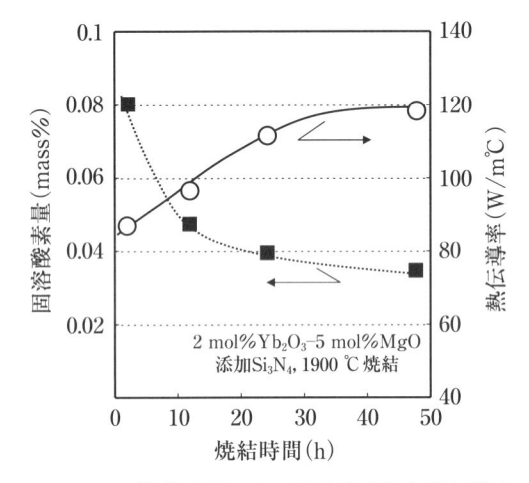

図 7.4.5 Si_3N_4 の焼結時間による固溶酸素量と熱伝導率の変化

る[25,26]．

$$2\,SiO_2 \rightarrow 2\,Si_{Si} + 4\,O_N + V_{Si} \quad (7.4.3)$$

北山らは Y_2O_3-SiO_2 比の異なる Si_3N_4 焼結体について固溶酸素量と熱伝導率の関係を検討し，固溶酸素量が低いほど熱伝導率が高くなることを示した[26]．また，図 7.4.5 示すように固溶酸素量は焼結時間が長くなるにつれ減少し，それにより熱伝導率は高くなる[27]．これらの一連の実験を通して，溶解再析出による粒成長過程で固溶酸素量が減少すること，粒子の純化作用は液相組成に大きく依存することが明らかとなった．図 7.4.6 に各種 Si_3N_4 について固溶酸素量と熱伝導率の関係をまとめた．固溶酸素量の低減とともに熱伝導率が向上することが認められる[28]．

Si_3N_4 粒子の固溶酸素量を効果的に減少させるためには，酸素親和性の高い焼結助剤の添加，液相中の窒素/酸素比を高くすることが有効と考えられている[25,26]．Yb_2O_3-MgO 助剤系では，1900 ℃ で 48 時間焼結した場合 Si_3N_4 セラミックスの熱伝導率は 120 W/m℃ であったが，液相中の N/O 比を高くするために MgO 助剤の代わりに $MgSiN_2$ を用いた場合 140 W/m℃ に向上した[29]．

以上のことから，Si_3N_4 セラミックスの熱伝導率の向上には固溶酸素量の低

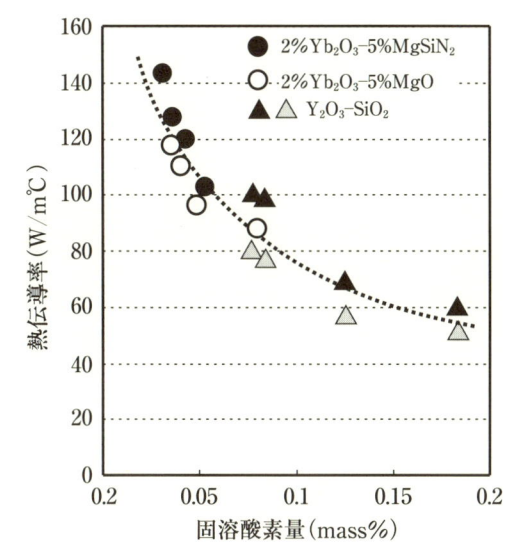

図 7.4.6 各種の Si_3N_4 についての固溶酸素量と熱伝導率の関係

減が有効であり，液相組成の制御などにより熱伝導率の向上が可能である．

7.4.6 反応焼結による高熱伝導 Si_3N_4 の開発

Si_3N_4 焼結体の安価な製造方法として，シリコン粉末成形体を窒素中で加熱し Si_3N_4 へ転化させた後，ポスト焼結を行ういわゆる反応焼結法が知られている[30]．本手法は，原料粉末を大気に晒すことなく窒化反応とその後のポスト焼結を行うことができ，不純物酸素量を低減させた高熱伝導焼結体の製造が可能と期待される．本手法においては，比較的粒径の粗い Si 粉末を用いた場合でも，窒化過程で粒子は微細化され，微細均質な Si_3N_4 粒子より構成される高密度の窒化体が得られる[31]．これらの観点から，反応焼結・ポスト焼結手法は微細組織の制御された高熱伝導 Si_3N_4 の作製に有利なプロセスと捉えることができる．

周ら[31]は，酸素含有量の少ない高純度シリコン粉末を出発原料として用い反応焼結手法を用いた高熱伝導 Si_3N_4 の作製について検討した．酸素不純物量

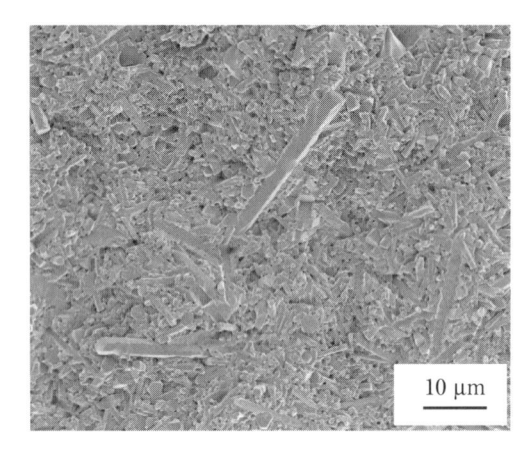

図 7.4.7 反応焼結-ポスト焼結を行った Si_3N_4 の組織写真(ポスト焼結条件は,9気圧窒素中,1900℃で6時間)

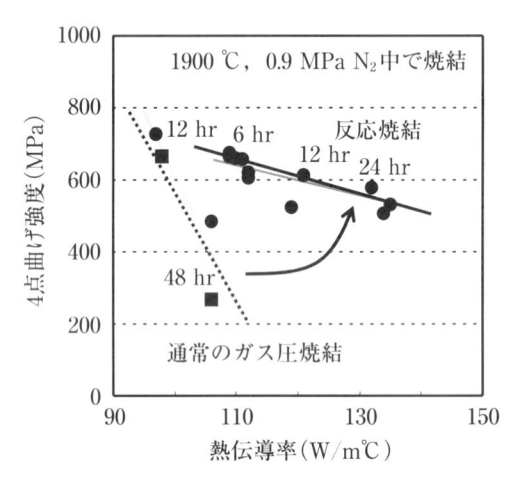

図 7.4.8 反応焼結-ポスト焼結体および Si_3N_4 粉末を用いた通常の焼結体の熱伝導率と強度の関係

0.4 mass％の高純度 Si 粉末に 2 mol% Y_2O_3-5 mol% MgO の焼結助剤を添加し,遊星ミルを用いて混合した.この際,シリコン粉末の不純物酸素量は約0.6 mass％まで増加するが,窒化後の酸素量としては0.4 mass％に相当し,市

販の高純度 Si_3N_4 粉末(不純物酸素量 1.0～1.2 mass％)に比べて十分に低いレベルにある．図 7.4.7 に 1900℃，9気圧窒素中で6時間ポスト焼結を行った試料の組織写真を示す．試料には気孔はほとんど見られず，微細なマトリックス中に柱状粒子が分散した複合的な組織を有する．本試料は Si_3N_4 セラミックスの持つ優れた機械特性(4点曲げ強度：740 MPa，破壊靱性 8.4 MPa m$^{1/2}$)に高熱伝導率(105 W/m℃)を付与することに成功している[31]．図 7.4.8 はこのような反応焼結ルートで得られた試料と従来の Si_3N_4 粉末原料を用いて得られた試料の熱伝導率と強度の関係を示す．反応焼結ルートでは，不純物酸素量が少ない状態で緻密化することができ，高い熱伝導率と高強度を同時に満足する材料が得られている．

7.4.7 おわりに

本節では，Si_3N_4 セラミックスの熱伝導率向上の経緯，熱伝導率に影響する因子について述べた．高熱伝導率 Si_3N_4 の製造には，純度の高い原料を用いて緻密に焼結し，適切な焼結助剤の添加による溶解再析出の促進と固溶酸素量の低減が重要である．さらに，Si_3N_4 は結晶の熱伝導異方性が大きいため，組織制御により一方向に対して高熱伝導化が可能である．高熱伝導性と優れた機械特性を併せ持つ Si_3N_4 セラミックスは現在実用化されている放熱基板材料に加えて，製造産業を支える基盤的材料として今後，さまざまな部材としての展開が期待される．

参考文献

1) G. A. Slack, J. Phys. Chem. Solids, **34**(1973)321-335.
2) K. Watari, J. Ceram. Soc. Japan, **109**(2001)S7-S16.
3) J. S. Haggerty and A. Lightfoot, Ceram. Eng. Sci. Proc., **16**(1995)475-487.
4) K. Watari, B.-C. Li, L. Pottier, D. Fournier and M. Toriyama, Key Eng. Mater. CSJ Series, **181/82**(2000)239-249.
5) N. Hirosaki, S. Ogata and C. Kocer, Phys. Rev., **B65**(2002)134110/1-/11.

6) L. Pottier, Appl. Phys. Lett., **64**(1994)1618-1619.
7) B. Li, L. Pottier, J. P. Roger, D. Fournier, K. Watari and K. Hirao, J. Eur. Ceram. Soc., **19**(1999)1631-1640.
8) K. Watari, Y. Seki and K. Ishizaki, J. Ceram. Soc. Japan, **97**(1989)56-60[in Japanese].
9) 平尾喜代司, セラミックス, **33**(1998)276-280.
10) M. Kuriyama, Y. Inomata, T. Kijima and Y. Hasegawa, Am. Ceram. Soc. Bull., **57**(1978)1119-1122.
11) T. Hirai, S. Hayashi and K. Niihara, Am. Ceram. Soc. Bull., **57**(1978)1126-1130.
12) K. Tsukuma, M. Shimada and M. Koizumi, Am. Ceram. Soc. Bull., **60**(1981)910-912.
13) G. Ziegler and D. P. H. Hasselman, J. Mater. Sci., **16**(1981)495-503.
14) C. W. Li, J. Yamanis, P. J. Whalen, C. J. Gasdaska and C. P. Ballard, pp. 103-111 in Gas pressure Effects on Materials Processing and Design. Ed. by K. Ishizaki, E. Hodge and M. Concannon, Materials Research Society, Pittsburgh, PA (1992).
15) N. Hirosaki, Y. Okamoto, M. Ando, F. Munakata and Y. Akimune, J. Ceram. Soc. Japan, **104**(1996)49-53[in Japanese].
16) N. Hirosaki, Y. Okamoto, A. Ando, F. Munakata and Y. Akimune, J. Am. Ceram. Soc., **79**(1996)2878-2882.
17) K. Hirao, K. Watari, M. E. Brito, M. Toriyama and S. Kanzaki, J. Am. Ceram. Soc., **79**(1996)2485-2489.
18) 広崎尚登, 安藤元英, 岡本祐介, 宗像文男, 秋宗淑雄, マヌエル・ブリト, 平尾喜代司, 渡利広司, 鳥山素弘, 神崎修三, J. Ceram. Soc. Japan., **104**(1996)1171-1173.
19) K. Watari, K. Hirao, M. E. Brito, M. Toriyama and S. Kanzaki, J. Mater. Res., **14**(1999)1538-1541.
20) Y. Akimune, F. Munakata, K. Matsuo, N. Hirosaki, Y. Okamoto and K. Misono, J. Ceram. Soc. Japan, **107**(1999)339-342.
21) H. Yokota and M. Ibukiyama, J. Eur. Ceram. Soc., **23**(2003)1183-1191.
22) H. Yokota, H. Abe and M. Ibukiyama, J. Eur. Ceram. Soc., **23**(2003)1751-1759.
23) W. D. Kingery, H. K. Bowen and D. R. Uhlman, "Introduction to Ceramics," John Wiley and Sons, Inc., New York(1976)p. 490.

24) M. Kitayama, K. Hirao, K. Watari, M. Toriyama and S. Kanzaki, J. Am. Ceram. Soc., **82**(1999)3105-3112.
25) M. Kitayama, K. Hirao, A. Tsuge, M. Toriyama and S. Kanzaki, J. Am. Ceram. Soc., **82**(1999)3263-3265.
26) M. Kitayama, K. Hirao, A. Tsuge, K. Watari, M. Toriyama and S. Kanzaki, J. Am. Ceram. Soc., **83**(2000)1985-1992.
27) 林裕之, 平尾喜代司, 北山幹人, 山内幸彦, 神崎修三, J. Ceram. Soc. Japan, **109**(2001)1046-1050.
28) K. Hirao, K. Watari, H. Hayashi and M. Kitayama, MRS Bull., **26**(2001)451-455.
29) H. Hayashi, K. Hirao, M. Toriyama, S. Kanzaki and K. Itatani, J. Am. Ceram. Soc., **84**(2001)3060-3062.
30) A. J. Moulson, J. Mater. Sci., **14**(1979)1017-1051.
31) Y. Zhou, X. W. Zhu, K. Hirao and Z. Lences, Int. J. Appl. Ceram. Technol., **5**(2008)119-126.

7.5 蛍光体

　蛍光体は紫外線や電子線などを吸収して可視光を放出する物質であり，ディスプレイや照明の発光に使われる材料である．近年，照明は蛍光灯や白熱電球から白色 LED 照明へ，ディスプレイは CRT から薄型テレビへ方式が移りつつある．白色 LED では，青色光で励起できる蛍光体が求められている．蛍光灯や CRT を主な用途として開発された従来の酸化物蛍光体は，紫外線や電子線ではよく光るが，可視光励起に使えるものは少ない．近年，窒化ケイ素，サイアロン，およびそれらの関連物質が蛍光体のホストとなることが示され，可視光で励起できるものが見つかってきた．これらの構成元素は，ケイ素，アルミニウム，酸素，窒素が主体であり，サイアロン蛍光体と呼ばれている．

　蛍光体は，母体となるセラミックス結晶に発光を担う金属イオンを微量添加した材料である．母体結晶は，金属イオンを取り囲み化学的に安定化する働きと，結晶場や配位環境を整えて発光色を制御する効果がある．窒化ケイ素とサイアロンおよびその関連物質は，第2章や第3章に示すように，希土類元素を構成元素として含む，あるいは固溶することができる結晶が多い．これは蛍光体の母体結晶となり得る可能性を示唆している．蛍光体業界では，従来は酸化物や硫化物を中心に研究が行われてきたが，サイアロンの有効性が報告された 2000 年以降に窒素を含む材料の研究が活発になり，多くの新規蛍光体が発見された（表 7.5.1）[1〜23]．

　窒化ケイ素関連物質はエンジン部品や耐熱材料として実績がある頑丈な材料である．強固な結合は蛍光体ホストとしても有益であり，サイアロン蛍光体は紫外線や電子線などの高エネルギーに曝されても劣化が少なく耐久性に優れる．さらに温度特性にも有利であり，蛍光体の環境温度が上がっても発光強度の低下が少ない（図 7.5.1）．LED は高出力化が進み，通電により 150℃ 程度まで加熱される．サイアロン蛍光体では，デバイス温度が上昇しても蛍光体は高い発光効率を維持するため，ランプとしての色変化が小さい[24]．

表 7.5.1 窒化物・酸窒化物蛍光体

蛍光体	発光色	文献
Y-Si-O-N：Ce^{3+}	青	1)
La-Si-O-N：Ce^{3+}	青	2)
AlN：Eu^{2+}	青	3)
JEM：Ce^{3+}	青	4)
$SrSi_6N_8$：Eu^{2+}	青	5)
$SrSi_9Al_{19}ON_{31}$：Eu^{2+}	青	6)
$SrSiAl_2O_3N_2$：Eu^{2+}	青緑	7)
$SrSi_5AlO_2N_7$：Eu^{2+}	青緑	7)
$BaSi_2O_2N_2$：Eu^{2+}	青緑	8)
AlON：Mn^{2+}	緑	9)
α-sialon：Yb^{2+}	緑	10)
β-sialon：Eu^{2+}	緑	11, 12)
$MYSi_4N_7$：Eu^{2+}　(M = Sr, Ba)	緑	13)
$Ba_3Si_6O_{12}N_2$：Eu^{2+}	緑	14)
$MSi_2O_2N_2$：Eu^{2+}　(M = Ca, Sr)	緑－黄	8)
α-sialon：Eu^{2+}	黄－橙	15, 16)
$CaAlSiN_3$：Ce^{3+}	黄－橙	17, 18)
$LaSi_3N_5$：Eu^{2+}	赤	19)
$CaSiN_2$：Eu^{2+}	赤	20)
$CaSiN_2$：Ce^{3+}	赤	21)
$M_2Si_5N_8$：Eu^{2+}　(M = Ca, Sr, Ba)	赤	22)
$CaAlSiN_3$：Eu^{2+}	赤	17, 23)

　サイアロン蛍光体のもう一つのメリットは可視光に励起帯を持つものが多いことである．蛍光体では Eu^{2+} や Ce^{3+} イオンの発光を利用することが多い．これらは，5d-4f 遷移により発光するため，結晶場の影響を受けて発光イオンのエネルギー準位が変動する．すなわち，母体結晶を変えると励起波長と発光色が変化する．サイアロンでは窒素が化学結合に寄与するため共有結合性が高く，酸化物蛍光体と比べて励起および発光波長が長波長にシフトする傾向がある．この効果により，Eu^{2+} や Ce^{3+} イオンを添加した酸化物蛍光体は紫外線で励起されて青色を発光するものが多いのに対して，サイアロンでは青色光で励起されて，緑，黄，赤のさまざまな色を発光する蛍光体が多く見つかってい

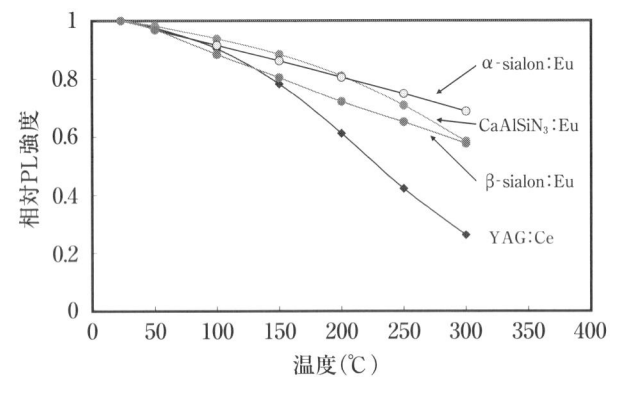

図 7.5.1 発光強度の温度変化

る．以下に主要な蛍光体について解説する．

(1) 希土類酸窒化ケイ素

希土類酸窒化ケイ素(Re-Si-O-N, Reは希土類元素)は，窒化ケイ素の焼結助剤の探索や相関係の研究で見つかった結晶である．Krevelら[1]はCe^{3+}が固溶した$Y_5Si_3O_{12}N$，$Y_4Si_2O_7N_2$，$YSiO_2N$，$Y_2Si_3O_3N_4$は紫外線励起で青色発光し，母体結晶のO/N比により発光波長が変化すると報告している．同様の傾向はLa系でも観察され，Ce^{3+}が固溶した$La_5Si_3O_{12}N$，$LaSiO_2N$は青色の蛍光体となる[2]．

$LaAl(Si_{6-z}Al_z)N_{10-z}O_z$で表される酸窒化物結晶は，発見者らによりJEMと名付けられた．Laの一部をCe^{3+}に置換することにより，Ce^{3+}を発光中心とする蛍光体となる[4]．この蛍光体は紫光励起で青色発光し，紫LED(405 nm)と組み合わせた白色LED用途に検討されている．

(2) アルカリ土類(酸)窒化ケイ素

アルカリ土類窒化物としては，$M_2Si_5N_8$(MはCa, Sr, Ba)結晶にEu^{2+}が固溶したもの[22]が有名であり，橙や赤色の蛍光体となる．これらは，青色励起の発光効率が高いため，白色LEDの赤味成分の改善に有効である．

アルカリ土類酸窒化物(M-Si-O-N, M はアルカリ土類元素)の蛍光体としては，$MSi_2O_2N_2$(M は Ca, Sr, Ba)が知られている[8]．Eu^{2+} を固溶すると，アルカリ土類元素の種類と組成を選定することにより，青緑色から黄色の範囲で発光色を変化させることができる．Ba 系は青緑発光であり白色 LED の演色性向上に有効であり[25]，Ca と Sr 系は白色 LED 用の黄色蛍光体として検討されている．また，近年発見された $Ba_3Si_6O_{12}N_2$：Eu[14] は緑色蛍光体であり，液晶ディスプレイバックライト用途に有望である．

(3) α-サイアロン蛍光体

α-サイアロンは α-Si_3N_4 と同じ結晶構造を持ち，$M_xSi_{12-(m+n)}Al_{m+n}O_nN_{16-n}$ で表される．ここで x, m, n は固溶量を表すパラメータである．α-サイアロンでは金属イオン M の役割が重要であり，Ca^{2+} などが結晶中の籠状空間に入ることによって結晶構造が安定化する．この空間には Ca の他に多くの種類のイオンを固溶させることができ，Eu^{2+}，Ce^{3+}，Tb^{3+}，Yb^{2+}，Sm^{3+}，Dy^{3+} を付活するとさまざまな色の蛍光体を設計することができる．中でも，Eu^{2+} を付活した蛍光体は図 7.5.2 に示すように 300～450 nm の励起で黄色発光し，白色 LED 用途に適している．近年，純窒化物に近い n が小さい組成領域で Sr^{2+} で安定化した α-サイアロンが発見され，新たな母体結晶として材料開発

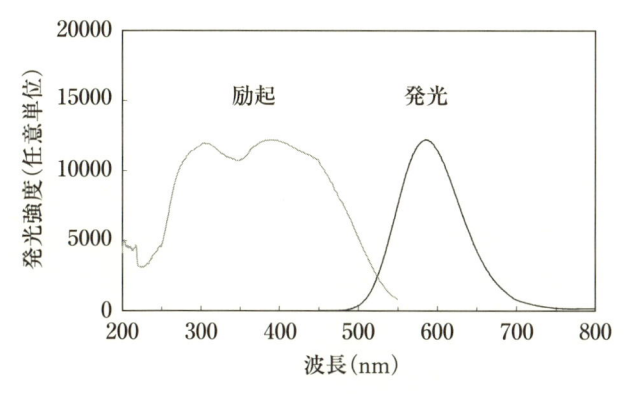

図 7.5.2 α-サイアロン：Eu 蛍光体の励起発光スペクトル

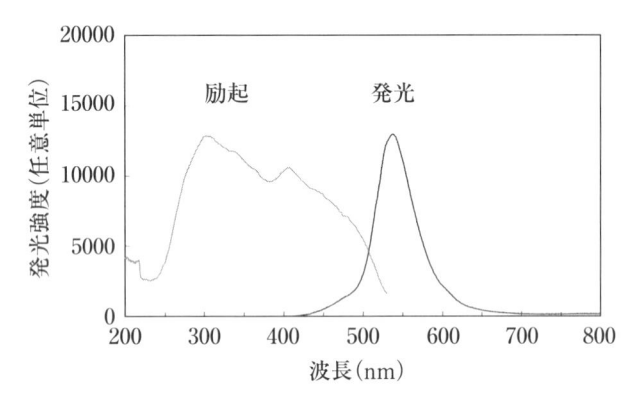

図7.5.3 β-サイアロン：Eu 蛍光体の励起発光スペクトル

が進められている．

(4) β-サイアロン蛍光体

β-サイアロンはβ-Si_3N_4と同じ結晶構造を持ち，$Si_{6-z}Al_zO_zN_{8-z}$（$0 < z < 4.2$）で表される．β-サイアロンはα-サイアロンとは異なり，金属元素を格子内に取り込まないと言われてきた．しかし，微量の金属イオンなら固溶することが発見され，Eu^{2+}を付活すると540 nm発光の緑色蛍光体となることが示された（図7.5.3）[10, 11]．この蛍光体は，色純度が良く発光スペクトルがシャープであることから，ディスプレイバックライト用に適している．蛍光体は一般に高温で発光効率が低下するが，本蛍光体は強固な結晶構造により高温での効率低下が小さく，150℃で室温の86%を維持している．

(5) $CaAlSiN_3$蛍光体

$CaAlSiN_3$はSi_3N_4-AlN-CaO系の相関係の研究で見つかった結晶であり，(Si, Al)-N_4の四面体骨格にCaを含有した斜方晶の結晶構造を持つ．この結晶のCaの一部をEu^{2+}で置換した蛍光体[17, 23]は，図7.5.4に示す励起・発光特性を示し，青色励起で650 nmの赤色光を発する．Srを加えた(Ca, Sr)$AlSiN_3$：Euは発光ピークが630 nmに短波長化するため高輝度LED用の蛍光体として

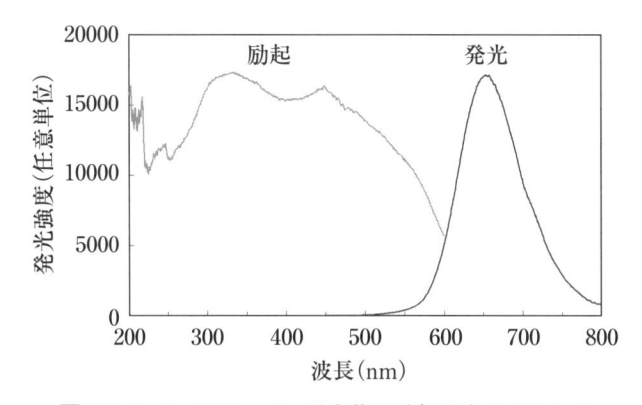

図 7.5.4 CaAlSiN$_3$：Eu 蛍光体の励起発光スペクトル

実用化されている．また，Ce を固溶した CaAlSiN$_3$：Ce [17, 18] は黄色の幅広い発光スペクトルを持ち YAG：Ce と同様に白色 LED 用の主要蛍光体としての利用が可能である．

(6) AlN 系蛍光体

Si を少量含む AlN に Eu が固溶した蛍光体は，Eu^{2+} 由来の青色発光を示す[3]．この材料は耐久性に優れており，電子線励起の発光効率が良いためフィールドエミッションディスプレイ(FED)用途に使用されている．

このように，窒素を含むセラミックスをホストとしたサイアロン蛍光体は，耐久性に優れており，白色 LED や薄型ディスプレイ用途に適している．これらの研究は始まったばかりであり，今後さらに多くの蛍光体が発見されると期待される．

参 考 文 献

1) J. W. H. van Krevel, H. T. Hintzen, R. Metselaar and A. Meijerink, J. Alloy Comp., **268**(1998)272.
2) B. Dierre, R.-J. Xie, N. Hirosaki and T. Sekiguchi, J. Mater. Res., **22**(2007)1933.

3) N. Hirosaki, R.-J. Xie, K. Inoue, T. Sekiguchi, B. Dierre and K. Tamura, Appl. Phys. Lett., **91**(2007)061101.
4) K. Takahashi, N. Hirosaki, R.-J. Xie, M. Harada, K. Yoshimura and Y. Tomomura, Appl. Phys. Lett., **91**(2007)091923.
5) K. Shioi, N. Hirosaki, R.-J. Xie, T. Takeda and Y. Q. Li, J. Mater. Sci., **43**(2008)5659.
6) 福田由美, 玉谷正昭, 平松亮介, 浅井博紀, 多々見純一, 米屋勝利, 脇原徹, 第315回蛍光体同学会講演予稿(2006)pp.1-9.
7) R.-J. Xie, N. Hirosaki, Y. Yamamoto, T. Suehiro, M. Nitomo and K. Sakuma, J. Ceram. Soc. Japan, **113**(2005)462.
8) Y. Q. Li, A. C. A. Delsing, G. de With and H. T. Hintzen, Chem. Mater., **17**(2005)3242.
9) R.-J. Xie, N. Hirosaki, X.-J. Liu, T. Takeda and H.-L. Li, Appl. Phys. Lett., **92**, (2008)201905.
10) R.-J. Xie, N. Hirosaki, M. Mitomo, K. Uheda, T. Suehiro, X. Xu, Y. Yamamoto and T. Sekiguchi, J. Phys. Chem. B, **109**(2005)9490.
11) N. Hirosaki, R.-J. Xie, K. Kimoto, T. Sekiguchi, Y. Yamamoto, T. Suehiro and M. Mitomo, Appl. Phys. Lett., **86**(2005)211905.
12) R.-J. Xie, N. Hirosaki, H.-L. Li, Y. Q. Li and M. Mitomo, J. Electrochem. Soc., **154**(2007)J314.
13) Y. Q. Li, C. M. Fang, G. de With and H. T. Hintzen, J. Solid State Chem., **177**(2004)4687.
14) 下岡智, 上田恭太, 三上昌義, 伊村宏之, 木島直人, 第323回蛍光体同学会講演予稿(2008)pp.25-31.
15) J. W. H. van Krevel, J. W. T. van Rutten, H. Mandal, H. T. Hintzen and R. Metselaar, J. Solid State Chem., **165**(2002)19.
16) R.-J. Xie, M. Mitomo, K. Uheda, F.-F. Xu and Y. Akimune, J. Am. Ceram. Soc., **85**(2002)1229.
17) 広崎尚登, 上田恭太, 山元明, 特許公報, 特許第3837588号(2006).
18) Y. Q. Li, N. Hirosaki, R.-J. Xie, T. Takeda and M. Mitomo, Chem. Mater., in press.
19) K. Uheda, H. Takizawa, T. Endo, H. Yamane, M. Shimada, C. M. Wang and M. Mitomo, J. Luminescence, **87-89**(2000)867.

20) S. S. Lee, S. Lim, S. S. Sun and J. F. Wager, Proc. SPIE-Int. Soc. Opt. Eng., **75** (1997) 3241.
21) R. L. Toquin and A. K. Cheetham, Chem. Phys. Lett., **423** (2006) 352.
22) H. A. Hoppe, H. Lutz, P. Morys, W. Schnik and A. Seilmeier, J. Phys. Chem. Solids, **61** (2000) 2001.
23) K. Uheda, N. Hirosaki, Y. Yamamoto, A. Naito, T. Nakajima and H. Yamamoto, Electochem. Solid-State Lett., **9** (2006) H22.
24) K. Sakuma, N. Hirosaki, N. Kimura, M. Ohashi, R.-J. Xie, Y. Yamamoto, T. Suehiro, K. Asano and D. Tanaka, IEICE Transactions on Electronics, **E88-C** (2005) 2057.
25) N. Kimura, K. Sakuma, S. Hirafune, K. Asano, N. Hirosaki and R.-J. Xie, Appl. Phys. Lett., **90** (2007) 051109.

7.6 放射線損傷

7.6.1 原子力とセラミックス

　窒化ケイ素は，中性子照射に対する耐性が高いので，炭化ケイ素や窒化チタンなどと並び，原子力分野でも使用されることが期待されている非酸化物セラミックスである．とくに，使用済みの核燃料再処理工程で取り出される高(放射線)レベル廃棄物に含まれる長寿命核種や超ウラン元素を分離して，再度原子炉などで中性子を照射して核変換を起こし，安定な核種や短寿命核種に変換する場合の固定化材料や，核融合炉のブランケット構造材料の候補となっている．このような場所では，長期間にわたり高エネルギー中性子の照射を受け，また高温となるので，形状安定性や機械的な強度の維持，熱的な安定性，高い熱伝導度，共存する材料や冷却材との化学的な安定性などが要求される．

7.6.2 中性子照射損傷

　原子炉や核融合炉の炉心領域に置かれた材料は，高エネルギー中性子の照射を受け，材料特性が変化する．多くの場合に特性は劣化するので，照射損傷と呼ばれる．中性子照射が結晶質材料に及ぼす影響は大別して2種あり，(1)結晶格子点からの原子のはじき出し(弾性衝突)と，(2)原子核反応による核変換(元素変換)である．(2)の効果は，材料の構成元素(核種)や中性子のエネルギー，照射量に依存し，構造材料としての特性に影響を与えるのは核変換により希ガスや水素が生成される場合だけと考えてよい．(1)の原子のはじき出しはどの材料にも起こり，中性子のエネルギーが高いほど，また照射量が多いほど多く起こり，結晶質材料に種々の格子欠陥を導入する．その結果，材料特性が大きな影響を受ける．特性の変化は材料ごとに，また照射環境に依存する．言い換えれば，どのような種類の格子欠陥が，どのくらいの量生成するかによ

るが，非晶質化する場合もある．

7.6.3　中性子照射による各種セラミックスの特性変化

　表7.6.1には，高速炉において比較的多量の中性子照射を受けた窒化ケイ素，炭化ケイ素，アルミナ，窒化アルミニウムの長さ変化の例を示す[1,2]．セラミックスは照射により長さが膨張（スウェリング）することが多い．これは，高速中性子の入射により原子がはじき出され，格子間原子と空孔が生成，蓄積されることにより主として誘起されるが，他種の欠陥生成や構造変化も関係している．窒化ケイ素と炭化ケイ素は類似した特性変化を示し，照射による長さの膨張は，表に示した照射条件で0.2〜0.4％であった．窒化ケイ素の方が炭化ケイ素よりやや小さい変化量である．一方，同じ条件において，窒化アルミニウムやアルミナでは，5〜8倍の値となった．長さの膨張が数％に達する場合は，粒界に微小き裂が多量に生じている場合が多く，機械的な強度は大きく低下してしまう．このようになる原因の一つに，中性子照射により導入された格子欠陥が，結晶格子の異方的な膨張を起こし粒界割れに至ることが挙げられる．

表7.6.1 中性子照射による各種セラミックスの長さ変化[2]

中性子照射量 (n/m^2) $(E_n > 0.1\ MeV)$	照射温度(℃)	長さ変化 (%)			
		β-Si$_3$N$_4$	β-SiC	AlN	Al$_2$O$_3$
3.9×10^{26}	585	0.36	0.4	1.92	1.77
4.2×10^{26}	731	0.23	0.45	2.0	2.26
6.9×10^{26}	766	0.30	0.54	2.3	2.3

　表7.6.2には，同様に，中性子照射による熱拡散率の変化を示す[2,3]．中性子を照射する前には，窒化アルミニウムが最も高い熱拡散率を示していたが，照射後にはいずれもおよそ5×10^{-6}(m^2/s)となり，大幅に低下していることが分かる．未照射時に優れた熱拡散率を示す材料での落ち込みが大きい．照射後

表7.6.2 中性子照射による各種セラミックスの熱拡散率変化[2,3)]

中性子照射量 (n/m²) (E_n > 0.1 MeV)	照射温度(℃)	熱拡散率 (10^{-6} m²/s)			
		β-Si$_3$N$_4$	β-SiC	AlN	Al$_2$O$_3$
未照射	—	25.0	41.0	99.1	11.8
0.5×10^{26}	373	4.00	4.76	3.11	—
1.4×10^{26}	395	4.78	4.87	2.23	3.09
0.4×10^{26}	580	7.17	5.54	4.17	4.14

の値を比べると,窒化ケイ素と炭化ケイ素は,相対的にやや高い値を維持している.結晶内に点欠陥,とくに原子空孔が形成されると,それらがフォノン伝導の妨げとなり熱拡散率が低下する.中性子照射による原子のはじき出しにより,点欠陥はどんな材料にも生じるので,熱拡散率は照射量が少なくても,明らかな低下傾向が認められる.表7.6.2に示した中性子照射量は極めて多い場合であり,照射量依存性はほとんど認められない.

7.6.4 窒化ケイ素の照射損傷の照射後アニールによる回復

中性子照射により導入された格子欠陥の多くは準安定であり,照射後に試料を加熱することにより消滅し,特性値は回復する.738℃において中性子を3.7×10^{26} n/m² 照射した窒化ケイ素セラミックスの巨視的な寸法と熱拡散率を,それぞれの温度で1時間保持し,室温に冷却して測定することを,保持温度を順次上昇しながら,繰り返すことにより求めた結果を図7.6.1に示す[2)].巨視的な寸法は照射温度付近まで変化せず,それ以上の温度ではゆっくり収縮(回復)し,1300℃以上で急激に収縮したが,1400℃まで加熱しても照射前の値までは回復しなかった(0が照射前の値).一方,熱拡散率は500℃付近からわずかに増加(回復)し,照射温度以上でより急速に上昇したが,1000〜1200℃で回復は一端停滞している(未照射の値:0.257).格子間原子や空孔は,温度が上昇するとトラップサイトから離脱して,別の"シンク"と呼ばれる場所

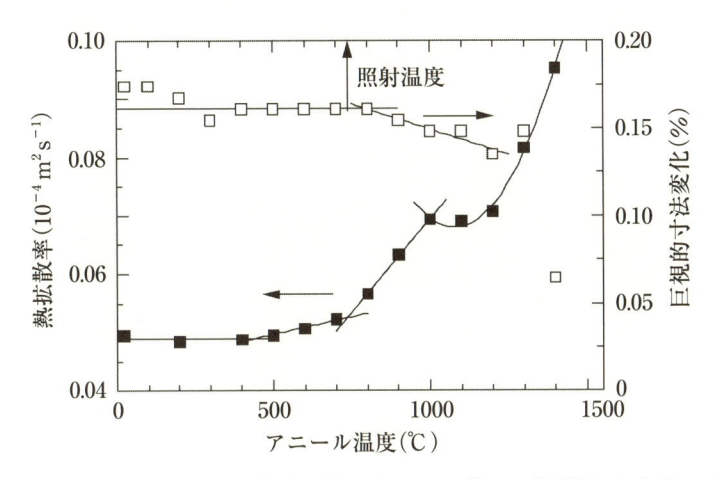

図 7.6.1 738℃において高速中性子を 3.7×10^{26} n/m^2 照射した窒化ケイ素の巨視的寸法と熱拡散率の等時アニールによる変化

に移動する．シンクは表面や粒界または転位や析出物などである．格子間原子が同種原子の空孔に移動すると元の結晶に戻り，すなわち点欠陥が対消滅する．巨視的な長さや熱拡散率の回復は，主として格子間原子と空孔の再結合消滅により，欠陥濃度が低下することで起こる．図 7.6.1 に示した巨視的な寸法と熱拡散率の回復は，ほぼ同期して起こっており，どちらも点欠陥濃度の影響を受けていることが分かる．熱拡散率の 1000〜1200℃での回復の停滞は，この温度付近で空孔が集合してガス原子を含有した小さな泡（バブル）を形成し始めるためと思われるが，詳細は解明されていない[4,5]．

7.6.5 照射による微構造変化

高速中性子照射により原子のはじき出しが起こり，格子間原子や原子空孔が形成されることは先に述べた．これらの点欠陥は，残念ながら，高分解能電子顕微鏡でも観察できない．一方，照射後の試料を観察すると，低倍率でも照射に起因する特有な構造変化が見いだされることが少なくない．図 7.6.2 には，

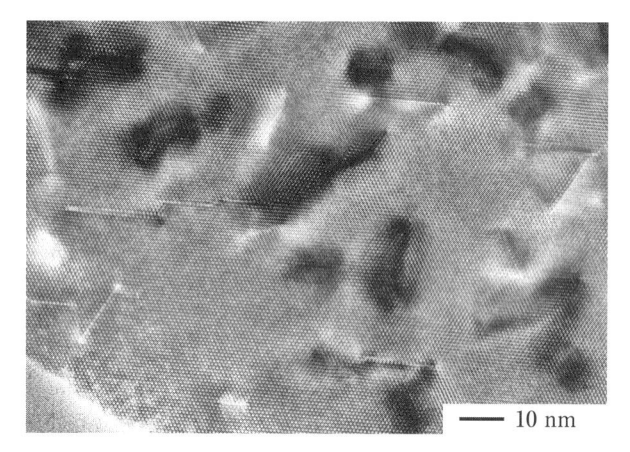

図 7.6.2 中性子照射により β-Si$_3$N$_4$ 中に形成された転位ループ

　高速炉で中性子を重照射した β-Si$_3$N$_4$ セラミックスの透過電子顕微鏡写真を示す[6]．中性子照射量は 2.8×10^{26} n/m^2，照射温度は 520 ℃である．写真は β-Si$_3$N$_4$ 粒子の c 軸方向から撮影している．写真には，5～20 nm の白い直線状のコントラストや，直線状のコントラストの周囲に黒いコントラストを伴った部分が，結晶全体に多数観察される．直線の向きはランダムではなく，特定の方位にそろっている．これは，格子間原子が集合して特定の結晶面に新しい原子面を形成している二次元格子欠陥で，格子間原子型転位ループと呼ばれる．

　さらに拡大して高分解能観察を行うと，図 7.6.3 が得られる[6]．β-Si$_3$N$_4$ の結晶構造は，SiN$_4$ 四面体の 6 員環が互いに連結して平面を構成し，それらが 2 層周期で c 軸方向に積層するが，6 員環の積層にズレがなくハニカム状となる．6 員環の部分は c 軸に平行するコラム状空隙となり，c 軸方向から観察すると大きな明るい斑点として観察される．6 員環と 6 員環を連結している部分にも結晶構造を投影した濃淡が観察される．図 7.6.3 中に矢印で示した ($10\bar{1}0$) 面に平行な水平のレイヤー部分のコントラストは，他の部分とは異なる．これを詳細に解析することで，欠陥部分の四面体の結合様式が解明できる．図 7.6.4 に，β-Si$_3$N$_4$ の結晶構造を基準として作成した欠陥部分の構造モデルを示す．図中の黒丸はケイ素原子，白丸は窒素原子を示し，三角形は四面体を表

7.6 放射線損傷

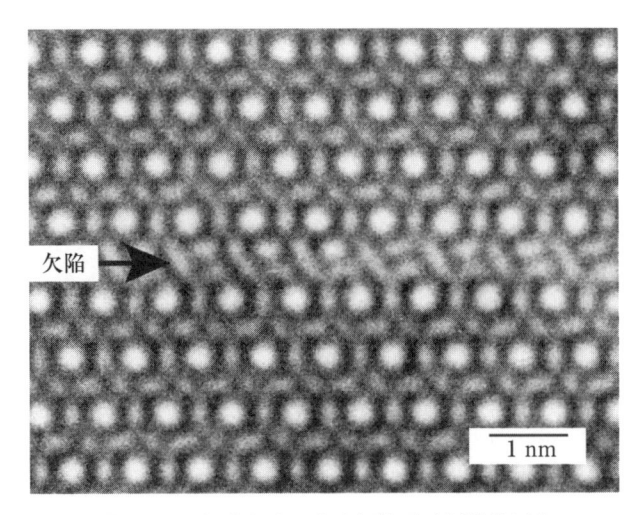

図7.6.3 欠陥部分の高分解能電子顕微鏡写真

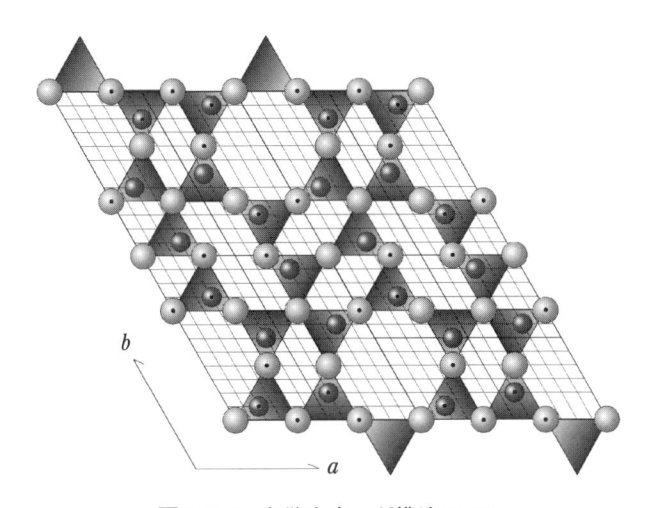

図7.6.4 欠陥を含んだ構造モデル

す．丸に小さな黒点を付した原子のz座標は1/4であり，小さな黒点のない原子は$z=3/4$である．このモデルは単純化した原子配置を基本としており，四面体はc軸方向から見て傾いていない．実際のβ-Si_3N_4の結晶構造は，すこし

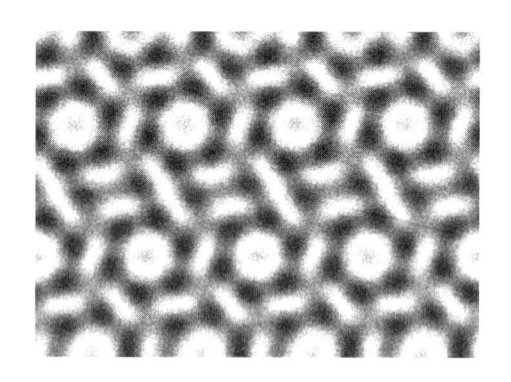

図 7.6.5 図7.6.4の構造モデルからシミュレーションにより再構成された電子顕微鏡像

歪んでおり，6員環はわずかにねじれている．図7.6.4と図7.6.3を比べると，6員環に囲まれたコラム状の空洞が，高分解能写真でハニカム状に並ぶ大きな明るい斑点に対応していることが分かる．欠陥部分を再現する四面体の配列は，欠陥層の厚さが四面体層1層分であり，また左右の変位量などに基づいて想定しても複数考えられるが，作製したそれぞれのモデルについて電子顕微鏡像シミュレーションを行うことにより，モデルの妥当性を判断できる．図7.6.5には，図7.6.4の原子配置からシミュレーションにより再構成した電子顕微鏡像を示す．得られた像は観察された像をよく再現していることから，構造モデルが妥当であることが分かる[6]．

図7.6.2に示したβ-Si_3N_4の結晶には，図7.6.4に示した欠陥(Type-I)の他にも，6員環を横切る形で$\{11\bar{2}0\}$面に存在する欠陥(Type-II)など，いくつかの種類の面状の欠陥(いずれも格子間原子型転位ループ)が形成されることが見いだされている[7]．この種の転位ループは，いずれもc軸に平行な面に形成されている．四面体の存在しない部分がある(0001)面に平行には転位ループが形成されないことは興味深い[8]．また，それらの転位ループが互いに連結することも可能であり，構造モデルも提案されている[9]．これらの転位ループは，高温でアニールしても消滅しない[4]．

中性子照射が引き起こす核変換の機械的な性質に及ぼす効果は，核分裂炉条

7.6 放射線損傷　399

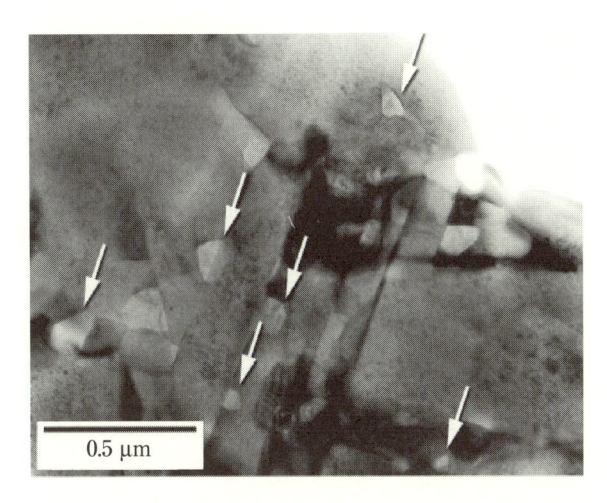

図 7.6.6 中性子照射後に 1500 ℃ までアニールした β-Si$_3$N$_4$ に観察されたヘリウムバブル

件では一般には小さいが，焼結助剤や不純物として B など特定の元素を含む場合にはガスの生成を伴い，深刻な影響を及ぼすことがある．また，そのような核種を含まない場合でも，中性子照射量が極めて多い場合には，セラミックスを構成する核種から生成するガスが影響を及ぼす場合がある．

図 7.6.6 には，中性子を 4.2×10^{26} n/m^2 照射した後，1500 ℃ までアニールした窒化ケイ素セラミックスの電子顕微鏡写真を示す[4]．窒化ケイ素の粒界に沿って，100〜200 nm のバブルが形成されていることが観察される（矢印）．バブルはアニール前には観察されない．この条件では，^{14}N$(n, \alpha)^{11}$B がわずかながら起こり，約 200 appm のヘリウムが生成している．生成したヘリウムは，当初原子状で窒化ケイ素結晶内に留まるが，温度が上昇して空孔が移動できるようになると，空孔にトラップされた状態で拡散し，粒界に移動して気体となる．バブルの生成が多いと大きな体積膨張（バブルスウェリング）を引き起こし，最終的には粉末化する．発生する中性子のエネルギーが高い核融合炉では，多くの元素（核種）について (n, α) 反応が無視できなくなるので，注意が必要である．

参考文献

1) T. Yano, M. Akiyoshi, K. Ichikawa, Y. Tachi and T. Iseki, J. Nucl. Mater., **289** (2001) 102-109.
2) M. Akiyoshi and T. Yano, Progress in Nucl. Energy, **50** (2008) 567-574.
3) M. Akiyoshi, T. Yano, Y. Tachi and H. Nakano, J. Nucl. Mater., **367-370** (2007) 1023-1027.
4) M. Akiyoshi, K. Ichikawa, T. Donomae and T. Yano, J. Nucl. Mater., **307-311** (2002) 1305-1309.
5) M. Akiyoshi, N. Akasaka, Y. Tachi and T. Yano, J. Ceram. Soc. Japan, **112** (2004) S1490-1494.
6) M. Akiyoshi and T. Yano, Philos. Mag. A, **81** (2001) 683-697.
7) M. Akiyoshi and T. Yano, Philos. Mag. Lett., **81** (2001) 251-258.
8) T. Yano, J. Ceram. Soc. Japan, **111** (2003) 155-161.
9) M. Akiyoshi and T. Yano, J. Electron Microscopy, **52** (2003) 267-275.

8

応　用

8.1 グロープラグ

8.1.1 はじめに

　ディーゼルエンジンは圧縮した空気に燃料を噴射して着火する内燃機関であり，低温環境では始動させるのに時間がかかる，あるいは始動しても回転数が不安定になるなどの問題がある．グロープラグは，このディーゼルエンジンの始動補助用プラグであり，発熱部を燃焼室に突き出して配置し，低温始動時にシリンダ内を予熱する目的で使用される．発熱部のタイプ別に見ると，金属製チューブ内に金属製発熱コイルを配したメタルグロープラグが主流であるが，より高温で発熱させることで始動性改善やエミッション低減を目的として，発熱素子をセラミック化したセラミックグロープラグも使用されており，その需要は徐々に高まってきている．そこで本節では，セラミックグロープラグの構造，使用されるセラミック材料の特徴とその製造プロセスについて述べる．

8.1.2 グロープラグの構造

　1980年代中頃より，グロープラグの高温発熱化を目的としてタングステン線発熱コイルを窒化ケイ素質セラミック支持体内部に埋設させたのがセラミックグロープラグの始まりである．発熱温度は，メタルグロープラグの限界がおよそ1000℃であるのに対して，この第1世代のセラミックグロープラグでは1200℃近くまで上昇させることが可能となった．次に1990年代後半には，さらに高温で発熱させるため，第2世代のセラミックグロープラグが誕生した．第2世代では，内部抵抗体のセラミック化により1300℃以上での発熱を可能とし，メタルグロープラグに対する発熱温度のアドバンテージが明確となった．
　また近年，予熱時間の短縮を目的として，急速に昇温することができる第3

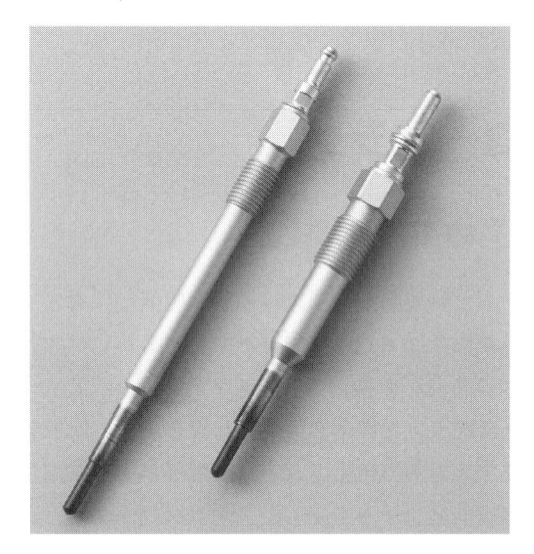

図 8.1.1 セラミックグロープラグ(先端部がセラミック発熱素子)

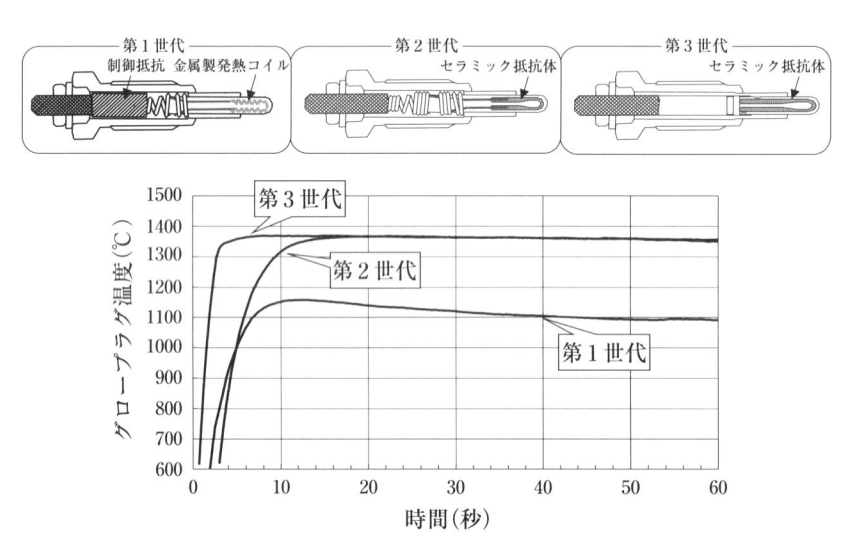

図 8.1.2 セラミックグロープラグの構造と昇温性能

支持体 　　　　　　　　　抵抗体

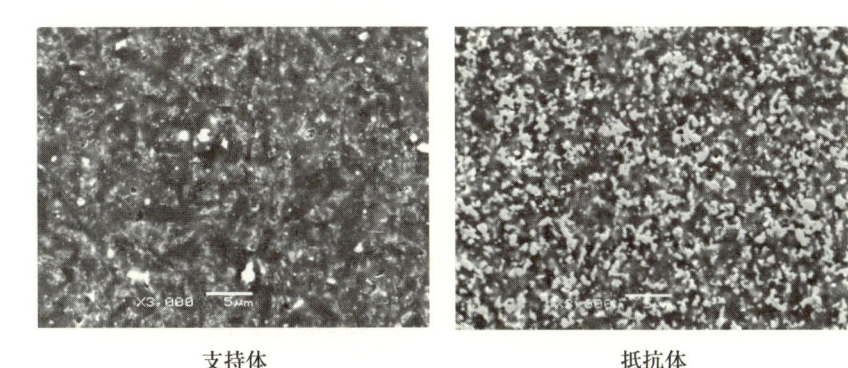

図 8.1.3 支持体と抵抗体の微細組織

世代のセラミックグロープラグが開発されている．このグロープラグは，抵抗値を下げることで，わずか2秒で1000℃に到達する．また，制御コントローラを使用するこのシステムでは，車両ECUからの指示により，エンジンの稼動状況に応じてグロープラグの発熱温度を変えることができ，燃焼改善にも利用される．なお，ここまで述べてきた発熱素子は，すべて抵抗体を支持体で内包する構造であるが，支持体表面部に抵抗体を形成した表面発熱タイプのセラミックグロープラグも開発されている[1,2]．

8.1.3 セラミック材料の特徴

ここでは，第2世代以降のグロープラグで使用されるセラミック材料について説明する．グロープラグ用材料には，支持体，抵抗体ともに耐熱性が要求される．また1300℃以上の温度差で加熱冷却されるため，耐熱衝撃性も必要であることは言うまでもない．このような使用環境下で性能を維持できるのは，窒化ケイ素系材料以外には存在しない．この支持体には，抵抗体を覆い燃焼環境下で生じる酸化などの化学反応から抵抗体を守る役割があり，とくに耐酸化性を高くしておく必要がある．一方，抵抗体材料としては導電性物質である炭化タングステンや二ケイ化モリブデンなどが使用される．これら導電物質は窒化ケイ素より熱膨張係数が大きいため，焼成後に抵抗体と支持体には熱膨張差

に起因した残留応力が発生しクラックなどの原因になるため，抵抗体と支持体の熱膨張係数差は小さくしておくことが重要である．具体的には，導電性物質に窒化ケイ素を複合して抵抗体の熱膨張係数を下げることが行われ，また支持体材料は窒化ケイ素にケイ化物，窒化物，炭化物などの高熱膨張化合物を分散させ熱膨張係数を高くすることが有効である．

8.1.4　セラミックグロープラグの製造工程

　セラミック発熱素子の製造工程を図8.1.4に示す．支持体材料は，窒化ケイ素原料と焼結助剤を秤量した後，トロンメルにて所定時間混合粉砕する．この泥漿に，有機物結合剤を加え噴霧乾燥することにより，金型プレス成形可能な素地を得る．第1世代のセラミック発熱素子は，金属製発熱コイルを支持体材料中に内包するように金型プレスし，脱脂後ホットプレスにて焼成する．焼成後は，研磨加工により円柱状のセラミック発熱素子を得る．

　第2世代以降の内部抵抗体に関しては，支持体材料同様に秤量，混合粉砕，

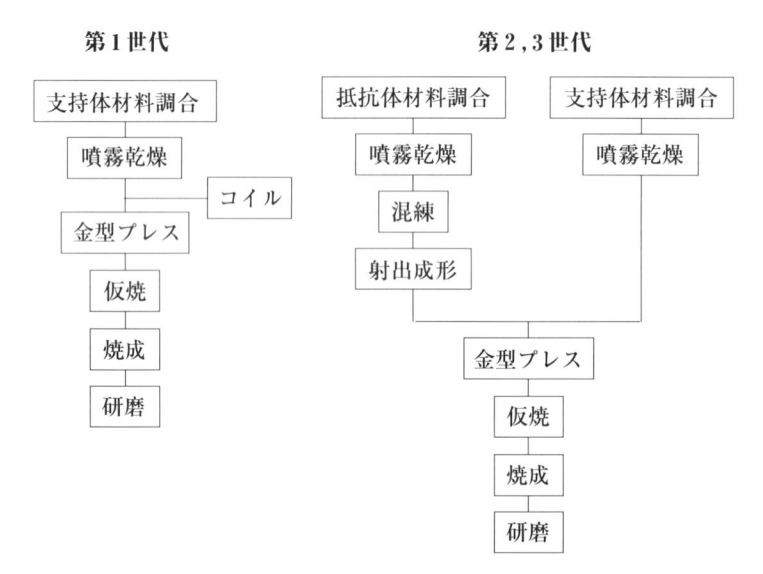

図8.1.4　セラミックグロープラグの製造工程

噴霧乾燥を行い，乾燥粉末を得る．この乾燥粉末に熱可塑性樹脂などを加えて加熱混練して粘土状の混練物とした後，形状精度に優れる射出成形法により抵抗体を成形する．その後は，第1世代同様に成形した内部抵抗体を支持体材料中に内包するように金型プレスした後，脱脂，ホットプレス焼成し，研磨加工してセラミック発熱素子とする．

上記以外のセラミック素子の製造方法としては，シート成形により作製した支持体に，印刷により抵抗体を形成する手法も適用可能である．また，近年では，研磨コスト削減を目的としてポリシロキサンやポリシラザンといった有機物を用いてニアネット成形後，熱分解，結晶化して，セラミック化する技術も紹介されている．

8.1.5 おわりに

ディーゼルエンジン開発のトレンドとして，騒音振動低減やダウンサイジングを目的とした低圧縮比化がある．この低圧縮比エンジンでは，低温始動性がさらに悪化するため，今後セラミックグロープラグの需要は高まると予想する．これには，発熱温度のさらなる高温化などの性能向上に加え，安価な成形方法や焼成方法を開発し低コスト化することも必要と考える．

参考文献

1) C. Kern et al., SAE paper, 1999-01-1240.
2) L. A. Liew et al., Sens. Actuators A-104(2003)246-262.

8.2 切削工具

8.2.1 はじめに

　切削工具は物を削る際に使用する道具であり，その環境は極めて過酷である．たとえアルミのようなやわらかい材料であっても，溶着現象が発生するなど熱的にも応力的にも決して優しい環境ではない．また，フライスと呼ばれる回転工具においては，加工と空転の現象が繰り返し発生し，激しい熱衝撃を受けることになり，切削工具材料が受ける環境は世の中の製品の中でも最も厳しい環境と言える．それゆえ，硬度，耐熱性，さらには熱膨張に優れるセラミックス材料は切削工具材料の有力な候補材料であり，古くより製品化されている[1]．

　図8.2.1に現在使用されている切削工具材料の適用領域を示す．高硬度であるダイヤモンド，立方晶窒化ホウ素はもちろんであるが，コスト面からサーメットやセラミックスも使用されている．セラミック工具は，古くは1930年代から開発が検討され1950年以降広く使用されるに至っている．セラミック工具の最大の欠点は使用中に欠けることであり，その開発の歴史は強度と靭性，さらには熱衝撃強度を改善させることに費やされたと言っても過言ではない．窒化ケイ素材料は抗折力，熱衝撃，破壊靭性値が高く（第7章参照），切削工具材料として有望な材料の一つとなっている．

　図8.2.2にセラミック工具材料の性能の推移を示す．窒化ケイ素材料の変遷としてKeyとなった年代は1980年代である．緻密化が難しいとされた窒化ケイ素も粉末の改良と焼結技術の発展により十分に緻密化できるようになり，機械的特性が大幅に向上，工具としての適用範囲が大幅に広まった．とくに，焼結法としてホットプレス法，ガス圧焼結法，HIP焼結法と新たな技術の導入により工具性能が向上し，優れた性能を発揮するに至っている．ホットプレス法は1軸加圧焼成であり，形状の制約があることや切断などコスト高になること

8.2 切削工具　409

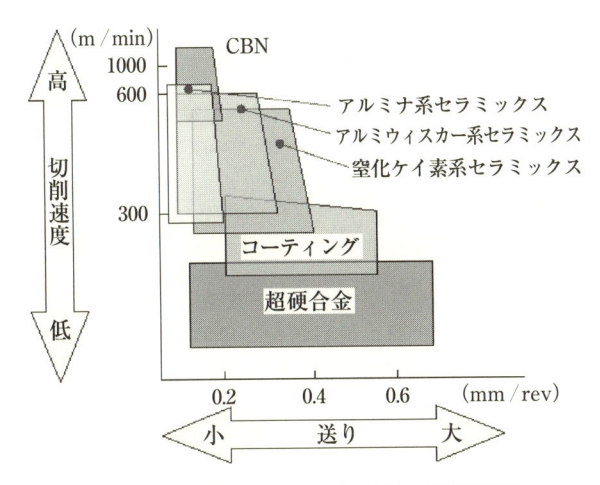

図 8.2.1 セラミック切削工具の適用領域

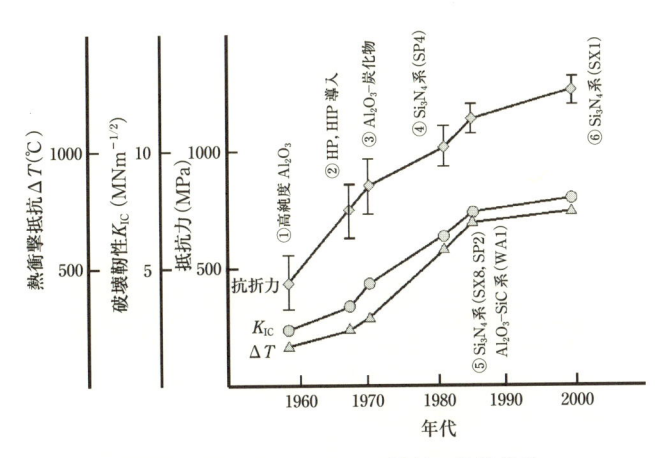

図 8.2.2 セラミック工具材料の特性推移

からその使用には制限があるが，ガス圧を利用する後者二つの方法は，窒化ケイ素系の工具においては有効な手法であり，穴付工具やブレーカー工具など高性能工具におけるキーテクノロジーとして利用されている．

8.2.2 窒化ケイ素工具材料の特徴

図8.2.3にHIP焼結した窒化ケイ素工具の一例を示す．窒化ケイ素の適用分野は，図8.2.1に示すように超硬コーティングよりも高速領域において使用されており，アルミナ系工具よりも高い送り領域において使用されている．材料系としては，窒化ケイ素系とサイアロン系の二つが実用化されており，主として鋳鉄材料の粗加工および耐熱合金の高速加工(粗，中，仕上加工)に用いられている．これは，窒化ケイ素系材料が持つ優れた機械的特性(とくに強度と靭性)によるものであり，加えて熱膨張が小さいことが活かされた結果である．これらの特性が工具特性として耐欠損性，耐熱衝撃性を発揮し，1000 m/minを超える高速での加工にも活用されている．また，セラミックスが持つ耐熱性の特徴が活かされた用途として鋳鉄のドライ加工があり，環境負荷低減の観点から近年注目を集めている．また，サイアロン系では優れた耐熱性を利用して難削材であるニッケル系耐熱合金の加工にも使用されている．耐熱合金を高速で加工すると高い熱が発生し，工具が高温に曝されることになる．したがって，セラミック以外の工具では摩耗が著しく，10～30 m/min程度の低速での加工に限定されているのに対して，セラミック工具では200～300 m/minと

図 8.2.3 窒化ケイ素製セラミック工具

10倍程度の速度で加工が可能である．これにより，超硬工具に対し40倍の加工効率が得られた実例もあり，航空機のエンジンを始めとした耐熱部品の分野で利用率が向上している．

8.2.3　セラミック工具の製造方法

図8.2.4にセラミック工具の製造フローチャートを示す．通常のセラミックス製品と同じ工程であり，焼成工程と後処理が異なることがポイントとなっている．工具用のセラミックは基本的に難焼結材料であるため，焼結を補助するための添加物(助剤と呼ぶ)が入れられているが，この組成が各社で独特のものとなっている．助剤を多くすると焼結は容易となるが，後述するように焼結体に含まれる助剤は耐摩耗性を劣化させるため最小限に抑えることが重要となる．焼結が可能で，異常粒成長を起こさせないような焼成条件の工夫が行われており，ホットプレス法とHIP法(Hot Isostatic Press法)を用いることが特徴となっている．ホットプレス法は形状制約が欠点としてあるが，近年では焼成時間が短時間ですむことやレーザー切断などの後加工を工夫することで，十分

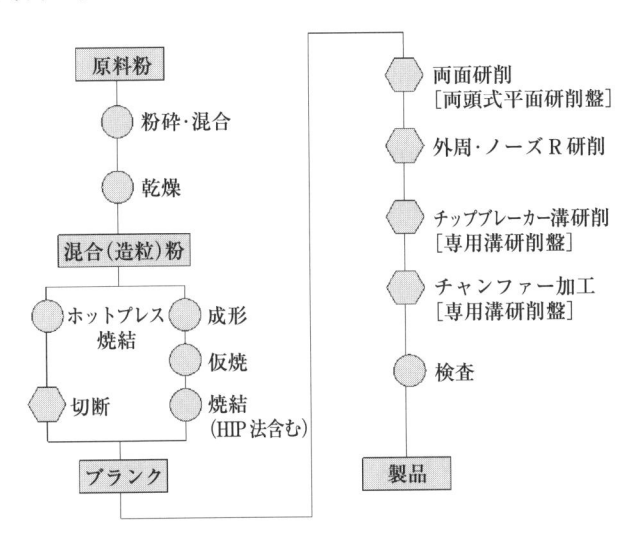

図8.2.4　セラミック工具の製造プロセス

に採算が合う方法であるとの考え方から性能とコストのバランスを考慮して適用される傾向もある．

　焼結以降の後工程では，ダイヤモンド砥石を使用して刃先形状を最適化することが試みられており，材料特性に加えて形状も重要な因子となっている．製造工程の最後には，表面処理としてコーティング処理が適用される場合もある．主としては，CVD法，近年ではPVD法を利用したコーティングがある．セラミック工具は，材料そのものが耐熱・硬質粒子であるため，本来コーティングの必要性はないが，最近のコーティングは潤滑効果を持たせたり，反応抑制効果の目的で適用例が多くなってきている．

8.2.4　工具に適した材料への改良

　切削工具材料は，非常にシンプルな形状ながら極めて厳しい環境で使用するため，材料としては究極の性能を発現させるよう工夫がなされている．とくに，窒化ケイ素材料では本書に示されているような多種多様な工夫が可能であることから，製造プロセスの最適化が実施されている．主たる方法としては，①欠陥の排除，②粒界相の低減の二つが挙げられる．欠陥の排除においては，焼結圧力の工夫による完全緻密化の手法が取られており，前述の通りである．一方，後者においては耐摩耗性を向上させる手法として究極まで粒界相の低減が図られている．これは，焼結体に存在する粒界相の量が耐摩耗性に大きく寄与することが判明しているからである．図8.2.5は，窒化ケイ素材料の粒界相量と耐摩耗性の相関を示した図である[2]．ここで，摩耗量は基準の材料を1として規格化した数値でプロットしている．図から明らかなように，粒界相すなわち焼結する際に添加する助剤量が少ないほど耐摩耗性が向上している．これは窒化ケイ素工具が使用中に粒界がダメージを受け，粒子が脱落する形式で摩耗していることを示すものであり，実際の現象と合っている．このように，耐摩耗性を向上させるためには極力，助剤を低減する必要があり，低減すればするほど前記の粒成長が抑制されるため耐欠損性が低下する．このように相反する特性を考慮し，適切な助剤量と最適の粒成長度合いを達成し，所望の工具特

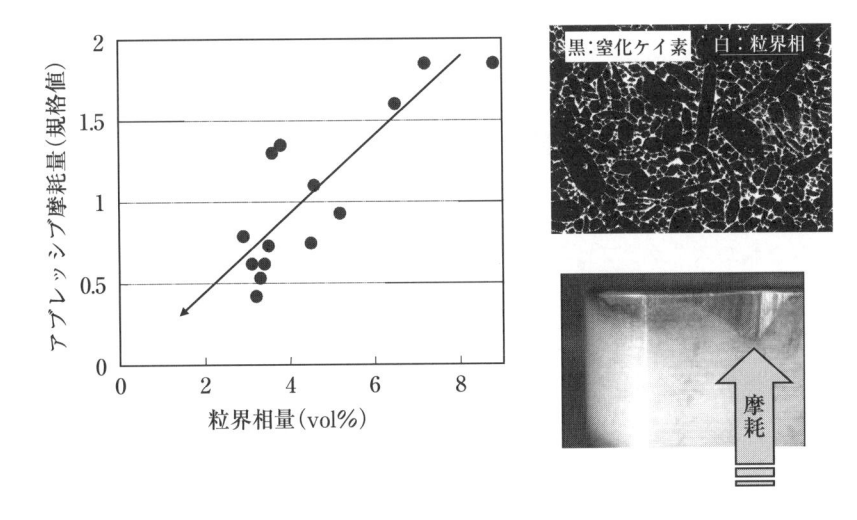

図 8.2.5　窒化ケイ素工具材料の改良点

性を得るように工夫がなされている．

　サイアロン材料においては，Al_2O_3 の固溶によって変化する化学的安定性を利用して用途にマッチングさせた材料が開発されている[3]．アルミナの固溶度である Z 値を制御し被削材に合わせた材料が選択されている．Z 値を高くすると化学安定性が増すが機械的特性が大幅に劣化するため，耐熱合金の成分にあわせた Z 値の材料が展開されている．Z 値としては 0.3〜2.0 程度のものが市販されている．

参 考 文 献

1) 浦島和浩, セラミックス, 粉体粉末冶金技術戦略マップ (2007).
2) 田中博, セラミック工具, 精密工学会 (1986) p. 1516.
3) 右京良雄, 複合サイアロン, 豊田中央研究所 R & D レビュー Vol. 27, No. 3 (1992).

8.3 金属溶湯部材

　図8.3.1はアルミの鋳造ラインの工程を中心とした循環システムを示す．まず回収されたスクラップは集中大型炉で溶解され，いったん固化されインゴット(塊)として工場内に搬送される．インゴットは工場内で再び溶かされた後，保持炉に移送される．温度と成分調整が施された溶湯はダイキャストマシンや低圧鋳造機に配湯後，成形・固化され，新たな製品となる．

　窒化ケイ素やサイアロンは耐熱衝撃性に優れ，またアルミ溶湯に比較的ぬれにくい特性を有している．こうした特性を利用して，溶解・鋳造ラインにおける溶湯と直接接触する箇所に生産部材として活用が進んでいる．具体的には熱電対保護管，低圧鋳造保持炉用ストーク，浸漬型溶解保持炉用ヒーターチューブのほか，低圧鋳造用湯口ブッシュ，注湯用ラドル，炉廻り用板材，ガス吹き込み管(シャフト，インペラー)，ダイキャストスリーブなどがある．主な部品の外観を図8.3.2に示す[1]．これらの中でも保護管，低圧鋳造保持炉用ストーク，浸漬型溶解保持炉用ヒーターチューブは窒化ケイ素採用の効果が大きく，普及率が高い製品である．

8.3.1　個々の部材の現状や課題[2]

　①保護管：正確な温度計測は生産と品質管理の最も基本であり，とりわけ鋳造において溶湯の温度は，湯流れや型材の寿命など大きく影響を及ぼす．熱電対の素線が直接溶湯に触れないように保護管内に挿入された状態で，700〜800℃の溶湯中に直接浸漬，連続的に測温されている．熱電対保護管の世界市場規模は月間約1500本程度で，価格は1本数万円程度である．国内外とも窒化ケイ素およびサイアロン製保護管の普及率は80%程度と高く，それらが最も定着している部材の一つである．保護管の外径，内径はそれぞれ，$\phi 28$，$\phi 16$ mm程度，また長さは500〜800 mm前後が多いが，中には1000 mmを超える

8.3 金属溶湯部材　415

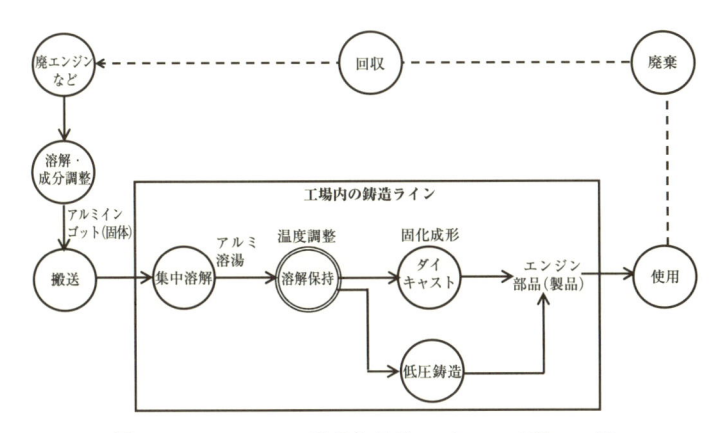

図 8.3.1 アルミの循環と鋳造ラインの工程の一例

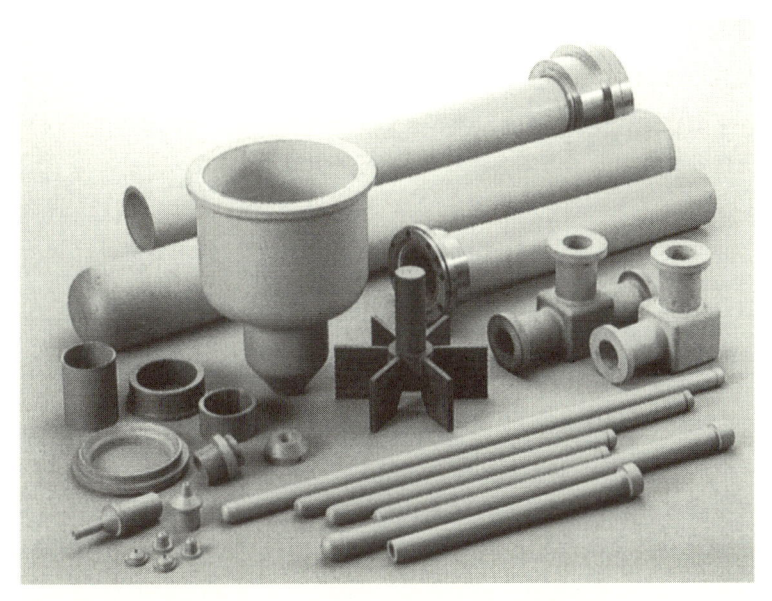

図 8.3.2 アルミ鋳造ラインに使用される窒化ケイ素製品群(㈱クボタカタログより)

ものも使用される．窒化ケイ素，およびサイアロン製保護管の場合，通常の使用で2年は十分もつが，実際には本来の寿命がくる前に作業者による取り扱い

ミスでの破損による交換が圧倒的に多いとされる．

②ストーク：低圧鋳造保持炉用の窒化ケイ素製ストークの価格は1本当たり平均で数十万円と高いが，その効果も大きく，普及率は低品位のものも含めると80％程度に昇る．低圧鋳造の国内稼働台数は約250台で，窒化ケイ素製ストークの市場規模は年間で数百本程度である．低圧鋳造は通常720℃であり，保持炉も常に700～800℃の一定した温度管理を行う．寿命は本来5年ほどであるが，長時間使用していると，ノロといわれるアルミの酸化物がストーク内部に固着して湯路を狭くしてしまう．そのため酸化物を定期的に取り除く必要があり，その過程で破損するケースも多い．ストークには鋳鉄や黒鉛にコーティングを施したものがあるが，窒化ケイ素の場合，鋳鉄の20倍，そしてカーボンや黒鉛の10倍と圧倒的な長寿命化を誇り，同プロセスの自動化に大きく貢献している．またアルミ溶湯に対する不純物が少ない点で他材料よりも優れた特徴を発揮する．最近ではDVDやHDDドライブなどのメモリーディスクでは不純物に対して非常に厳しい要求があることから，コストが高くても品質重視の立場から窒化ケイ素を使うという動きも出ている．

③ヒーターチューブ：ヒーターチューブは電熱線などを内包した保護管であって，アルミ溶湯の温度を一定に保持するために使用される．ヒーターチューブは月当たり100～150本の需要で，価格は1本30～40万円である．図8.3.3に保持炉の構造を示す．保存性の高い窒化ケイ素をヒーターチューブに適用することで，炉内下部に水平に固定された水平浸漬型構造が可能となり熱効率が向上する．ヒーターチューブは熱的負荷がかなり大きく，また高い熱衝撃特性が要求される．とくにアンダーヒーター炉の場合，チューブ自体の重量に対する浮力が発生し，これに耐えうる強度が必要である．

④ダイキャストスリーブ：ダイキャストマシーンのスリーブは，600～700℃の耐熱性と高速摺動特性，耐圧特性，アルミによる溶損など，技術課題は多い．通常このスリーブはSKD61が使用されているが，摩耗や溶損によりプランジャーとの間のクリアランスが大きくなりアルミが逆流する場合がある．現行の窒化ケイ素およびサイアロンでは強度面で十分でなく，したがって外筒を金属で覆った複合構造を取るケースが一般的であるが，この場合，コストが金

8.3 金属溶湯部材

(a) 垂直浸漬型　　　　**(b) 水平浸漬型**

アルミ溶湯　　　　　　　　　ヒーター

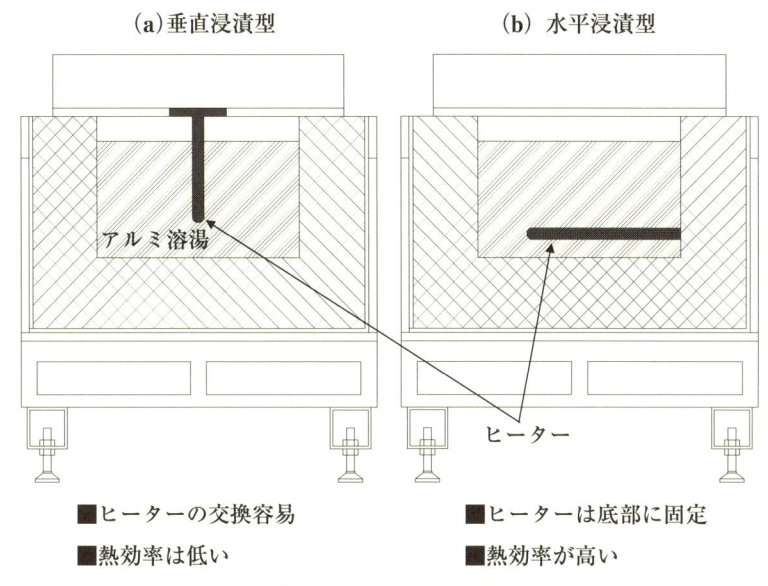

■ヒーターの交換容易　　　■ヒーターは底部に固定
■熱効率は低い　　　　　　■熱効率が高い

図 8.3.3 保持炉の構造

属の10倍と高いが，寿命は3倍程度であり，コストメリットが出ていない．普及をはかるには，窒化ケイ素部の耐食性向上により寿命を飛躍的に向上させることが必要と考えられる．

⑤ラドル：ラドルについては基本的に鋳鉄ベースの内面(湯と触れる部分)を耐火レンガもしくはキャスタブルでライニングしたものが使用されている．窒化ケイ素の難ぬれ性による軽量精度向上，あるいは軽量化が期待できるが，信頼性が十分でなく，普及するには至っていない．

8.3.2　展望：ニーズと課題

(1)　ニーズ(アルミ循環の高度化に向けた窒化ケイ素の役割)

アルミは循環に適した素材であるが，循環過程において，放熱に伴う熱損失，アルミ溶湯の酸化，不純物の混入といった効率を低下させる要因は多い．一定の品質と生産量を確保するために外部からエネルギーや資源物質の投入は

不可避であって，これらの投入を低減することが循環システムを高度化させることにつながる．窒化ケイ素は，その高保存性から製品中への不純物混入とメンテナンスインターバルを長くする上で有効であり，市場規模は小さくても，省エネ・省資源化に果たす役割は大きい．以下にシステムの高度化に必要な技術の具体例を示す．

　①溶融配湯システムにおける搬送管：1箇所で溶解して，搬送管で溶湯を複数のダイキャストマシンへ送る．放熱による熱ロスと溶湯の酸化抑制が期待される．

　②低圧鋳造用，ダイキャスト用金型：現状は鋳鉄製金型が使われるが，アルミホイール用のケースで重量が8～10トンと重い．窒化ケイ素化のメリットは，軽量化，そして低熱膨張で寸法の安定性が期待される．とくに低圧鋳造の場合圧力的にそれほど負荷がかからないため，比較的窒化ケイ素の適用の可能性は高いと考えられる．

　③溶湯搬送システムにおける断熱軽量容器：鋳造工程全体で見ると，固体を溶解させる工程が2回あり，搬送過程で熱を相当放散することが考えられる．固体を溶解させるために大量のエネルギーを投入しており，これを減らすため現在，外部で溶解されたアルミ溶湯を断熱容器に入れ，溶湯のまま直接工場内に搬送し，保持炉による温度調整，成形という溶湯搬送といわれるシステムの開発が大手自動車会社を中心に進められている．溶解-固化という工程が1回減るため，効率が向上することが期待されている．しかし現状，搬送容器の断熱性が十分でなく，搬送過程で外部ヒーターを使って加熱していることや，容器自体が重量物であるため，搬送過程での燃料消費が多いといった課題がある．溶湯搬送は原理的に効率の高いシステムであり，その普及が期待される．

(2) 課　　題

　上述した現状およびニーズをふまえ，当該分野に窒化ケイ素を活用するためには以下の課題を克服していく必要がある．

　①難ぬれ性の向上：アルミ溶湯，およびスラグに対して一層ぬれにくい，あるいはそれらが付着しない性質を持つ部材が必要である．難ぬれ性は溶湯が触

れるすべての部材に求められる特性である．

②熱伝導性の制御：ダイキャスト用型やヒーターチューブには高熱伝導が，一方，ストークや搬送管，ラドルには低熱伝導性が必要である．

③形状付与技術：現在，使用されている部材もメートルクラスの大型であるが，より高い性能のシステムを実現するには，さらなる大型化，あるいは新たな形状付与技術も必要である．数十メートルを超える長尺の搬送管ができれば，新たなシステムが実現できる．溶湯搬送容器は大型，軽量で断熱性に優れることが必要である．材料の特性改良では困難な課題も多く，システム設計に対応できる部材の大型化や複雑化を中心とした形状付与自由度の拡大は窒化ケイ素を有効に利用していく上で不可欠である．

参考文献

1) ㈱クボタカタログ．
2) "将来の製造産業におけるファインセラミックス部品の需要と市場性に関する調査", 矢野経済研究所(2004)pp. 74-81.

8.4 ターボチャージャーロータ

8.4.1 はじめに

　ターボチャージャーは，往復動エンジンの燃焼室に，吸気口から吸入した空気を圧縮機により圧縮して空気の吸入量を増加させるための装置であり，エンジンの動力性能向上，燃費の向上，騒音の低減，排気ガスの清浄化の向上を図るために装着される（図 8.4.1）．ここで，圧縮機を駆動する力は，エンジンの排気ガスのエネルギーを利用してタービンを回転させることにより得られる力を利用している．わが国で，このターボチャージャーが乗用車エンジンに装着されたのは 1979 年であり，以来，その数が増えると共に，より一層の性能向上が求められていた．それは，低速域からの加速性能の向上，いわゆる，ターボ・ラグ（アクセルペダルを踏んでもすぐに応答せず，エンジンの回転が上がるまでにわずかな時間遅れが生じる現象）の減少である．ターボ・ラグの減少には，ターボチャージャーの駆動トルクを増大させること，慣性モーメントを小さくすることが考えられたが，前者では限度があり，それほど大きな改善効果は期待できないことより，後者の回転体を軽量化し，慣性モーメントを低減することに大きな期待がかけられた．それは，タービンロータを従来のニッケル基の超耐熱合金（GMR235）に変えて，軽くて耐熱性に優れるセラミックスに置き換えることであった．

　一方，時を同じくして，石油危機を契機に興った新素材ブームの中で，とりわけセラミックスは数々の優れた特性を持つため，その代表格の材料として注目され，研究開発が精力的に行われていた．いわゆる，セラミックフィーバーである．この中では，将来のセラミックエンジン，セラミックガスタービンエンジンの実用化に大きな期待がかけられていた．かかる状況下で，上述した具体的なニーズが結びつき，多くの課題を解決することによって，世界に先駆け 1985 年 10 月，セラミックターボチャージャーロータを搭載した乗用車が日産

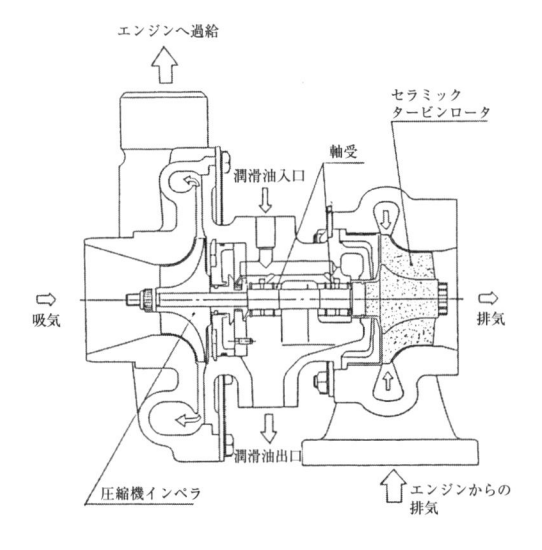

図 8.4.1 ターボチャージャーの構造

図 8.4.2 セラミックターボチャージャーロータ

自動車から市場に投入された(図 8.4.2).

8.4.2 ターボチャージャーロータのセラミックス化の課題

セラミックスをターボチャージャーロータのように形状が複雑で，高温(排

気ガス温度，約900℃）における強度，耐酸化性，耐熱衝撃性などを要求される部品に適用を可能にするには，次のような課題を解決することが必要であった．

①最適材料の選定と高強度・高精度のロータを得る製造方法の開発
②ロータの応力集中を避けた低応力設計手法の開発
③セラミックロータと金属軸との接合方法の開発
④ロータの強度と信頼性の評価方法の開発
⑤ロータの使用条件下における寿命予測方法とターボチャージャーとしての品質保証方法の開発

セラミックスの選定では，要求された特性から窒化ケイ素，サイアロン，炭化ケイ素が有力な候補として挙げられたが，強度・靭性が優れ，種々特性のバランスの良い窒化ケイ素が選ばれた．窒化ケイ素の焼結では，希土類酸化物を中心とした焼結助剤を使った常圧焼結法，あるいはガス圧焼結法が採用された．また，ロータの製造方法では，複雑な形状をした部品を，高精度かつ大量生産に適する射出成形法が採用された．この成形方法の開発の過程では，翼部を射出成形，軸部を静水圧成形で別々に作り，焼結時に接合して欠陥のないロータを得ることも試みられ，この方法はセラミックガスタービンエンジンの大型ロータの製造に貢献した．

低応力設計は，空気力学的な性能と応力レベルとの調和を図りながら進められた．具体的には，三次元有限要素法による応力解析手法を用いて，詳細な応力解析を行い，ロータの形状を決定した．

セラミックスと金属の熱膨張係数には大きな差がある．セラミックロータと金属軸との接合部の設計に当たり，接合位置と接合部の温度，接合方法，接合位置による長所と短所などが検討された．ここで最重要視されたことは接合位置であり，万が一セラミックロータが破損してもオイルの流出を金属軸で防止できる位置となった．このため接合部の最高到達温度は500℃（ヒートソークバック時）にも達し，接合技術にとっては困難度が増すことになった．接合方法としては，ろう付け法と焼き嵌め法が採用された（図8.4.3）．ろう付け法では，より強固な接合とするためにチタンを添加した銀ろうの使用，セラミック

8.4 ターボチャージャーロータ

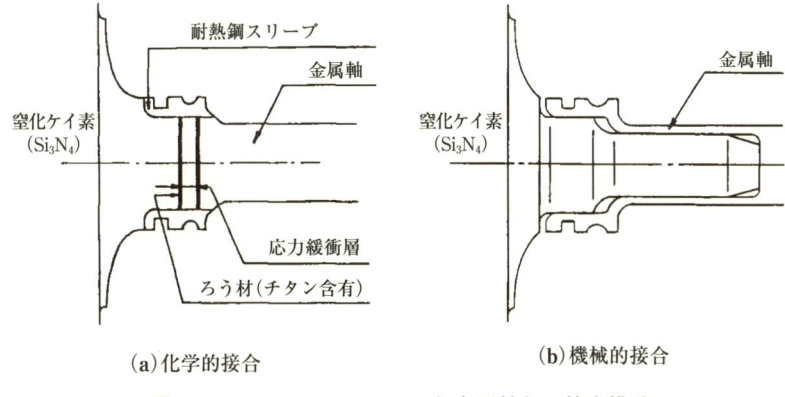

(a) 化学的接合　**(b) 機械的接合**

図 8.4.3 セラミックロータと金属軸との接合構造

スと金属の熱膨張係数の差によって生じる熱応力を抑えるためのニッケルとタングステンを積層した複層応力緩和層の導入が図られた．一方，焼き嵌め法では，軸の太いところと細いところの2箇所で焼き嵌めを行い，太いところは曲げの力，細いところはねじりの力に対しての機能を持たせるという工夫が施された．

次は，回転体としての実体ロータの強度と信頼性の確認である．燃焼ガスをロータに当て回転させ破壊するまで回転数を上昇させる試験，いわゆる「ホットスピンテスト」で数多くの実体ロータの破壊回転数を調べ，その回転数に対応したロータ内の最大応力と破壊確率との関係を調べ，定格回転数で回したときの破壊確率が極めて小さいことを確認した．また，寿命予測では，多くの実体ロータの回転試験を行い，一定の回転数で回し続け破壊するまでの時間を測定し，残存確率と寿命との関係を調べ，この結果を基に定格回転数における応力状態を推定し，寿命と破壊確率の関係を求めた．

製品としての信頼性をさらに高めるために，すべてのロータに過負荷をかけて，壊れるものはあらかじめ壊してしまうという方法が採用された．具体的には，ロータを，定格回転数を越えるある一定の高速で回転し，生き残ったロータだけを製品にするという保証試験であった．

8.4.3 セラミックターボチャージャーロータの性能

ロータをセラミックス化することによって，慣性モーメントは，ロータ単体では金属ロータ(GMR235，密度 $8.2\,\mathrm{g/cm^3}$)に対して 45%，回転体全体(圧縮機インペラ，ナット，スラストカラなどを含む)では金属ロータに対して 34%の改善が図られた．図 8.4.4 は，セラミックロータの加速応答性を確認するために行ったターボチャージャーの単体加速試験の結果である．セラミック化(軽量化)により，36%の加速応答性の改善が見られ，上述の慣性モーメントの改善しろにほぼ等しい結果となった．

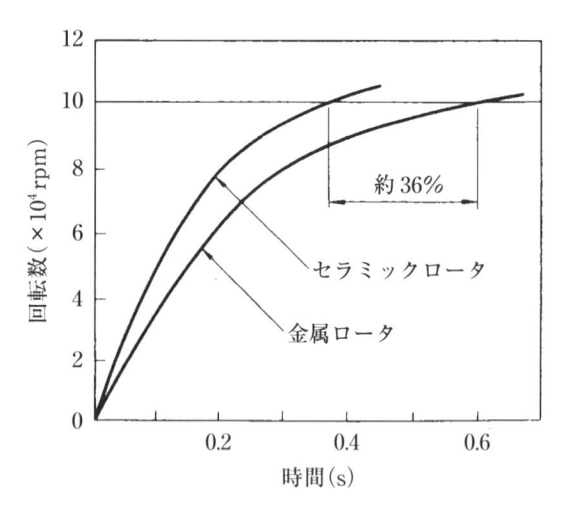

図 8.4.4 セラミックターボチャージャーロータの加速応答性

8.4.4 おわりに

1980 年代に入って始まったセラミックフィーバーの中で，ターボチャージャーロータをはじめ多くのエンジン用セラミックス部品が実用化された．これらのほとんどの部品に使われたセラミックスは窒化ケイ素であり，窒化ケイ

素が構造用セラミックスの代表格の地位を築く一つの要因となった．

参考文献

1) セラミック部品のエンジンへの応用編集委員会，"セラミック部品のエンジンへの応用"，内田老鶴圃(1990) pp. 134-149.
2) 伊藤高根，"セラミックターボチャージャ"，冬樹社(1990)．

8.5 ベアリング

8.5.1 窒化ケイ素材料の開発とベアリングへの応用

ベアリング材料としては，多くの機能を同時に具備することが求められる．その点で，窒化ケイ素(Si_3N_4)は単に高強度で高い靱性を持つだけでなく，低熱膨張，高熱伝導，非磁性，耐熱性，耐食性，耐摩耗性，高硬度・高弾性，低摩擦性など，多くの優れた性質を持ち合わせていることから極めて優位性の高いベアリング材として位置づけられている．Si_3N_4は難焼結物質であるが，サイアロンの発見と，優れた焼結助剤としてのY_2O_3を初めとする希土類酸化物の発明[1,2]によって，緻密化と高強度化が可能になった．Si_3N_4系ベアリング

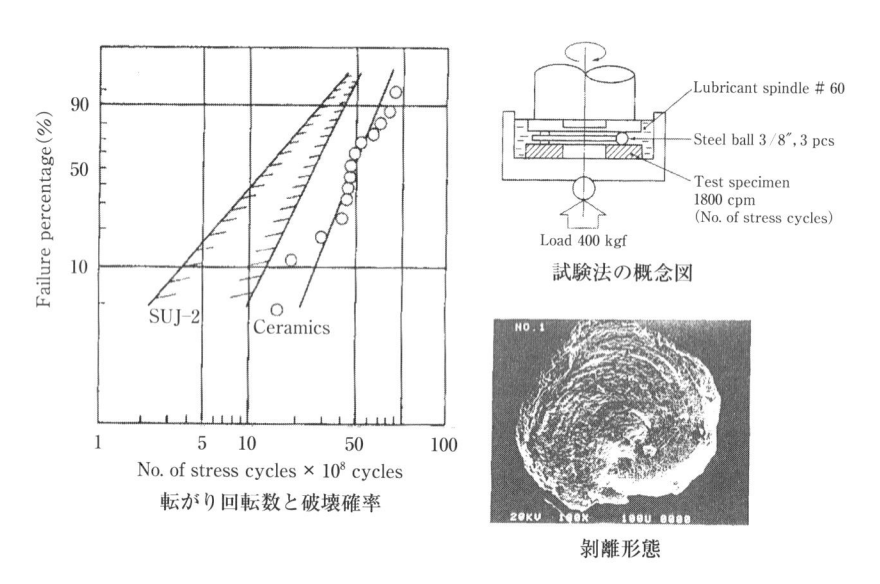

図 8.5.1 スラスト型転がり疲労試験法によるSi_3N_4の寿命に至る転がり回転数と破壊確率

材の実用化は，1984年に㈱東芝-光洋精工㈱のグループによって初めて達成された[3]．このセラミックベアリングの開発に関しては当初，Si_3N_4，アルミナ(Al_2O_3)，ジルコニア(ZrO_2)，炭化ケイ素(SiC)など数多くのセラミックスについて，スラスト型の転がり疲労試験法によるスクリーニングのための評価が行われた．その結果，Si_3N_4-Y_2O_3-Al_2O_3系のホットプレス材料がSUJ-2軸受鋼を凌駕する転がり疲労特性を示すことが確認された(図8.5.1)[3]．また，その寿命時に観察された剥離形態がSUJ-2のそれと酷似していことが認められ実用への可能性が確認された[3]．ホットプレス材はボール形状に機械加工して製品化するのでコスト面では極めて不利ではあったが，金属にはない優れた特性を具備していることから，高速切削が可能な工作機械主軸用軸受として実用化された．

8.5.2　ベアリング材の高性能化・汎用化

その後，積極的な組成やプロセスの開発によって，特性向上とコスト低減が進められた．その結果，高信頼性の汎用材料としてSi_3N_4-Y_2O_3-Al_2O_3系にTiO_2を添加した材料が開発され[4]，今日標準材の一つとして実用に供され広く利用されている．

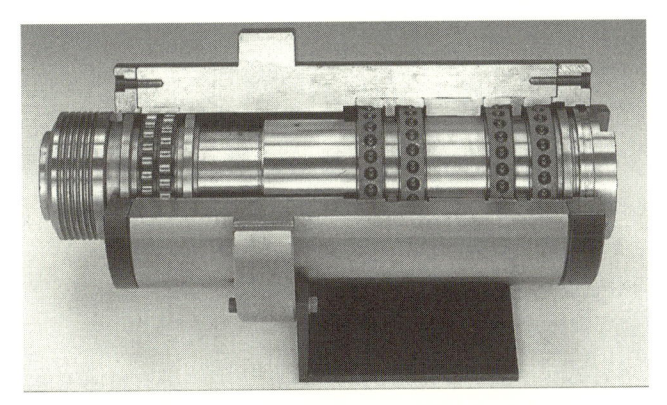

図8.5.2　Si_3N_4ボールを用いた工作機械主軸用軸受

とくに，Si_3N_4の優れた耐摩耗性，低熱膨張性および高熱伝導性によって，システムとしての性能を安定化させ長寿命化をもたらすことで省資源にも寄与し，微細摩耗粒子を排出しないことによる環境保全，さらには省エネルギーにつながることで，今後の社会において極めて重要な一翼を担うことが期待されている．

このようなSi_3N_4材料の出現によって，応用分野は，工作機械（図8.5.2）を皮切りに，自動車，家電，半導体製造，航空宇宙，風力発電へと拡大している．とくに，スペースシャトルへの適用は材料の信頼性の高さを示し，風力発電応用はクリーンエネルギーへの貢献として注目されている．

8.5.3 Si_3N_4材料におけるTiO_2添加の役割とトライボロジー特性

Si_3N_4-Y_2O_3-Al_2O_3系にTiO_2を添加することによって緻密化が促進され，1600～1700℃の低温でも相対密度95％以上の緻密化が達成される．この場合，添加したTiO_2は1300℃以下の低温でTiNに変化することが確認されている．図8.5.3[5]にTiO_2を添加した焼結体のTEM写真を示す．写真中粒界に黒い球状粒子が認められるが，これはEDS分析とX線回折の結果からTiNであることが確認されている．このTiN粒子をさらに高分解能で観察したTEM像（図8.5.3）において多くの刃状転位が観察されることから，この粒子は大きな圧縮応力を受けており，TiN粒のピン止め効果によって粒界が強化され，き裂進展抵抗が向上したものと考えられる．

ベアリング応用では，材料に負荷された繰り返し応力によってき裂発生や剥離などが生じて寿命となるため，繰り返し応力による材料の損傷挙動を把握することが必要である．その評価法としては，先に示した転がり疲労試験や軸受としての回転試験などが行われているが，簡易型の特性評価法として，Lawnら[6]が開発した球状圧子圧入試験法がある．この方法は球状圧子を同じ場所に繰り返し印加するので，圧子直下の微細組織と接触に伴う損傷挙動の関係を評価することができる．この試験によって，き裂発生臨界荷重，降伏荷重，繰り

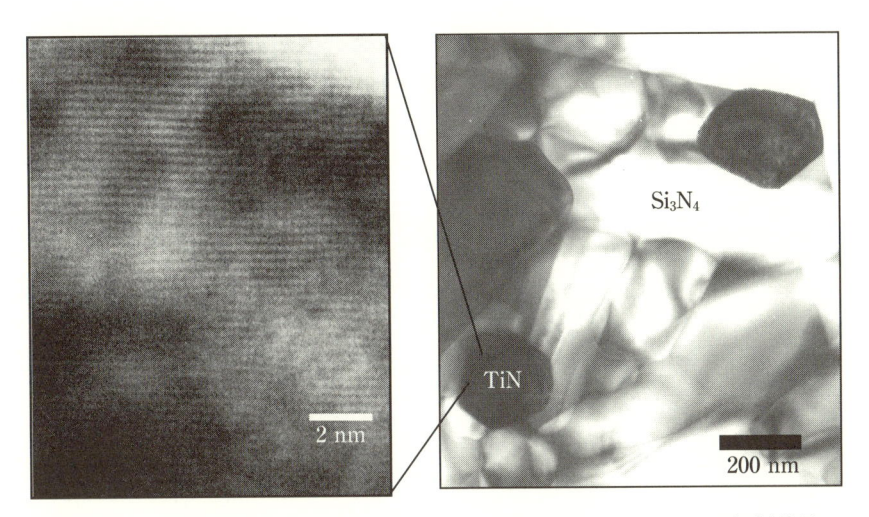

図 8.5.3 TiO_2 を添加した Si_3N_4-Y_2O_3-Al_2O_3 系焼結体の TEM＋EDS 解析結果

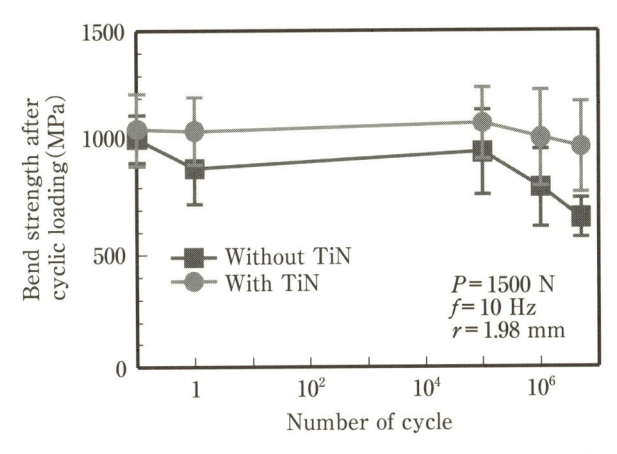

図 8.5.4 Si_3N_4-Y_2O_3-Al_2O_3 系焼結体の繰り返し圧子圧入試験後の曲げ強度変化に及ぼす TiN 含有の有無の影響

返し加重後の強度変化などを測定し評価する．図 8.5.4[7)] はこの試験法(2500 N，繰り返し数 10^5 回の圧入条件)によって測定された TiN 粒子 Si_3N_4 材料の試験後の曲げ強度変化を示したものである．この図から，TiN が存在しない試

験片の曲げ強さは繰り返し回数の増加に伴って低下するが，TiN を含むものは圧入前の値を維持しており強度劣化が生じていない．これは前述した TiN による粒界強化に起因するものと考えられる．

参考文献

1) A. Tsuge, K. Nishida and M. Komatsu, J. Am. Ceram. Soc., **58**[7-8](1975)323-326.
2) 米屋勝利他, 日本特許 No. 703695, 759718 他(1969〜).
3) K. Komeya and H. Kotani, JSAE Rev., **7**(1986)72-79.
4) 小松通泰, セラミックス, **39**[8](2004)633-638.
5) T. Yano, J. Tatami, K. Komeya and T. Meguro, J. Ceram. Soc. Japan, **109**[5](2001)396-400.
6) B. R. Lawn, J. Am. Ceram. Soc., **81**[8](1998)1977-1994.
7) J. Tatami, M. Toyama, K. Noguchi, K. Komeya and T. Meguro, Key Engineering Materials, **247**(2003)83-86.

8.6 半導体素子基板

8.6.1 半導体素子基板の変遷

近年,ロボットやモーターなどの産業機器の高性能化に伴い,それらの制御機器として,大電力,高能率インバータなど,大電力モジュールへの変遷が進んでいる.そして,半導体素子から発生する熱も増加の一途をたどっている[1].この熱を効率よく放散させるため,大電力モジュール基板では,従来よりさまざまな方法が採られ,初期においては,アルミナに直接接合法(DBC法:Direct Bonding Copper)により銅回路を形成したアルミナ基板が使用された.その後,信頼性に優れた活性金属接合法(AMB法:Active Metal Brazing)[2]の量産技術が開発され,放熱特性に優れる銅回路窒化アルミニウム基板が主流となった.さらに電気鉄道やハイブリッド電気自動車など,従来以上にモジュールに対する信頼性が要求される用途や,モジュールの小型軽量化に伴う高信頼性化の要求に対し,銅回路窒化ケイ素基板やアルミ回路窒化アルミニウム基板なども開発され,実用化されている[3].ここでは,銅回路窒化ケイ素基板を中心に半導体素子基板について概説する.

8.6.2 半導体素子基板の製造方法

半導体素子基板は材料間の線膨張係数の差が大きいため,直接接合法に比べ低温で接合可能な活性金属法の方が,基板の信頼性面で優位になる.しかしながら従来の活性金属法では,接合時に形成される活性金属と窒化物との接合反応層の除去が困難であり,当初は図8.6.1に示すようなパターン搭載法が試みられた.

パターン搭載法は,セラミック板の表面に回路と同じパターンで接合ろう材を塗布し,回路と同じパターンに加工した銅板を積層して接合する方法であ

432　8 応　用

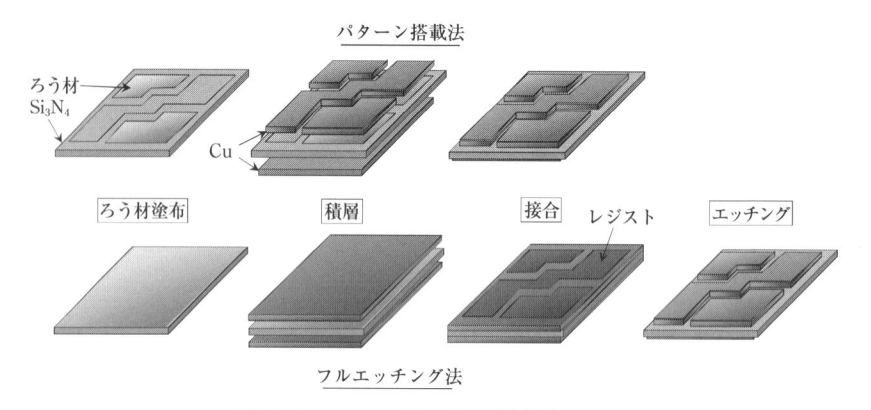

図 8.6.1　AMB 法による製造プロセス

る．この方法は，銅板の位置ずれ，接合ろう材の銅回路からのはみ出しや接合不良が生じやすく，とくに複雑なパターンへの対応が困難であるなどの問題を有しており，量産性に富んだフルエッチング法が開発された．

フルエッチング法とは，一般的なエッチング液(塩化第二銅，塩化第二鉄)による銅の溶解工程に続き，フッ化水素アンモニウムと過酸化水素水との混合液で，接合反応層を除去する方法である．このエッチングプロセスの開発により，セラミック板全面に接合ろう材を塗布して銅板を接合し，自由に回路パターンを形成することが可能となった．製造工程は増えるものの，生産性に優れ，回路の位置ずれや接合不良などが軽減され，半導体素子基板の適用範囲が大幅に広がるようになった[4]．

8.6.3　半導体素子基板への要求特性と課題

半導体素子基板は，セラミック板の両面にパワーチップを搭載する回路と，発生した熱を冷却系に伝える放熱面とを，銅板で構成したものである．モジュールの一般的な構造は，図 8.6.2 に示すように半導体素子基板が銅ベース板に半田付けされ，回路上にパワーチップや電極が半田付けされている．これらが樹脂製の筐体中でシリコンゲル封入され，冷却系に組み付けられて使用さ

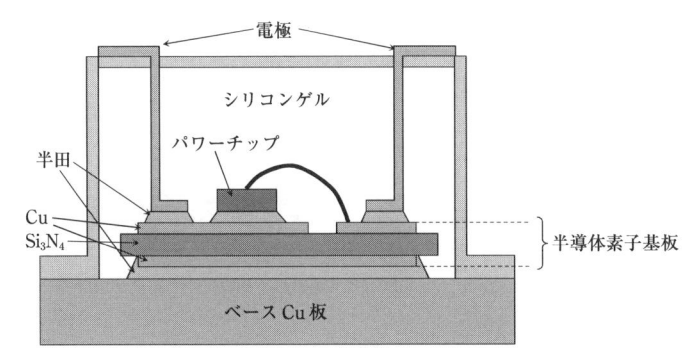

図8.6.2 モジュール構造の模式図

れる．使用条件はモジュールの定格によりさまざまであるが，数千ボルトの電圧が加わり，数百アンペアの電流が流される．

　半導体素子基板自体が機械特性の異なる材料を接合したものであり，基板の製造工程，モジュールの組み立て工程，モジュールの使用条件下などにおいて，さまざまな熱履歴による応力が生じる．モジュールは，最大負荷時でもチップ温度が百数十度以下に収まるように設計されており，半導体素子基板にはチップと冷却系の間の温度分布が生じる．また無負荷時には，モジュール自体が冷却系や雰囲気温度と等しくなるため，半導体素子基板も百数十度からマイナス数十度までの繰り返し熱履歴を受ける．

　モジュールの負荷の有無や環境温度の変化により，半導体素子基板は図8.6.3に示すような変形を生じようとする．実際には，モジュールの構造や取り付け状態により，もっと複雑な動きを示すが，半導体素子基板に生じる熱応力は，銅回路端部が最大となる．その結果，繰り返し熱履歴によって，窒化アルミニウムなどのセラミックにはやがて銅回路端部から，水平クラックが生じてくる．

　一般的な用途においては実用上問題ないレベルであるが，厳しい条件下で使用される場合，水平クラックがチップ下に達し，熱抵抗が増加することになる．窒化アルミニウムなどの半導体素子基板の耐久性を向上するためには，銅回路端部の形状を制御することも重要なポイントとなる[5]．

434   8 応　　用

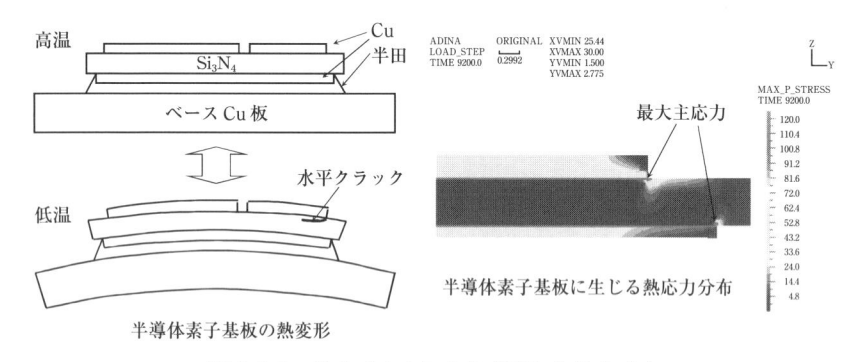

図 8.6.3　熱サイクルにより基板に生じる応力

8.6.4　高信頼性半導体素子基板の開発

　ここまで，銅回路窒化アルミニウム基板の基板強度，耐久性の確保について述べてきた．しかしモジュールの設計によっては，ベース銅板や基板に取り付けられた銅電極などの影響により，短期間の熱履歴によって基板の損傷が決定的になる場合もある．そのため，信頼性が高い半導体素子基板の要求に対し，機械強度に優れる銅回路窒化ケイ素基板が開発された．ポイントは，窒化ケイ素の高熱伝導化であり，焼結体粒子の高純度化などにより達成される．ただし窒化アルミニウム同様，焼結時の再結晶に伴う高純度化は，焼結体粒子の粗大化を招き，焼結体強度が低下してしまう．そこで，原料粉の特性（純度，粒度）と焼結助剤，焼結条件を適正化することにより，熱伝導率 70 W/mK の窒化ケイ素をベースとした銅回路基板が実用化された．図 8.6.4 に各種半導体素子基板の耐久性を示す．-40 ℃と 125 ℃の温度履歴（ヒートサイクル）を繰り返した結果であり，窒化ケイ素の優れた機械特性により，現行の回路材と構成においては，飛躍的に耐久性が向上した[6]．

　また，現在では窒化ケイ素の熱伝導率がさらに改善され，90 W/mK 以上のものも実用化され始めた[7]．

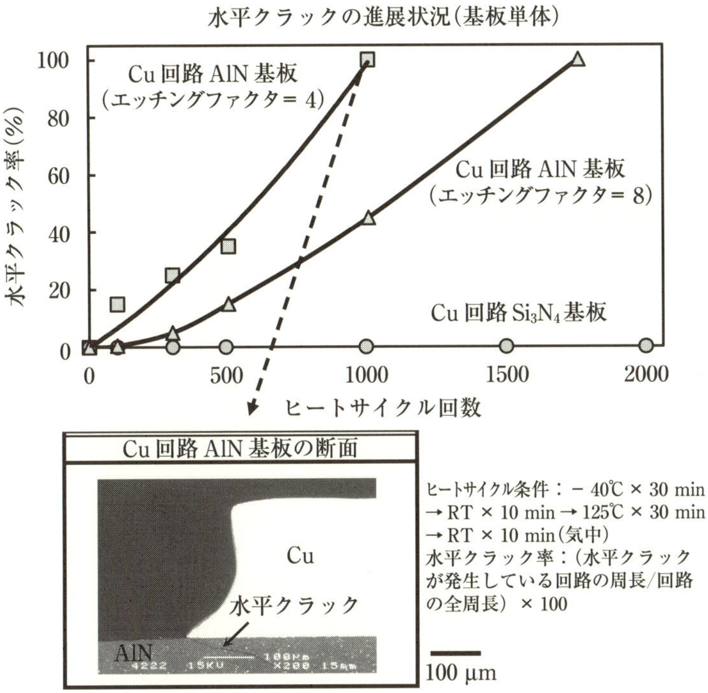
水平クラックの進展状況(基板単体)
水平クラック率(%)
100
80
60
40
20
0
Cu 回路 AlN 基板
(エッチングファクタ＝4)
Cu 回路 AlN 基板
(エッチングファクタ＝8)
Cu 回路 Si3N4 基板
0
500
1000
1500
2000
ヒートサイクル回数
Cu 回路 AlN 基板の断面
Cu
水平クラック
AlN
ヒートサイクル条件：－40℃ × 30 min
→ RT × 10 min → 125℃ × 30 min
→ RT × 10 min(気中)
水平クラック率：(水平クラック
が発生している回路の周長/回路
の全周長) × 100
100 μm

図 8.6.4　各種セラミック基板の耐久性

参考文献

1) 森敏, トランジスタ技術特集号, No.54(1996)4-28.

2) 庄司孝史, 河内恒夫, 関田喜久夫, 加島信夫, 日本金属学会会報, **27**(1988)381-399.

3) 吉野信行, セラミックス, **38**[4](2003)291-295.

4) 中村美幸, 伏井康人, 辻村好彦, 内野紘一, FC 年報(1999)15-16.

5) 辻村好彦, 中村美幸, 伏井康人, Power Electronics'98 年会(1998)154-162.

6) 辻村好彦, 吉野信行, 伏井康人, 寺野克典, 第 8 回電子回路世界大会(1999) PO2-9-1-4.

7) 祖父江昌久, 今村寿之, 手島博之, 濱吉繁幸, 日立金属技報, **17**(2001)77-80.

8.7 窯用部材

8.7.1 窒化ケイ素系材料

窒化ケイ素 Si_3N_4 は，窯用部材としては高純度の緻密質で使用されることは少なく，比較的気孔率が高い単体，もしくは複合材で使用されることが多い．その理由は，低コストかつ耐熱衝撃性などの諸特性を満足させ，さらには有効な特徴を付与するためである．

Si_3N_4 系材質の代表例として，Si_3N_4/Si_{6-z}-Al_zO_z-N_{8-z} 系材料がある*．

Si_3N_4/Si_{6-z}-Al_zO_z-N_{8-z} 系材料は耐熱性，耐酸化抵抗性，高温下での強度，耐荷重性，耐アルカリ性，耐化学反応性に優れると共に，熱間線膨張率が小さくかつ容積安定性にも優れると共に，とくに非鉄金属溶融材とも反応性が極めて小さいなどの特性を具備している素材である．

最近 Si_3N_4/Si_{6-z}-Al_zO_z-N_{8-z} 材の高品位材料の製造も確立されると共に，耐火物自体の反応焼結によるシリコンナイトライド系結合の製品の製造も確立され，① Si_3N_4 材を原料としたセラミック結合材，②反応焼結によるシリコンナイトライド系結合材として，それぞれの特性を活かし適用されている．

以下に，①②の粒子間結合の例(図8.7.1)，および各材質系の特性比較(表8.7.1)，品質特性例(表8.7.2)，窯用材料適用例(図8.7.3)を示す．

8.7.2 各材質の特徴

以下に，窯用部材として使用される各材質の特徴を示す．

---

* 表記 Si_3N_4/Si_{6-z}-Al_zO_z-N_{8-z} 系は，Si_3N_4 系，または Si_{6-z}-Al_zO_z-N_{8-z} 系，または Si_3N_4 系と Si_{6-z}-Al_zO_z-N_{8-z} 系の複合材の3系をすべて含んでいる．

8.7 窯用部材　437

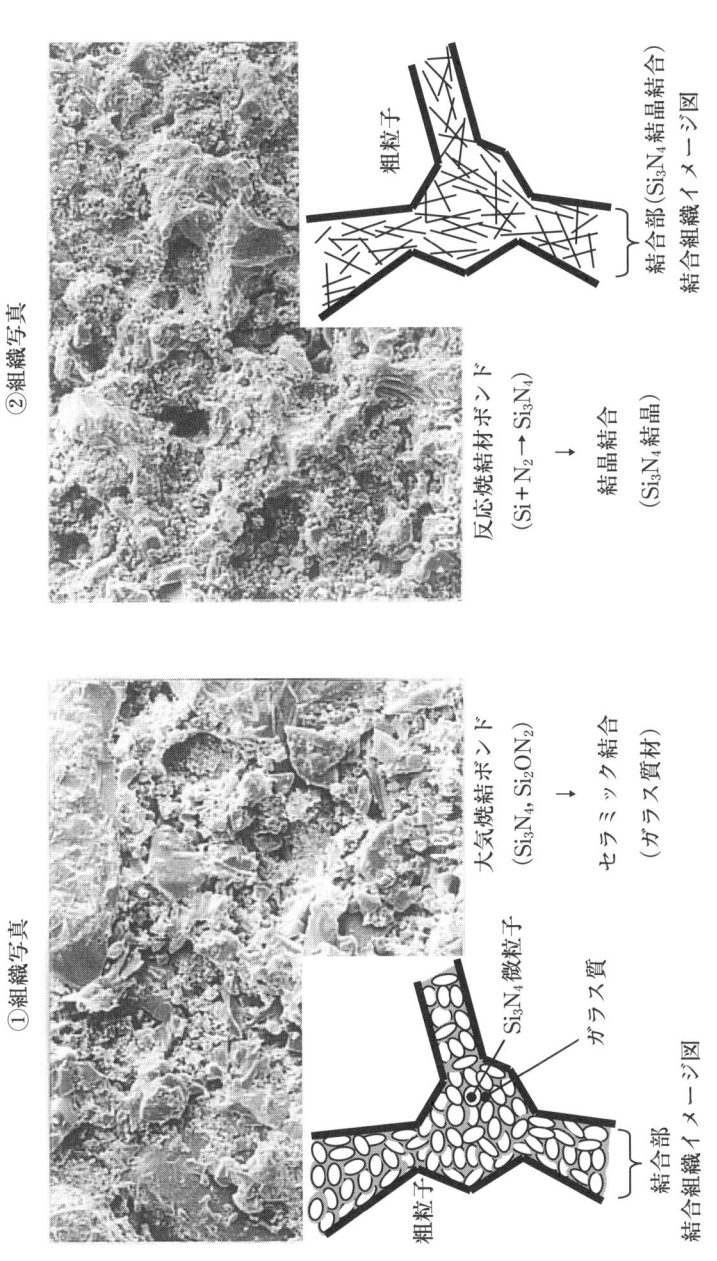

①組織写真　　　　　　　　　②組織写真

大気焼結材ボンド　　　　反応焼結材ボンド
(Si_3N_4, Si_2ON_2)　　　($Si + N_2 \rightarrow Si_3N_4$)
↓　　　　　　　　　　↓
セラミック結合　　　　　結晶結合
（ガラス質材）　　　　結合部
　　　　　　　　　　（Si_3N_4結晶）

粗粒子　　　　　　　　　　粗粒子
Si_3N_4微粒子　　　　　　結合部（Si_3N_4結晶結合）
ガラス質　　　　　　　　　結合組織イメージ図
結合部
結合組織イメージ図

図 8.7.1 粒子間結合例（×500）

8 応用

表 8.7.1 粒度構成，素材構成，結合形態，成形方法による特性比較と適用分野

	粒度構成		素材構成		結合形態		成形方法		適用分野と必要特性	
	微粒子	粗粒子	単体	複合	セラミック	結晶	加圧法	加振法	窯副材	炉材壁
耐熱衝撃性	△＜○		△＜○		△＜○		○＞△		○	○
耐荷重性(常温)	○＞△		△＜○		○＞△		△＜○		○	○
熱間耐ベンディング性	△＜○		○≦○		△＜○		△＜○		○	○
強度(圧縮)	○＞△		○≧△		○≧△		△＜○		○	○
耐ガス浸透性	○≧○		○＞△		△＜○		△＜○		○	○
耐化学的抵抗性	○≦○		○≧○		△＜○		△＜○		○	○
備考			ファイン系材	SiC BN	ガラス焼結	反応焼結	プレス	振動	棚用材スキットレー	ルツボ炉炉壁炉床

表 8.7.2 適用材の品質特性値例

			緻密質	単体		複合材				
材質名(㈱TYK製造による)			NC-5	PSN	PSN-B	PSN-101	TAB-112T	CSN-S110	SCN	SCN-N
材料構成	Si$_3$N$_4$材		○	○	○	○	—	—	—	—
	Si$_{6-z}$-Al$_z$O$_z$-N$_{8-z}$材		—	—	—	—	○	—	—	—
	BN 材		—	—	—	○	○	—	—	—
	SiC 材		—	—	—	—	—	○	○	○
化学成分値	Si$_3$N$_4$		90.0	98.9	97.8	89.2	—	30.0	23.5	32.6
	Si$_5$-Al$_1$O$_1$N$_7$		—	—	—	—	87.3	—	—	—
	BN		—	—	—	9.6	12.3	—	—	—
	SiC		—	—	—	—	—	68.5	74.8	66.1
	その他		残分	残分	残分	残分	残分	残分	残分	残分
物性値	気孔率		0.0	14.6	26.9	19.6	11.0	12.2	12.3	12.1
	見掛比重		3.20	3.03	3.11	3.02	2.98	3.10	3.11	3.10
	かさ比重		3.20	2.58	2.28	2.49	2.65	2.72	2.73	2.72
強度(MPa)	圧縮強度		2700	380	241	300	320	200	123	131
	曲げ強度	室温	760	185.0	64.9	135.0	142.5	54.0	35.0	31.0
		1400℃	290	118.0	42.0	114.0	122.0	52.0	32.0	27.6
熱間線膨張率(at. 1300℃ %)			0.39	0.33	0.33	0.31	0.35	0.50	0.56	0.51
熱伝導率(W/m·K)			25	2.67	2.33	6.42	7.35	16.3	15.1	14.7
備考	粒度構成		ファイン	ファイン	粗粒子	ファイン	ファイン	粗粒子	粗粒子	粗粒子
	成形法		加圧	加圧	加振	加圧	加圧	加振	加圧	加振
	結合形態		結晶	結晶	結晶	結晶	結晶	結晶	セラミック	セラミック

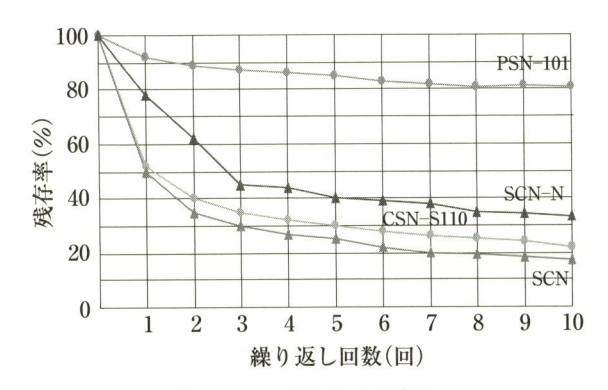

図 8.7.2 弾性率の残存率
熱スポーリング試験後の弾性率の変化(加熱-水冷法(30分保持-通水中冷却-乾燥)1000 ℃水冷)

NC-5 材質(結晶結合)

Si_3N_4 の微粉末を焼結助剤とともに高圧で成形し,窒素雰囲気中で焼結することにより,ほぼ理論密度に近い焼結体となる.高強度,低熱間線膨張性材料で耐摩耗性,耐機械的負荷,耐熱衝撃性に優れている.

PSN,PSN-B,PSN-101 材質(結晶結合)

Si の微粉末を成形体とし,窒素雰囲気中で焼成したシリコンナイトライドで結合された窒化ケイ素質材で高強度,低熱間線膨張性材料で耐機械的,耐熱衝撃性が高い特性を有しているのが PSN 材質である.さらに耐熱衝撃性,耐食性を高めるために BN 材と複合化させた材質が PSN-101 材質である.なお,PSN-B 材質は,あらかじめ製造された Si_3N_4 質の粗粒子を加えたものである.

TAB-112T 材質($Z = 1$)(結晶結合)

Si,Al,Al_2O_3 微粉末を成形体となし,窒素雰囲気中で焼結させることにより,$z = 1(Si_{6-1}Al_1O_1N_7)$ となしたサイアロン材に BN 材を添加した高耐摩耗性,耐熱スポーリング性に優れた材質である.

440　8 応　　用

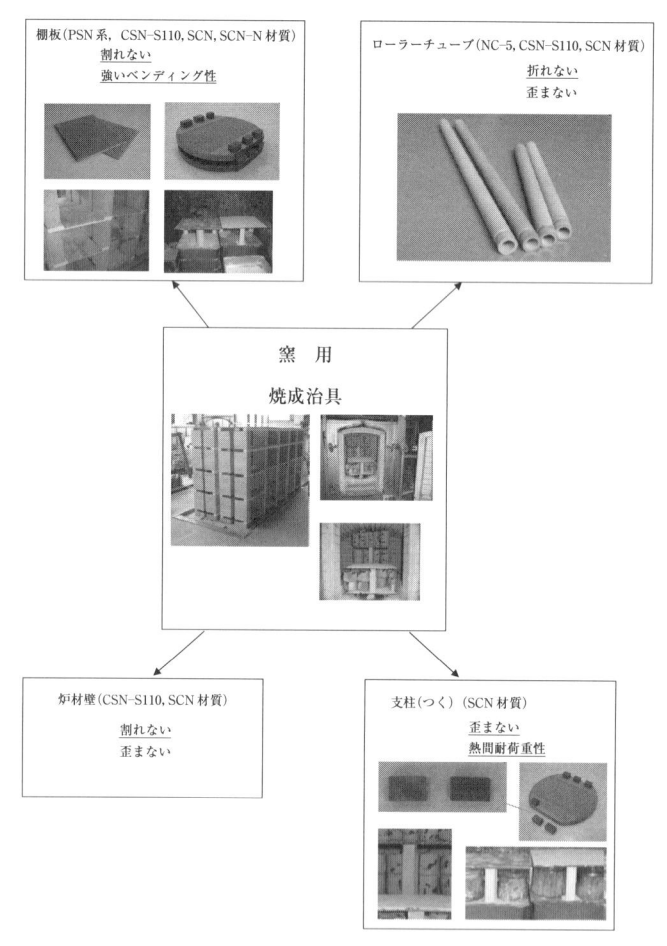

図8.7.3 窯用材料の適用例

CSN-S110 材質（結晶結合）

　反応焼結により結合部を Si_3N_4 の結晶結合とした Si_3N_4-SiC 系耐火物でこの両者の優れた特性を具備させた複合材であり，安定した低熱膨張性，耐熱性，耐摩耗性および化学的にも安定している上，高い熱伝導率を有し耐熱スポーリング性に優れた材質である．

SCN, SCN-N 材質(セラミック結合)

CSN-S110 材質と同様 Si_3N_4-SiC 系材料で SiC 材を Si_3N_4 材で結合したセラミック結合の耐火材料でありその特性は曲げ強度はやや劣るが他は CSN-S110 材質に準ずる．

参 考 文 献

1) 鈴木巳代三，小島豊之進，"窯業窯炉"，窯業協会(1967)．
2) 素木洋一，"陶芸のための科学"，建設綜合資料社(1973)．
3) 大西政太郎，"陶芸の土と窯焼き"，理工学社(1984)．
4) 三友護，宗宮重行，"窒化珪素セラミックス 2"，内田老鶴圃(1990)．
5) 加藤康景，弦月窯(岐阜県土岐市)写真協力．
6) (有)ギフセラミック(岐阜県瑞浪市)写真協力．

8.8 蛍光体・白色 LED とその他の応用

8.8.1 白色 LED

20 世紀末の日亜化学工業㈱中村氏ら[1]による InGaN/GaN ダブルヘテロ構造青色発光ダイオード (InGaN 系青色 LED) の成功は，白色 LED の発明を導き[2]，エジソンによって 1879 年に製造された白熱電球や今の蛍光灯に代わって 21 世紀を明るく照らす装置を誕生させた．

白色 LED は青色 LED チップの周囲を覆うようにセリウムイオンをドープしたイットリウムアルミニウムガーネット ($Y_aGd_{1-a})_3(Al_bGa_{1-b})_5O_{12}$：$Ce^{3+}$，略して YAG) 蛍光体を分散させた透明樹脂がカップに塗布された構造を取る．これを図 8.8.1 に示す．LED チップで励起された YAG 蛍光体は青色の補色である黄色光を発し，透明樹脂を透過した青色光と合わさって擬似白色光を生成する．

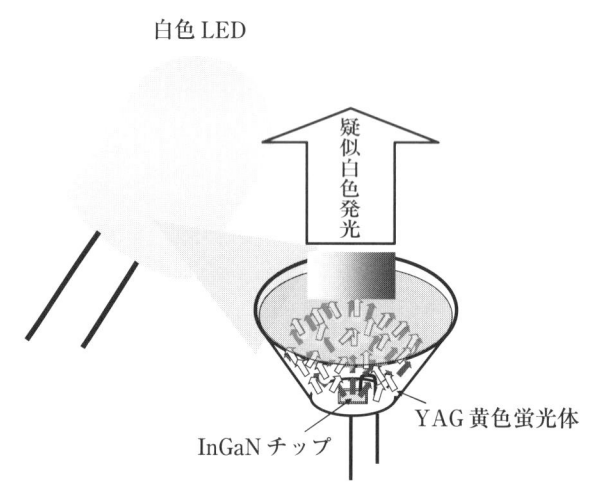

図 8.8.1 YAG 蛍光体を利用した白色 LED の内部構造

8.8 蛍光体・白色LEDとその他の応用

擬似白色光は，青色と緑色と赤色の光が合わさった白色光と違い，物体を擬似白色光で照らしたとき，物体色の"赤み成分"がうまく表現されないために物体色が冷たく感じられる．一方，白色光は，物体本来が示す"緑成分"と"赤み成分"を再現でき，物体の示す色をより的確に表現することできる．最近，擬似白色に青緑色や赤色成分を混ぜた，あるいは青色と緑色と赤色の混ざった白色や電球色LEDが現れてきた．

赤色窒化物蛍光体，ユーロピウムをドープしたカルシウムニトリドシリケート($Ca_2Si_5N_8：Eu^{2+}$，258)[3]や，カルシウムニトリドアルミノシリケート($CaAlSiN_3：Eu^{2+}$，CASN)[4]は，青色チップ上でYAG黄色蛍光体や新規緑蛍光体($CaSc_2O_4：Ce^{3+}$，$Ba_3Si_6O_{12}N_2：Eu^{2+}$)と透明樹脂に分散させて白色光LEDを作った．図8.8.2にCASNを使った白色光LEDの発光スペクトルを示す．

照明用白色LEDは低波長から高波長域まで発光強度の変化が少ないブロードなスペクトルを作って自然光に似せ，一方，液晶バックライト用白色LEDは青・緑・赤の三つの色が強調されたくびれのあるスペクトルを作って表示色の鮮やかさを演出する．

複合窒化ケイ素(ニトリドシリケート)，複合酸窒化ケイ素(オキソニトリドシリケート)，サイアロン(ニトリドアルミノシリケートやオキソニトリドアルミノシリケート)を母体材料とした蛍光体の特許出願件数と論文数は年々増加

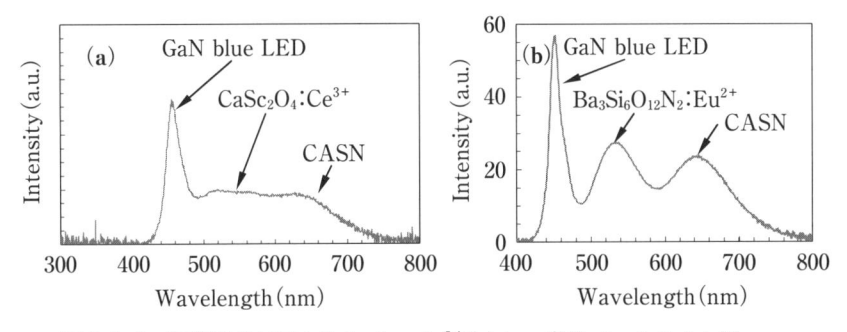

図8.8.2 照明用CASN＋$CaSc_2O_4：Ce^{3+}$(a)と，液晶バックライト用CASN＋$Ba_3Si_6O_{12}N_2：Eu^{2+}$(b)の白色LEDの発光スペクトル[4]

している．ヨーロッパでは PHILIPS や OSRAM，日本では NIMS を初めとする数社から出願されている．258，CASN 赤色蛍光体の他に，$SrSi_2O_2N_2$：Eu^{2+} 緑色蛍光体[5]，α-サイアロン：Eu^{2+} 黄色蛍光体[6]，β-サイアロン：Eu^{2+} 緑色蛍光体[7] を用いた白色 LED について報告されている．

　上述したような窒化物や酸窒化物蛍光体が盛んに研究されてきた理由として，それらが示す化学安定性がこれまでの酸化物，硫化物，あるいは酸硫化物蛍光体と比較して同等または優れていることを第一に挙げることができる．SrS：Eu^{2+} は LED 用赤色蛍光体として早くから期待されていたものの，空気中の水分と反応し劣化することや生成する H_2S により電極などが腐食する恐れもあったため，蛍光体表面のコーティングも検討されたが広く使用されるに至らなかった．こうしたなか，硫化物赤色蛍光体と同じ発光特性を示す 258 や CASN が見いだされ，さらに高い化学安定性を有していたことから一躍注目されることとなった．これが契機となって，至る所で研究されることとなった．それは，公知となった蛍光体の変形や改良に汲々としていた業界に新しいフロンティアを指し示すこととなり，その後，産官学を巻き込む研究競争が激化した．

　第二の理由として優れた温度特性を挙げる．LED チップ上の温度はだいたい 80℃を示すとされる．室温から 100℃付近まで発光強度を維持できる蛍光体が必要となる．まず，樹脂に混ぜ込んだ蛍光体のうち，一つの蛍光体の温度特性が悪く，発光強度が低下する（温度消光という）と白色光の色が使用時間により徐々に変化し，最悪の場合，白色でなくなってしまうことも起こり得る．ニトリドシリケート，オキソニトリドシリケート，およびサイアロン蛍光体は温度に対する高い発光強度維持率を示すことが多く，とくに，上述した蛍光体は優れた温度特性を示す．

　白色 LED 用蛍光体の初期における開発は蛍光体の示す発光スペクトルや発光強度が重要視されてきたが，蛍光体がいろいろ出揃うに至り，白色 LED が示す特性の安定性や安全性に重きを置くようになってきた．これによって，ますます上述した窒化物・酸窒化物蛍光体の研究開発が重要となるであろう．

　最近，近紫外線励起 LED チップを用い，複数の蛍光体を用いて白色光を出

す LED も盛んに研究開発されてきた．励起波長は 400 nm で，これまでの蛍光体は励起されにくい．新たな研究開発において，もう一度，窒化物・酸窒化物蛍光体が注目されることであろう．

8.8.2 CRT とフィールドエミッションディスプレイ

電子線励起蛍光体への応用は，2000 年頃から試みられてきた．258 系の $Eu_2Si_5N_8$ は高エネルギーの電子線照射下でも劣化することなく，高い赤色発光強度を示した[8]．その後，フィールドエミッションディスプレイ用低速電子線励起蛍光体へと興味が移り，いくつか検討されたが，優れた蛍光体は未だ見いだされていない．ただし，窒化物青色蛍光体，AlN：Eu^{2+} が優れた特性を示すことが報告されている[9]．

参 考 文 献

1) S. Nakamura, M. Senoh and T. Mukai, Jpn. J. Appl. Phys., **32**(1993) L8-L11.
2) K. Bando, K. Sakano, Y. Noguchi and Y. Shimizu, J. Light & Vis. Env., **22**(1998) 2-5.
3) M. Yamada, T. Naitou, K. Izuno, H. Tamaki, Y. Murasaki, M. Kameshima and T. Mukai, Jpn. J. Appl. Phys., **42**(2003) L20-L23.
4) N. Kijima, Y. Shimomura, T. Kurushima, H. Watanabe, S. Shimooka, M. Mikami and K. Uheda, J. Light & Vis. Env., **32**(2008) 202-207.
5) R. Mueller-Mach, G. Mueller, M. R. Krames, H. A. Höppe, F. Stadler, W. Schnick, T. Juestel and P. Schmidt, Phys. Stat. Sol. (a), **202**(2005) 1727-1732.
6) K. Sakuma, K. Omichi, N. Kimura, M. Ohashi, D. Tanaka, N. Hirosaki, Y. Yamamoto, R.-Jun Xie and T. Suehiro, Opt. Lett., **29**(2004) 2001-2003.
7) N. Hirosaki, R.-Jun Xie and K. Sakuma, OYO BUTURI, **74**(2005) 1449-1452.
8) K. Uheda, KOTAI BUTURI, **35**(2000) 401-409.
9) R.-Jun Xie, N. Hirosaki, K. Inoue, T. Sekiguchi, B. Dierre and K. Tamura, Proc. IDW'07 2(2007) 891-898.

8.9　粉砕機用部材

　近年では粉砕・分散処理される原料粉体が高純度，微細化し，粉砕・分散に用いる粉砕機も従来のボールミルからメディア（ボール）を攪拌する媒体攪拌型粉砕機が主流となってきている．とくに，最近の急速な発展を遂げている電子部品材料には，組成を高精度に制御し，微細でシャープな粒子径分布を有する粉体の使用が必要不可欠であり，媒体攪拌型粉砕機を使用しないと目的の特性を有する粉体を得ることが不可能となっている．この媒体攪拌型粉砕機では従来のボールミルに比べて高速でメディアを攪拌するため短時間で目標粒度まで粉砕・分散が可能であるが，その反面，メディアや粉砕機部材には何10倍もの負荷がかかることから，高い機械的特性と優れた耐摩耗性が有する材料が求められ，アルミナ材質に比べて高い特性を有する高靱性ジルコニア（Y-TZP）が採用されるようになった．さらに，ファインセラミックスの発展に伴い，材料の多様化が進み，被処理粉体および用途に応じて，高靱性ジルコニアに加え，高純度アルミナ，炭化ケイ素および窒化ケイ素などの粉砕機部材が使用されるようになってきている．

8.9.1　粉砕機部材特性

　表8.9.1に粉砕機部材に用いられるアルミナ，高靱性ジルコニアおよび窒化ケイ素の焼結体特性を示す．
　各材質で粉砕機部材としての特性には一長一短があり，現状では使用目的に応じた選択がなされている．高純度アルミナ（99.9% Al_2O_3）は強度，靱性が他の材質に比べて低いという欠点があり，Y-TZPは熱伝導率が低いという欠点を有している．媒体攪拌型粉砕機は高速でメディアを攪拌するため，粉砕機内部および部材には高負荷がかかり，発熱が生じるため，とくに粉砕機内張材は冷却する必要がある．Y-TZPの場合は，耐摩耗性に優れているものの熱伝導率が

表 8.9.1 アルミナ，高靱性ジルコニアおよび窒化ケイ素の焼結体特性

特性 \ 材質	92 % Al_2O_3	99.9 % Al_2O_3	Y-TZP	Si_3N_4
かさ密度 (g/cm^3)	3.7	3.9	6.0	3.2
ビッカース硬さ (GPa)	11	21	13	16
曲げ強さ (MPa)	330	600	1200	900
破壊靱性 (MPa$\sqrt{m}$)	3.1	3.5	6.0	6.0
熱膨張率 (1/K×10^{-6})	8.0	8.0	10.4	3.2
熱伝導率 (W/m・K)	17	37	3	20

低いため，冷却が必要な粉砕機部材としての使用には冷却能力が低いという欠点を有している．一方，窒化ケイ素は硬度，強度および靱性のバランスが取れており，熱伝導率が比較的高く，粉砕機部材として優れた材料であると考えられる．とくに，乾式で用いられる場合は，より他の材質に比べて優れた耐摩耗性を発揮するものと期待できる．

粉砕機部材の摩耗は，メディアと部材との摩擦・摩耗に加え，粉体との接触による摩耗も大きな要因にあげられる．そこで，粉体の衝突による部材の摩耗特性を比較するため，サンドブラストによる評価を行った．図8.9.1に粉体としてシリカ，電融アルミナおよび炭化ケイ素を用いてサンドブラストテストしたときの粉体硬さとエロージョン摩耗との関係を示す．どの焼結体であっても粉体硬さが高くなるほどエロージョン摩耗は大きくなる．しかしながら，窒化ケイ素は他の材質に比し，どの粉体に対しても優れた摩耗特性を示す．このことは，窒化ケイ素を粉砕機部材として使用する場合，被処理粉体の材質（硬さ）に関わらず高い摩耗特性を有することが示唆される．

8.9.2　窒化ケイ素製粉砕機用部材の摩耗特性

(1) 高温水中における摩耗特性

窒化ケイ素が粉砕機部材として優れた特性として水に対する耐食性があげられる．図8.9.2に各材質メディアを媒体攪拌型粉砕機で被処理物を入れずに

448　8　応　用

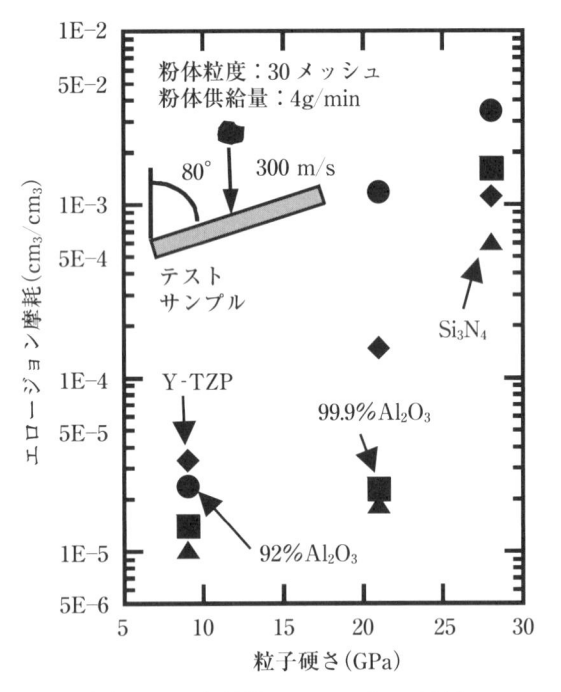

図 8.9.1　各材質のエロージョン摩耗

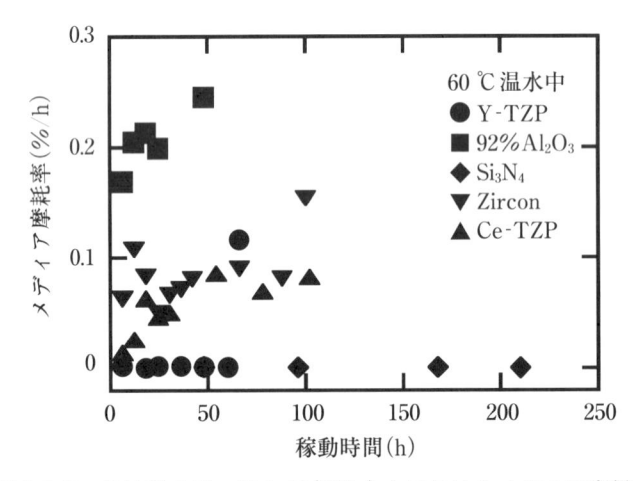

図 8.9.2　各材質メディアの 60 ℃温水中におけるメディア摩耗率の稼働時間依存性

60℃の温水のみで稼働させた場合の摩耗率の稼働時間依存性を示す．各材質メディアにより摩耗率は異なるが，92% Al_2O_3 や Zircon などは，摩耗率が大きく変動して安定せず，稼働時間とともに増加する傾向を示す．また，これらのメディアの中で優れた摩耗特性を有する Y-TZP は，ある稼働時間以上になると急激に摩耗率が上昇する現象が見られる．これらの現象は，水による腐食により結晶粒界が脆弱化し，その結果，摩耗特性が低下すると推測される．一方，窒化ケイ素は，Y-TZP と同等の低摩耗率を示すだけでなく，稼働時間による摩耗率の変動が見られず安定した摩耗特性を示す．

(2) メディア材質による摩耗特性

被粉砕・分散粉体に混入する摩耗粉は主としてメディアおよび粉砕機用部材の摩耗によるが，摩耗粉の混入量はメディアおよび粉砕機部材材質の組み合わせによって変化する．媒体攪拌型粉砕機による水を溶媒に $BaTiO_3$ 粉体の粉砕において，メディアに Y-TZP および Zircon，粉砕機用部材であるディスクにウレタン(攪拌板)，ベッセル(粉砕機内筒管)にスチール，Y-TZP および窒化ケイ素を用いて，同粒度($10\,m^2/g$)まで粉砕したときのメディア摩耗率およびベッセル摩耗量を図8.9.3および図8.9.4に各々示す．メディア摩耗率は粉砕機部材(ベッセル)材質に依存せず，ほとんど一定値を示すが，ベッセル摩耗量

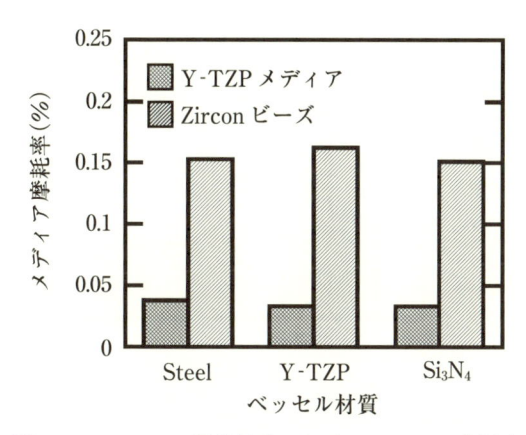

図8.9.3 $BaTiO_3$ 粉体粉砕におけるメディア摩耗率

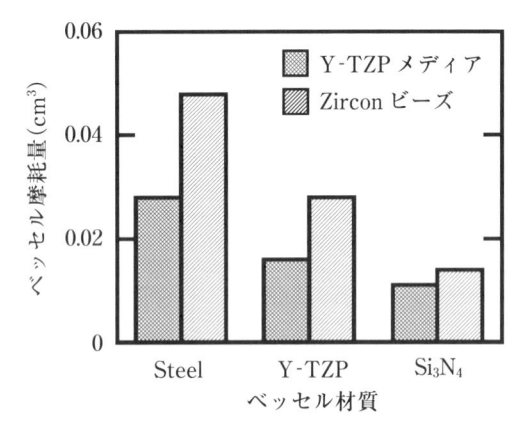

図 8.9.4 BaTiO$_3$ 粉体粉砕における粉砕機用部材(ベッセル)摩耗量

はベッセル材質により大きく変化し，同粒度まで粉砕したときのベッセル摩耗量は窒化ケイ素が一番少なく，メディア材質に依存しない．しかしながら，スチールおよび Y-TZP の摩耗量は窒化ケイ素に比し多く，メディア材質に依存する．

(3) 粉体材質による摩耗特性

エロージョン摩耗でも示したように摩耗特性は被処理粉体硬さによっても変

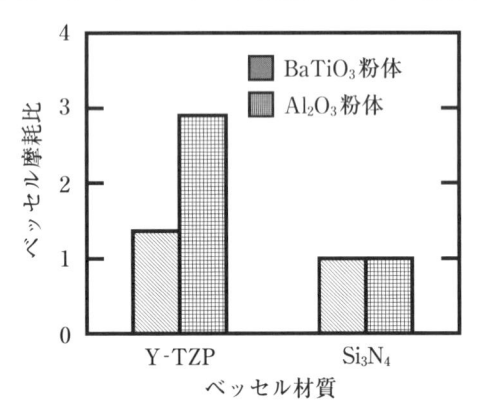

図 8.9.5 BaTiO$_3$ および Al$_2$O$_3$ 粉体粉砕における粉砕機用部材(ベッセル)摩耗比

化する．図 8.9.5 に，図 8.9.3 および図 8.9.4 と同条件で硬さが柔らかい $BaTiO_3$ 粉体と硬い Al_2O_3 粉体を粉砕したときのベッセル摩耗比を示す．粉体硬さが柔らかい $BaTiO_3$ 粉体を粉砕した場合，Y-TZP および窒化ケイ素製ベッセルとで摩耗比はあまり大きくないが，粉体硬さが硬い Al_2O_3 粉体を粉砕した場合は両社の摩耗の差は大きくなる．これは，窒化ケイ素がエロージョン摩耗でも示したように摩耗特性の粉体硬さの依存性が低いことに起因していると考えられる．

8.9.3 ま と め

　以上のように窒化ケイ素製粉砕機用部材は優れた摩耗特性を有し，また，組み合わせるメディア材質および被処理粉体材質および使用条件などの影響を受けにくい特徴を有している．そのため，電子部品材料などの先端材料の粉砕・分散に用いる媒体攪拌型粉砕機用部材として優れた特性を発揮すると考えられ，今後ますます窒化ケイ素製粉砕機用部材の採用は増加するものと推測される．しかしながら，窒化ケイ素は，メディアとしてはかさ密度が低いため，Y-TZP に比べて粉砕機内でのメディア自身が有する運動エネルギーが低く，粉砕・分散効率が低くなることは否めない．

8.10 膜としての応用

8.10.1 セラミックス製高温水素分離膜

　水素は基幹化学物質の合成原料であり，広範な産業分野で大量に使用されている．また近年は，水素を利用した環境低負荷型エネルギーシステムの創成にも強い関心が集まっている．このような社会ニーズに対して，エネルギー原単位に優れた，かつ高効率な水素製造方法の開発を目指して，500℃以上の高温で使用可能なセラミックス製水素分離膜を応用した膜反応器の開発が進められている[1]．セラミックス製分離膜では，膜厚を数十から数百 nm に制御するとともに，細孔径を約 0.3 nm で高度に制御した多孔質構造で得られる分子ふるい機能により水素が分離される．これまでにアモルファスシリカ系分離膜が高温水素分離特性を有することを見いだされ，分離特性の向上研究が進められてきた．その結果，500℃以上の高温で水素透過率が 10^{-7} [mol·m^{-2}·s^{-1}·Pa^{-1}] オーダーで，窒素に対する水素の選択透過性（$\alpha(H_2/N_2)$）は 12000 という極めて優れた水素の分離性能が達成されている[2,3]．しかし，実用化においてはさらなる高温での長期安定性，あるいは耐水蒸気性の向上が望まれており，種々のケミカルプロセスを利用したオキシカーバイド（Si-O-C），炭化ケイ素（Si-C）および窒化ケイ素（Si-N）系などのアモルファスセラミックス製分離膜の合成研究が進められている（表 8.10.1）．Si-O-C 系および Si-C 系の分離膜は，比較的耐熱性に優れるが，$\alpha(H_2/N_2)$ が 100 以下で，水素透過率も 10^{-8} [mol·m^{-2}·s^{-1}·Pa^{-1}] オーダーである．一方，アモルファス Si-N 系分離膜は 200℃ の低温から優れた水素の選択透過特性を示しており，今後の実用化に向けた開発が期待される．そこで本項では，窒化ケイ素系水素分離膜を対象に，近年の研究開発を中心に紹介する．

表 8.10.1 アモルファスセラミックス製水素分離膜の材料系と水素の透過特性

分離膜材料系	H_2ガス透過率 [mol·m^{-2}·s^{-1}·Pa^{-1}] (℃)	選択性 $\alpha(H_2/N_2)$	文献
Si-O-C	5.5×10^{-7} (400)	7.2	4)
Si-O-C	1.0×10^{-8} (400)	18-63	5)
Si-O-C	8.9×10^{-8} (200)	100	6)
Si-O-C	3.0×10^{-9} (250)	206	7)
Si-C	8.1×10^{-7} (600)	11.6	8)
Si-C	8.0×10^{-8} (100)	100	9)
Si-C	1.8×10^{-8} (600)	12	10)
Si-N	1.3×10^{-7} (200)	165	11)

8.10.2 窒化ケイ素系水素分離膜

㈱ノリタケカンパニーリミテドでは,膜原料に有機金属プリカーサーであるポリシラザンを用いた窒化ケイ系水素分離膜の開発を行ってきた[11〜13].図 8.10.1 に窒化ケイ素系水素分離膜の外観と構造を示す.水素分離膜はチューブ形状になっており,その外側に分離層が製膜されている.分膜は細孔径の最も大きい基材,分離層を製膜可能な面を作るための中間層,水素分離膜機能を有する分離層という三層構造からなる(以下,基材・中間層を合せて支持体と呼ぶ).図 8.10.2,表 8.10.2 に基材および中間層の SEM 観察像および諸特性を示す.基材は,窒化ケイ素粉末,金属シリコン,無機焼結助剤(Al_2O_3 など)を有機バインダ,分散剤,水などと混合したスラリーをスプレードライした造粒粉をチューブ状にプレス成形し,脱脂後に窒素雰囲気中 1400 ℃で焼成し作製する.原料調合比,焼成方法を厳密に制御することで高気孔率,高強度を両立し,反り,ひずみの少ない基材が作製可能である.中間層は,基材上に窒化ケイ素を主成分とするスラリーをコーティング,焼成することで作製する.分離層は窒化ケイ素の有機プリカーサーであるポリシラザンのトルエン溶液を上

454   8 応　　用

φ10 mm, L=100 mm
窒化ケイ素系水素分離膜

分離層(アモルファスSiN)
中間層(多孔質窒化ケイ素)
基材(多孔質窒化ケイ素)

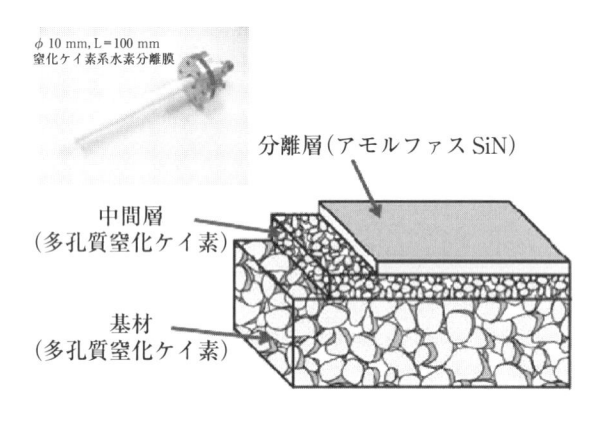

図8.10.1 SiN系水素分離膜構造

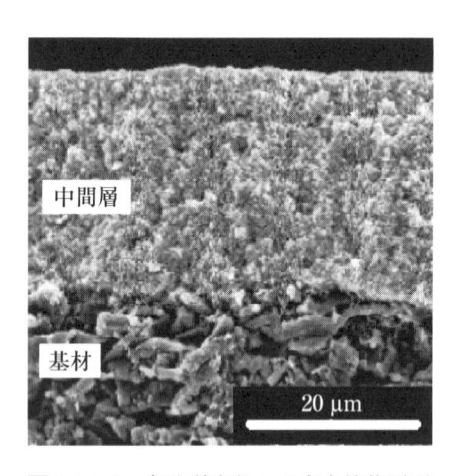

中間層
基材
20 μm

図8.10.2 多孔質窒化ケイ素支持体断面

記支持体上にディップコーティングし，アンモニアガス中で熱処理することで作製する．図8.10.3に支持体上に製膜された窒化ケイ素系水素分離膜の断面観察像を示す．中間層表面に沿って100〜200 nm程度の膜がクラック・ピンホールなく製膜されている．このように，分離膜材料をすべて窒化ケイ素(SiN)系で作製することで，機械的強度・耐熱衝撃性の高い水素分離膜が作製可能である．

表8.10.2 多孔質窒化珪素支持体特性

基材	細孔径(μm)	1.0
	気孔率(%)	35
	3点曲げ強度(MPa)	80
中間層	細孔径(μm)	0.1
	気孔率(%)	50
	面粗度[Ra](μm)	0.5

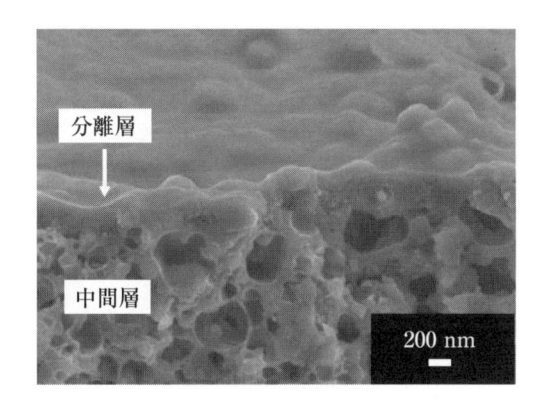

図8.10.3 SiN系水素分離膜断面

表8.10.3 ポリシラザン分子量と細孔特性

数平均分子量 (g/mol)	比表面積 (m^2/g)	平均細孔径 (nm)
1300	69	1.12
2800	171	0.62
4300	242	0.62

8.10.1においても述べられているように，セラミックス水素分離膜では細孔径を約0.3 nmで高度に制御した多孔質構造により水素(分子径：0.29 nm)を他のガス(ex.二酸化炭素：0.33 nm，窒素：0.36 nm，メタン：0.38 nm)と分離する．これまでの開発の結果，SiN系水素分離膜の細孔制御のためにはポリシ

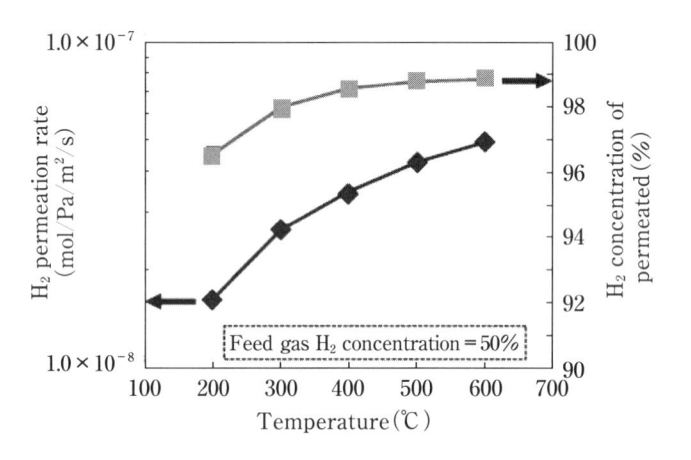

図 8.10.4 SiN 系水素分離膜の水素分離性能

ラザンの分子量制御が重要であることが分かっている．表 8.10.3 にポリシラザンの分子量，窒素吸着により測定した平均細孔径，比表面積をまとめる．分子量が高いほど膜分離材料として好適な細孔構造が得られる．

図 8.10.4 に上記 SiN 系水素分離膜を用いて 200〜600℃水素濃度 50％の水素・窒素混合ガスから水素分離膜を用いて分離した水素の透過率と純度を示す．供給した混合ガスの圧力は 0.5 MPa である．600℃において，99％以上の高い純度で水素を分離可能であることが確認された．このように，SiN 系水素分離膜は 600℃という高温においても高い性能で水素が分離可能であるため，将来的には固体高分子型燃料電池（PEFC）の水素製造装置への応用が期待される．

参 考 文 献

1) NEDO 技術開発機構：http://www.nedo.go.jp/activities/portal/p02010.html
2) Y. Iwamoto, J. Ceram. Soc. Japan, **115**(2007)947-954.
3) T. Nagano, S. Fujisaki, K. Sato, K. Hataya, Y. Iwamoto, M. Nomura and S.-I. Nakao, J. Am. Ceram. Soc., **91**(2008)71-76.

4) K. Kusakabe, Z. Y. Li, H. Maeda and S. Morooka, J. Membr. Sci., **103**(1995) 175-180.
5) Z. Li, K. Kusakabe and S. Morooka, J. Membrane Sci., **118**(1996) 159-168.
6) L. L. Lee and D.-S. Tsai, J. Am. Ceram. Soc., **82**(1999) 2796-2800.
7) R. A. Wach, M. Sugimoto and M. Yoshikawa, J. Am. Ceram. Soc., **90**(2007) 275-278.
8) T. Nagano, K. Sato, T. Saito and Y. Iwamoto, J. Ceram. Soc. Japan, **114**(2006) 533-538.
9) H. Suda, H. Yamauchi, Y. Uchimaru, I. Fujiwara and K. Haraya, J. Ceram. Soc. Japan, **114**(2006) 539-544.
10) T. Nagano, K. Sato, T. Saito and Y. Iwamoto, Soft Materials, **4**(2007) 109-122.
11) T. Eda, Y. Ando and K. Miyajima, "Development of Si-N based hydrogen separation membrane", paper No. 1A02 in the Extended Abstracts of the 10th International Conference on Inorganic Membranes (ICIM10), Aug. 18-22, Tokyo, Japan(2008).
12) Y. Ando, K. Miyajima, M. Yokoyama, H. Taguchi, H. Seo and S. Nagaya, Membrane, **30**(2005) 243-246.
13) K. Miyajima, M. Yokoyama, Y. Ando, H. Taguchi, H. Seo and S. Nagaya, "Development of Si-N based micro porous membranes for high temperature gas separation applications", vol. 2-857 in the Extended Abstracts of the International Congress on Membrane Processes 2005(ICOM2005), Aug. 21-26, Seoul, Korea(2005).

付

付録：Si_3N_4 の基本的性質

Si_3N_4 の基本的性質

(一部，無機材質研究所研究報告書第 13 号 81～85 ページより抜粋)

[1] 化学式・分子量

○化学式　Si_3N_4

○分子量　$3 \times 28.0855(\pm 3) + 4 \times 14.0067(\pm 2) = 140.2833$　IUPAC, 2005 の表による．

[2] 結晶学的データ

○多形など

多形	α-Si_3N_4	β-Si_3N_4	γ-Si_3N_4
結晶形	三方晶系	六方晶系	立方晶系
空間群	C_{3v}^4-$P_{31}c$	C_{6h}^2-$P6_3/m$	Fd-3m

○格子定数および密度

(1)　α-Si_3N_4

結晶形態	格子定数		c/a	単位格子容 ($Å^3$)	X線密度 (g/cm^3)
	a (Å)	c (Å)			
六方晶プリズム[1]	7.813±0.003	5.591±0.004	0.716	295.9	3.148
ウィスカー[2]	7.765±0.001	5.622±0.001	0.724	293.6	3.174
ウール[3]	7.758±0.003	5.623±0.005	0.725	293.1	3.179
多結晶体[4]	7.7608±0.001	5.6139±0.001	0.723	292.8	3.182
粉末[5]	7.753±0.004	5.618±0.004	0.725	292.5	3.186
ファイバー[6]	7.752±0.003	5.619±0.001	0.725	292.4	3.186
ウール[7]	7.752±0.0007	5.6198±0.0005	0.725	292.5	3.186
針状[7]	7.7533±0.0008	5.6167±0.0006	0.724	292.4	3.186
粉末[8]	7.748±0.001	5.617±0.001	0.725	292.0	3.190

(2) $\beta\text{-}Si_3N_4$

結晶形態	格子定数		c/a	単位格子容 ($Å^3$)	X線密度 (g/cm^3)
	a (Å)	c (Å)			
粉末[8]	7.6081	2.9107	0.383	145.9	3.193
粉末[5]	7.6063	2.9092	0.382	145.8	3.196
粉末[10]	7.6065	2.9073	0.382	145.7	3.198
粉末[7]	7.6085	2.9111	0.382	145.9	3.192

(3) $\gamma\text{-}Si_3N_4$

結晶形態	格子定数	単位格子容 ($Å^3$)	X線密度 (g/cm^3)
	a (Å)		
粉末[11]	7.80	474.6	3.93

[3] X 線回折データ (JCPDF カード, 2θ は CuKα 線)

(1) α-Si$_3$N$_4$ (9-250)

$2\theta(°)$	$d(Å)$	I/I_1	hkl	$2\theta(°)$	$d(Å)$	I/I_1	hkl
13.223	6.690	8	100	57.715	1.596	35	222
20.542	4.320	50	101	59.513	1.552	2	312
22.902	3.880	30	110	59.938	1.542	6	320
26.426	3.370	30	200	61.479	1.507	8	213
30.883	2.893	85	201	62.444	1.486	70	321
31.669	2.823	6	002	64.828	1.437	55	303
34.48	2.599	75	102	65.806	1.418	60	411
35.207	2.547	100	210	66.44	1.406	20	004
38.783	2.320	60	211	68.083	1.376	12	104
39.437	2.283	8	112	69.522	1.351	75	322
40.151	2.244	6	300	69.997	1.343	2	500
41.825	2.158	30	202	71.338	1.321	30	313
43.406	2.083	55	301	72.286	1.306	16	501
46.865	1.937	2	220	72.737	1.299	50	412
48.266	1.884	8	212	73.129	1.293	30	330
48.817	1.864	8	310	74.745	1.269	8	420
50.493	1.806	12	103	76.954	1.238	30	421
51.563	1.771	25	311	77.622	1.229	30	214
52.196	1.751	2	302	78.843	1.213	8	502
56.139	1.637	8	203				

付録：Si_3N_4 の基本的性質

(2) β-Si_3N_4(33-1160)

$2\theta(°)$	$d(\text{Å})$	I/I_1	hkl	$2\theta(°)$	$d(\text{Å})$	I/I_1	hkl
13.439	6.5830	34	100	83.649	1.1551	2	222
23.39	3.8000	35	110	84.602	1.1445	3	421
27.055	3.2930	100	200	85.227	1.1377	3	312
33.665	2.6600	99	101	89.337	1.0957	4	511
36.055	2.4890	93	210	90.694	1.0828	3	430
38.957	2.3100	9	111	93.852	1.0545	< 1	520
41.109	2.1939	10	300	94.662	1.0476	6	322
41.389	2.1797	31	201	97.198	1.0269	< 1	601
47.799	1.9013	8	220	97.836	1.0219	4	412
48.059	1.8916	5	211	98.774	1.0147	1	431
49.858	1.8275	12	310	100.167	1.0043	2	610
52.148	1.7525	37	301	101.966	0.9914	3	521
57.909	1.5911	12	221	104.211	0.9761	4	502
59.738	1.5467	6	311	106.892	0.9589	3	103
61.308	1.5108	15	320	107.46	0.9554	5	332
64.009	1.4534	15	002	108.486	0.9492	8	611
64.838	1.4368	8	410	109.111	0.9455	1	422
65.057	1.4325	5	401	109.92	0.9408	1	530
65.717	1.4197	1	102	111.877	0.9298	2	203
69.118	1.3579	1	112	114.184	0.9175	1	512
70.128	1.3408	39	321	115.022	0.9132	3	620
70.789	1.3299	6	202	117.001	0.9034	4	441
71.569	1.3173	5	500	118.779	0.8950	3	531
73.44	1.2883	18	411	120.639	0.8866	5	303
74.849	1.2675	7	330	124.048	0.8722	6	710
75.697	1.2554	16	212	124.297	0.8712	5	621
76.464	1.2447	1	420	125.051	0.8682	5	432
79.883	1.1998	2	501	126.289	0.8634	1	223
81.245	1.1831	2	510	128.252	0.8561	1	313
83.059	1.1618	< 1	331	128.92	0.8537	2	522

(3) γ-Si₃N₄ (51-1334)

$2\theta(°)$	$d(\text{Å})$	I/I_1	hkl	$2\theta(°)$	$d(\text{Å})$	I/I_1	hkl
19.844	4.4703	27	111	77.992	1.2241	4	620
32.689	2.7372	26	220	81.448	1.1807	13	533
38.533	2.3345	100	311	82.597	1.1671	3	622
46.904	1.9355	48	400	87.154	1.1174	7	444
58.343	1.5803	8	422	90.558	1.0841	2	551
62.259	1.4900	35	511	96.243	1.0345	7	642
68.5	1.3686	64	440	99.674	1.0079	12	731
72.119	1.3086	3	531				

[4] 熱力学データ

○ ギブスの生成自由エネルギー (cal/mol)

3 Si (s または l) + 2 N₂(g) = Si₃N₄(s)

Hincke と Brantley [12] (1333～1529 ℃)

$\Delta G = -213400 + 100.2\,T$

Pehlke と Eliott [13] (1400～1700 ℃, α-Si₃N₄)

$\Delta G = -209000 + 96.8\,T$

JANAF [14] (α-Si₃N₄) 表 A.1 に示す.

Colquhoun et al. [15] (1200～1350 ℃)

$\Delta G = -196000 + 86\,T$ (α-Si₃N₄)

$\Delta G = -193000 + 90\,T$ (β-Si₃N₄)

○ 他の熱力学データ

比熱, エンタルピー, エントロピーは表 A.1 の JANAF [14] のデータ中に示されている.

○ 分解圧

Si₃N₄(s) → 3 Si (s または l) + 2 N₂(g)

図 A.1 に文献に示すデータおよび生成自由エネルギーの値から算出した結果を示す [12～16].

○ 分解温度 (N₂, 1 気圧下)

Pehlke と Eliott の値を外挿 [13]	1886 ℃
JANAF データ [14]	1878 ℃
猪股 [17]	1839 ± 14 ℃

付録：Si$_3$N$_4$ の基本的性質

表 A.1 JANAF の熱力学データ (α-Si$_3$N$_4$)

T(K)	cal/mol·K			kcal/mol			$\log k_p$
	C_P°	S°	$-(G^\circ - H_{298}^\circ)/T$	$H^\circ - H_{298}^\circ$	ΔH_f°	ΔG_f°	
298	23.789	27.000	27.000	0.000	-178.000	-154.734	113.423
500	28.550	40.531	29.877	5.327	-178.679	-138.763	60.653
800	34.850	55.450	16.800	14.920	-178.111	-114.755	31.350
1000	37.500	63.556	41.360	22.196	-178.209	-98.515	21.596
1300	41.236	73.939	47.715	34.091	-176.919	75.161	12.636
1500	42.700	79.950	51.620	42.495	-175.835	59.583	8.681
1800	43.546	87.846	57.017	55.493	-209.962	34.043	4.133
2000	44.320	92.492	60.335	64.313	-208.464	14.572	1.592

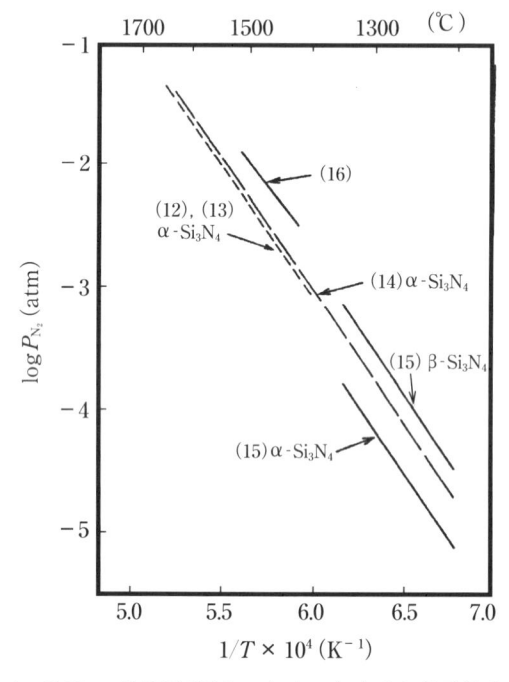

図 A.1 Si$_3$N$_4$ の分解圧（図中の(12)〜(16)は文献番号を示す）

[5] 熱的性質

○ **熱膨張係数**
(1) X線による格子定数の変化より
　　20～1000℃ [18]　　2.46×10⁻⁶/℃
　　20～1420℃ [19]　　α-Si$_3$N$_4$　3.0×10⁻⁶/℃
　　　　　　　　　　　β-Si$_3$N$_4$　3.5×10⁻⁶/℃

(2) データより計算
　　室温～1000℃ [20]　α-Si$_3$N$_4$ および β-Si$_3$N$_4$　3.6×10⁻⁶/℃
　　0～1000℃ [21]　　α-Si$_3$N$_4$　3.6×10⁻⁶/℃
　　　　　　　　　　　β-Si$_3$N$_4$　3.3×10⁻⁶/℃

(3) ディラトメーター [20]
　　室温～1000℃　　ホットプレス品　4.1×10⁻⁶/℃

○ **熱伝導率**(焼結方法，添加物の種類，焼結体の密度などにより大きく変化する．7.4節参照)
(1) 反応焼結体 [22] (比重 2.6，気孔率 18%)，500℃ 15 W/mK，1200℃ 14 W/mK
　　反応焼結体 [23] (比重 2.2～2.35)，3.8～8.0 W/mK
　　反応焼結体 [24] (かさ比重 2.2～2.5)，10 W/mK

(2) ホットプレス品 [22] (比重 3.2，気孔率 0.19% 以下)，500℃ 18 W/mK，1200℃ 14 W/mK

　　ホットプレス品 [25] (5 wt% MgO，気孔率 0%)

温度(℃)	25	200	400	600	800	1000
熱伝導率(W/mK)	56	45	34	28	23	21

[6] 機械的性質

○ 硬度(Knoop，荷重 100 g)[26]

試料	硬度(GPa)
反応焼結(かさ比重 2.58)	8.8
反応焼結(かさ比重 2.77)	13.2
ホットプレス	16.4
ホットプレス	17.2
ホットプレス	19.1
気相成長(結晶質)	25.2
気相成長(非晶質)	20.7

○ ヤング率

(1) ホットプレス，5 wt% MgO 添加[27]

温度(℃)	25	800	1000	1200
ヤング率(GPa)	284〜314	274〜294	265〜284	255〜274

ホットプレスの際の加圧軸方向と直角軸方向で値が異なる．表示のヤング率の範囲はこれに起因する分散に対応する．

(2) 反応焼結体(かさ比重 2.60)[28]　25〜1200 ℃，ヤング率 167 GPa
(3) β-Si_3N_4，ナノインデンターによる計測[29]

ヤング率・ポアソン比・剛性率	弾性スティフネス
$E_x = 280$ GPa	$c_{11} = 343$ GPa
$E_z = 540$ GPa	$c_{12} = 136$ GPa
$\nu_{xy} = 0.35$	$c_{13} = 120$ GPa
$\nu_{zx} = 0.25$	$c_{33} = 600$ GPa
$G_{xz} = 124$ GPa	$c_{44} = 124$ GPa

(4) 第一原理計算 [30]

多形	体積弾性率
α-Si$_3$N$_4$	240 GPa
β-Si$_3$N$_4$	252 GPa
γ-Si$_3$N$_4$	320 GPa

○ **ポアソン比** [26, 31]　0.22〜0.26(25〜1200℃の範囲で,あまり変わらない)

○ **曲げ強度**(MPa)

試料 \ 温度(℃)	25	800	1000	1200	1400
反応焼結体(かさ比重 2.60)[32]	284	274	274	265	245
ホットプレス(MgO 5 wt%添加)[33]	980	931	833	686	—
ホットプレス(MgO 5 wt%, Al$_2$O$_3$ 2 wt%添加)[34]	1274	1225	1176	980	—

○ **クリープ特性**

Si$_3$N$_4$ 原料の純度に依存するが,一般に,ホットプレス(MgO 添加) < SiAlON < 反応焼結体の順で耐クリープ性が向上する.約 80 MPa の荷重下で 800℃,1000 時間の引張試験を行った場合の例は次のようである[34].

　ホットプレス品(MgO, 5 wt%添加), 伸び　約 0.2%

　反応焼結体, 伸び　約 0.04%

○ **衝撃強度**

切欠きを入れたシャルピー法でホットプレス品について 0.15 kgm の値が示されている[34].この値は INCO713 の約 1/10 である.

[7] 電気的性質

○電気伝導度(S/cm)
- (1) 20℃, β-Si_3N_4 10^{-12}〜10^{-13} [35]
- (2) 高温での電気伝導度 [36]

試料 \ 温度(℃)	400	1000
ホットプレス(β-Si_3N_4)	4.6×10^{-10}	6.5×10^{-6}
ホットプレス(5 wt% MgO 添加)	2.65×10^{-10}	8.2×10^{-6}
β-SiAlON($Si_2Al_4O_4N_4$)	3.8×10^{-10}	4×10^{-6}

- (3) 薄膜(非晶質)[37] 電圧-電流特性は非直線性,Frenkel-Poole 電流

○誘電率
- (1) 薄膜(非晶質)[38] 6.2〜9.4
- (2) 薄膜(非晶質)[39] 7.4(10〜100 MHz)(Si 過剰で大きくなり,酸素過剰で小さくなる)

[8] 化学的性質

○耐薬品性 [18]

Si_3N_4 が侵食されないもの	Si_3N_4 を侵食するもの
20% HCl 煮沸	50% NaOH 煮沸 115 時間
65% HNO_3 煮沸	溶融 NaOH 450℃ 5 時間
発煙 HNO_3 煮沸	48% HF, 70℃ 3 時間
0% H_2SO_4 70℃	3% HF+10% HNO_3 70℃ 116 時間
77% H_2SO_4	NaCl+KCl, salt bath 900℃ 114 時間
85% H_2SO_4	$NaB(SiO_3)_2$+V_2O_5 1100℃ 4 時間
H_3PO_4	NaF+$2ZrF_4$ 800℃ 100 時間
$H_4P_2O_7$	
25% NaOH	
Cl_2 ガス wet 30℃	
Cl_2 ガス 900℃	
H_2S ガス 1000℃	
H_2SO_4煮沸, 濃 H_2SO_4+$CuSO_4$+$KHSO_4$	
$NaNO_3$+$NaNO_2$, salt bath, 350℃	
NaCl+KCl, salt bath, 796℃	

○ **溶融金属に対する耐食性**[18]

溶融物	温度(℃)	接触時間(hr)	窒化ケイ素に対する作用
アルミニウム	800	950	作用せず
	～1000	3000	作用せず
鉛	400	144	作用せず
錫	300	144	作用せず
亜鉛	550	500	作用せず
マグネシウム	750	20	弱作用
銅	1150	7	強作用
銅皮	1300	5	強作用
含銅スラグ	1300	5	作用せず
ニッケル銅	1250	5	作用せず
ニッケルスラグ	1250	5	作用せず
玄武岩	1400	2	弱作用

[9] 光学的性質

○ 屈折率 [40]

$$n^2 - 1 = \frac{2.8939\lambda^2}{\lambda^2 - 139.67^2} \quad \lambda：波長(nm)$$

参 考 文 献

1) K. Kato, Z. Inoue, K. Kijima, I. Kawata and H. Tanaka, J. Am. Ceram. Soc., **58**[3-4](1975)90.
2) R. Marchand, Y. Laurent, J. Lang and M. Th. Le Bihan, Acta Cryst., **B25**(1969) 2157.
3) W. D. Forgeng and B. F. Decker, Trans. Met. AIME, **212**(1958)343.
4) H. F. Priest, F. C. Burns, G. L. Priest and E. C. Skaar, J. Am. Ceram. Soc., **56** (1973)395.
5) S. N. Ruddlesden and P. Popper, Acta Cryst., **11**(1958)465.
6) H. Suzuki, Bulletin of the Tokyo Institute of Technology, **54**(1958)163.

7) S. Wild, P. Grieveson and K. H. Jack, Special Ceramics 5 ed., by P. Popper, British Ceramic Research Association (1972) p. 271.
8) D. Hardie and K. H. Jack, Nature, **180** (1957) 332.
9) 木島弌倫, 田中広吉, 瀬高信雄, 窯業協会誌, **84**[1] (1976) 14.
10) D. S. Thompson and P. L. Pratt, "Science of Ceramics Vol. 3", pp. 33-51, ed. by G. H. Stewart, Academic Press (1967).
11) A. Zerr, G. Miehe, G. Serghlout, A. Schwarz, E. Kroke, R. Riedel, H. Fluess, P. Krolls and R. Boehier, Nature, **400** (1999) 340-342.
12) W. B. Hinke and L. B. Brantley, J. Am. Cehm. Sco., **52** (1930) 48.
13) R. D. Pehlke and J. F. Eliott, Trans. AIME, **215** (1959) 781.
14) JANAF Thermochemical Tables, U. S. Department of Commerce (1979).
15) I. Colquhoun, S. Wild, P. Grieveson and K. H. Jack, Pro. Brit. Ceram. Soc., **22** (1973) 207.
16) E. A. Ryklio, A. S. Bolgar and V. V. Fesenko, Porosh. Metallur, **1**[73] (1969) 92.
17) 猪股吉三, 井上善三郎, 窯業協会誌, **81**[10] (1973) 441.
18) J. F. Collins and R. W. Gerby, J. Metals, **7** (1955) 612.
19) S. Iwai and A. Yasunaga, Natwiss., **46** (1958) 473.
20) K. H. Jack and W. I. Wilson, Nature Phy. Sci., **238** (1972) 28.
21) C. M. B. Henderson and D. Taylor, Trans. Brit. Ceramic. Soc., **74** (1975) 49.
22) Joseph Lucas 社 (イギリス) カタログ (1972).
23) Advanced Materials Engineering 社 (イギリス) カタログによる.
24) Degussa 社 (西ドイツ) カタログによる.
25) 猪股吉三, 私信.
26) D. J. Godfrey and K. C. Pitman, "Ceramics for high performance applications", ed. by J. J. Burke, A. E. Gorum and R. N. Katz, Published by Brook Hill Publishing Co. (1974) pp. 425-444.
27) W. Van Buren, R. J. Schaller and C. Visser, "Ceramics for high performance applications", ed. by J. J. Burke, A. E. Gorum and R. N. Katz, Published by Brook Hill Publishing Co. (1974) pp. 157-178.
28) W. Hrynisak, R. W. Moore and S. J. Osborne, BNES (1974) No. 18.
29) J. C. Hay, E. Y. Sun, G. M. Pharr, P. F. Becher and K. B. Alexander, J. Am. Ceram. Soc., **81**[10] (1998) 2661-2669.
30) A. Kuwabara, K. Matsunaga and I. Tanaka, Phys. Rev. B, **78** (2008) 064104.

31) E. M. Lenoe, "Ceramics for high performance applications", ed. by J. J. Burke, A. E. Gorum and R. N. Katz, Published by Brook Hill Publishing Co. (1974), pp. 123-146
32) D. W. Richerson, Am. Ceram. Soc. Bull., **52**[7] (1973) 560.
33) A. Tsuge, K. Nishide and M. Komatsu, J. Am. Ceram. Soc., **58**[7-8] (1975) 323.
34) W. J. Arrol, "Ceramics for high performance applications", ed. by J. J. Burke, A. E. Gorum and R. N. Katz, Published by Brook Hill Publishing Co. (1974) pp. 729-738.
35) A. M. Sage and J. H. Histed, Powder Mettallurgy Bull., **8** (1961) 196.
36) J. S. Thorp and R. I. Sharif, J. Mater. Sci., **11** (1976) 1494.
37) S. M. Hu, D. R. Kerr and L. V. Gregor, Appl. Phys. Lett., **10** (1967) 97.
38) H. F. Sterling and R. C. G. Swann, Solid State Electron, **8** (1965) 653.
39) L. V. Gregor, "Proc. Symp. on Deposited Thin Film Dielectric Mat.", Electrochem. Soc., New York (1969) p. 447.
40) T. Bååk, Appl. Optics, **21** (1982) 1069-1072.

総索引

あ

青色 LED ……………………………… 442
アクティブ酸化 ……………………… 362, 365
圧壊強度 ……………………………… 191
　　　顆粒体の―― ………………… 189
圧子圧入試験法 ……………………… 428
アトマイザーのディスク回転数 …… 192
アパタイト相 …………………………… 40
アミド化合物 ………………………… 146
アモルファス Si-C-N ………………… 162
アモルファス Si_3N_4 …………………… 122
α 型窒化ケイ素 …………………… 29, 122
α 化率 ………………………………… 112
α-サイアロン ……………… 6, 33, 131, 387
α 相 ……………………………………… 47
　　　――含有率 …………………… 138

い

イオン研磨 …………………………… 266
イミド化合物 ………………………… 146
イミド熱分解粉 ……………………… 109
イミド分解法 ………………………… 118

え

液相焼結 ……………………………… 206
エクセルギー計算 …………………… 178
X 線回折データ ……………………… 463
エネルギービーム加工 ……………… 228
エロージョン摩耗 …………………… 447

お

往復動試験機 ………………………… 336
応力腐食によるき裂成長 …………… 326
オストワルド成長 …………………… 209
オリジナルのワイブル分布 ………… 307

か

加圧成形 ……………………………… 186
　　　――体 ………………………… 201
界面反応律速 ………………………… 208
化学式 ………………………………… 461
化学的性質 …………………………… 470
架橋酸素原子 …………………………… 92
拡散律速 ……………………………… 208
確率密度関数 ………………………… 323
加工き裂 ……………………………… 230
加工損傷 ………………………… 230, 233
ガス圧焼結法 ………………… 211, 408, 422
加速応答性 …………………………… 424
活性化エネルギー …………………… 363
活性金属法 …………………………… 218
活性酸化 ……………………………… 362
窯用部材 ……………………………… 436
ガラス網目構造 ………………………… 86
ガラス転移温度 ………………… 92, 94, 97
顆粒体 ……………… 185, 187, 189, 192, 193
　　　――間の空隙 ………………… 189
　　　――内部の空隙 ……………… 189
　　　――内部の空隙率 …………… 189
　　　――の圧壊強度 ……………… 189
　　　――の圧縮試験 ………… 189, 193
　　　――の強度 …………………… 192
　　　――の空隙構造 ……………… 188
　　　――の内部構造 ………… 185, 187
　　　――粉体層の圧縮応力 ……… 192
カルシウムニトリドアルミノシリケート
　………………………………………… 443
カルシウムニトリドシリケート …… 443
還元窒化法 …………………………… 136
慣性モーメント ……………………… 420
乾燥温度 ……………………………… 192
γ 相 ……………………………………… 47

き

- 機械的性質 … 468
- 気孔 … 255
  - ——径分布 … 188
  - ——率 … 257
- 希土類イオン … 96
- 希土類元素 … 278
- キャビティ … 342, 351
- キャビテーション … 351
- 境界層 … 366
- 競合リスクモデル … 308
- 共晶接合法 … 219
- 強度 … 11, 291, 299
  - 顆粒体の—— … 189, 192
  - ——特性 … 129
  - ——の統計的性質 … 304
  - ——分布関数 … 311
  - 焼結体 … 434
  - 破壊—— … 299, 304, 342
  - 曲げ—— … 130, 469
- き裂 … 296, 315, 326
  - 加工—— … 230
  - ——縁応力遮蔽 … 295
  - ヘリンボーン—— … 232
  - メディアン型—— … 231
- 金属ケイ素酸窒化物 … 38
- 金属ケイ素窒化物 … 42
- 金属不純物 … 127

く

- 区間推定 … 321
- 屈折率 … 471
- クラック … 284
  - 水平—— … 433
- クリープ … 348
  - ——特性 … 469
  - ——変形 … 349
- グリーン密度 … 127
- 繰り返し負荷による寿命低下 … 329
- クリストバライト … 364
- グロープラグ … 174, 403

け

- 蛍光体 … 384
- 計算科学 … 46
- 形状付与自由度の拡大 … 419
- 欠陥寸法分布 … 312
- 結晶学的データ … 461
- 結晶粒径 … 354
- 研削加工 … 230
- 原料粉末 … 118

こ

- 高圧鋳造接合法(SQ接合法) … 220
- 高α分率 … 124
- 高温 … 342
- 光学的性質 … 471
- 高角度環状暗視野検出器(HAADF) … 268
- 高強度化 … 11
- 格子間原子型転位ループ … 396
- 格子振動 … 48
- 格子定数 … 461
- 高次微構造制御 … 13
- 高純度 … 124
- 高靱化 … 297
- 硬度 … 94, 468
- 高熱伝導基板 … 118
- 高熱伝導材料 … 374
- 高熱伝導性 … 372
  - ——Si_3N_4 … 3, 19
- 高熱伝導率 … 374
- 高分解能TEM法 … 275
- 高分子分散剤 … 181
- コールドウォール … 144
- コーン状組織 … 148
- 固相接合法 … 221
- 固体高分子型燃料電池 … 456
- 固溶酸素量 … 378
- 固溶体 … 51
- 固溶軟化現象 … 51
- コロイドプローブ原子間力顕微鏡法 … 184
- 混合 … 180
- コンプトン散乱 … 149

さ

サイアロン	5, 31
α——	6, 33, 131, 387
β——	6, 31, 131, 388
——ガラス	86
——蛍光体	384
——材料	413
——の原子配列	51
細孔径	456
差分結合エネルギー	282
酸化増量	131
酸素含有量	128, 129
酸素の分布状態	126
酸素分布	128
酸窒化ケイ素	38
酸窒化物ガラス	91
酸窒化リンガラス	99
残留応力	231

し

ジクロロシラン	161
自己拡散係数	206
自己強化型窒化ケイ素	240
シビア摩耗	334
射出成形法	407, 422
修正 EM アルゴリズム	319
修正 Goodman 線図	332
摺動部材	338
寿命保証	330
潤滑効果	336
常圧焼結法	127, 209, 422
衝撃強度	469
焼結	205, 213
——液相	206
——技術	209
——挙動	128
——助剤	180, 208
——性	127
——速度式	206, 208
——鍛造	344
——超塑性鍛造	248
——反応	143
——マイクロ波	214
焼結体	118, 127, 434
——強度	434
——特性	118, 127
——のかさ密度	127
焼結法	127, 205, 209, 379, 422
——ガス圧	211, 408, 422
——常圧	127, 209, 422
——反応	205, 379
——放電プラズマ	213
上昇型き裂進展抵抗挙動	296
状態図	59
シラザン	158
シリカ還元法	136
シリコンジイミド	121
浸液透光法	186
新機能材料	18
シンク	394

す

水平クラック	433
ストーク	176, 416
スプレードライヤー	191
スラスト型の転がり疲労試験法	427
スラリー	186

せ

成形	194
成形体構造	194, 200
成形法	194, 196
——と構造との関係	198
生成自由エネルギー	465
脆性破壊	291
製造プロセス	178
接合	217
——不良	432
——窒化ケイ素同士の——	224
——窒化ケイ素と金属の——	217
切削工具	408
セラミックグロープラグ	403

セラミック工具 …………………… 411
セラミックス製高温水素分離膜 ……… 452
前駆体 ……………………………… 91
線形破壊力学 ……………………… 291

そ

走査型電子顕微鏡法(SEM) ………… 263
走査透過型電子顕微鏡法(STEM).. 263, 267
造粒 ……………………………… 185
粗大柱状粒子 ……………………… 242
その場破壊観察 …………………… 284

た

ターボチャージャーロータ ………… 420
ターボ・ラグ ……………………… 420
第一原理計算 ……………………… 46
ダイキャストスリーブ …………… 416
耐久性 ……………………………… 434
耐クリープ性 ……………………… 348
耐食性 ……………………………… 471
体積弾性率 ………………………… 50
体積膨張 …………………………… 399
──率 ……………………………… 50
耐熱合金 …………………………… 410
耐熱スポーリング性 ……………… 439
耐薬品性 …………………………… 470
多形 ………………………………… 461
多孔体 ……………………………… 255
多軸分布関数 ……………………… 311
多重モードワイブル分布 ………… 319
種結晶 ………………… 137, 240, 348, 350
単一モードワイブル分布 ………… 318
短距離構造 …………………… 198, 201
短距離不均質構造 ………………… 199
弾性率 ………………………… 92, 94
鍛造焼結 …………………………… 344
　　　超塑性 …………………… 248

ち

窒化アルミニウム基板 …………… 431
窒化ケイ素 ……… 3, 19, 27, 38, 118, 122, 240
α型 …………………………… 29, 122
高熱伝導性 …………………… 3, 19
酸 …………………………………… 38
自己強化型 …………………… 240
──基板 ……………………… 431
──系水素分離膜 …………… 453
──系セラミックス …………… 164
──多形のエネルギー ………… 47
──同士の接合 ……………… 224
──と金属の接合 …………… 217
──の構造 …………………… 4
──の焼結 …………………… 9
──の多様化 ………………… 15
──の物性 …………………… 4
──粉末 ………………… 8, 115
β型 …………………………… 28, 122
立方晶スピネル型 …………… 31, 47
窒化合成 …………………………… 113
窒化物蛍光体 ………………… 3, 19
緻密化 ……………………… 11, 118
中性子小角散乱 ………………… 149
中性子照射 ………………… 392, 393
鋳鉄材料 ………………………… 410
長距離構造 …………………… 198, 200
超塑性 ……………………… 353, 354
超塑性鍛造 ………………… 248, 350
──焼結 ………………………… 248
直接窒化粉 ……………………… 109
直接窒化法 ……………………… 109

つ

支柱(つく) ……………………… 440

て

抵抗体 …………………………… 405
抵抗値 …………………………… 405
低速き裂進展 …………………… 315
定負荷速度試験 ………………… 327
低密度領域 ……………………… 201
テープ成形シート ……………… 243
転位ループ ……………………… 398

総索引　479

　　　格子間原子型…………………396
　添加元素効果……………………278
　電気的性質………………………470
　電気伝導度………………………470
　電子状態……………………………46

と
透過型電子顕微鏡法(TEM)………263, 265
等電点………………………………183
ドライ加工…………………………410
トライボロジー……………………334
トランスバースき裂………………231
砥粒加工……………………………228

な
内部酸素量…………………………126
内部摩擦……………………………352
ナノコンポジット…………………143
　　　Si₃N₄-BN……………………155
　　　Si₃N₄-C………………………150
　　　Si₃N₄-TiN……………………151
難ぬれ性の向上……………………418

に
二次電子線…………………………263

ね
熱応力…………………………222, 433
熱拡散率……………………………394
熱間静水圧加圧法(HIP法)………211, 408
熱スポーリング試験………………439
熱的性質……………………………467
熱伝導性の制御……………………419
熱伝導率…………………372, 373, 467
熱膨張…………………………………50
　　　係数……………………………467
　　　軟化温度…………………………97
熱力学データ………………………465
熱履歴………………………………433
粘性………………………………92, 94
粘度…………………………………183

の
ノンパラメトリック法……………305

は
排気バルブ…………………………176
媒体攪拌型粉砕機…………………446
バインダー…………………………188
破壊位置……………………………312
　　　分布…………………………312
破壊強度……………………299, 304, 342
破壊靭性(値)………130, 293, 299, 342, 345
破壊抵抗……………………………245
白色 LED……………………………384, 442
刃状転位……………………………428
パターン搭載法……………………431
バックライト………………………387, 443
パッシブ酸化………………………361, 365
発熱温度……………………………403
発熱素子……………………………405
破面解析……………………………306
破面架橋……………………………300
パラメトリック法…………………305
反射電子……………………………263
バンドギャップ………………………47, 52
反応焼結……………………………143
　　　法………………………205, 379

ひ
ヒーターチューブ…………………416
引き抜き……………………………346
微構造制御…………………………239
微細柱状粒子………………………248
微小圧縮試験装置…………………189
微小硬度………………………………92
比熱……………………………………49
比表面積……………………………456
比摩耗量……………………………334
標準生成エンタルピー………………50
表面化学……………………………177
表面酸化物層………………………125
表面酸素量…………………………128

表面電位‥‥‥‥‥‥‥‥‥‥‥‥180
微粒子‥‥‥‥‥‥‥‥‥‥‥‥124
疲労‥‥‥‥‥‥‥‥‥‥‥‥‥325
　　──寿命解析‥‥‥‥‥‥326
　　──データの体積効果‥‥329
ピンオンディスク法‥‥‥‥‥334

ふ

ファセット状組織‥‥‥‥‥‥148
フィールドエミッションディスプレイ
　‥‥‥‥‥‥‥‥‥‥389, 445
フォノン‥‥‥‥‥‥‥‥‥‥‥48
不均質‥‥‥‥‥‥‥‥‥‥‥202
複合加工‥‥‥‥‥‥‥‥‥‥228
フッ素‥‥‥‥‥‥‥‥‥‥‥‥99
フラクトグラフィー‥‥‥‥‥306
フルエッチング法‥‥‥‥‥‥432
プレセラミックポリマー‥‥‥166
フレネルフリンジ法‥‥‥‥‥274
プロセス潤滑技術‥‥‥‥‥‥336
プロセスゾーン‥‥‥‥‥‥‥291
分解圧‥‥‥‥‥‥‥‥‥‥‥465
分解温度‥‥‥‥‥‥‥‥‥‥465
粉砕‥‥‥‥‥‥‥‥‥‥‥‥446
　　──機部材‥‥‥‥‥‥‥446
分散‥‥‥‥‥‥‥‥‥‥180, 446
　　──剤‥‥‥‥‥‥‥181, 190
分子量‥‥‥‥‥‥‥‥‥‥‥461
粉末特性‥‥‥‥‥‥‥‥‥‥127
噴霧乾燥条件‥‥‥‥‥‥‥‥192
分離膜材料‥‥‥‥‥‥‥‥‥454

へ

ベアリング‥‥‥‥‥‥‥‥‥426
　　──材‥‥‥‥‥‥‥‥‥427
β型窒化ケイ素‥‥‥‥‥28, 122
βサイアロン‥‥‥‥6, 31, 131, 388
β相‥‥‥‥‥‥‥‥‥‥‥‥47
ヘリンボーンき裂‥‥‥‥‥‥232
ヘルムホルツエネルギー‥‥‥49
偏析‥‥‥‥‥‥‥‥‥‥281, 282

ほ

ポアソン比‥‥‥‥‥‥‥‥‥469
放電プラズマ焼結法‥‥‥‥‥213
放物線速度定数‥‥‥‥‥‥‥362
飽和吸着量‥‥‥‥‥‥‥‥‥183
ボールオンディスク法‥‥‥‥335
ボールミル処理‥‥‥‥‥‥‥185
保護管‥‥‥‥‥‥‥‥‥‥‥414
保護性酸化‥‥‥‥‥‥‥‥‥361
保証試験‥‥‥‥‥‥‥‥‥‥423
ホットウォール‥‥‥‥‥‥‥144
ホットプレス‥‥‥‥‥‥143, 407
　　──法‥‥‥‥‥‥‥210, 408
ポリカルボン酸アンモニウム塩系分散剤
　‥‥‥‥‥‥‥‥‥‥‥‥‥190
ポリシラザン‥‥‥159, 160, 162, 453
　　──の合成‥‥‥‥‥‥‥160

ま

マイクロ波焼結‥‥‥‥‥‥‥214
マイルド摩耗‥‥‥‥‥‥‥‥334
曲げ強度‥‥‥‥‥‥‥‥130, 469
摩擦‥‥‥‥‥‥‥‥‥‥‥‥334
　　内部──‥‥‥‥‥‥‥‥352
　　──係数‥‥‥‥‥‥334, 335
摩耗‥‥‥‥‥‥‥‥‥‥334, 335
　　エロージョン──‥‥‥‥447
　　シビア──‥‥‥‥‥‥‥334
　　マイルド──‥‥‥‥‥‥334
　　──特性‥‥‥‥‥‥‥‥450

み

未知パラメータ‥‥‥‥‥‥‥316
密度‥‥‥‥‥‥‥‥‥‥‥‥461

む

無水マレイン酸系分散剤‥‥‥190

め

メディア‥‥‥‥‥‥‥‥‥‥446
メディアン型き裂‥‥‥‥‥‥231

総　索　引　　481

メリライト……………………………………39

も
籾殻……………………………………………136

や
焼き嵌め法…………………………………422
ヤング率………………………………97, 468

ゆ
有機-無機変換法……………………………158
有効体積……………………………………328
有効表面積…………………………………328
誘電率………………………………………470

よ
陽イオン………………………………………96
溶解再析出…………………………………207
溶解-析出…………………………………350
　　　　──クリープ……………………356
陽電子消滅…………………………………149
予負荷試験による寿命保証効果…………331

ら
ラドル………………………………………417
ランク法……………………………………317

り
リスクの独立性……………………………308
律速段階……………………………………363

立体障害効果………………………………182
立方晶スピネル型窒化ケイ素………31, 47
リニア・パラボリック則…………………362
粒界アモルファス相………………………273
粒界ガラス層…………………………………54
粒界ガラス相…………………………87, 343
粒界結晶化……………………………………12
粒界すべり…………342, 350, 352, 354, 356
粒界相………………………………………376
　　　　──制御…………………………251
粒子架橋……………………………………346
粒子径………………………………………125
粒子配向制御………………………………242
粒子表面……………………………………126
粒内の構造欠陥……………………………377
理論相転移圧…………………………………47
理論熱伝導率………………………………373

ろ
ろう付け法…………………………………422
ローラーチューブ…………………………440

わ
ワイブル係数………………………………246
ワイブルパラメータ………………………316
ワイブル分布………………………………307
　　　オリジナル──……………………307
　　　多重モード──……………………319
　　　単一モード──……………………318

欧字先頭語索引

A
α 化率 ································· 112
AlN–GaN–InN 系 ··················· 54
AlN 系ポリタイポイド ············· 35
α-Si_3N_4 ···························· 29, 122
α-Sialon ················ 6, 33, 131, 387
α 相 ····································· 47
　──含有率 ························ 138

B
$Ba_2Si_5N_8$ ····························· 43
BN–C 系 ································ 54
β-Si_3N_4 ···························· 28, 122
β-Sialon ················· 6, 31, 131, 388
β 相 ····································· 47
Build-down 法 ······················ 110
Build-up 法 ·························· 110

C
$CaAlSiN_3$ ················ 19, 44, 388, 444
CASN ··························· 19, 444
$CO–CO_2$ 平衡 ······················ 367
CVD 法 ·························· 143, 412

D
DBE : Differential Binding Energy ······ 282
DDF（Diffuse Dark-Field）法 ··········· 274

E
ELID ·································· 230
EM アルゴリズム ················· 319

G
γ 相 ····································· 47
Goodman 線図 ······················ 332
Griffith き裂 ·························· 293
Griffith 強度 ··················· 291, 292

H
HAADF ······························ 268
HAADF STEM ···················· 268
HIP 法 ································ 211
　──焼結法 ······················ 408
HRTEM ························ 275, 277

I
IGF ··································· 272

J
Jander の式 ························· 136
J 相 ····································· 40

L
$LaSi_3N_5$ ································ 42
LED ························· 384, 442, 443
Ln-α/β-Sialon 基セラミックス ····· 131, 132
Ln-α-Sialon 粉末 ·························· 132

M
Maxwell-Eucken モデル ················ 376

P
Paris 則 ······························ 326
PB 比 ································ 361
Philling-Bedworth 比 ················· 361
PHPS ································ 161
PVD 法 ······························ 412

Q
QCD ································· 175

R
R 曲線挙動 ·························· 299
Rumpf の式 ························· 191

S

- SEM ································· 263
- Sialon ·································5, 31
  - α- ························6, 33, 131, 387
  - β- ························6, 31, 131, 388
  - ——ガラス ·························86
  - ——蛍光体 ························384
  - ——の原子配列 ·····················51
  - ——材料 ···························413
- ^{29}Si MAS NMR ························122
- Si_3N_4 ···············3, 19, 27, 38, 118, 122, 240
  - α 型—— ·····················29, 122
  - β 型—— ·····················28, 122
  - 自己強化型—— ····················240
  - 高熱伝導性—— ···················3, 19
  - 立方晶スピネル型—— ············31, 47
  - 酸—— ·····························38
  - ——同士の接合 ·····················224
  - ——系セラミックス ················164
  - ——系水素分離膜 ··················453
  - ——基板 ···························431
  - ——の物性 ··························4
  - ——の構造 ··························4
  - ——の焼結 ··························9
  - ——の多様化 ·······················15
  - ——と金属の接合 ··················217
  - ——粉末 ······················8, 115
- Si_3N_4-Al_2O_3系 ························60
- Si_3N_4-BN ナノコンポジット ···········155
- Si_3N_4-C ナノコンポジット ············150
- Si_3N_4-MgO 系 ·······················10
- Si_3N_4-TiN ナノコンポジット ··········151
- Si_3N_4-Y_2O_3-Al_2O_3系 ···················427
- Si_3N_4-Y_2O_3系 ························11
- Si-Al-Be-O-N 系 ······················80
- Si-Al-Li-O-N 系 ······················80
- Si-Al-Mg-O-N 系 ·····················78
- Si-Al-O-N 系 ·························61
- Si-Al-Y-O-N 系 ·······················71
- SiC-AlN 固溶体 ·······················54
- $SiCl_4$-NH_3系 ························146
- SiH_4-NH_3系 ························146
- Si-Mg-O-N 系 ························65
- Si-M-O-N 系 ·························69
- $Si(NH)_2$ ····························121
- Si-N-O 系の状態図 ····················111
- Si の窒化反応焼結 ······················9
- Si-Y-O-N 系 ··························67
- SQ 接合法 ····························220
- STEM ··························263, 267
- ——法 ···························278
- SUJ-2 ·······························427

T

- TEM ··························263, 265
- 高分解能—— ···················275
- TiN ·································428
- TiO_2 ································428
- Turkdogan モデル ·····················365

W

- Wagner モデル ························365

X

- X 線回折データ ······················463

Z

- Z 値 ································413

Advanced Silicon Nitride Ceramics

2009年10月30日　第 1 版発行

編　者 ©	日本学術振興会 先進セラミックス 第 124 委員会
	編集幹事
	松　尾　陽太郎
	米　屋　勝　利
	多々見　純　一
	菅　原　義　之
	矢　野　豊　彦

窒化ケイ素系セラミック新材料
－最近の展開－

発行者　内　田　　　学
印刷者　山　岡　景　仁

発行所　株式会社　内田老鶴圃　〒112-0012 東京都文京区大塚 3 丁目34番 3 号
電話（03）3945-6781（代）・FAX（03）3945-6782
http://www.rokakuho.co.jp
印刷／三美印刷 K. K.・製本／榎本製本 K. K.

Published by UCHIDA ROKAKUHO PUBLISHING CO., LTD.
3-34-3 Otsuka, Bunkyo-ku, Tokyo, Japan

U. R. No. 575-1

ISBN 978-4-7536-5198-6 C3058

編者の了解に
より検印を省
略いたします

材料学シリーズ
Materials Series

堂山昌男・小川恵一・北田正弘 監修
(A5 判並製，既刊 36 冊以後続刊)

金属電子論　上・下
水谷宇一郎 著　　　上：276 頁・3150 円
　　　　　　　　　下：272 頁・3675 円

結晶・準結晶・アモルファス 改訂新版
竹内　伸・枝川圭一 著　　192 頁・3780 円

オプトエレクトロニクス
水野博之 著　　　　　　　264 頁・3675 円

結晶電子顕微鏡学
坂　公恭 著　　　　　　　248 頁・3780 円

X 線構造解析
早稲田嘉夫・松原英一郎 著　308 頁・3990 円

セラミックスの物理
上垣外修己・神谷信雄 著　　256 頁・3780 円

水素と金属
深井　有・田中一英・内田裕久 著　272 頁・3990 円

バンド理論
小口多美夫 著　　　　　　144 頁・2940 円

高温超伝導の材料科学
村上雅人 著　　　　　　　264 頁・3990 円

金属物性学の基礎
沖　憲典・江口鐵男 著　　144 頁・2415 円

入門 材料電磁プロセッシング
浅井滋生 著　　　　　　　136 頁・3150 円

金属の相変態
榎本正人 著　　　　　　　304 頁・3990 円

再結晶と材料組織
古林英一 著　　　　　　　212 頁・3675 円

鉄鋼材料の科学
谷野　満・鈴木　茂 著　　304 頁・3990 円

人工格子入門
新庄輝也 著　　　　　　　160 頁・2940 円

入門 結晶化学 増補改訂版
庄野安彦・床次正安 著　　228 頁・3990 円

入門 表面分析
吉原一紘 著　　　　　　　224 頁・3780 円

結晶成長
後藤芳彦 著　　　　　　　208 頁・3360 円

金属電子論の基礎
沖　憲典・江口鐵男 著　　160 頁・2625 円

金属間化合物入門
山口正治・乾　晴行・伊藤和博 著　164 頁・2940 円

液晶の物理
折原　宏 著　　　　　　　264 頁・3780 円

半導体材料工学
大貫　仁 著　　　　　　　280 頁・3990 円

強相関物質の基礎
藤森　淳 著　　　　　　　268 頁・3990 円

燃料電池
工藤徹一・山本　治・岩原弘育 著　256 頁・3990 円

タンパク質入門
高山光男 著　　　　　　　232 頁・2940 円

マテリアルの力学的信頼性
榎　学 著　　　　　　　　144 頁・2940 円

材料物性と波動
石黒　孝・小野浩司・濱崎勝義 著　148 頁・2730 円

最適材料の選択と活用
八木晃一 著　　　　　　　228 頁・3780 円

磁性入門
志賀正幸 著　　　　　　　236 頁・3780 円

固体表面の濡れ制御
中島　章 著　　　　　　　224 頁・3990 円

演習 X 線構造解析の基礎
早稲田嘉夫・松原英一郎・篠田弘造 著　276 頁・3990 円

バイオマテリアル
田中順三・角田方衛・立石哲也 編　264 頁・3990 円

高分子材料の基礎と応用
伊澤槙一 著　　　　　　　312 頁・3990 円

金属腐食工学
杉本克久 著　　　　　　　260 頁・3990 円

電子線ナノイメージング
田中信夫 著　　　　　　　264 頁・4200 円

表示の価格は税込定価（本体価格＋税 5%）です．

セラミックスの基礎科学
守吉・笹本・植松・伊熊共著　A5・228頁・定価2625円（本体2500円＋税5％）

セラミックスの焼結
守吉・笹本・植松・伊熊・門間・池上・丸山共著　A5・292頁・定価3990円（本体3800円＋税5％）

R.M.German：LIQUID PHASE SINTERING
液相焼結
守吉・笹本・植松・伊熊・丸山共訳　A5・312頁・定価6090円（本体5800円＋税5％）

ガラス科学の基礎と応用
作花済夫著　A5・372頁・定価5985円（本体5700円＋税5％）

オキシナイトライドガラス
作花済夫著　A5・192頁・定価3150円（本体3000円＋税5％）

セラミックスの物理
上垣外修己・神谷信雄著　A5・256頁・定価3780円（本体3600円＋税5％）

入門　結晶化学　増補改訂版
庄野安彦・床次正安著　A5・228頁・定価3990円（本体3800円＋税5％）

バイオマテリアル
田中順三・角田方衛・立石哲也編　A5・264頁・定価3990円（本体3800円＋税5％）

固体表面の濡れ制御
中島　章著　A5・224頁・定価3990円（本体3800円＋税5％）

セラミックス基礎講座
(A5判・並製)

セラミックス実験
東京工業大学無機材料工学科著
312頁・定価3150円

材料科学実験
東京工業大学材料系三学科著
228頁・定価3150円

X線回折分析
加藤誠軌著
356頁・定価3150円

はじめてガラスを作る人のために
山根正之著
216頁・定価2415円

セラミックス原料鉱物
岡田　清著
160頁・定価2100円

結晶と電子
河村　力著
280頁・定価3360円

セラミックコーティング
祖川　理著
212頁・定価3990円

微粒子からつくる光ファイバ用ガラス
柴田修一著
152頁・定価3150円

セラミックスの破壊学
岡田　明著
176頁・定価3360円

やきものから先進セラミックスへ
加藤誠軌著
324頁・定価3990円

標準教科セラミックス
加藤誠軌著
344頁・定価3990円

表示の定価は税込（本体価格＋税5％）です．

SiC系セラミック新材料 最近の展開

日本学術振興会高温セラミック材料第124委員会　編

A5判・372頁・定価7350円（本体7000円）

1　SiCの材料の基礎
SiC材料の開発と特性／SiC結晶構造と熱安定性／SiCの積層欠陥／SiCの結晶粒界と界面／SiCの電子構造計算／SiC結晶中の転位とその運動／ラマン分光とSiC多形の評価／SiC系超塑性／SiCの酸化

2　SiC粉末の合成とSiC単結晶の育成
焼結用 α-SiC粉末の合成／焼結用 β-SiC粉末の合成／有機原料からのSiCの合成／セラミックス成形の問題とSiCの最新成形技術／SiC粉末の化学分析方法／SiC単結晶の育成／CVDによるSiCコーティング

3　SiC焼結体
ホウ素化合物によるSiCの焼結／酸化物助剤によるSiCの焼結と組織制御／SiCと鉄鋼用耐火物／SiC多孔体

4　新しいSiC材料とその応用
半導体製造装置用高純度SiC部品／原子力産業用SiC材料／SiC長繊維複合材料の製造と応用I／SiC長繊維複合材料の製造と応用II／SiC/SiC複合材料の強度特性／SiC材料の熱交換器への応用／SiC単結晶のパワーデバイスへの応用

5　付表・付録
付表／SiCの多形のX線回折による定量分析方法

Kingery・Bowen・Uhlmann

セラミックス材料科学入門 基礎編／応用編

小松和藏・佐多敏之・守吉佑介・北澤宏一・植松敬三　訳

基礎編　A5判・622頁・定価9240円（本体8800円）
応用編　A5判・480頁・定価8190円（本体7800円）

基礎編　1　セラミックスの製造工程とその製品／2　結晶の構造／3　ガラスの構造／4　構造欠陥／5　表面・界面・粒界／6　原子の移動／7　セラミックスの状態図／8　相転移・ガラス形成・ガラスセラミックス／9　固体の関与する反応と固体反応／10　粒成長・焼結・溶化／11　セラミックスの微構造
応用編　12　熱的性質／13　光学的性質／14　塑性変形・粘性流動・クリープ／15　弾性・粘弾性・強度／16　熱応力と組成応力／17　電気伝導／18　誘電的性質／19　磁気的性質

炭化珪素セラミックス　基礎・応用・製品紹介

宗宮重行・猪股吉三　編　B5・478頁・定価12600円（本体12000円＋税5％）

窒化珪素セラミックス

宗宮重行・吉村昌弘・三友　護　編　B5・160頁・定価6300円（本体6000円＋税5％）

窒化珪素セラミックス2

三友　護・宗宮重行　編　B5・272頁・定価9450円（本体9000円＋税5％）

焼結　ケーススタディ

宗宮重行・守吉佑介　編　B5・500頁・定価8400円（本体8000円＋税5％）

表示の定価は税込（本体価格＋税5％）です．